U0926891

放射性废物管理丛书

沥青固化处理放射性废液的工程运用

郭志敏　主编

原子能出版社

图书在版编目(CIP)数据

沥青固化处理放射性废液的工程运用/郭志敏主编.
北京:原子能出版社,2009.1
ISBN 978-7-5022-4265-7

Ⅰ.沥… Ⅱ.郭… Ⅲ.放射性废水-沥青固化 Ⅳ.TL941

中国版本图书馆 CIP 数据核字(2008)第 205724 号

内 容 简 介

《沥青固化处理放射性废液的工程运用》为放射性废物管理丛书的第一册。该书系统全面地对沥青固化工艺进行了介绍。全书共分三篇,第一篇主要叙述我国放射性废液固化用沥青的特性研究、固化物特性研究、中间规模冷模拟实验、料液疏松剂和沥青添加剂评选试验、工程上采用的沥青固化工艺、实施沥青固化工程的辐射影响、实施沥青固化工程取得的效果和经验;第二篇介绍了国外使用沥青固化技术处理放射性废液的情况;第三篇介绍国内外沥青固化设施发生的燃烧、燃爆事故。本书内容丰富、数据翔实,对放射性废物治理工作具有较高参考价值。

《沥青固化处理放射性废液的工程运用》一书充分考虑到核行业放射性废物治理科研人员,特别是基层技术人员的需要,对放射性废液沥青固化工程的实施进行了详细叙述,对放射性废物治理的理论也有所涉及,便于管理人员和技术人员了解和学习相关理论知识及实践经验。本书适用于从事放射性废物处理和处置工作的人员参考,既可用作放射性废物处理工的培训教材,也可用作大、中专院校废物管理专业及环境相关专业的教材。

沥青固化处理放射性废液的工程运用

出版发行 原子能出版社(北京市海淀区阜成路 43 号 100048)
责任编辑 刘 朔
责任校对 徐淑惠
责任印制 丁怀兰 刘芳燕
印 刷 保定市中画美凯印刷有限公司
经 销 全国新华书店
开 本 787 mm×1092 mm 1/16
印 张 21
字 数 525 千字
版 次 2009 年 2 月第 1 版 2009 年 2 月第 1 次印刷
书 号 ISBN 978-7-5022-4265-7
印 数 1—2 000 **定 价** **68.00 元**

 网址:http://www.aep.com.cn

《沥青固化处理放射性废液的工程运用》
编　委　会

序　言

我国核工业已经走过50多年的光辉历程，它是在以国防为主要目的的基础上不断发展和完善起来的一个工业体系。核工业建立之初，我们就开始了放射性废物治理工作，但由于特殊历史环境和诸多条件限制，加之对放射性废物治理的认识有一个不断提高和深入的过程，我国开展的放射性废物治理工作正式启动于“八五”计划的“军工核设施退役和放射性废物治理”专项，迄今仅有短短的18年时间。除军工核设施遗留的放射性废物外，民用核设施所产生的放射性废物比例越来越高，这些废物也亟需治理。

放射性废物治理是保证环境安全的需要，是中国核事业可持续发展的前提。随着中国核事业的发展，放射性废物治理任务越来越重，但同时也是放射性废物治理发展的有利时期。走专业化、产业化道路已是放射性废物治理的发展趋势，放射性废物治理有望成为核工业新的经济增长点。

然而，必须清楚地认识到，放射性废物治理是一项复杂、艰巨而且长期的任务，需要技术、资金和人力的大量投入。尽管从“八五”计划开始的“军工核设施退役和放射性废物治理”专项取得了不少成绩，为放射性废物治理打下了良好基础，但同时也应看到，由于我国放射性废物治理基础比较薄弱，与国外相比在诸多方面存在差距，其中在基础研究方面的差距较为明显。目前，我国关于放射性废物治理的实用技术、工程运行和管理经验的专著还相当少，这与核工业的大好发展形势和繁重的放射性废物治理任务是不相称的。加强基础研究工作是放射性废物治理不可缺少的一个重要环节。

中核四川环保工程有限责任公司(原八二一厂)是我国的大型核基地，多年来致力于放射性废物的治理，现已改制为专业化的放射性废物治理公司。公司在放射性废物治理方面有着宝贵的经验和国内领先的技术水平。获悉公司总经理郭志敏组织编撰的《放射性废物管理》丛书将陆续出版，作为一名环保工作者，倍感欣慰。

《放射性废物管理》丛书按沥青固化处理低放废液、水力压裂处置中放废物、高放废液安全贮存和核场址现场管理等主题对我国开展的放射性废物治理工作进行全面总结和系统研究，同时介绍国外在放射性废物治理方面的新理念、新技术和管理发展方向。该套丛书涵盖当前国内外放射性废物治理的法律、法规、政策，管理和技术等诸多方面，既关注放射性废物治理的技术课题，又关注其管理课题；既有对多年来在放射性废物治理中取得的成果和获得经验的总结，又有对放射性废物治理所存在问题的探讨；同时还对放射性废物治理的经济因素进行讨论。该套丛书脉络清晰，完成了从实践到理论的提升，源于实践又指导实践，系统性和实用性是本套丛书的一大特点。

当前，管理实践经验是我国放射性废物治理领域中最薄弱一环，《放射性废物管理》丛书的出版将推动我国放射性废物治理领域中理论和实践的共同发展，为高效率、低成本处理放射性废物提供重要参考和借鉴。这套丛书的编撰和出版无疑对推进我国放射性废物治理，促进核事业又好、又快、又安全地可持续发展产生极其深远的影响。

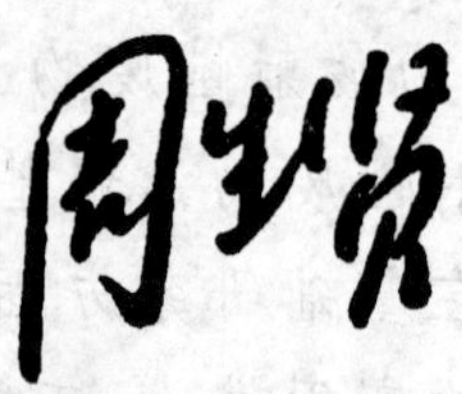

前　言

沥青固化技术用于放射性废液处理已有 40 余年历史，与水泥固化、聚合物固化构成低、中放射性废液固化的三种主要工程运用方法。与其他低放废液处理技术相比，沥青固化具有废物包容量大、固化体浸出率低、运行费用和固化体处置费用少的优点。

我国在 20 世纪 60 年代末开始进行沥青固化研究，由原子能科学研究院、核工业第二研究设计院和中核四川环保工程有限责任公司（原八二一厂）进行了放射性废液固化用沥青的特性研究、沥青固化产品的性能研究，并进行了沥青固化中间规模冷实验。通过这些工作取得了沥青固化工程运用必需的技术参数。为了处理八二一后处理厂的低放浓缩废液，1984 年建成沥青固化生产线，并于 1992 年开始热投料运行，十多年里处理了大量低放浓缩废液，填补了我国处理低放废液的一项空白。该工程的应用最大限度减轻了八二一后处理厂低放废液对环境的安全影响。

2006 年 3 月 20 日，沥青固化生产线因工作箱发生燃爆事故而正式停运。

八二一厂是我国将沥青固化技术处理放射性废液进行工程运用的唯一单位。在实施沥青固化工程中积累了丰富的管理经验，这些经验对我国今后开展放射性废液治理具有一定指导作用和借鉴意义。

为了对沥青固化工程的运用进行总结，把所取得的知识和经验奉献给社会，我组织编写了《沥青固化处理放射性废液的工程运用》一书。书中叙述了我国在沥青固化方面开展的基础研究和实验工作；阐述了我国沥青固化工艺的工程应用，实施沥青固化工程的辐射影响，工程实施取得的效果和经验；并介绍了国外处理放射性废液的沥青固化技术；同时列举了国内外沥青固化设施发生的燃烧、爆炸事故。

本书力图真实、系统、全面地反映沥青固化技术处理放射性废液的工程运用。由于从研究到运用接近 40 年时间，其间对设施和设备进行了多次较大的整改，技术条件和工艺参数的修改也较多，加之资料比较零散，时间紧迫和水平限制，本书势必存在一些不足之处，敬请读者加以批评指正。

本书的出版如果对我国放射性废物治理事业有所裨益，那么为编写此书付出的努力也就得到了最好的回报。

在本书的编写过程中，沥青固化工程的技术人员提供了不少帮助，特别是对部分数据和存在的疑点进行了核实，八二一厂档案室对本书的编写也给予了大力协助。在此深表谢意。

郭志敏

目 录

第一篇 国 内

第二篇 国 外

第三篇 事 故

第一篇　国　内

第1章 绪论

沥青固化处理放射性废物这项技术已使用了40余年，国际原子能机构的一些成员国投入大量资金建造了沥青固化设施以处理核电厂，核燃料循环及相应研究、开发项目产生的多种放射性废物。据国外文献记载，截至1999年，沥青固化工艺在30多年的工程运用中处理了超过200 000 m^3的放射性废液。虽然沥青固化工艺主要用于放射性废液处理，但也适用于某些固体废物的处理。

沥青固化是将熔化的沥青与放射性废物一起混合，蒸发水分后排入桶里，冷却后形成硬的固化体。沥青固化工艺一般可分为非连续(间歇式)工艺和连续工艺。间歇式工艺是指废物被连续地引入已知体积的熔化沥青中，混合物温度维持在180～200 ℃，在加入预先确定数量的废物后停止进料，混合物在水分被蒸发后排放到容器里，冷却后得到固化产品。连续工艺是指持续加进流速恒定的废物，与流速恒定的沥青进行混合，最终产物以恒定流速排入产品容器。连续工艺有螺杆挤压和薄膜蒸发两种。挤压机特别适合废物体积大，废物放射性浓度高和废物的可溶盐、不可溶盐含量高的情况。薄膜蒸发器的优点是传热效率高。

沥青固化工艺主要用于固化来自放射性废液处理产生的低中放浓缩物。针对沥青固化放射性废物，人们已充分认识了沥青的物理、化学和放射学特性。沥青固化设备容易发生火灾已经被人们充分认识到，已确定消除火灾风险或把火灾风险降到最小的纠正行动。纠正行动主要集中在加热系统的工程和工艺方面，集中在仪器仪表、过程控制和化学分析方面，以便完全掌握废物特性和它们与沥青的相容性。此外，在沥青固化设施中要设置高效率的火灾检测和消防系统。随着知识的增加和运行经验的积累，在沥青固化过程中出现火灾的可能性非常小。

需要对与沥青结合的放射性废物进行定量分析，确保它们对沥青性质的有害影响不会达到不可接受的程度，特别是在处理过程中不引起沥青闪点的下降，在之后不引起废物体分解。

在多年的运用中，已经固化了大量的不同种类的废物，获得了很好的固化体。与其他基质的使用情况相同，沥青有一定的适用范围。如果把沥青作为一种适用于各种废物的通用基质而选择沥青作为废物固化基质，或者沥青基质埋置的废物产生的剂量超过10^7 Gy，或者包容的废物量超过适当限值或者固化的废物与沥青不相容，那么沥青固化工艺或沥青固化物的性能会较差。

各国工程技术人员作了很多努力去评估沥青的性能。辐照引起辐解气体产生，通常认为10^7 Gy剂量对固化物桶只引起轻微膨胀(体积的5%～10%)。桶的密封应该允许气体通过，在贮存中必须考虑充分通风以消除氢气的积聚。

沥青固化废物能助燃，但是它们不会在搬动、运输、贮存或处置过程中自燃，在这些条件下点燃沥青固化产物需要大量能量。

与水泥固化相比，沥青固化可处理的放射性废液的活度范围更广。沥青固化物的抗浸出性好，浸出率通常比水泥固化物的浸出率低2个数量级。

吸水引起的膨胀与预处理不理想或与包容的吸湿盐（潮解盐）和离子交换树脂过量直接有关。相比于其他基质，只要包容量适当并进行适当预处理，在获得令人满意的适宜于处置的产物的同时仍能获得满意的减容倍数。水泥固化后废物的体积通常比废物原有体积增大1～2倍，沥青固化后的废物体积比原有体积有所减少。

沥青和沥青废物产品会受到微生物活动的影响。然而，微生物降解取决于适合微生物活动的条件。即使在理想的条件下，微生物降解速率也非常小，不致对沥青固化产物暂时贮存和最终处置产生显著影响；考虑到处置库里不存在对微生物活动有利的环境，这一点就更加明显。

对天然沥青矿的调查和天然类比研究获得了沥青具有卓越长期稳定性的证据。把可获得的关于沥青和沥青固化产品的特性的数据与验证试验方法相结合，针对沥青固化物在处置条件下的长期性质进行安全分析和评价是可能的。这些分析和评价活动要按常规进行，它们不但是确定沥青固化产品验收条件的基础，而且是废物生产者实施质量评估和控制措施的基础。通过沥青固化设施运行经验与相应的质量评估和控制的结合，能够保证成功地生产出安全的废物产品。

虽然沥青固化工艺比水泥固化工艺复杂，但由于水泥固化会使废物体积增加1～2倍，因而采用沥青固化工艺固化废物的处置费用比采用水泥固化废物的处置费用可降低50%以上，由于处置费用在废物管理的总费用上所占比重大，采用沥青固化工艺在经济性上具有优势是显然的。

我国从1969年开始研究沥青固化技术，由中国原子能科学研究院、核工业第二研究设计院（核二院）和西南某核基地进行基础研究及小型固化试验，1975年在大连市用不同类型的沥青固化装置进行了一系列的中间规模冷模拟实验，从中优选了刮板薄膜蒸发器作为沥青固化技术的主要工程装置，在1976年进行设备连续运行考核实验的最后阶段，中间槽发生燃爆事故，随后对沥青固化物热稳定性进行了大量研究、试验工作。

1980年完成了核基地沥青固化厂房的施工设计，并于1984年在核基地基本建成。1984年5月至1989年1月进行了前期工艺试验，其间针对向沥青中加添加剂和向料液加疏松剂进行了大量的研究和试验工作，解决了刮板蒸发器结疤问题，成功地进行了两次连续运行超过200 h的模拟料液试验。在试验于1989年取得突破性进展的基础上，1991年3月至1992年7月对沥青固化设施存在的问题进行了全面整改，整改验收合格后于1992年8月至10月成功地进行了冷试车。1992年10月冷试车成功后不久进行了热料试车，随后转入试生产，处理基地积累的低放射性浓缩废液。

在建造沥青固化厂房的同时还建造了沥青固化物贮存库。1992年沥青固化厂房热投料运行以来，为了贮存生产的沥青固化物，于1995年对1983年已经建成的沥青固化物贮存库进行了整治，经国家环保总局批准后按长期贮存库接收沥青固化物。

转入试生产以来，沥青固化设施的生产运行较为稳定，并于2003年开始正式生产。至2006年3月20日发生工作箱燃爆事故为止，沥青固化设施运行了13年左右，处理了大量低放浓缩废液，生产的沥青固化物已全部贮存在沥青固化物长期贮存库。沥青固化厂房是完全依靠我国自己的力量建造起来的国内第一座工业规模的用沥青固化工艺处理低放浓缩废液的试验性生产厂房，通过实践完全掌握了放射性废液沥青固化处理技术，填补了国内放射性废物处理技术的一项空白。沥青固化生产和沥青固化物长期贮存库营运对工作人员带来的剂量不大，10余年的生产过程中未发生工作人员剂量超出国家相应标准的规定限值的事件；沥青固化生产和沥青固化物长期贮存库营运对环境的影响很小。我国实施沥青固化工程所产生的费用较小，但最大限度减轻了贮存在碳钢罐的低放浓缩废液对环境的安全隐患。

与用于放射性废物固化的其他基质一样，沥青固化放射性废物也有其特定的弱点，其中重要的一点是对于含硝酸盐和亚硝酸盐废物的处理有潜在的火灾风险。要指出的是，尽管沥青固化处理放射性废物是一门成熟的技术，人们对放射性废物沥青固化的安全性已有充分认识，但在沥青固化运用的40年里曾发生过几起燃烧、燃爆事故，日本东海后处理厂沥青固化示范厂1997年发生的燃爆事故被认为是沥青固化工艺发生的最严重事故。虽然沥青固化设施所发生事故的放射性后果很小，工作人员和公众因事故所致剂量均没有超过相应管理限值，要采用沥青固化工艺安全地生产固化物仍有不少课题值得研究，特别是沥青-废物混合物发生燃烧、燃爆的相关课题。目前，仍有一些国家运行着处理放射性废物的沥青固化设施。

第 2 章 放射性废液沥青固化基础研究

本章主要叙述针对沥青固化放射性废液开展的基础研究，包括：沥青固化工艺条件和产品性质研究；沥青及固化产品的辐照效应；沥青固化二次冷凝液处理；沥青固化分析方法等。

2.1 沥青的种类和性质

沥青主要可以分为煤焦沥青、石油沥青和天然沥青三类。

(1) 煤焦沥青：煤焦沥青是炼焦的副产品，即焦油蒸馏后残留在蒸馏釜内的黑色物质。它与精制焦油只是物理性质有分别，没有明显的界限，一般的划分方法是规定软化点在 26.7 ℃(立方块法)以下的为焦油，26.7 ℃以上的为沥青。煤焦沥青中主要含有难挥发的蒽、菲、芘等。这些物质具有毒性，由于这些成分的含量不同，煤焦沥青的性质也因而不同。温度的变化对煤焦沥青的影响很大，冬季容易脆裂，夏季容易软化。加热时有特殊气味，加热到 260 ℃并持续 5 h 之后，其所含的蒽、菲、芘等成分就会挥发出来。

(2) 石油沥青：石油沥青是原油蒸馏后的残渣。根据提炼程度的不同，在常温下成液体、半固体或固体。石油沥青色黑而有光泽，具有较高的感温性。由于它在生产过程中曾经蒸馏至 400 ℃以上，因而所含挥发成分甚少，但仍可能有高分子的碳氢化合物未经挥发出来，这些物质或多或少对人体健康是有害的。

另外，石油沥青可以按以下体系加以分类。

按生产方法分为：直馏沥青、溶剂脱油沥青、氧化沥青、调和沥青、乳化沥青、改性沥青等；

按外观形态分为：液体沥青、固体沥青、稀释液、乳化液、改性体等；

按用途分为：道路沥青、建筑沥青、防水防潮沥青、以用途或功能命名的各种专用沥青等。

(3) 天然沥青：天然沥青储藏在地下，有的形成矿层或在地壳表面堆积。这种沥青大都经过天然蒸发、氧化，一般已不含有任何毒素。

工程中采用的沥青绝大多数是石油沥青，石油沥青是复杂的碳氢化合物与其非金属衍生物组成的混合物。沥青闪点通常在 240～330 ℃之间，燃点比闪点约高 3～6 ℃，因此施工温度应控制在闪点以下。

2.2　国产沥青分类

我国国产沥青基本上分为四大类(前三种较为常见)。

(1) 炼油厂中炼油剩下的油渣,通常称 200# 油渣。可直接从炼油厂尾部工段得到,它的针入度为 81～120 度(针入度:1 度＝1/10 mm),软化点为 40～45 ℃。

(2) 用于道路敷面的沥青,通常称为道路沥青或 60# 沥青,其针入度为 41～80 度,软化点不低于 45 ℃。

(3) 用于建筑上的沥青,通常称为建筑沥青或 10# 沥青,其针入度为 5～20 度,软化点不低于 90 ℃。

(4) 30# 沥青,用途不及 10#、60# 广泛,针入度为 21～40 度,软化点不低于 60 ℃。

此外,还有一些其他型号的石油沥青或煤沥青、地沥青等。一部分国产石油沥青性能的实测数据见表 2-1 所示。

表 2-1　国产石油沥青性能实测数据

型号	产地	针入度/度	软化点/℃	密度/(g/cm^3)	闪点/℃
10#	兰州	21.3	100.8	1.0	341
	玉门	15.5	99.4	0.99	/
	胜利	20.0	102.5	0.97	330
30#	兰州	33.0	73.5	0.98	350
	锦西	30.3	69.7	/	/
55#	东炼	31.5	109	/	/
	锦西	20.4	113.6	1.0	/
60#	茂名[1](1 批)	55.3	51.8	1.0	280
	茂名(2 批)	44	59.5	/	306
	济南	64	51	1.0	/
	江汉	54	47.0	1.0	/
200#	胜利	80.5	45.8	0.96	/

注:1) 茂名 60#(1 批)与茂名 60#(2 批)是本章所描述实验用的茂名 60# 沥青的两批产品,茂名 60# 沥青如无特别指明,则泛指茂名 60# 沥青。

2.3　放射性废液固化用沥青的特性研究

2.3.1　沥青的基本特性

如果考虑沥青用作固化放射性废物的基质,沥青的以下物化特性是很重要的。

— 熔融沥青的贮存和转移；
— 工艺操作条件；
— 与废物的兼容性；
— 最终产物的包装要求；
— 废物包的装运和贮存条件；
— 沥青固化废物的最终处置。

(1) 化学成分

沥青由碳氢化合物和少量硫、氮和氧化物以及其他微量元素成分(例如，金属)组成。沥青的分子结构很复杂，沥青的主要成分可以分成以下几种：

① 沥青质，它是高芳香族化合物，具有高的相对分子质量。

② 软沥青质，它只占高沸点物质的小部分，含有树脂和油类。树脂是非晶质固体，与沥青质有相似的化学结构。树脂的典型特征就是黏性随温度发生变化。油类包含有芳香族化合物、环烷烃和烷烃馏分。

沥青通常的成分如表 2-2 所示。

表 2-2　沥青通常的成分

主要化合物	%(质量分数)
芳香族化合物和环烷-芳香环化合物	38.3
沥青质	15.6
饱和异烯烃与饱和环烯烃	16.1
中性杂化合物	14.2
基本杂化合物	8.5
酸杂化合物	7.2
饱和正烯烃	<0.1
主要元素	**%(质量分数)**
碳	84
氢	10.3
硫	4.1
氧	1.2
氮	0.4
铝	约 10^{-6}
硅，钒，镍	约 10^{-6}

氧化沥青和直馏沥青的化学成分的不同主要是氧化沥青里有较多的沥青质存在。

(2) 软化点

因为沥青是复杂分子混合物，没有固定熔点。沥青从固体到液体是逐渐转变的，有相当大的温度范围。环状和球状测试法测定软化点，就是确定沥青在标准条件下达到某确定软化水平时的温度。

用来包容放射性废物的沥青，软化点在 35～95 ℃之间变化。直馏沥青适用于低温，氧化沥青适用于高温。

(3) 硬度(针入度)

通常用针入度标准测试测量沥青抗机械变形。针入度标准测试在规定温度(25 ℃)和规定载荷(载荷为 100 g,持续 5 s)下,测定针对某给定尺寸沥青样品的针入深度,用 0.1 mm 表示。对于最硬的沥青,针入度为 10 度(1 mm);最软的沥青为 110 度(11 mm)。沥青质含量高的沥青,它的针入度较低。

(4) 黏性

软化点和针入度与沥青机械及流变特性有关。这些特性要取决于沥青的沥青质含量。黏性随温度增加而减弱,加热使沥青液化。乳化沥青在室温下就是液体。

(5) 闪点

在标准条件下,沥青挥发性成分与明火接触开始燃烧的最低温度定义为闪点。测试表明,出于安全考虑,在固化操作期间,沥青的受热温度必须要低于闪点。被选择作为固化基材的沥青,闪点较高,通常在 250～300 ℃。有些沥青则低于 220 ℃。

(6) 密度

在 25 ℃下,大多数沥青的密度稍微高于1 000 kg/m^3,沥青质的含量增加,密度稍微增加,针入度也降低。

(7) 加热引起的质量损失

当沥青被加热足够长的时间,低沸点成分的挥发将影响沥青的一些性质,例如使硬度和脆性增加。

在 163 ℃进行持续时间 5 h 的标准测试,氧化沥青的质量损失为 0.2%(质量分数),直馏沥青为 2%(质量分数)。

(8) 延度

沥青的延度与它的流变特性有关。与直馏沥青相比,氧化沥青的延度较低,这种现象是因为氧化沥青的氧化导致了脱氢卤化和聚合。在老化和辐照情况下也会出现同样的现象。在 25 ℃下,氧化沥青的延度是 1～5 cm,直馏沥青延度是 45～100 cm,有的甚至超过此范围。

当沥青的温度降低时,沥青的延度降低,并变得易碎。温度在－20～－30 ℃,沥青显示出破碎的趋势。

(9) 其他特性

沥青的其他特性如表 2-3 所示。在这些特性中应当注意的是热传导性低。设计加热装置时应考虑到加热表面可能碳化。

(10) 化学稳定性

在环境温度下,沥青通常对许多化学物质有很强的抵抗力。因此经常用作对化学物质非常敏感材料的防护涂层。

但是,在较高温度下,沥青能与不同的介质反应,例如氧气和硫磺。这些反应会引起沥青的脱氢作用和形成沥青质。沥青与氧气的反应对加工氧化沥青是很重要的。

表 2-3 沥青的物理特性(平均值)

特性	值
密度	(1.04±0.03)kg/L(25 ℃)
体积膨胀系数	6.1×10^{-4} ℃$^{-1}$(温度范围在 15～200 ℃)
比热	1.88 J·g^{-1}·℃$^{-1}$
热传导性	0.54 J·m^{-1}·℃$^{-1}$·h^{-1}
水蒸气渗透性	9.75×10^{-11} g·h^{-1}·cm^{-1}·Pa^{-1}(25 ℃)
表面张力	$(29\pm1)\times10^{-5}$ N/cm(25 ℃)
总表面能	$(51\pm0.1)\mu J/cm^2$
电阻系数/传导性	10^{14} Ω·cm(30 ℃)
绝缘强度	20～30 kV/mm(20 ℃下;平面电极)
介电常数	2.7(20 ℃)
介电损失	0.015 tanδ(50 Hz;20 ℃)
黏性	10^3～10^{20} P(温度范围 50～0 ℃)
热值	4.2×10^4 J/g
可压缩性	$\approx4\times10^{-5}$ cm^2/kg
氢气扩展能力	$\approx3\times10^{-12}$ g·h^{-1}·cm^{-1}·Pa^{-1}(25 ℃)

沥青在高温下可能会发生化学变化(≥300 ℃),导致沥青硬化,这不仅在用蒸馏生产沥青时要考虑,而且在放射性废物固化时也要考虑到。

通常情况下,与碱性溶液相比,沥青更容易受酸溶液的侵袭。在室温下,沥青似乎不被浓缩的碱性溶液所侵袭,尽管稀释的碱性溶液与沥青的酸性成分反应形成盐,例如环烷酸钠,而环烷酸钠是沥青很好的乳化剂。这种反应在高酸值的软沥青和在浓度为 0.1%的氢氧化钠溶液中是非常明显的。

沥青对酸的抵抗力取决于酸的浓度。一般而言,浓酸能侵袭沥青。沥青与稀酸反应长久,会导致沥青硬化,这是因为形成了环烷酸盐。浓硫酸(例如浓度为 96%)会侵蚀沥青的芳香族化合物成分(酸焦油)。未饱和的碳氢化合物即使在 200 ℃下,也不会被侵蚀。沥青对稀释的硫酸有抵抗力。在室温下,沥青对浓盐酸有非常高的抵抗力。

沥青不能抵抗硝酸的侵蚀。浓硝酸引起沥青氧化和硝化。即使在低浓度和室温下,稀硝酸也能侵蚀沥青。因此,沥青不适合抗硝酸及用作对硝酸的防护材料。

2.3.2 沥青掺入盐分后的物理变化及产品适宜包覆的含盐量的确定

针入度用针入度测定仪测定,软化点用环球法进行测定,闪点用布林肯式开口杯测定。

密度的测定:称取少量样品,投入盛有无水乙醇的量筒内,记下无水乙醇体积增长数,将称得的质量与体积增长数相除即得密度值。

浸出率的测定：用火焰光度计测定浸泡液中 Na^+ 的浓度，以 Na^+ 的浸出率作为大量的较易浸出的可溶性盐的代表，研究浸出率变化的规律。

实验的步骤如下：

(1) 配制一定总盐量的模拟料液，在电炉上预热到约 80～90 ℃；

(2) 称取一定量沥青放在烧杯内，用砂浴加热，预热至约 100～110 ℃；

(3) 将料液倒入沥青内并不断搅拌，混合后的体系温度约 80～90 ℃；

(4) 继续在砂浴锅内加热，模拟料液中的水分在加热过程中不断脱去；

(5) 温度达 160 ℃左右时停止加热，随即出料并取样分析其针入度、软化点、闪点、密度、浸出率等产品性能。

实验所用料液如下：

(1) 硝酸钠溶液　考虑到一般放射性废液中很多是属于硝酸钠为主的体系，用硝酸钠溶液模拟一般放射性废液。

(2) 模拟弱放凝聚泥浆　根据弱放泥浆形成过程，配制弱放模拟泥浆。将洗衣水和冲洗地板水按 1∶1 混合，然后投入凝聚剂即成，具体成分如下。

洗衣水

Na_2CO_3	220 mg/L
北海洗衣粉	30 mg/L
$KMnO_4$	40 mg/L
$(NaPO_3)_6$	110 mg/L
$H_2C_2C_4 \cdot 2H_2O$	170 mg/L

洗地板水

石油磺酸	250 mg/L

凝聚剂

$FeSO_4 \cdot 7H_2O$	200 mg/L
$Na_3PO_4 \cdot 12H_2O$	520 mg/L
NaOH	调节 pH＝9.5

进行固化实验时，按料液总盐量的要求，配制成浓缩若干倍的料液。

为了计算方便，将上述各项相加作为配制泥浆的总盐量。这样做与真实泥浆的不同之处，除放射性的因素之外，还有：

(1) 模拟泥浆既有沉淀部分，又有上清液可溶盐，而真实泥浆只有沉淀部分；

(2) 配制过程中试剂之间发生反应，放出气体，料液中试剂总盐量比计算值要低些。

2.3.2.1 沥青软化点的变化

沥青的软化点表示沥青受热变软到某一程度的温度，是沥青固化工艺过程和产品贮存的重要参数。根据实践，当固化产品的软化点在 70～75 ℃以上时，在常温下，甚至在夏季存放，固化体也不至于发生严重变形现象。因此，初步把产品的软化点定得较高。盐分掺入量越大，软化点越高(见图 2-1 和图 2-2)。由图 2-1 可看到，当用 60# 沥青固化硝酸钠溶液时，产品的含盐量必须大于 45%，才能使产品的软化点在 70～75 ℃以上。由图 2-2 可以看到，用 60# 沥青固化模拟泥浆时，产品的含盐量必须大于 30%，用 200# 沥青固化模拟泥浆时，产

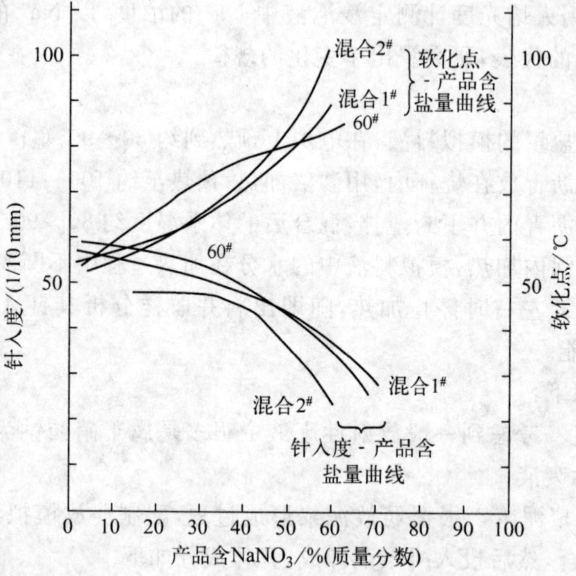

图 2-1 沥青固化产品中掺入硝酸钠量对产品软化点与针入度的影响

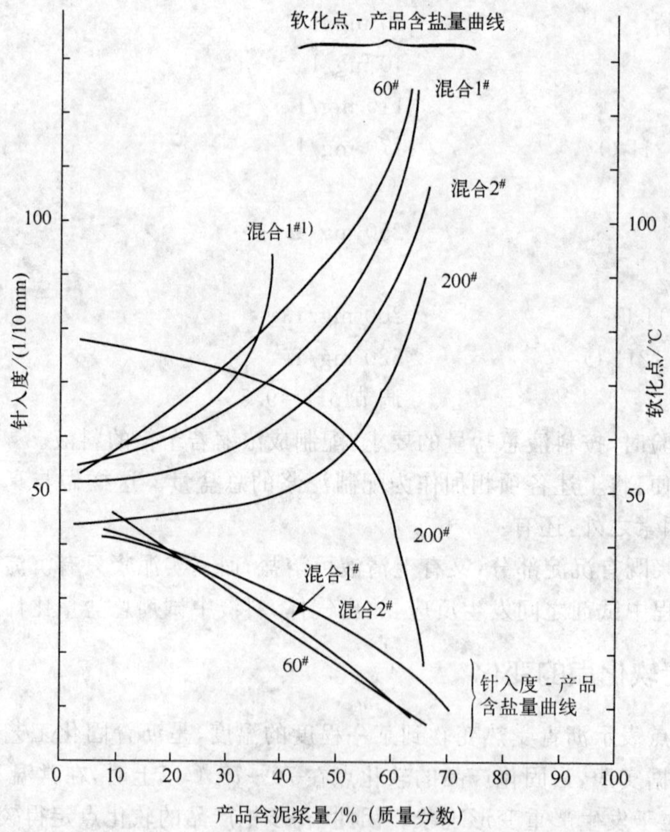

图 2-2 沥青固化产品中掺入的泥浆对产品软化点与针入度的影响

注:1) 该曲线为固化弱放泥浆时,固化产品的软化点与产品含盐量的关系曲线;
本图其他曲线为固化模拟泥浆时的情况。

品的含盐量必须大于 60%才能使产品的软化点在 70～75 ℃以上。这样就可以初步确定出沥青固化时所要求的最低含盐量。

2.3.2.2　沥青针入度的变化

沥青的针入度表示常温下(25 ℃)的沥青稠度。针入度较小(较稠)的固化块,对产品的贮存是有利的。根据实验,针入度随固化产品的含盐量的增加而逐渐降低(见图 2-1 和图 2-2的另一组曲线)。

2.3.2.3　沥青固化物适宜包覆的含盐量

为了更大程度减小废物的体积,希望产品中能包容更多的盐分。产品中含盐量增大、软化点升高、针入度下降对产品的贮存来说是有利的,但对固化过程工艺操作来说是不利的,因为软化点太高和针入度太小会使加热脱水后期搅拌困难,加热温度相应要提高,更严重的是如果包容盐分太多,可使产品呈现黏结性很差的松散固体颗粒状态,而随着产品中盐分增加,盐分在水中浸出率也增加。综合权衡利弊,那么产品中包容的盐分应有一个比较适宜的值。此值可随料液组成、所使用沥青型号及操作条件的不同而稍有高低。在所进行的试验条件下,对于上述两种料液和 60#、混合 1# 沥青来说,产品中适宜包裹的含盐量最好不要超过 60%(质量分数)。

为了使试验结果更符合实际情况,又做了弱放废水蒸残液和弱放废水凝聚泥浆的固化试验。操作方法同上述一样,试验结果见表 2-4,表 2-5。

表 2-4　弱放蒸残液沥青固化试验结果(用混合 1# 沥青)

蒸残液	蒸残液加入量/mL	沥青加入量/g	产品含盐量%(质量分数)	体系温度		历时/min	产品软化点/℃
				起始温度/℃	出料温度/℃		
含盐 2.3%,比放 5.9×10^{-5} Ci,pH≥11～12	4 000(总含盐量 92 g)	100	47.9	80	170	130	64

表 2-5　弱放凝聚泥浆沥青固化试验结果(用混合 1# 沥青)

蒸残液	蒸残液加入量/mL	沥青加入量/g	产品含盐量%(质量分数)	体系温度		历时	产品软化点/℃
				起始温度/℃	出料温度/℃		
含盐 4.1%,比放 5.9×10^{-4} Ci,pH=9	1 220(总含盐 50 g)	100	33.3	80	160	9 h 45 min	72.5
	4 000(总含盐 61.5 g)	100	38.1	80	160	7 h 20 min	98

由试验可以看出，在固化弱放蒸残液时，软化点的变化和固化硝酸钠溶液的情况差不多。在固化弱放凝聚泥浆时，软化点随产品含盐量的变化比模拟泥浆更大些。因此，当固化真实泥浆时，产品的含盐量应比用模拟料液试验的结果相应减少。

2.3.2.4 沥青掺入盐分后的密度变化

沥青掺入盐分后密度增加，详情见表 2-6 所示。

表 2-6 茂名 60# 沥青中掺入盐分后的密度变化

料液	固化产品含盐量（质量分数）/%	固化产品密度/（g/cm³）
0	0	1.0
硝酸钠溶液	40	1.29
硝酸钠溶液	50	1.38
模拟料液	40	1.20
模拟泥浆	50	1.38

2.3.2.5 沥青掺入硝酸钠后的闪点变化

沥青中掺入硝酸钠后闪点略微升高，具体见表 2-7 所示。

表 2-7 沥青中掺入硝酸钠后的闪点变化

沥青型号	料液	固化产品含盐量（质量分数）/%	闪点/℃
茂名 60#（1 批）	0	0	280
茂名 60#（1 批）	硝酸钠溶液	50	307
茂名 60#（2 批）	0	0	306
茂名 60#（2 批）	硝酸钠溶液	50	312

2.4 沥青固化产品的性能研究

沥青固化产品必须接受特殊测试，以确定沥青整备适合处置的废物产品的能力。产品在搬运、贮存、运输和处置各个阶段的性能充分是基本条件。除安全因素外，不同废物和包含在废物中的放射性对沥青特性的影响是确定沥青作为基质材料是否合理的重要因素。当然，贮存设施和处置场强加的要求将会影响基质材料的选择、最终废物体组成和废物体包装。

2.4.1 沥青固化产品的浸出率

衡量沥青固化产品的一个重要指标是它在水中的浸出率。由于一般放射性废液中有很多是属于硝酸钠盐体系，而钠盐在水中的溶解度很大，易从固化产品中浸泡出来。因此，通过测定钠离子的浸出率观测固化产品浸出率的变化情况。

浸泡方法：采用静态浸泡，即将浸泡样品投入盛有一定体积去离子水的烧杯中做静态浸泡，定期取样。取样后，更换同样体积的新鲜浸泡液再行浸泡。取出的浸泡液用火焰光度计分析钠离子浓度。

浸出率的单位定义为：每天、每单位比表面浸出的钠离子量占固化产品中总钠的百分数。即

$$R(\text{浸出率}) = \frac{\dfrac{\text{浸出的钠量(g)}}{\text{样品中总钠量(g)}}}{\text{浸泡天数(d)} \times \dfrac{\text{样品暴露出的浸泡表面}(\text{cm}^2)}{\text{样品总重量(g)}}}$$

R 的单位为 $\text{g/cm}^2 \cdot \text{d}$。

(1) 固化产品在水中其钠离子浸出的基本情况

用不同型号沥青固化硝酸钠溶液，然后做浸泡试验，发现浸出率随浸泡时间的变化规律大致相同。即开始浸泡的头几天浸出率都较高，随即下降很快，而后浸出率下降速率变缓慢，然后回升，以后又转变为极缓慢下降，这时候浸出率大约在 $10^{-4}\ \text{g/cm}^2 \cdot \text{d}$ 数量级。

图 2-3 是用三种不同型号沥青进行固化所得产品的浸泡曲线。产品的含盐量均为 50%，浸泡时间最长达 300 天。由图 2-3 可见，用胜利 60# 沥青和茂名 60# 沥青固化同样质量分数的钠盐，浸出率差不多。

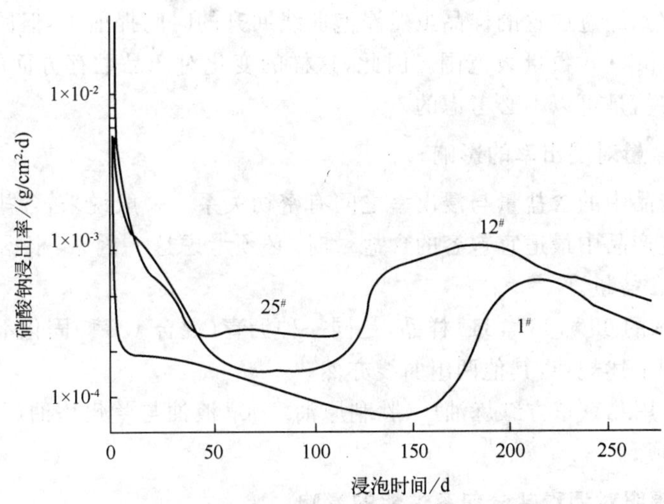

图 2-3　不同型号的沥青掺入 50%(质量分数)硝酸钠的浸泡曲线

1#—茂名 60# 沥青；12#—胜利 60# 沥青；25#—混合 1# 沥青

对沥青固化产品进行长期浸泡后观察到沥青固化产品体积稍微膨胀，并且表面呈现菜花状或木耳状。

(2) 固化产品贮存一段时间后遇水浸泡的情况

考虑到产品贮存一段时间后，才遇水侵蚀，把 60# 沥青固化硝酸钠溶液所得的产品放置一段时间后，再进行浸泡以模拟这种情况。所得浸泡曲线与固化块制成后立即浸泡的情况

有所不同。

由图 2-4 可见，在浸泡曲线回升的部分，经过放置的样品比立即投入浸泡的样品在时间上提前了。这一现象说明，固化块制成后内部的结构在贮存期间不是静止不变的，变化的结果使得产品内部的钠离子较早地被浸泡出来。

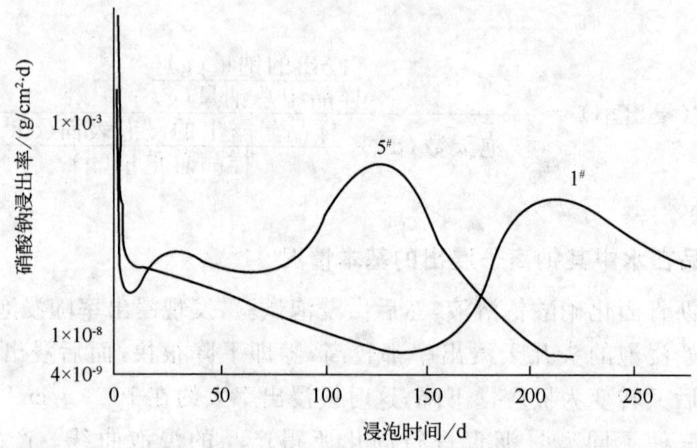

图 2-4　固化块制成后放置一段时间浸泡和立即浸泡的曲线比较

5#—放置 2 个半月后浸泡；1#—立即浸泡

另外，还观察到经过放置的样品虽然浸泡曲线回升的时间提前了，但回升的高度基本不变，都在 10^{-4} g/cm^2 · d 数量级范围。因此，这样的变化对产品贮存方面的影响，特别对漫长的贮存时间来说，是可以不必考虑的。

(3) 产品含盐量对浸出率的影响

试验表明，产品中的含盐量与浸出率之间有密切关系。一般说来，含盐量大的浸出率也大。因此，在确定产品中最适宜包容的含盐量时，必须考虑这一因素，根据对产品浸出率的要求确定包容的含盐量。

图 2-5 中所示的 33#，38#，34# 样品，是同一种沥青（混合 1.5#）固化不同含量泥浆的情况，可明显地看到上述规律，其他两组曲线亦然。

混合 1.5#—用北京东方红炼油厂（胜利原油）200# 渣油与兰州炼油厂 10# 沥青以 5∶1（质量比）混合制成。

(4) 放射性辐照对沥青盐分包容性能的影响

沥青和其他高分子有机物一样，在吸收放射性能量后，本身将会发生某些物理化学变化。因而，它对盐分的包容性能也会发生变化。将固化产品置于 ^{60}Co 源下辐照，然后将经过辐照的样品和未经辐照的平行样品同时进行浸泡，并观察 Na^+ 的浸出率变化，以确定放射性辐照对沥青包容盐分性能的影响。

辐照总吸收剂量达 1×10^8 rad 的样品，采用过的剂量率有 4.34×10^5，8.56×10^5，1.25×10^6 rad/h。辐照总吸收剂量达 $5\times10^8\sim1\times10^9$ rad 的样品，采用过的剂量率有 1.0×10^6，2.5×10^6，5.0×10^6 rad/h。

试验结果表明，沥青受辐照总吸收剂量达 1×10^8 rad 后，对盐的包容性能基本无影响。

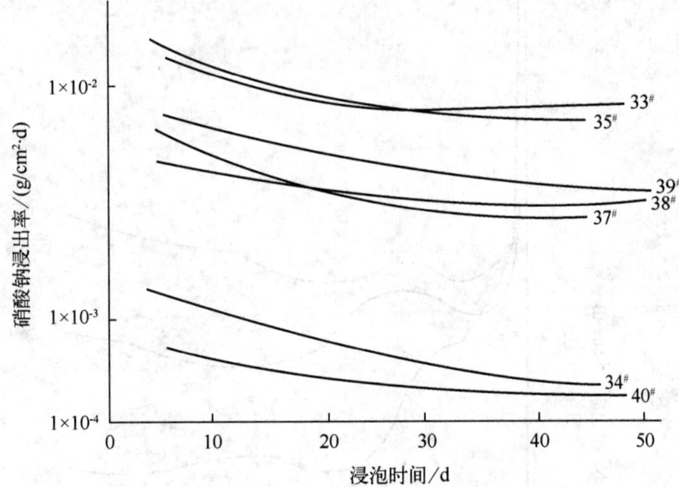

图 2-5　不同型号的沥青掺入不同含量泥浆后 Na^+ 的浸出曲线

33#—混合 1.5# 掺入 66.7%(质量分数)模拟泥浆；35#—混合 1# 掺入 63.9%(质量分数)模拟泥浆；39#—茂名 60# 掺入 55%(质量分数)模拟泥浆；38#—混合 1.5# 掺入 60%(质量分数)模拟泥浆；37#—混合 1.5# 掺入 55%(质量分数)模拟泥浆；34#—混合 1.5# 掺入 50%(质量分数)模拟泥浆；40#—茂名 60# 掺入 40%(质量分数)模拟泥浆

沥青在受辐照总吸收剂量达 5×10^8 rad 后，固化产品 Na^+ 的浸出率上升 0.5～1 个数量级。沥青在受辐照总吸收剂量达 1×10^9 rad 后，产品 Na^+ 的浸出率上升 1～1.5 个数量级。浸出率的变化情况见图 2-6 至图 2-8。

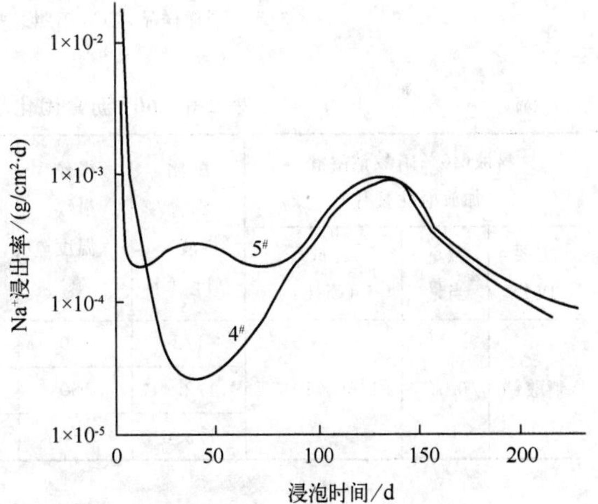

图 2-6　辐照对固化产品浸出率的影响

[样品为茂名 60# 沥青掺入 50%(质量分数)硝酸钠]

5#—未辐照；4#—辐照总吸收剂量为 1×10^8 rad

(5) 放射性核素的浸出率

通过测量浸泡溶剂中的总放射性水平来测定含有裂片元素的沥青固化块的浸出率。

浸泡方法同样是静态浸泡，用自来水作浸泡溶剂，定期换水(浸泡过的水不宜重复使用)。试验结果见表 2-8。

(6)结论

从以上的试验可以得出如下结论。

① 沥青固化产品适宜包容的含盐量。包容量应根据所用沥青的型号和料液类别，考虑固化流程工艺条件、产品的物理性质要求、产品的浸出率，以及废液固化要求较大减容比等诸多因素而定。一般取 40%～60%(质量分数)较为合适。

② 沥青的选型。10# 沥青的软化点在 90 ℃以上，用它进行沥青固化必定使操作温度变得很高，所以认为不宜直接用于沥青固化；200# 沥青的软化点较低、针入度较大，用它进行

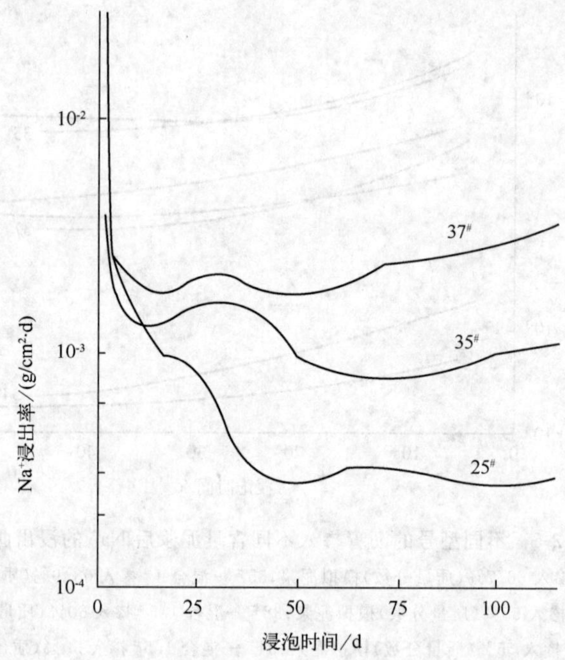

图 2-7 不同的辐照总剂量对固化产品浸出率的影响

25#—混合 1# 沥青掺入 50%(质量分数)硝酸钠,未辐照;35#—同样样品,^{60}Co 辐照总吸收剂量达 5×10^8 rad 后浸泡;37#—同样样品,^{60}Co 辐照总吸收剂量达 1×10^9 rad 后浸泡

表 2-8 60# 沥青固化块放射性核素的浸出率

料液(40%硝酸钠溶液加放射性裂片)			配比(沥青/料液)/(kg/L)	操作最终温度/℃	产品含盐量/%(质量分数)	浸出率/(10^{-6} g/cm²·d)				
主要成分	碱量当量	比放/(Ci/L)				6 天	13 天	27 天	60 天	120 天
硝酸钠	0.10	1.60×10^{-4}	1/2	160	44.5	1.57	6.71	7.20	7.67	8.21
			1/2.4	160	49	3.81	7.03	7.34	8.37	8.69
			1/3.0	160	54.5	8.34	9.60	10.26	10.68	10.90

沥青固化,可以使固化产品的含盐量略微增加,但又引起产品浸出率的增高,在对产品浸出率的要求放宽的场合,可以考虑应用;用 60# 沥青进行沥青固化,可得到较低的操作温度(大约 160 ℃)和较好的浸出率(10^{-4} g/cm²·d)。从 Na^+ 的浸出率来看,采用胜利油田原油提炼的沥青和茂名产的沥青进行固化,结果无明显差别。

③ 固化产品的浸出率。用 60#(或类似 60#)沥青进行固化时,含硝酸钠 50%(质量分数)的产品,Na^+ 的浸出率大约在 10^{-4} g/cm²·d 数量级。用 60# 沥青固化硝酸钠 40%(质量分数)、比放为 10^{-4} Ci/L 的放射性废液,产品中含盐量 50%(质量分数)左右时,总放射性核素的浸出率大约在 $10^{-5}\sim10^{-6}$ g/cm²·d 数量级。

④ 沥青吸收放射性辐照能量。总吸收剂量达 1×10^8 rad 时,固化产品 Na^+ 的浸出率无明显改变。

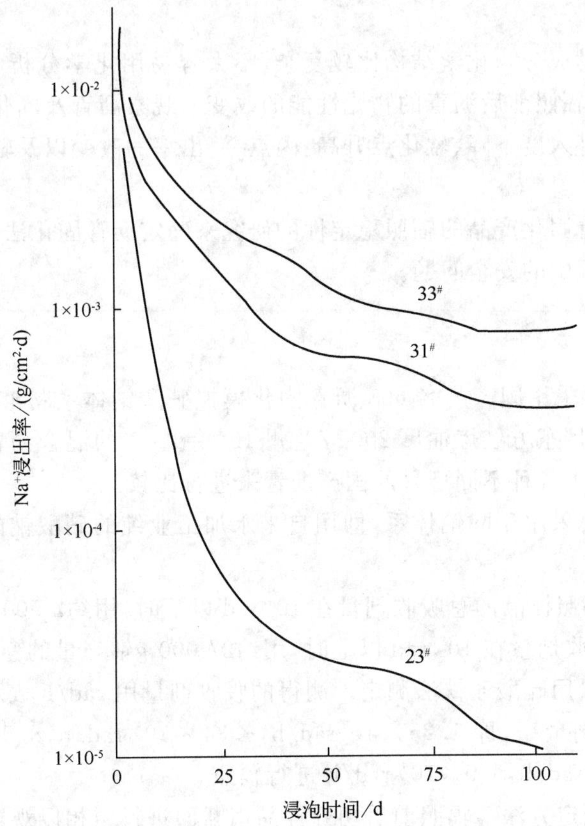

图 2-8 不同辐照总剂量对固化产品浸出率的影响

[样品为茂名 60# 掺入 50%(质量分数)硝酸钠]

23# —未辐照;31# —总吸收剂量为 5×10^8 rad;33# —总吸收剂量为 1×10^9 rad

⑤ 沥青掺入盐分后,闪点略微升高,对长期贮存更为有利。

2.4.2 辐照对沥青和沥青固化产品性能的影响

研究不同类型的沥青及沥青固化产品对辐照稳定性的目的在于确定沥青固化法所能允许处理的放射性废物的比放水平、固化产品所要求的处置条件和沥青选型等问题。

由于沥青是一种高分子脂肪族和芳香族碳氢化合物及硫、氧、氢等衍生物的混合物,而且易于辐射分解,所以研究沥青的辐照稳定性是十分重要的。

在辐照过程中,沥青会产生一系列的放射化学过程,其主要过程如下。

(1) 碳氢化合物辐射分解会产生气体,这些气体引起的机械膨胀力会在沥青中形成气孔而造成体积膨胀。就硬沥青而言,由于沥青的弹性较差,这些气体易于释出。对软沥青来讲,由于沥青的弹性较好,气体易存留在沥青中而使体积显著膨胀。

(2) 沥青的氧化作用,在辐照情况下,沥青会发生氧化。一般来说,直馏沥青较易氧化。由于氧化过程包括一些聚合作用,因而会使沥青的针入度降低和软化点升高,并产生辐解氢气。

(3) 沥青的裂解和辐照裂解所产生的原子团与沥青及存在的固体物质发生化学反应。一般含脂肪族多的沥青较易裂解。裂解的产物数量按下列顺序依次递减,即 C_2H_6,C_2H_4,

C_2H_2，C_6H_6。

因为沥青的化学成分与化学结构比较复杂，不太容易用化学分析的方法来说明沥青的辐照效应，而多采用辐照前后沥青的物化性能的改变来观察沥青及固化产品的辐照稳定性，如气孔、体积膨胀、针入度下降、软化点升高、闪点、浸出率的改变以及辐解产生的气体成分、数量等。

通过沥青及沥青固化产品的辐照稳定性的研究来确定沥青固化法所允许的放射性水平及固化产品贮存过程中的安全问题。

2.4.2.1 试验条件

(1) 沥青 主要采用国产茂名 60# 沥青固化模拟硝酸钠体系料液制成沥青固化产品。为了进行比较，还采用东方红炼油厂 200#/兰州 10#＝1∶1 的混合沥青固化。在纯沥青的辐照效应中，也采用了各种不同型号的国产沥青来进行比较。

(2) 料液 主要采用硝酸钠体系，即用自来水加工业纯的硝酸钠配成饱和硝酸钠溶液作为模拟废液。

(3) 辐照源 辐照样品的总吸收剂量在 10^8 rad 以下时，用约2 500 g镭当量的 ^{60}Co 源辐照；辐照样品的总吸收剂量在 10^8 rad 以上时，用约27 000 g镭当量的 ^{60}Co 源辐照。

辐照的吸收剂量用硫酸亚铁法测定。测得的吸收剂量用 rad/h 表示。

用几种不同的剂量率，即 1.25×10^5 rad/h，4.34×10^5 rad/h，8.56×10^5 rad/h，1.0×10^6 rad/h，2.5×10^6 rad/h，5.0×10^6 rad/h 进行辐照。

(4) 物化性能测定方法 辐照前后切开样品横断面进行照相以观察其中的气孔产生情况，并对辐照前后沥青样品的体积进行测量，计算其体积膨胀率。

辐照前后样品的针入度、软化点、闪点的测定见 2.3.2 节所述。辐照后产生的气体成分与含量用气相色谱法分析。

2.4.2.2 试验结果与讨论

(1) 几种不同类型的沥青及沥青固化产品的辐照效应

在总吸收剂量为 1×10^7 rad 时(剂量率为 1.25×10^5 rad/h)，一般的沥青尚没有明显的体积膨胀与气孔产生，物化性能没有变化。在总吸收剂量为 1×10^8 rad 时(剂量率为 0.85×10^6 rad/h)，由于辐解氢气的产生，一般的沥青均已有体积膨胀和气孔产生，但其物化性能还没有发生较大的变化。当总吸收剂量达 1×10^9 rad 时，对所有沥青来讲，辐解产生的氢气造成的体积膨胀与气孔以及物化性能的变化均已十分严重。

表 2-9 几种不同类型沥青在总吸收剂量为 1×10^9 rad 时的体积膨胀

沥青型号	体积膨胀/%
胜利 10#	17.7
玉门 10#	58.3
兰州 10#	61.2
兰州 30#	57.6
锦西 30#	63.5
茂名 60#(2 批)	70.1
茂名 60#	98.6

表 2-9 列举了总吸收剂量为 1×10^9 rad 时(剂量率为 2.5×10^6 rad/h)不同类型沥

青的体积膨胀百分比。

从这些数据可以看出，软基质沥青如 60#，由于弹性较好，辐射分解气体易存留在沥青中而使体积膨胀显著。应该指出，体积膨胀与辐照的剂量率有较大关系，所以上面所列举的体积膨胀百分比较实际的高。

表 2-10 给出了茂名 60#（2 批）沥青在不同辐照剂量下物理性能的改变。

表 2-10　不同辐照剂量下茂名 60# 沥青物理性能的变化

总吸收剂量/rad	体积膨胀/%	针入度降低/度	软化点升高/℃
0.76×10^{7}	13.5	0	1.5
1.74×10^{8}	48.6	0.5	7
4×10^{8}	57.0	21	16
1×10^{9}	70.1	36	53

(2) 沥青及沥青固化产品辐解气体的成分与含量

用图 2-9 所示的密封容器来研究沥青及沥青固化产品辐射所产生的气体成分与含量。该容器是一体积为 240 mL 的硬质玻璃瓶，将沥青及固化产品熔化后倒入，每次样品量为 80 g 左右，待冷却后用反口橡皮塞密封，接受一定剂量的辐照后用注射器取样进行气相色谱分析。表 2-11至表2-13列举出了几种不同类型的沥青在不同剂量辐照时所产生气体的成分与含量。

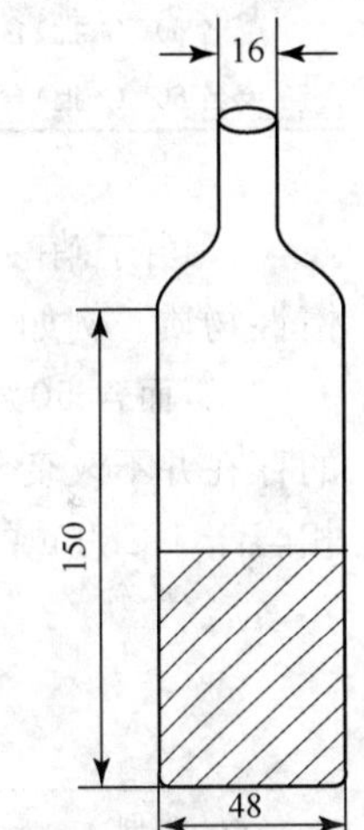

图 2-9　沥青样品辐照用容器

从上面的试验结果可以看出：

— 软基质沥青如 60# 释出的气体量较低，而硬质沥青如 10#，所释出的气体量较高。这主要是由于软基质沥青弹性较好，辐解气体被沥青包留，不易释出所致；

— 辐解所产生的气体主要为 H_2，还有少量的 CH_4 与 CO，从气体的组成来看，辐照主要使沥青中的烃类化合物产生聚合反应；

— 在总吸收剂量为 1×10^{7} rad 以下时，所采用的几种沥青均没有明显的辐解气体释出。以大桶 60# 沥青为例，总吸收剂量为 5×10^{7} rad 时，H_2 的释出量为 0.087 L/kg 沥青；总吸收剂量为 1×10^{8} rad 时则为 0.63 L/kg 沥青。所以可以看出在总吸收剂量为 1×10^{8} rad 时，不会有明显的辐解气体释出；

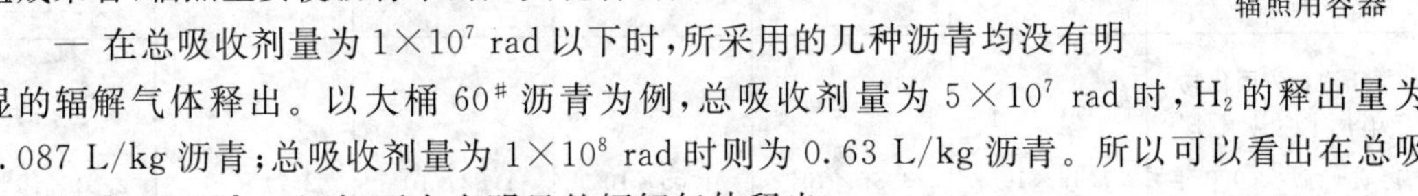

表 2-11　几种不同类型的沥青在不同剂量辐照时所产生的气体成分与含量

沥青类型	辐解产生的气体量(L/kg)					
	总吸收剂量 1×10^{7} rad			总吸收剂量 5×10^{7} rad		
	H_2	CH_4	CO	H_2	CH_4	CO
茂名 60#（2 批）	0.01	/	/	0.087	0.001 3	0.000 3
兰州 30#	0.026	/	/	0.230	0.003	0.000 8
胜利#	0.042	0.004	0.000 8	0.278	0.006 3	0.002 7

表 2-12 总吸收剂量为 1×10^8 rad 时，沥青及固化产品所产生的辐解气体的含量

样品名称	剂量率/(rad/h)	辐解产生的气体量/(L/kg)		
		H_2	CH_4	CO
茂名 60#(2 批)	1.08×10^5	0.63	/	/
茂名 60#(2 批)含 50%(质量分数)硝酸钠	4.2×10^5	0.305	0.006 1	0.002 2
胜利 60# 含 50%(质量分数)硝酸钠	4.2×10^5	0.326	0.007 3	0.003 1
茂名 60#(1 批)含 50%(质量分数)硝酸钠	4.2×10^5	0.173	0.002 9	0.001 4
混合 1#	4.35×10^5	0.46	0.004 2	0.001 1
混合沥青含 50%(质量分数)硝酸钠	4.35×10^5	0.18	0.004 2	0.000 6

表 2-13 总吸收剂量 1×10^9 rad 时两种沥青固化产品辐解所产生的 H_2 量

样品名称	剂量率/(rad/h)	辐解产生的 H_2/(L/kg)
茂名 60#(1 批)含 50%(质量分数)硝酸钠	9.36×10^5	3.69
茂名 60#(2 批)含 50%(质量分数)硝酸钠	9.36×10^5	3.14

— 由于硝酸钠的辐照稳定性比沥青高得多，因此在沥青固化产品中，硝酸钠就像一种惰性物质。例如 1 kg 的茂名 60#(2 批)沥青在总的吸收剂量为 1×10^8 rad 时产生的 H_2 为 0.63 L，而含 50%(质量分数)硝酸钠的沥青固化物则为 0.305 L。试验结果还说明，硝酸钠的存在并不改变纯沥青的辐照稳定性。计算结果(见表 2-14)表明，1×10^8 rad 的吸收剂量相当于 1 Ci/kg 的沥青固化产品贮存1 000年的总吸收剂量。

表 2-14 以比功率为 3 MW/t(金属铀)照射 120 天，含裂变产物的废液的沥青固化产品在贮存过程中所接受的总剂量

冷却时间/a	0.5	1	3	5	10	100
总 β 放射性(Ci/kg 铀)	132	49.5	11.7	5.94	4.46	0.36
每千克沥青固化物中每 1 Ci 放射性物质[1]存放 1 000 年接受的总剂量(rad/Ci·kg 铀)	1.49×10^7	3.35×10^7	1.05×10^8	1.82×10^8	2.71×10^8	2.81×10^8

注：1) 这里所指放射性是当时瞬时放射性。

因此，试验结果表明用沥青固化处理 1 Ci/L 的中放裂变废液，从辐解产生气体的角度来看不会产生什么问题。

(3) 辐照对沥青及沥青固化产品闪点的影响

为了解含硝酸钠体系的中放废液在沥青固化工艺操作过程中以及在产品贮存过程中有无燃烧的危险，试验测定了几种纯沥青的闪点和用 60# 沥青固化含 50%(质量分数)硝酸钠

的沥青固化产品的闪点以及辐照对沥青及沥青产品闪点的影响(见表 2-15 至表 2-17)。

表 2-15　几种纯沥青辐照前、后闪点的变化

沥青类型	闪点/℃	
	辐照前	辐照后
茂名 60#(1 批)	286	280
茂名 60#(2 批)	306	305
兰州 30#	350	349
胜利 10#	341	338
兰州 10#	330	330

表 2-16　含 50%(质量分数)硝酸钠的沥青固化产品与纯沥青辐照前闪点的比较

类型	闪点/℃	
	纯沥青	含 50%(质量分数)硝酸钠沥青固化产品
茂名 60#(1 批)	280	307
茂名 60#(2 批)	306	312

表 2-17　含 50%(质量分数)硝酸钠的沥青固化产品辐照前、后闪点的比较

样品名称	闪点/℃	
	辐照前	辐照后1)
茂名 60#(1 批)含 50%(质量分数)硝酸钠沥青固化产品	307	303
茂名 60#(2 批)含 50%(质量分数)硝酸钠沥青固化产品	312	299

注:1) 辐照剂量率为 4.2×10^5 rad/h 时,总吸收剂量为 1.09×10^8 rad。

从这些结果可以看出,加入含 50%(质量分数)硝酸钠的沥青固化产品其闪点比纯沥青高,但是经过 1×10^8 rad 辐照以后又会使沥青产品的闪点稍有降低。

此外,在测定闪点的过程中,还观察到沥青产品中的硝酸钠从 160 ℃开始沉降,至 220 ℃时,盐分沉降明显加剧;至 260 ℃时,盐分几乎全部与沥青分离;至 308 ℃,硝酸钠成为熔融体。特别值得指出的是,即使硝酸钠熔融,如果还没有到闪点,亦不能使沥青产品燃烧。同时,还观察到纯沥青的闪点与燃点相差较远,一般相差 50 ℃左右。而含盐样品的闪点与燃点相差较少,一般尚不到 20 ℃,所以达到闪点后,沥青很快便会自燃,而含盐产品燃烧速率较纯沥青快且剧烈。但是在整个燃烧过程中,没有发生过任何爆炸现象。

因此,无论是纯沥青,还是含 50%(质量分数)硝酸钠的沥青固化产品以及经过辐照以后的沥青产品,其闪点均在 300 ℃左右。此温度一般均超过沥青固化过程中工艺操作以及在产品贮存过程中的沥青固化体中心所能达到的温度,故在工艺操作过程及贮存过程中一般不存在发生燃烧的危险。

(4) 辐照对浸出率的影响

评价沥青固化产品的一个重要因素就是它在水中的浸出率。为了研究辐照对浸出率的影响，于室温下在辐照和未辐照条件下用去离子水对含 50%(质量分数)硝酸钠的产品的浸出率进行测定。下面介绍一些当时的初步结果。

— 沥青固化产品的表面状况与盐分分布情况是影响浸出率的主要因素，而沥青固化产品的含水率对 Na^+ 的浸出率影响不大。一般情况下 Na^+ 的浸出率约为 10^{-4} g/cm² · d。

— 沥青固化产品经总吸收剂量为 1.08×10^8 rad(剂量率为 4.2×10^5 rad/h)的外辐照，其浸出率与未辐照样品进行对比，Na^+ 浸出率没有变化。故可以认为，在总吸收剂量为 10^8 rad时不会影响浸出率。

— 沥青固化产品经总吸收剂量为 5×10^8 rad(剂量率为 2.5×10^6 rad/h)的外辐照，Na^+ 的浸出率比未辐照样品高一个数量级，约为 10^{-3} g/cm² · d。当吸收剂量为 1×10^9 rad 时，Na^+ 的浸出率比未辐照样品约高 50 倍，约为 5×10^{-3} g/cm² · d。

2.4.2.3 结论

(1) 用国产 60# 沥青固化饱和硝酸钠模拟废液所得的固化产品[最终固化产品的含盐量为 50%(质量分数)]，其减容比为 1.5∶1，产品表面平滑，盐分外观分布尚为均匀，产品的软化点为 80 ℃，针入度为 42 度，密度为 1.38 g/cm³，闪点为 307 ℃，用去离子水进行静态浸泡试验得出 Na^+ 浸出率大约为 10^{-4} g/cm² · d。

(2) 对上述产品用 ^{60}Co 源进行外辐照试验，当总吸收剂量为 1×10^7 rad 时，沥青固化产品的物化性能(包括针入度、软化点、闪点)没有什么变化，产品中没有产生气孔、体积膨胀及辐解气体。当外辐照剂量为 1×10^9 rad 时，产品的物化性能发生了很大变化。

(3) 当总吸收剂量为 1×10^8 rad 时，固化产品辐解产生的 H_2 量为 0.305 L/kg(固化物)，还产生少量的 CH_4 及 CO，固化物闪点稍有降低，为 303 ℃，Na^+ 的浸出率没有明显的变化。当总吸收剂量为 1×10^9 rad 时，产品辐解产生的 H_2 量为 3.69 L/kg(固化物)，Na^+ 的浸出率增加约 50 倍，为 5×10^{-3} g/cm² · d。

(4) 计算表明，辐照的总吸收剂量为 1×10^8 rad 时，相当于固化处理比功率为 3 MW/t 金属铀的铀棒照射 120 天、冷却 3 年、比放为 1 Ci/L 的中放裂变废液所得的固化产品贮存1 000 年所接受的总剂量。根据外辐照试验的结果，在总吸收剂量为 1×10^8 rad 时，辐解产生的 H_2 仅为 0.305 L/kg(固化物)，闪点仍为 300 ℃左右，Na^+ 浸出率没有明显变化，仍为 10^{-4} g/cm² · d 左右。因此，用沥青固化处理 1 Ci/L 的中放裂变废液，从辐照的角度来看是可行的。

2.4.3 沥青-硝酸钠固化产品的热稳定性

国外对放射性废液沥青固化持有不同的意见。美国认为，硝酸钠是氧化剂，沥青固化含硝酸盐的废液是不安全的。美国橡树岭国立实验室曾对薄膜蒸发器沥青固化做了多年的研究工作，到 1969 年，他们得出了这样的结论："沥青和聚乙烯是固化不含氧化剂的废物的良好材料，但由于如硝酸钠一类的氧化剂的存在，加剧了沥青的燃烧，不推荐用沥青固化含氧化剂的废物。"以德国、法国和比利时为代表的一些国家认为沥青固化是处理中、低放废物的一种很好手段，同时也认为含硝酸盐废液的沥青固化具有一定的潜在危险，即硝酸盐会使沥青硬化，加速和加剧沥青的燃烧，硝酸盐和沥青之间有可能发生不可控制的放热反应。但他们认为含硝酸盐的沥青固化物不属于爆炸物，也不是易燃物，可以通过控制工艺过程来保证安全。

这个问题吸引了许多国家开展这方面的研究工作。我国要应用这一技术也会遇到这一问题,因此有必要搞清楚硝酸钠体系对沥青热稳定性的影响。虽然当时国外对沥青-盐混合物热稳定性考查有些报道,但由于沥青的来源和性质上的一些差别,只能作为我们参考。我们必须针对我国出产的沥青、沥青固化物不同的含盐量、不同的碱含量以及几种杂质盐分对热稳定性的影响进行考查,这对今后安全生产、固化产品贮存具有重要的指导意义。

下面简述沥青固化物中硝酸钠含量变化,碱度变化,几种杂质盐分对热稳定性的影响以及伴随而来的沥青固化物变性或硬化、放热、燃烧和爆炸之间的联系,通过这些性能的研究对沥青固化物在受热情况下的特征有了进一步的认识。

2.4.3.1　试验废液体系及制备方法

以硝酸钠为主体同时做了不同含量的硝酸钠、不同碱度和几种杂质成分的影响试验。

固化物的制备是在一个蝶形体固化锅里进行。将一定比例的沥青放入锅内,由电炉加热 38# 汽缸油,固化用锅在油浴中加热,待加热到一定温度之后,启动搅拌器,边搅拌边加入配制好的废液,加料速度不宜过快,防止冒锅或沉积现象。待加完料之后,继续加热升温,消除固化物中的水分。一般固化物中心温度在 150～160 ℃即可出料,这些固化物料用来做热稳定性试验。

2.4.3.2　试验方法

沥青-盐混合物热稳定性考查采用热分析方法和常量恒温法,这样可以从几方面来观察沥青固化物的热稳定性,常量恒温试验可以非常宏观地观察到沥青固化物的变性、放热、加剧燃烧的全过程,同时也可很好地核对热分析法所得结论。

2.4.3.3　沥青固化物热稳定性影响因素的研究

(1) 碱度对沥青固化物热稳定性的影响

碱度对沥青固化物热稳定性的影响见表 2-18 所示,从中可以看出碱含量变化对硝酸钠沥青固化物的热稳定性影响很大。碱含量大于 0.5%,固化物热稳定性急剧变坏;碱含量大于 1%以后又趋于平缓,随着碱含量增大,最大失重温度趋于降低,即趋于燃烧激烈;碱含量低于 0.5%,固化物中硝酸钠含量的变化对起始放热温度无明显影响。

表 2-18　碱度变化对 50%硝酸钠+50% 60# 沥青固化物热稳定性的影响

NaOH/%(质量分数)	差热分析结果		热重分析结果	
	起始放热温度/℃	最大放热温度/℃	起始失重温度/℃	最大失重温度/℃
0.000 07	270	342	230	320
0.4	277	364	240	325
1.2	197	340	210	320
2.0	184	347	200	312
2.8	182	327	180	300
4.0	142	347	160	305
8.0	167	332	170	295

(2) 硝酸钠含量的变化对固化物热稳定性的影响

配制硝酸钠沥青固化物用的试剂为 520 g/L 的硝酸钠和 0.1 mol/L 的氢氧化钠溶液，因而配制不同硝酸钠含量的沥青固化物中的碱含量也不同。硝酸钠含量的变化对固化物热稳定性的影响见表 2-19。

从表 2-19 可以看出：不同硝酸钠含量的硝酸钠沥青固化物，在碱含量 0.3%～0.6%范围内，其起始放热温度很接近，而放热最高温度除 80%硝酸钠含量的固化物外，均在 320～365 ℃之间。差热分析结果与热重分析结果表明起始放热温度和起始失重温度基本一致。

表 2-19 硝酸钠含量的变化对固化物热稳定性的影响

硝酸钠/%（质量分数）	NaOH/%（质量分数）	差热分析结果		热重分析结果	
		起始放热温度/℃	最大放热温度/℃	起始失重温度/℃	最大失重温度/℃
20	0.16	/	/	250	320
40	0.32	240	320	235	325
50	0.40	277	364	260	302
60	0.46	267	322	260	335
80	0.61	265	387	/	/

(3) 几种杂质盐分对固化物热稳定性的影响

几种杂质对沥青固化物热稳定性的影响见表 2-20。表 2-20 可以看出硝酸钙、硝酸铁、柠檬酸铵、50# 机油、亚硝酸钠、硝酸锰、硝酸铵等盐，在含量达到一定大小时，会使硝酸钠沥青固化物的热稳定性变坏，即促使起始放热温度和起始失重温度降低。上表列出的样品是根据工程上可能产生的废液组成而配制的非放射性废液制成的沥青固化物。固化物的碱含量均为 0.4%。

表 2-20 几种杂质盐分对固化物热稳定性的影响结果

序号	杂质名称	杂质含量/%	总盐含量/%	差热分析结果		热重分析结果	
				起始放热温度/℃	最大放热温度/℃	起始失重温度/℃	最大失重温度/℃
1	$Ca(NO_3)_2$	1	50	172	377	160	310
2	$KMnO_4$	2.4	50	277	437	240	420
3	TBP-煤油	1	50	272	490	180	355
4	石油磺酸	1	50	232	487	250	460
5	$Fe(NO_3)_3$	1	50	237	342	220	805
6	50# 机油	1	50	177	337	120	325
7	$NaNO_2$	1	50	177	352	145	825
8	NaF	2.4	50	277	337	175	302
9	NH_4NO_3	4.5	50	277	350	135/200	310
10	柠檬酸铵	2.4	50	167	362	120	325
11	$Mn(NO_3)_2$	3.1/10 000	50	167	337	170	325

根据热分析结果，进一步结合工程实际情况，对酸性体系废液沥青固化物进行了常量恒温试验，结果见图 2-10。

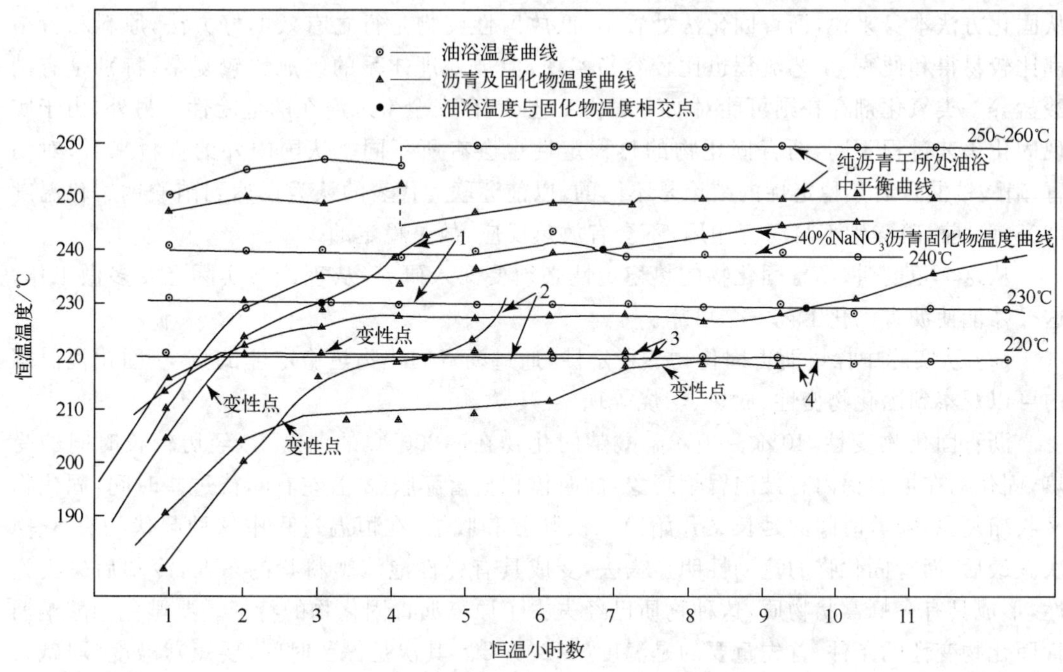

图 2-10 沥青-硝酸钠体系固化物恒温曲线

1—40％硝酸钠＋32 g/L $Fe_2(SO_4)_3$＋154 mg/L $Mn(NO_3)_2$固化物；

2—40％硝酸钠＋32 g/L $Fe_2(SO_4)_3$固化物；

3—40％硝酸钠＋100 g/L $Fe_2(SO_4)_3$＋154 mg/L $Mn(NO_3)_2$固化物；

4—40％硝酸钠＋1.54 g/ L $Mn(NO_3)_2$固化物

由图 2-10 可得到下列结果。

① 纯沥青 $60^{\#}$ 在油浴温度 250～260 ℃条件下恒温 12 h 左右，并没有出现明显变性、硬化和放热现象，沥青与加热油浴始终保持着一定的温度差。

② 含 40％硝酸钠的沥青固化物，在油浴温度为(230±2)℃下恒温，约 9 h 之后，就有明显的升温、变性和严重硬化现象。在油浴温度为(240±2)℃下恒温，升温、变性和硬化现象更为提前出现(约 6 h)。如果与纯沥青恒温条件相同(指油温在 250～260 ℃情况下)，变性和自燃现象很快出现。这个恒温试验说明硝酸钠加入沥青中制成的沥青固化物存在危险性，必须慎重对待。

③ 酸性废液 pH 调到≤13 左右，总盐量 45％～50％的沥青固化物在油浴温度为(230±2)℃下恒温，经 3 h 之后，就有明显升温和变性，与②叙述的同样条件相比较，这种升温现象提前 6 h 出现，说明 Fe，Mn 离子的存在更加速了硝酸钠沥青固化物的热分解，也就是说 Fe，Mn 的存在降低了硝酸钠沥青固化物的热稳定性。Fe 与 Mn 离子是谁起了主导作用，这个问题没有更深入地进行研究，仅仅在工程实际范围内探索了一下。从图 2-10 可以看出，在相同硝酸钠含量下，分别加入 32 g/L $Fe_2(SO_4)_3$ 和 1.54 g/L $Mn(NO_3)_2$ 制成沥青固化物，在同样油浴温度(220±2)℃下恒温，Fe^{3+} 影响较为明显。

2.4.3.4　探讨与结论

(1) 沥青固化物热稳定性的研究是实现沥青固化工程一项十分重要而有意义的工作，从固化方法本身来说，沥青固化法处置中、低放射性废物是行之有效的好方法，原料和价格都比较易得和便宜，工艺流程也比较容易实现，但被处理体系的组成比较复杂，特别是有硝酸盐等一类氧化剂存在则可能对沥青固化工艺、贮存安全带来潜在的危险性。另外，由于实现固化工艺过程不同，沥青固化物的热稳定性也会有所不同。从国内外的资料来看，对沥青-硝酸钠混合后热稳定性的结论是不同的，以前苏联为代表的认为在达到硝酸钠熔化温度(308 ℃)前，硝酸钠不与沥青作用，不会有放热反应，故是稳定的。

从这个角度讲，沥青固化物的热稳定性必须要深入研究，从理论与实际上要多做工作，这样才能使沥青固化工艺安全可靠。

(2) 从实际中探讨沥青固化物热稳定性，通过沥青固化物热稳定性试验，在固化恒温罐内可以观察到固化物变性、放热、燃烧等现象。

沥青固化物变性：40%～60%硝酸钠固化物在＞200 ℃的温度下，经历较长时间的受热，固化物在恒温锅内有鼓泡冒烟现象，同时体积显著膨胀(2 倍左右)，待过些时间，固化物又收缩复原，随着时间的延长又开始第二次膨胀和收缩，在恒温过程中这种起伏约有 3～4 次。最后，沥青固化物的流动性明显失去，变成具有弹性泡沫塑料状的东西，冷却后失去弹性，形成具有多蜂窝状物质，这种物质已经失去了原来沥青固化物的特征。要避免硝酸钠沥青固化物变性的条件，首先重要的是温度(≤200 ℃)，其次是停留时间(要短)，碱度(弱碱，8≤pH≤13)。在满足上述条件时，可以得到满意的固化物产品。

放热现象：硝酸钠沥青固化物在变性过程中有放热现象，一般情况下固化物变性时会放出热量，但放热的大小与固化物所处的环境温度有关系。从图 2-10 可以看出，温度越高，固化物变性和放热现象越明显，反之，变性不严重，放热量显示不出来。在实际生产中，测量、控制温度参数是很重要的。

燃烧和爆炸现象：硝酸钠沥青固化物在受热中最后一个现象是燃烧和爆炸，燃烧和爆炸是沥青固化物在受热中的最危险现象。在试验中发现，这种燃烧非常迅速，火焰可达 3～4 m 高(2 kg 固化物，ϕ160×300 圆筒内)，同时固化物非常快速地膨胀起来，这种燃烧在密封的容器内进行即可产生爆炸现象。

因此，通过差热、热重、恒温法测定沥青固化物的热稳定性，从而了解到沥青固化物变性、放热、燃烧及爆炸的关系，才能很好地控制固化物产品的安全生产、运输、贮存。所以研究沥青固化产品的热稳定性是非常重要的。

沥青处理中、低放射性废液是一种经济比较实惠的方法，在有硝酸钠等氧化剂存在的条件下确实有潜在危险，但通过大量的科学试验，可以设法避免这种危险性。初步试验结果认为硝酸钠沥青固化物在加热温度≤200 ℃、停留时间短(几分钟)、碱性(弱碱，8≤pH≤13)情况下，可以安全生产，并能够得到合格产品。

2.5　中放废液沥青固化二次冷凝液处理

中放废液沥青固化二次冷凝液中所含放射性强度和油分多少取决于固化对象和采用的

沥青型号，一般有 10^{-3}～10^{-8} Ci/L 的放射性，几个到几十个 ppm(10^{-6})的油分。对该种含油废水的进一步处理主要采取：1）排入弱放系统；2）经离子交换处理后直接排放。但是不管采取哪种方法，都应考虑油分带来的危害，特别要注意油分对树脂的中毒。事实上，即使含量很低，也会使树脂交换能力明显降低。因此，处理前首先除去其中的油分就十分必要了。

2.5.1　处理流程

沥青固化二次冷凝液经一定时间的静置后，大部分的油都浮在溶液的表面，这些油不难用机械方法去除。主要研究的是以乳化或溶解方式存在于冷凝液中的油分对树脂的中毒情况和去除办法。当时主要的除油方法有生化法、电解凝聚法、化学法、物理法等。前三种方法在某些条件下各有优点，但都要向体系内加入常量元素，会产生废气，对微量油分的去除效果低，这些都限制了它们的应用范围。物理法包括吸附、逆渗透、微孔塑料管脱油等。对逆渗透法而言，膜的制造和设备装置尚有困难；微孔塑料管脱油对水中微量油分的净化效果太低。所以在当时的条件下，实验采用的流程如图 2-11 所示。

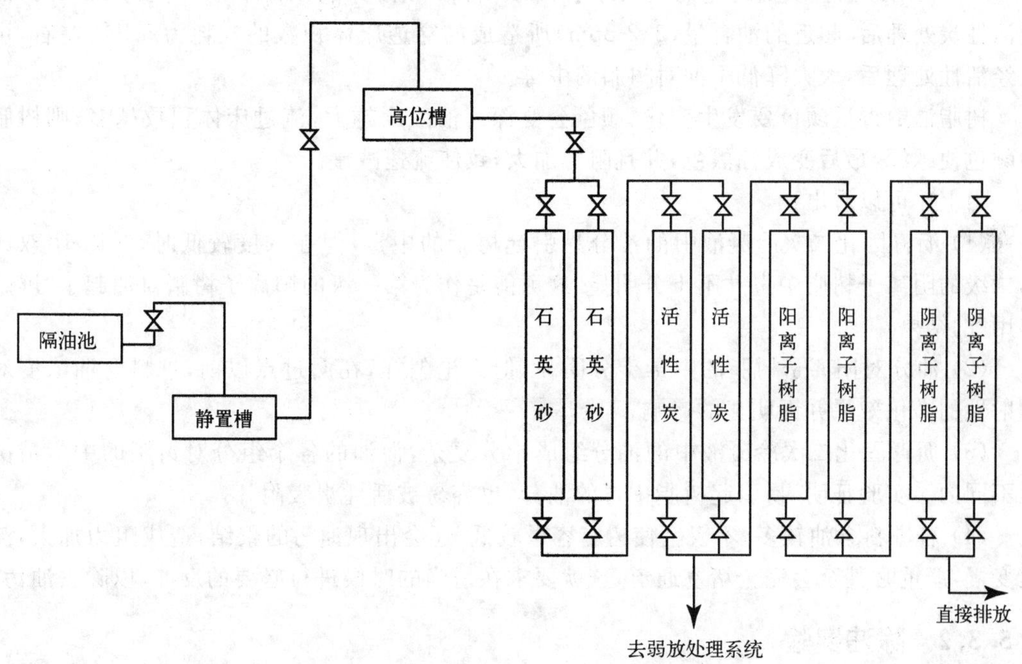

图 2-11　中放废液沥青固化二次冷凝液的处理流程

2.5.2　料液制备

实验采用锅式蒸发器制备料液，蒸煮混合物的组成为 1～2 L 200# 沥青、2～7 L 自来水和约 54 g 氢氧化钠(浓度为 0.2～0.7 mol/L)。用电炉加热蒸发器，使蒸发速度达 11.5 L/h，收集冷凝液。此法能制备含几个至几百个 mg/L 油分的浅褐色料液。

2.5.3 实验结果与讨论

2.5.3.1 油对树脂的中毒试验

我国三废处理中普遍采用的是732#阳离子树脂和717#阴离子树脂，因而，对这两种树脂的阴-阳双床，特别是对作为第一级使用的732#阳离子树脂做了中毒试验。

试验证明，在含油浓度较低的情况下，经过阳床以后，对阴床的流穿床体积数并无明显的影响，在漏过点以前也不影响阴-阳双床的平均净化效果。在阴床穿透之后，还继续观测到了阳床中毒情况，发现随进料油浓度的增加，阳床对裂片元素的去污情况在迅速变坏。为此又用单核元素^{137}Cs做示踪，对阳床做了两组中毒实验，一组料液是经活性炭处理的，另一组料液是未经活性炭处理的，实验结果如下。

(1) 不管料液有没有经过活性炭处理，只要料液含有油分就会引起阳离子树脂中毒，并且油含量越高，树脂中毒越严重，穿透床体积数的损耗越大。

(2) 在漏过点以前，油浓度对平均净化效果并无明显的影响。

(3) 在未经活性炭处理过的料液中含油 2.4 ppm 时，穿透床体积的损耗为 28.2%，而经活性炭处理后，相近的油含量(2.2 ppm)所造成的穿透床体积数的损耗为 5.1%左右，可见经活性处理后，大大降低了油对树脂的中毒。

树脂油中毒后颜色要发生变化，颜色会变深。油浓度越大，流过床体积数越多，则树脂的颜色便越深，最后变成棕黑色，并且阻力加大，致使流速减慢。

由上述可以看出：

(1) 沥青固化二次冷凝液中的油分易引起树脂的中毒，但在浓度较低时，对阳-阴双床第二级的阴离子树脂中毒并不十分明显，这可能是作为第一级的阳离子树脂对油起了“屏蔽作用”的结果；

(2) 油分对阳离子树脂的中毒十分明显，但无论怎样，在漏过点以前，进料含油浓度对放射性的净化效果并无明显的影响；

(3) 沥青固化二次冷凝液中的油分组成十分复杂，而油的各个组分对树脂的中毒情况是不同的。实验证明，易引起树脂中毒的油分，也容易被活性炭吸附；

(4) 若进料含油较多，不仅会使树脂容量较低，还会出现油污的聚结，造成阻力加大，流速变慢，严重时甚至会完全堵塞通道，这就要求在适当的时候进行必要的反冲，以除去油污。

2.5.3.2 除油实验

(1) 静置除油：沥青固化二次冷凝液所含微量油分，随静置时间的延长逐渐降低。静置3 h可去除70%左右的油分。

(2) 不同吸附材料的除油效果比较：用石英砂、焦炭、无烟煤和活性炭，在相同条件下做了除油效果实验。结果活性炭除油效果最好，其次是无烟煤。考虑到机械性能差，易碎、易堵，交换容量低，无烟煤的应用受到限制。从经济和需要经常反冲来看，石英砂有其突出的优点。一系列实验证明，尽管石英砂的除油性能不太好，但对水中悬浮物和油污却有明显的去除效果，并且经砂滤后对水质并无影响。因此，在料液进活性炭前用石英砂预处理，以除去其中的悬浮物和油污，还是十分可取的。

(3) 活性炭实验:选择了上海、北京、太原等地所产主要活性炭进行实验。实验结果表明,上海 1#,2#,4#,北京 C-11#,X-17#,太原 8# 除油效果较好。根据来源、比表面、制作材料、价格情况选择了四种(北京 C-11#,太原 8#,上海 1#,4#)做了动态吸附容量实验。

从动态吸附容量看,上海 4# > 北京 C-11# > 上海 1# > 太原 8#,但平均除油效果却是北京 C-11# 最好。实验中出现的堵塞现象可能是由以下两个原因造成的:(a) 水中悬浮物和油污聚结堵塞了活性炭间隙,这实际上是对活性炭的一种"中毒"现象,因此料液在进入活性炭柱前必须进行预处理;(b) 被流体冲刷下来的活性炭粉末堵塞支撑物孔道。出水流动情况表明,以木屑做成的上海 4# 机械性能较好,以煤粉做成的太原 8# 机械性能较次。

另外还做了料液在床内停留时间和装床高度对除油效果影响的实验。实验表明:(a) 料液在床内停留时间越长,除油效果越好。一般说,停留时间超过 20 min 以后这种改善已较缓慢;(b) 装床越高除油效果越好,装床高度在 40 cm 以内,这种现象尤为明显。

鉴于条件所限,对于油分组成、溶液内含悬浮物的量、温度等对除油效果的影响没有做进一步的仔细研究,以上实验均取室温。

(4) 结论

— 从初步实验结果看,采用活性炭除油是可取的。

— 从机械性能、除油效果和吸附容量看,选用上海 4#(左旋糖酐活性炭)和北京 C-11# 活性炭比较适合。

— 建议料液在床内停留时间约 15～30 min,装床高度在 40 cm 以上。

— 料液在进入活性炭柱前需经约 8～5 h 的静置,以除去水中大部分油分。再经 20～40 目石英砂除去水中悬浮物和油污。在某些情况下,这样处理后的水,有可能达到直接排入弱放处理系统的水平。

— 经济价值:根据计算,选用上海 4# 活性炭除油比较经济。

— 废物处置:活性炭被油饱和后,建议焚烧或以固体废物贮存。

第3章 沥青固化工程运用前期开展的工作

沥青固化厂是完全依靠我国自己的力量建造起来的我国第一座工业规模的用沥青固化技术处理低放浓缩废液的试验性生产厂房。在核化工厂沥青固化工程投入热运行以前针对向沥青中加添加剂和向料液加疏松剂进行了大量的研究和试验工作。本章主要叙述沥青固化工程中间规模实验和添加剂、疏松剂研究方面的工作。

3.1 用沥青固化处理的放射性废液

核化工厂沥青固化厂主要处理核化工厂后处理过程中产生的低放浓缩废液。废液平均比活度为 1.03×10^{7} Bq/L(2.78×10^{-4} Ci/L),最大比活度为 3.7×10^{7} Bq/L(1.00×10^{-4} Ci/L),$\alpha<3\times10^{4}$ Bq/L,其主要核素为^{137}Cs 和^{90}Sr,其中^{137}Cs 约占 98.6%,^{90}Sr 约占 1.4%。废液平均含盐量400 g/L,主要成分为硝酸钠和氢氧化钠。

3.2 沥青固化中间规模冷模拟实验

我国于 1975 年开始以刮板蒸发器进行沥青固化扩大冷模拟实验。1975 年 7～10 月间主要以刮板蒸发器做沥青固化的条件实验,确定了刮板蒸发器运转时的较佳条件。同时也发现刮板蒸发器因设计和设备制造上不足,运行 70 h 后发生剧烈振动,使转速提不高,实验无法进行。经改进后又设计加工第二台刮板蒸发器。

1976 年 10～12 月利用新刮板蒸发器做了 7 种单一或混合废水沥青固化实验,通过实验研究用沥青固化这些废物的可能性,考核设备的生产能力和设备连续运行能力。在设备考核的最后阶段,沥青固化装置的中间贮槽发生了燃爆事故,事故的主要原因是没有认识到沥青固化物的热稳定性,随后对沥青固化物热稳定性进行了试验(见 2.4.3)。

1977 年 11～12 月,在安全、可靠的情况下,又进行了沥青固化实验,考核设备对各种混合废水进行沥青固化的适应性。

3.2.1 工艺流程简述

1976 年和 1977 年的沥青固化工艺流程略有不同,1977 年的工艺流程是从 1976 年改进而来,如图 3-1 所示。

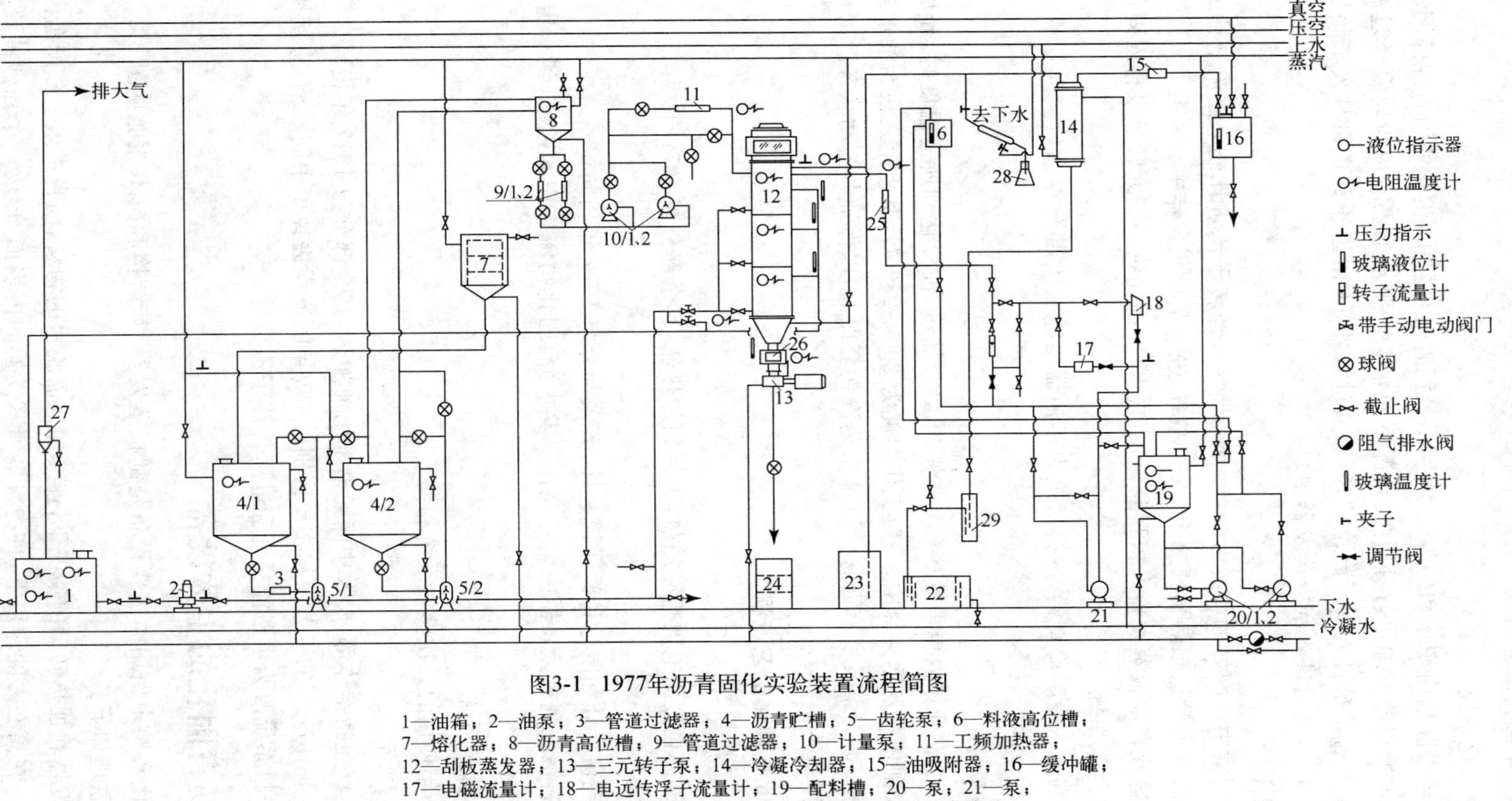

图3-1　1977年沥青固化实验装置流程简图

1—油箱；2—油泵；3—管道过滤器；4—沥青贮槽；5—齿轮泵；6—料液高位槽；7—熔化器；8—沥青高位槽；9—管道过滤器；10—计量泵；11—工频加热器；12—刮板蒸发器；13—三元转子泵；14—冷凝冷却器；15—油吸附器；16—缓冲罐；17—电磁流量计；18—电远传浮子流量计；19—配料槽；20—泵；21—泵；22—隔油池；23—水封槽；24—固化物桶；25—预热器；26—观察装置；27—油水分离器；28—冷凝液取样装置；29—集油槽

(1) 1977 年固化工艺流程

① 沥青固化系统

沥青桶经去除桶内积水和外表杂质后，吊入沥青熔化器中，熔化的沥青经筛网滤去杂质流入沥青脱水槽以蒸汽加热，在搅拌的情况下脱水。已脱水的沥青由齿轮泵经过滤器打入沥青贮槽，再由齿轮泵打入沥青高位槽，经管道过滤器，再由齿轮计量泵打入工频加热器加热到(175±5)℃，然后进入刮板蒸发器中。

② 料液系统

料液配制槽中已配好的料液由泵打入高位槽中，经转子流量计或电磁流量计或电远传浮子流量计而进入管道预热器预热至 95 ℃左右，进入刮板蒸发器中。

沥青和料液在刮板蒸发器内相互混合，蒸去水分，固化物经三元转子泵排入固化桶内。

③ 二次蒸汽系统

二次蒸汽进入冷凝冷却器，冷凝液进入集油器内除去大部分浮油后流入隔油池进一步除油，再排入下水中。

④ 加热系统

38# 汽缸油在油箱内由电热棒(总功率 70 kW)加热，油温达到所需温度时，开启油泵打循环，或打入刮板蒸发器夹套中，一般工作温度为 200～230 ℃，刮板上三段为油加热。

沥青贮槽、沥青泵及所有沥青管道都用蒸汽夹套保温，以保证其流动状态。刮板蒸发器锥体部分也用蒸汽保温。

(2) 1976 年固化工艺流程

① 沥青系统

沥青系统高位槽用电加热棒加热，无工频加热器，其余部分与 1977 年相同。

② 料液系统

没有电磁流量计和电远传浮子流量计，其余部分与 1977 年相同。

沥青和料液在刮板蒸发器内相互混合蒸发水分，固化物流入中间贮槽，到一定容积后，排入固化桶中。

③ 二次蒸汽系统

与 1977 年使用的二次蒸汽系统相同。

④ 加热系统

刮板各段(包括锥体部分)及中间贮槽都用油加热，其余部分与 1977 年相同。

1976 年和 1977 年的工艺流程主要区别：1977 年的流程去掉了中间贮槽，直接用三元转子泵排料；进料系统改为电磁流量计和电远传浮子流量计。

3.2.2 沥青固化的主体设备

沥青固化实验中使用的主要设备是刮板蒸发器，其结构和技术性能见图 3-2。刮板蒸发器的工作原理如下。

刮板蒸发器在加热转动的情况下，连续加入需脱水的物料，沥青进入上分配盘而废水进入下分配盘。在离心力的作用下，将物料甩到蒸发器的内表面，形成一个强烈湍流状态、连续循环的、较稳定均匀的薄膜。在刮板的作用下不断更新薄膜，从而达到混合和蒸发的目

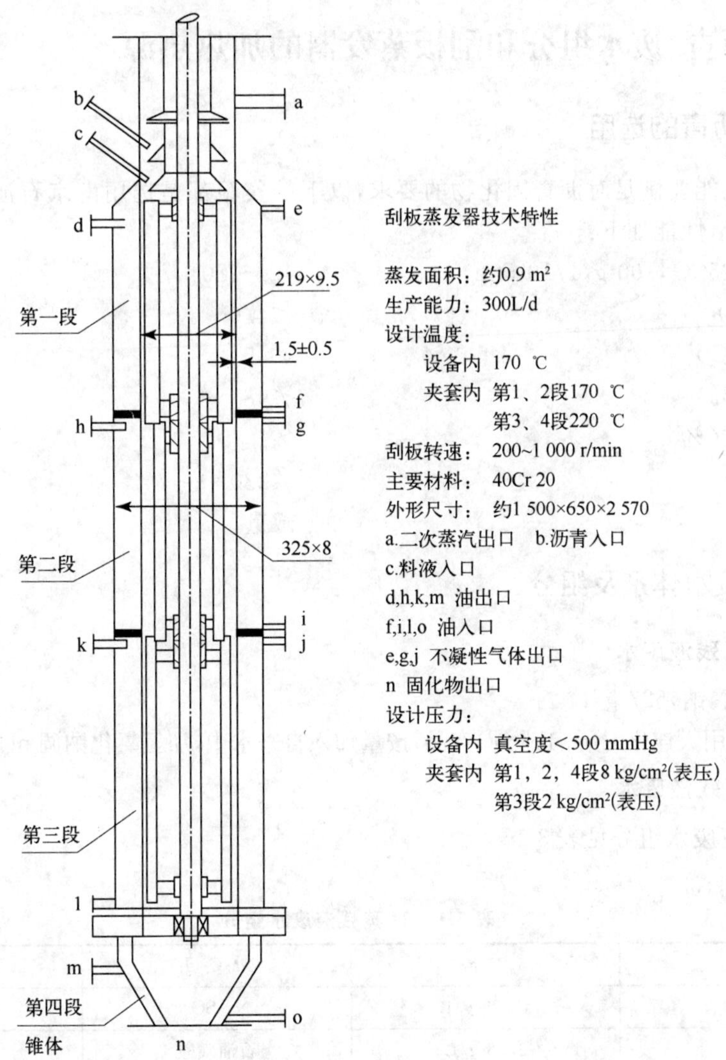

图 3-2　刮板蒸发器简图

的。刮板蒸发器具有物料和热源接触时间短的特点，只需 1～2 min。它适合处理黏度大，易产生泡沫和热敏性的物料。

1976 年和 1977 年实验中使用的刮板蒸发器有一定的区别。

1976 年的刮板蒸发器最初就不能在 900 r/min 以上的速度下运转，如超过该转速即开始振动，经过 75 h 运转后，振动剧烈，以致实验无法进行，经分析认为：在设计上长/径之比不够合理(轴长2 805 mm，ϕ45 mm)，加工过程中，轴未进行热处理，刮板未做静态和动态平衡试验，排料口在侧面易堵塞。这些主要是设计和加工上的缺陷。

为缩短长/径之比，1977 年的刮板蒸发器把分离器(捕沫器)去掉，下轴承放在设备里，总高度为2 310 mm，直径为 60 mm。加工过程中对轴进行热处理，刮板做静态和动态平衡试验，排料口设在设备正下方。

3.2.3 沥青、废水组分和刮板蒸发器的加热热源

3.2.3.1 沥青的选用

沥青的性能要满足对沥青固化物的要求，以下的实验都是选用南京石油化工厂生产的氧化石油沥青，性能如下：

针入度(25 ℃,100 g,1/10 mm)	4.1～80
延度(cm)	≮4.0
软化点(℃)	≮45
溶解度(%)	≮98
蒸发损失(%)	≯1
闪点(℃)	≮230
水分	微量

3.2.3.2 废水体系及组分

(1) 1# 蒸残液废水

组分：硝酸钠，527 g/L

硝酸钠采用大连化工厂(工业纯)产品，按量加入自来水中，加氢氧化钠调 pH=10～13。

(2) 2# 蒸残液废水

2# 蒸残液废水组分见表 3-1。

表 3-1 2# 蒸残液废水组分

Na_2CO_3	5.25 g/L	$Na_2C_2O_4$	13.5 g/L
$NaNO_3$	43.27 g/L	Na_2SO_4	10.5 g/L
NaOH	3.88 g/L	石油磺酸	7.5 g/L
$Mg(OH)_2$	1.78 g/L(或以能溶于水的 $MgCl_2 \cdot 6H_2O$ 代替)		
$Ca_3(PO_4)_2$	2.35 g/L (以 $CaCl_2$ 和 Na_3PO_4 代替)		
$CaCO_3$	11.1 g/L (以 $CaCl_2$ 代替)		
洗衣粉	2.3 g/L(脂肪醇酸钠)		
消泡剂	约 10.0 g/L(丙二醇聚氧丙烯聚氧乙烯醚)		
其他	15 g/L		

将上述组分溶于自来水，形成白色的混合溶液，然后调 pH＝10～13，总含盐量在 120 g/L左右。

(3) 3# 泥浆

按工程实际情况进行冷料模拟：以冲洗地面废水(为石油磺酸)和洗衣粉废水(主要成分为碳酸钠、草酸、六偏磷酸钠、高锰酸钾和洗衣粉)按 1∶1 混合，所得混合废水进入快速澄清池，并加入硫酸铁、氢氧化钠和磷酸三钠进行凝聚而得絮凝物，其主要成分为氢氧化铁、钙

盐、钠盐及其杂质。经数日澄清后，去掉上层清液，下面即为 3# 泥浆，含泥浆量约 20～30 g/L，pH＝9～13。

冻融泥浆系 3# 泥浆在低温(约 10 ℃)冷冻以后的泥浆，其特点是含水量少，过滤性能好，具有砂性，泥浆含量约 100 g/L，pH＝9～13。

(4) 4# 中放酸性废水

组分及含量见表 3-2。

表 3-2 4# 中放酸性废水

$NaNO_3$	314 g/L	KNO_3	103 mg/L
$Fe_2(SO_4)_3$	32 g/L	$Mn(NO_3)_2$	154 mg/L
HNO_3	68 g/L		

配制废水时以 85 g/L 的硝酸钠代替 63 g/L 的硝酸，按上列组分溶于自来水即得酸性废水。

(5) 5# 模拟偏铝酸钠废水

组分：偏铝酸钠

含量：230 g/L(在 2.3 mol/L 氢氧化钠溶液中的含量)

332 g/L(把 2.3 mol/L 氢氧化钠用浓硝酸中和至 pH＝10～13，生成硝酸钠的总含盐量)。

配制：用 169 g 的氢氧化钠，270 g 的硝酸钠同溶于水中得到 3 L 混合碱溶液，再把 80.5 g铝溶于 3 L 混合碱中，即得偏铝酸钠废水。以浓硝酸中和至 pH＝10～13，即得乳白色水解产物(实为氢氧化铝和硝酸钠的沉淀物)。

下面介绍几种混合废水体系。

(6) 6# 废水＝1# ＋2# 混合

混合比 1# ∶2# ＝1∶0.25(体积比是按工程实际配比，下同)

两种废水含盐：1# 废水以 450 g/L 计；

2# 废水以 120 g/L 计。

混合后的废水含盐量：380 g/L，pH＝10～13。

(7) 7# 废水＝1# ＋2# ＋3# 泥浆

混合比 1# ∶2# ∶3# 泥浆＝1∶0.41∶0.9

三种废水含盐量：1# 废水以 300 g/L 计；

2# 废水以 120 g/L 计；

3# 泥浆以 30 g/L 计。

混合后含盐：163 g/L，pH＝10～13。

(8) 8# 大混料废水(核化工厂生成的废水)

混合比——偏铝酸钠∶中放酸性废水∶酸、碱解吸液＝1∶0.4∶3.6

三种废水含盐量：

偏铝酸钠以 332 g/L 计；

中放酸性废水以 432 g/L 计；

酸、碱解吸液以 520 g/L 的硝酸钠代替。

混合后含盐 480 g/L，pH=10～13。

(9) 9# 混料废水

配比：(偏铝酸钠+碳酸钠废水)∶中放酸性废水∶碱性解吸液=1∶0.255∶2.3

三种废水含盐量：偏铝酸钠+碳酸钠废水含 418 g/L，其他与 8# 体系相同。调 pH=10～13，混合废水含盐量为 460 g/L。

(10) 10# 酸、碱解吸液混合废水

酸性解吸液废水主要成分及含量：

柠檬酸 2%(质量分数)

柠檬酸铵 5%(质量分数)

EDTA 0.5%(质量分数)

碱性解吸液废水主要成分及含量：

氢氧化钠 10%(质量分数)

高锰酸钾 3%(质量分数)

将配好的酸、碱解吸液按 1∶1 比例混合、浓缩一倍，即成混合废水，调 pH≤13。混合废水含盐约 210 g/L。

(11) 11# 酸、碱解吸液+偏铝酸钠混合废水

酸、碱解吸液按 10# 的方法配制。

偏铝酸钠废水按下面方法配制：

$H_3AlO_3 + NaOH \rightarrow NaAlO_2 + 2H_2O$，预制备 330 g/L $NaAlO_2$ 废水要加入 H_3AlO_3 316 g/L，NaOH 203 g/L。

将配好的两种废水按 1∶1(体积)混合即得 11# 混合料液。

混合后的废水含盐量约为 540 g/L，调 pH≤13。

3.2.3.3 刮板蒸发器的加热热源

刮板蒸发器的加热有多种热源和加热形式，选用管状电加热器加热 38# 过热汽缸油(闪点 290 ℃)作为中间载热体，再用油泵将中间载热体输送到刮板蒸发器的夹套里，以此加热刮板蒸发器的内部物料。

如果想得到合格的沥青固化产品和保持一定的工作能力，加热油的温度和固化物的出料温度应保持一定的温度差 Δt。温差越大，蒸发能力越大。但在固化物的体系中，沥青是可燃物，所含硝酸钠是氧化剂，还有其他杂质存在，在一定的温度下，有产生燃烧爆炸的可能，所以加热油的温度不宜太高。根据 1977 年沥青固化物安全评价结果，确定了刮板蒸发器加热油的安全操作温度，其安全温度低于危险(放热较明显)温度 20～30 ℃，较危险的体系则要低于 30 ℃以下。

六种废水体系的安全操作温度见表 3-3。

表 3-3 六种废水体系制取沥青固化物的安全操作温度

编号	废水类型	热分解温度/℃	安全操作温度/℃
1	6#,pH=13	240	210～220
2	7#, pH=10～13	230	200～210
3	10#,pH=10～13	260	230
4	11#,pH=10～13	260	230
5	8#,pH=10～13	250	220～230
6	9#,pH=10～13	260	230

如6#废水在沥青固化时,刮板蒸发器进料温度最高为210～220 ℃。

3.2.4 中、低放废水冷模拟沥青固化结果

3.2.4.1 1975年的实验——刮板蒸发器运行主要工艺条件的选择

(1) 沥青和所处理废水的配比

在用沥青固化法处理放射性废水时,我们总是希望用较少的沥青处理较大量的废水,让固化物含盐量高些,尽可能地减少固化物的体积。但含盐量增加会使固化物软化点提高,黏度增大,盐分分布不均,在操作中可能造成设备和管路堵塞;同时,固化物的浸出率也会提高,这对产品的长期贮存不利。所以综合权衡利弊,选择适当的配比将会得到满意的固化物。

实验表明,含盐量50%以下的固化物产品的流动性尚好,浸出率也符合要求,所以在工程实验中把固化物中的含盐量控制在40%～50%。沥青和废水的配比根据这个含盐量的范围来确定。

(2) 刮板转速

刮板蒸发器的刮板转速对废水的蒸发量影响很大,在刮板运行时观察到:当刮板转速较低时,沥青和废水在出口处分开流出,这说明二者没有很好地混合。刮板转速提高,会使沥青和废水充分混合,而且增加了废水的蒸发表面积,蒸发量显著提高,可以降低产品的含水率。刮板转速对固化物的含水率和浸出率的影响见表3-4。

表 3-4 刮板转速对固化物含水率和浸出率的影响

实验号	转速/(r/min)	含水率/%(质量分数)	浸出率/(g/cm²·d)
16	850	0.33	1.4×10^{-4}
22	450	3.0	2.1×10^{-3}
23	450	5.9	2.1×10^{-3}
24	850	0.88	2.2×10^{-4}
25	850	0.66	/

从上表可以看出:刮板转速850 r/min时,所得固化物的含水率和浸出率都达到要求指

标。所以刮板的转速选择 850 r/min(相当于线速度约 9 m/s)左右为宜。

(3) 刮板蒸发器的操作压力(真空度)

在负压条件下蒸发,不仅可以提高蒸发器的生产能力,还能保证放射性物质在设备内不扩散出来。但真空度太大,会影响固化物的排料,另外随着真空度的增加,二次蒸汽的夹带也增加,对冷凝液的处理带来困难,所以在刮板运行操作时,要保持适当的真空度。

实验最初以刮板蒸发器的设计能力(24 L/h)进料,在不同真空度下进行比较,结果发现对含水率无明显影响,后来增加处理量到 30 L/h,真空度对脱水的影响就比较明显,见表 3-5。

表 3-5　真空度对脱水的影响

编号	转速 /(r/min)	处理量 /(L/h)	真空度 /mmHg	含水率/% (质量分数)	出料温度 /℃
11	650	24	50	0.9	155～160
12	650	24	150	1.02	152～164
13	650	24	50	1.4	146～155
15	650	24	150	0.67	180
16	850	30	150	0.33	173～175
17	850	30	50	2.4	147～152

由上表可知:在正常处理量下,真空度由 50 mmHg(1 mmHg＝133.322 Pa)提高到 150 mmHg,其含水量可下降 2～7 倍左右。沥青在蒸发过程产生一些低馏分的组分,这些组分混在空气中易发生燃爆的危险。保持一定的真空度,则可降低这种可能性。

1976 年实验的真空度为 100 mmHg,固化物排入中间贮槽中,而中间贮槽卸料时必须停止真空才能把固化物卸出来。

1977 年的实验以三元转子泵卸料。实验还证明,如系统保持 5 mm H_2O(1 mm H_2O＝9.8099 Pa)压力,常压卸料也是可行的,但大量冷空气进入,影响固化物的出料温度,如采取措施适当保温,则可消除温度低的影响。

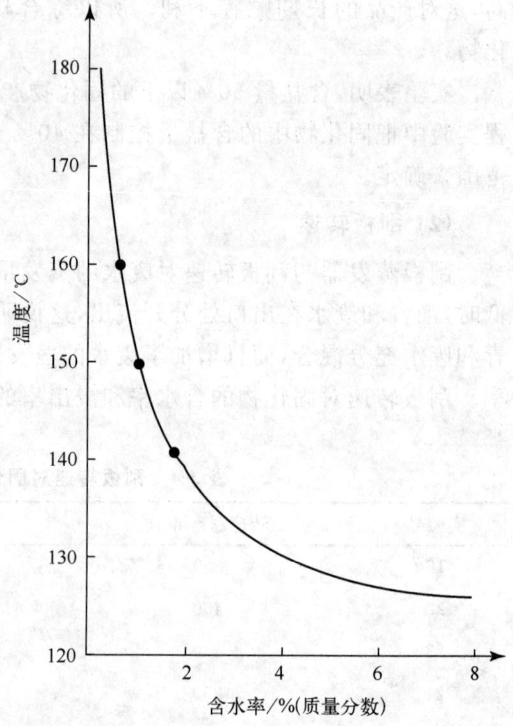

图 3-3　固化物出口温度和含水率的关系曲线

(4) 固化物的出料温度对含水率的影响

固化物的出料温度对含水率的影响较大,温度低则含水率高,浸出率也将增高。在温度较低的情况下,固化物的流动性差,对操作和输送都不利,所以在固化物出料口要有一个适当的温度。固化物的出料温度对含水率的影响如图 3-3 所示。

从图 3-3 可以看出：出料温度越低，固化物含水率越高。出料温度为 160 ℃时，含水率大约为 0.5%。固化物含水率对浸出率的影响见表 3-6。从表 3-6 可看出，含水率高时，浸出率有不同程度的增加。

表 3-6　固化物含水率对浸出率的影响

实验编号	出料温度/℃	含水率/%（质量分数）	浸出率/(1×10^{-4}g/cm²·d)								
			1天	2天	3天	4天	5天	6天	8天	12天	15天
13	146～157	1.4	3.1	1.4	1.3	3.0	3.5	3.6	3.4	4.3	4.8
16	170～175	0.24～0.4	0.24	5.3	/	4.0	2.7	1.4	0.77	0.7	1.17
17	147～152	2.4～2.44	5.0	1.4	/	19	9.6	3.6	6.4	10.3	6.3
24	142～160	0.71～1.06	3.14	7.24	/	0.9	1.28	1.63	1.43	1.92	/
26	122～124	7.3～7.5	10.6	20.0	/	17	20.6	16.4	12.2	33.7	6.15
27	122～124	8.24	6.5	8.5	/	8.9	21.6	2.4	18.2	8.1	5.0
28	132	7.6～7.7	19.4	15	/	2.3	2.0	2.3	6.4	7.1	7.15

(5) 刮板蒸发器的最大生产能力

按照下列条件进行了确定刮板蒸发器最大生产能力的实验：

转速：850 r/min

配比——沥青：废水＝1：1.8(体积)

真空度：100 mmHg

含 40%硝酸钠的模拟废水，pH＝10～13

刮板蒸发器以 38# 汽缸油为热源，油泵的流量约 6.2 m³/h，压力＜0.8 MPa

固化物含水率以 0.5%(质量分数)为指标。

由图 3-4 可以看出：含水率随生产能力的增加而增加。如含水率为 0.5%时，则刮板蒸发器的生产能力为 40 L/m²·h。

3.2.4.2　1976 年的实验——七种废水沥青固化结果

1976 年的实验主要以七种(单一或混合)废水进行沥青固化性能实验以及生产能力和设备的考核实验。以固化物的性能指标来看，废水沥青固化结果能够达到要求，含水率达 0.5%左右，含盐量为 40%左右，软化点为 60～85 ℃，浸出率一般在1×10^{-4} g/cm²·d。

但从固化物的热稳定性来看，不宜采用这七种废水的混合形式进行沥青固化，因为已经证实：在废水中含有属于氧化剂的硝酸盐和其他盐类，以及废水碱度大时，所制取的沥青固化物的热分解温度降低了，所以在较高温度下操作是不安全的。因此，1976 年的七种废水沥青固化的结果只能作为今后工作的借鉴。

刮板蒸发器两次连续运行考核时间为 180 h，实验的总运行时间约为 800 h，在这段时间里，设备运行正常，无严重结疤现象，排料畅通无阻塞现象。

3.2.4.3　1977 年的实验——六种废水沥青固化结果

1977 年的沥青固化实验是为了考核刮板蒸发器对九种废水沥青固化的适应性。在总

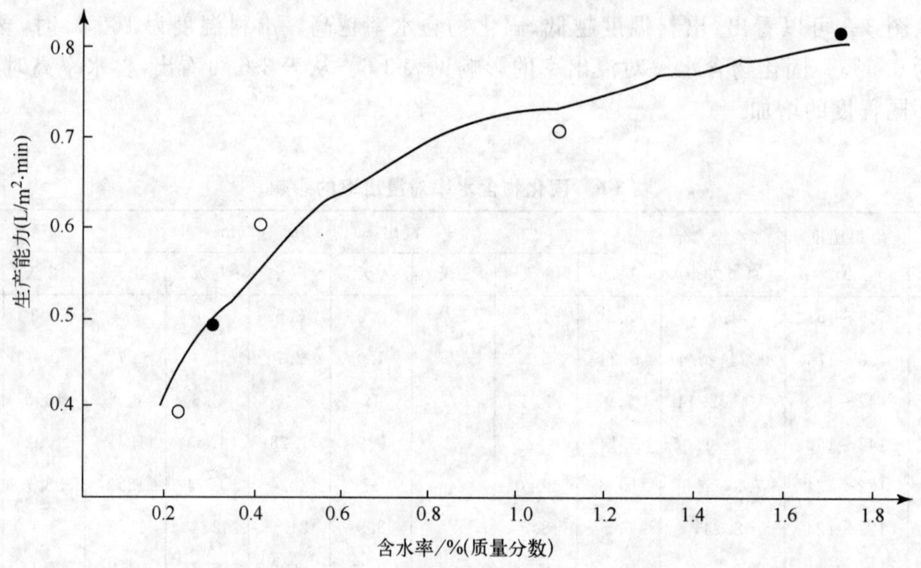

图 3-4 生产能力与含水率的关系曲线

结以前实验的基础上,对九种废水进行了热稳定性实验(即差热和热重分析),并同时进行扩大的恒温试验,试验结果确定了六种废水进行沥青固化的安全操作温度(见表 3-3)。

六种废水的沥青固化结果表明,固化物的含水率在 0.5%左右,含盐量 45%左右,软化点 70 ℃左右,浸出率一般为 1×10^{-4} g/cm² · d,可以达到指标要求。刮板蒸发器对各种废水的适应性也是很强的。

3.2.5 实验结果

3.2.5.1 沥青固化的产品性能

用国产 60# 氧化石油沥青对六种冷模拟的中、低放废水进行沥青固化,所得产品的含盐量 40%~50%(质量分数),含水率约 0.5%(质量分数),软化点 65~75 ℃,静态浸泡浸出率 1×10^{-4} g/cm² · d(对 Na^+)。产品表面平滑光亮,盐分宏观分布均匀。

从装满 200 L 固化物的大桶取固化物分析,沉积现象不明显,桶的中心温度由 163 ℃冷却至25 ℃约需 8 h。

3.2.5.2 刮板蒸发器运行参数

— 沥青进口温度:140~180 ℃
— 料液进口温度:(90±10)℃
— 料液 pH=10~13
— 料液与沥青的最大配比:4.5 : 1(体积)
— 刮板转速:650~850 r/min
— 操作压力(负压):0~150 mmHg
— 加热介质温度:200~220 ℃

— 二次蒸汽含盐(对硝酸钠)夹带:30～50 mg/L,含油 20～40 mg/L

— 净化能力:1×10^4

— 出料温度:160 ℃左右

— 生产能力:30～40 L/m^2 · h

3.2.5.3　刮板蒸发器的鉴定

刮板蒸发器对于处理各种废水的适应性较强,总运行时间 300 h左右,其中两次连续考核时间为 180 h,运行期间无严重结疤和堵塞现象,刮板蒸发器经适当改进用于沥青固化工程运用是可行的。

3.2.5.4　基本结论

应用刮板蒸发器处理中、低放浓缩料液是可行的,固化物能达到基本要求。设备对各种料液也是适应的。建议在生产中进行实际试生产,考核后推广。

为了安全生产,建议操作温度在 200 ℃左右,最高加热温度略大于 220 ℃。对固化物的热稳定性需进一步研究,对沥青固化物的性能要进行改进,以提高热稳定性。

3.2.6　讨论

3.2.6.1　刮板蒸发器的改进

— 刮板蒸发器的下轴承用油来润滑,余油将带入固化物中,对产品的安全性能带来不利,是否采用石墨轴承好,有待于进一步实验。

— 刮板蒸发器的料液和沥青进口系用内套管的形式,管口突出外面 5～10 mm,当设备检修吊罐时,因管口的突出部分挡住而吊不出来,应加以改进。

— 分配盘的圆周离刮板筒体的间隙不能太小,否则影响分配效果,以致物料被堵。其间隙最好为刮板与筒体间隙的 3～4 倍,即 4.5～6 mm。

— 刮板与筒体的径向间隙以(1.5±0.5)mm 为宜,过大的话,沥青和物料混合不好。

— 建议刮板蒸发器的上端安装防爆窗。

— 刮板蒸发器的轴/长径之比要合理,要进行热处理,按要求进行静、动平衡试验。

— 设备安装要有减震措施。

— 刮板蒸发器的清洗和去污:刮板蒸发器经运行一定时间后,在刮板上结有不同程度的污垢,刮片处尤为多一些,为提高传热效率以及从安全角度考虑,定期清洗和去污是必要的,应有一套成熟的清洗和去污方法。

3.2.6.2　辅助设备评价

— 沥青齿轮计量泵:流量为 9 mL/r,用蒸汽夹套保温,使用效果比较好;沥青进泵之前要经过过滤器。

— 油泵:40YG40×2 型,配 7.5 kW 电机,流量 6.25 m^3/h,使用效果比较好。

— 工频加热器:为提高沥青的温度而设计的工频加热器功率约为 5 kW,使用效果好。

3.2.6.3 测量仪表

一般常用的温度、压力、信号等测量仪表是可靠的。

— 固化物出口温度采用电阻温度计，滞后现象严重，不反映瞬时温度，工程上应加以改进。

— 流量仪表：因工艺废水含有一定量的絮状物(或细小的沉淀)以及呈现各种颜色，所以浮子流量计的应用有一定的局限性；实验中采用电磁流量计基本可靠，但有时也有堵塞的现象。

— 监测仪表：刮板蒸发器在运转过程中，沥青和料液分别进入刮板蒸发器中，但有时会产生偶然事故，致使沥青停止进入刮板蒸发器里，所以应设监测仪表，以监测沥青的流入情况。

3.2.7 沥青固化工艺的安全性

实验证明，中、低放废水中含有氧化剂硝酸盐、有机盐(柠檬酸铵)和其他杂质以及废水碱度高时制取的沥青固化物，热分解温度要降低，如控制不当，有引起沥青固化物燃烧和爆炸的潜在危险。

在沥青固化中间规模实验中，虽然做了一些工作，但还不够深入，透彻，还需对工艺的安全性做出更全面的评价。从实验中也发现了一些问题，如刮板蒸发器所制取的某些沥青固化物，其分解温度要比用小型设备制取的沥青固化物分解温度低，这个问题引起了重视。

沥青固化厂在投产之前应对实际废液的沥青固化做热稳定性试验，确定安全操作温度后再进行生产。

3.3 放射性废物固化用沥青和表面活性剂的选择

为解决核化工厂低放废液沥青固化设备器壁结疤问题，在 1987 年 4 月开始进行沥青固化薄膜蒸发器用沥青及乳化剂的研究，并于 1987 年底结束了小试工作。小型试验结果可使原来只能运转 1 h 的沥青固化设备提高到连续运转 101 h。这一结果随后在核化工厂的沥青固化工程试验中得到了证实。

1988 年 2 月初，在我国核工业部召开了关于“沥青固化处理废液”的会议，全面总结小试和工业试验结果。但是，由于加入了表面活性剂，使沥青的黏度增大，给操作带来了一定困难，会上提出了工业装置进一步通过连续运转 200 h 的要求。因此，在 1988 年 3 月又进行了加复合剂的沥青固化研究工作。

3.3.1 试验用沥青及表面活性剂的性质

3.3.1.1 试验用沥青性质

表 3-7 中兰炼 100#、济南 60# 沥青属于溶剂抽提沥青，江汉 60#、单家寺沥青属于直馏沥青，核化工厂当时所用沥青为茂名石油公司生产的 60# 道路沥青，阿尔巴尼亚沥青是阿尔巴尼亚原油加工得到的沥青。

表 3-7　试验用沥青性质

沥青名称		兰炼 100#	阿尔巴尼亚	江汉 60#	单家寺	济南 60#	核化工厂当时所用沥青
软化点/℃		46.5	53.0	47.0	49.5	51	54
针入度/度		118	69	50	54	64	59
延度(25 ℃,cm)		95	＞150	43	＞150	76	13
密度/(g/cm³)		0.964	1.052	1.038	1.004	1.002	0.987
组成分析/%	饱和烃	32.2	12.8	6.0	16.9	11.1	14.0
	芳烃	26.4	43.6	37.4	27.9	31.6	32.4
	胶质	41.2	18.9	34.1	52.9	53.5	57.5
	沥青质	0.2	24.7	22.5	2.3	3.8	0.5

3.3.1.2　试验用表面活性剂性质

表 3-8 列出了试验采用的阳离子、阴离子和非离子型表面活性剂的种类名称及代号。

表 3-8　试验用表面活性剂性质

典型	阳离子型		阴离子型		非离子型			
代号	OT	NOT	P	P_S	O	T	A	B
名称	季铵盐	季铵盐	十二烷基苯磺酸钠	石油磺酸钠	烷基酚环氧乙烷缩合物	羟乙基纤维素	高级脂肪醇环氧乙烷缩合物	硬脂酸环氧乙烷缩合物
说明	天然脂肪胺合成的工业产品	合成脂肪胺合成的工业产品	工业品	工业品	工业品	工业品	工业品	工业品

注:1. OT 和 NOT 都是大连油脂化学厂的产品,本身为 30%左右的乳液。

3.3.2　复合剂的玻璃管式评选试验

复合表面活性剂可提高沥青中盐的包覆率,减少薄膜蒸发器结疤机会。试验中复合剂的用量为 3%(质量分数),采用核化工厂当时所用沥青进行固化效果评选试验。

3.3.2.1　阳离子型与非离子型复合表面活性剂固化效果

从表 3-9 可以看出 NOT 比 OT 效果好些。这可能是由于 NOT 所含合成脂肪胺中的烷基链包含奇数和偶数碳链,而 OT 所含天然脂肪胺中的烷基链只含偶数碳链所致。OT 与 S(1∶1)复合效果最好。由此可见,阳离子与非离子表面活性剂采用序号 6 配方。

表 3-9 阳离子与非离子型复合表面活性剂固化效果

序号	表面活性剂		乳化情况	固化产物表观	固化物分析		
	代号	加入量/%（质量分数）			理论 Na^+ 含量/%（质量分数）	实测 Na^+ 含量/%（质量分数）	包覆率/%（质量分数）
1	OT	3	均匀	固化物均匀，管壁有盐花析出	14.56	12.4	85.16
2	NOT	3	均匀	固化物均匀，管壁上少量盐花析出	14.56	12.6	86.54
3	OT/O	1.5/1.5	均匀	固化物均匀，底部有少量盐花	14.56	13.1	89.97
4	OT/T	1.5/1.5	均匀	固化物均匀，光亮	14.56	13.1	89.97
5	OT/S	1.5/1.5	均匀	固化物均匀，光亮	14.56	13.2	90.66
6	NOT/S	1.5/1.5	均匀	固化物均匀，光亮	14.56	13.6	93.06

3.3.2.2 阴离子型与非离子型复合表面活性剂固化效果

比较表 3-10 中序号 1，2，3 可见 P_S 的最佳加入量是 3%。由序号 4，5，6，7 可以看出 P_S 与另一种阴离子或非离子型表面活性剂复合使用，效果都不如本身单独使用。

表 3-10 阴离子与非离子型复合表面活性剂固化效果

序号	表面活性剂		乳化情况	固化产物表观	固化物分析		
	代号	加入量/%（质量分数）			理论 Na^+ 含量/%（质量分数）	实测 Na^+ 含量/%（质量分数）	包覆率/%（质量分数）
1	P_S	2	分层	固化物均匀，底部有少量盐花析出	14.56	12.4	85.16
2	P_S	3	均匀	固化物均匀	14.56	12.7	87.23
3	P_S	5	分层	固化物均匀，管壁上有少量盐花	14.56	12.2	83.79
4	P_S/P	1.5/1.5	均匀	固化物均匀，上半部及底部均有盐花	14.56	11.6	79.67
5	P_S/T	1.5/1.5	均匀	固化物均匀，上端有窄的白盐带	14.56	11.9	81.73
6	P_S/O	1.5/1.5	分层	固化物不均匀，管壁上部及底部有较多盐花	14.56	10.4	71.42
7	P_S/A	1.5/1.5	分层	固化物不均匀，管壁上部及底部有较多盐花	14.56	11.9	81.73

比较表 3-9 与表 3-10，可见阳离子型或非离子型分别单独使用，固化效果相差不大，阴离子型的效果更好些，而与非离子型复合使用时，阳离子型的复合效果好些。

3.3.2.3　阴离子型表面活性剂与硼酸复合使用的沥青固化效果

核废液中大量的硝酸钠可与少量的一种盐共晶形成晶体结构较为松散的共晶体盐，这样就不易在固化薄膜蒸发器塔壁上结成坚硬的盐疤。从文献资料中也了解到日本的核废液中含有硼酸或硼酸盐。由于核废液含有一定量的氢氧化钠，故选用硼酸作为疏松剂。硼酸是先加入到料液中，然后用硝酸将 pH 值调为 11～12。

从表 3-11 看出，在料液中加入少量硼酸，可较大幅度地提高固化物的包覆率，达到阳离子与非离子型复合使用时的固化效果。对核化工厂当时所用沥青需加入 1% 硼酸，而对济南 60# 沥青仅需加入 0.5% 硼酸。

表 3-11　阴离子型表面活性剂与硼酸复合使用的固化效果

序号	沥青名称	表面活性剂		乳化情况	固化产物表观	固化物分析		
		代号	加入量/%（质量分数）			理论 Na^+ 含量/%（质量分数）	实测 Na^+ 含量/%（质量分数）	包覆率/%（质量分数）
1	核化工厂当时所用沥青	P_S	3	均匀	固化物均匀，管壁有盐花析出	14.56	12.4	85.16
2	核化工厂当时所用沥青	P_S/硼酸	3	均匀	固化物均匀，管壁上少量盐花析出	14.56	12.6	86.54
3	济南 60# 沥青	P_S/硼酸	1.5/1.5	均匀	固化物均匀，底部有少量盐花	14.56	13.1	89.97

3.3.3　纯沥青管式蒸发器连续固化评选试验

由于管式蒸发器连续固化试验比锅式试验更接近于工业装置，因此为了更直观地考察未加活性剂的不同沥青的固化性能，进行了纯沥青的管式蒸发器连续固化评选试验，试验结果如表 3-12 所示，试验条件为：加热介质温度 170～190 ℃，蒸发器上端有一层聚四氟乙烯薄片，温度 150～160 ℃；下端温度 145 ℃左右；加 P_S 沥青预热温度 130 ℃左右，进料速度 30 mL/h，加硼酸料液预热温度 60 ℃左右，pH 为 11～12，进料速度 56 mL/h。

表 3-12　不同纯沥青管式蒸发器连续固化效果

序号	沥青名称	搅拌电压/V			连续运转时间/(h:min)	现象
		开始	中期	末期		
1	核化工厂当时所用沥青	80	100	150	1:1	严重卡转两次，最后卡死
2	兰炼 100#	75	90	110	1:50	严重卡转两次，最后卡死
3	济南 60#	85	95	110	2:40	严重卡转两次，最后卡死

续表

序号	沥青名称	搅拌电压/V			连续运转时间/(h:min)	现象
		开始	中期	末期		
4	阿尔巴尼亚	90	100	130	4:16	严重卡转两次,最后卡死
5	江汉 60#	80	100	130	14:10	严重卡转两次,最后卡死
6	单家寺	88	90	88	20:0	运转正常,主动停止试验

由于各种沥青的属性不同,可以粗略地看出,密度小于 1 g/cm^3 的核化工厂当时所用沥青和兰炼 100# 沥青固化效果都不好,仅运转 1 个多小时;济南 60# 沥青的密度大于 1 g/cm^3,因此它的效果比前两者好;阿尔巴尼亚沥青及江汉 60# 沥青的密度相似,都大于济南 60# 沥青,因此固化效果都比济南 60# 沥青好,这两者的沥青质含量差不多,只是江汉沥青的饱和烃含量要少许多。比较兰炼 100#、阿尔巴尼亚及江汉 60# 三种沥青,固化效果随饱和烃含量减少而变好。江汉 60# 沥青的固化效果比阿尔巴尼亚沥青的好。单家寺沥青的密度及沥青质含量比江汉 60# 沥青的小,饱和烃含量多,但延度也大得多,因此连续固化效果比较好。总的来说,密度的大小、沥青质与饱和烃含量的多少及延度的大小,都会影响沥青连续固化的效果,但不能指出哪一个属性是决定因素,因为沥青的固化效果是这些属性综合影响的结果。但可看出这样的趋势:密度及延度大、沥青质含量多、饱和烃含量少的沥青其固化效果好。对这些综合结果,在后来还进行了直观的模拟连续固化试验进行判断。

从上述六种沥青在不加剂情况下的管式连续固化结果看,单家寺沥青可连续运转 20 h 而未卡死,操作很平稳,比核化工厂当时加 3%P_S的沥青的操作更稳。这说明选用适当的沥青,也可单独使用进行连续固化。沥青是复杂的多组分物质,由于原油性质的改变,沥青的性质也发生变化,从而影响它的固化效果。但可通过加入适当的表面活性剂,改善固化效果,达到长周期连续固化。

3.3.4 含复合剂沥青的管式蒸发器连续固化评选试验

为了进行 200 h 长周期管式蒸发器连续固化试验,按表 3-9 序号 6 及表 3-11 序号 2 配方进行 20 h 管式蒸发器连续固化试验。

由表 3-13 可见,对核化工厂当时所用沥青加入适当的复合剂,连续固化试验效果比较好,操作比较平稳。

表 3-13 含复合剂沥青的管式蒸发器连续固化试验

沥青复合剂	搅拌电压/V			运转时间/h	现象
	开始	中期	末期		
核化工厂当时所用沥青加 1.5%NOT/1.5%S	100	100	100	20	运转较顺利,主动停止运转
核化工厂当时所用沥青加 2%PS/1%硼酸	90	88	88	20	运转较顺利,主动停止运转

3.3.5　含复合剂沥青的长周期管式蒸发器连续固化试验

由于 NOT 为季铵盐，热稳定性差，故选用 P_S 与硼酸复合使用，进行 200 h 长周期连续固化试验。

曾做过如下试验，在模拟料液中各加入 5%，4%，3%，2%，1%，0.5%硼酸后，调节 pH 为 11～12，采用当时核化工厂所用沥青进行管式蒸发器连续固化试验，都通过 4 h 运转，操作较好。因此对运转 200 h 固化条件，曾考虑单独使用 3%硼酸，不加表面活性剂，结果连续固化仅运转 6 h 就产生卡转。从加入不同浓度硼酸的模拟料液制取结晶盐，发现结晶盐的硬度随硼酸含量的增大而增加。加入 0.5%～1.0%硼酸的结晶盐比较稀松。可见硼酸的加入量以 0.5%～1%为宜。但如果沥青中不加表面活性剂，仍不能进行长时间连续固化。当料液中加入 1%硼酸，用核化工厂当时所用纯沥青进行连续固化后，观察到在搅拌刮片上附有白色未混进沥青中的较为疏松的结晶盐，当它长大到大于刮片与管内壁的间距时，就会产生卡转现象。此现象随时间推移，频率增加。可见要使沥青固化长周期连续运转，首先要使沥青-料液在瞬时内混匀乳化，必须在沥青中加入表面活性剂，同时在料液中加入疏松剂，才能达到长周期连续固化。

选定了两个条件进行 200 h 长周期连续固化试验，一是采用核化工厂当时所用沥青，加 2%P_S，料液中加 1%硼酸；二是采用济南 60# 沥青，加 2%P_S，料液中加 0.5%硼酸。200 h 长周期连续固化试验结果见表 3-14。

表 3-14　管式蒸发器长周期连续固化试验

序号	沥青名称	P_S/硼酸加入量	料液 pH 值	搅拌电压/V			运转时间/(h:min)	现象
				开始	中期	末期		
1	核化工厂当时所用沥青	无	11～12	80	100	120	2:20	严重卡转两次，最后卡死
2	核化工厂当时所用沥青	2/1	11～12	79	90	90	2:00	正常运转，主动停止试验
3	济南 60#	无	11～12	85	95	110	2:40	严重卡转两次，最后卡死
4	济南 60#	2/0.5	11～12	80	100	55*	2:00	正常运转，主动停止试验
试验条件	加热介质温度 160～170 ℃； 蒸发器上端衬有聚四氟乙烯薄片，上端温度 140～150 ℃； 下端温度 140 ℃左右； 加剂沥青预热温度 130 ℃左右，进料速度 30 mL/h； 料液预热温度 60 ℃左右，进料速度 56 mL/h，pH 值 11～12； * 马达重新更换							

从表 3-14 可看出，采用复合剂，核化工厂当时所用沥青和济南 60# 沥青都通过了200 h

长周期试验，操作比较平稳。通过 200 h 试验后，取出蒸发管观察，发现内壁光滑，搅拌刮片上存留的固化物很少，无明显盐析出痕迹。

3.3.6 固化物测试分析

3.3.6.1 差热分析

差热分析阳离子与非离子型复合表面活性剂 1.5%NOT/1.5%S 的起始放热峰值为 224 ℃，比石油磺酸钠低 50 ℃左右。差热分析测得核化工厂当时所用沥青和济南 60# 沥青运转 200 h 所得固化物的起始放热峰值为 302 ℃和 304 ℃。表 3-15 列出了上述两种固化物的扫描量热 DSC(差式扫描量热法)试验数据，可见其放热温度与当时核化工厂使用的纯沥青基本相同。核化工厂当时所用纯沥青的固化物的放热量比上述两种固化物的大得多。由此可见沥青中加入 2% P_S及料液中加入 0.1%～0.5%硼酸在核化工厂工业装置操作条件下是安全的。

表 3-15 DSC 试验结果

沥青固化试样	放热温度/℃
核化工厂当时所用沥青加 2%P_S/1%硼酸	300
济南 60# 沥青加 2%P_S/0.5%硼酸	300
核化工厂当时所用沥青	302

3.3.6.2 水浸出试验

试验是将连续运转 200 h 所得沥青固化物切成一定形状大小的块状，浸泡于蒸馏水中 5 天，算出浸出率。结果见表 3-16。表中的数据说明沥青固化物中含有 P_S和硼酸不影响固化物的耐水性。

表 3-16 沥青固化物浸出试验结果

沥青固化试样	核化工厂当时所用沥青加 2%P_S/1%硼酸	济南 60# 沥青加 2%P_S/0.5%硼酸
浸出率/(g/cm² · d)	2.6×10^{-4}	1.9×10^{-4}

3.3.6.3 扫描电镜分析

从固化物扫描电镜分析可以看出固化物中包覆的盐粒的大小及分布状况。核化工厂当时所使用纯沥青的固化物中的盐粒较大，纯单家寺沥青固化物中盐粒较小，分布均匀。另外，含 NOT/S 复合表面活性剂或含 P_S/硼酸的核化工厂当时所用沥青固化物中盐粒都变小。可见，凡连续固化效果较好的，沥青固化物中盐粒较小，分布较均匀。

3.3.7 试验结果讨论及推荐的工业试验条件

沥青中加入适当的石油磺酸钠，可提高固化物的包覆率并延长连续固化运转周期。如同时在料液中加入适量的结晶疏松剂，可进一步提高固化物包覆率，薄膜蒸发器长周期连续固化可达 200 h。

固化物的差热分析、扫描量热试验和水浸泡试验数据都表明含有 P_S/硼酸的固化物，其热稳定性和耐水性较好，达到核化工厂提出的固化物性质指标要求。电镜显微表明含复合剂的固化物盐粒变细，分布较均匀。

沥青固化物薄膜蒸发器所用沥青的密度、延度、饱和烃以及沥青质含量等性质都会影响沥青的固化效果。我国单家寺沥青有可能单独使用而能达到长周期运转，但它的价格较高，不宜推荐。

加入沥青中的石油磺酸钠和加入料液中的硼酸都各有最佳用量。

从 1987 年 3 月起，石油化工科学研究院与核化工厂合作，在实验室研究基础上推荐了适于核化工厂沥青固化装置用的沥青、表面活性剂、结晶疏松剂，并与设计院一起在工业装置上用模拟料液试验，通过了连续运转 200 h 的工程考核试验，1990 年 4 月通过了我国核工业总公司技术鉴定。

为便于核化工厂进行热试和在生产中选购合适的沥青、表面活性剂、清洗用柴油，根据试验结果提出了推荐产品。

3.3.7.1　沥青

(1) 规格型号：60# 甲道路石油沥青。

(2) 生产厂家：济南炼油厂。

(3) 规格指标：按 SY1661-85 道路石油沥青规格生产，具体规格指标见表 3-17 所示。

表 3-17　60# 甲道路石油沥青规格指标

项目	技术要求	试验方法[1]
针入度(25 ℃,100g)/1/10 mm	51～80	GB4509
延度(25 ℃)/cm(不小于)	70	GB4508
软化点(环球法)/℃(不低于)	45～50	GB4507
溶解度(三氯甲烷、四氯化碳或苯)/%(不小于)	99	SY2805
蒸发损失(160 ℃,5h)/%(不大于)	1	SY2808
蒸发后针入度比/%(不小于)	70	
闪点(开口)/℃(不低于)	230	GB267

注：1) SY2805-1966 已由 GB/T 11148—1989 代替；SY2808-1966 已由 GB/T 11964—1989 代替。

(4) 选型说明

沥青的规格型号不能完全反映沥青的化学成分，对于沥青固化装置用的沥青最好烷烃含量要低些密度要大一些，延度要高一些，沥青质高一些。

采用加表面活性剂的工艺后，虽然对沥青的要求放宽了许多，但为保证沥青固化设备稳定运行，沥青最好定点供应。

3.3.7.2　乳化剂

(1) 品种：石油磺酸钠。

(2) 牌号：T702 防锈剂。

(3) 生产厂家：当时暂由石油化工科学研究院提供。

(4) 规格指标

浙江杭州炼油厂是生产 T702 石油磺酸钠防锈剂的最早厂家,此产品当时尚无部标,只有企业标准。生产厂家一般参照杭州市企业标准(浙杭 Q/HG 171-86)规格生产。该产品系采用精制润滑油馏分经发烟硫酸磺化、中和抽提、脱色等工艺生产,规格指标见表 3-18。

表 3-18 T702 石油磺酸钠防锈剂

项目	质量指标	试验方法
外观	棕黄色或棕红色油状液体	目测
矿物油含量/%(不大于)	50	附录 A
磺酸钠含量/%(不小于)	50	附录 B
无机盐含量/%(不大于)	0.35	附录 A
pH 值	7～8	pH 试纸试验
水分/%(不大于)	1.0	GB260
气味	无	凭感官试验

(5) 选型说明

综合考核试验发现石油磺酸钠的磺化度大小对沥青固化物出料时的起泡性有一定影响,产品的磺化度最好大于 95%。固化时,此产品不能完全按杭炼标准购买。

鉴于此产品受精制润滑油品种、工艺、磺化深度等因素影响较大,建议按石油化工科学研究院推荐的厂家定点供应试用,然后再定企业标准。

3.3.7.3 清洗用柴油

(1) 规格型号:0# 轻柴油。

(2) 生产厂家:不限厂家,就地采购。

(3) 规格指标:按国标 GB252—87[①] 规定的 0# 柴油合格品技术要求供应,具体规格要求见表 3-19。

表 3-19 0# 柴油(合格品)技术标准

项目	质量标准	试验方法
实际胶质/(mg/100 mL)(不大于)	70	GB509
硫含量/%(不大于)	1.0	GB380
水分/%(不大于)	微量	GB260
酸值/(mg KOH/100 mg)(不大于)	10	GB258
10%蒸馏物残炭/%(不大于)	0.4	GB8022
灰分/%(不大于)	0.02	GB508

① 目前在用的是 GB252—2000。

续表

项目	质量标准	试验方法
铜片腐蚀(100 ℃,3 h)(不大于)	1	GB5096
水溶性酸碱	无	GB259
机械杂质	无	GB511
运动黏度(20 ℃)/(mm^2/s)	3.0～8.0	GB265
凝点/℃(不高于)	不高于 0	GB510
冷滤点/℃(不高于)	4	SY2413
闪点(闭口杯法)(不低于)	65	GB261
十六烷值	45	GB386
馏程： 50% 馏出温度/℃(不高于) 90% 馏出温度/℃(不高于) 95% 馏出温度/℃(不高于)	 300 355 365	GB6536
密度(20℃)/(g/cm^3)	实测	GB1884

(4) 选型说明：

选用 0# 轻柴油(合格品),可市购或从炼油厂购买,不必定点供应。

不必选用军用 0# 柴油、优质品 0# 柴油,这些柴油多用直馏柴油、加氢裂化柴油为主要组分,芳烃含量低,清洗沥青效果反而不好。

如有条件由定点炼油厂供应,可用 0# 催化裂化柴油组分油,其芳烃含量高(大约 40%～50%),清洗沥青的效果更好。

第 4 章　沥青固化设施和工艺

4.1　沥青固化工艺流程

核化工厂沥青固化工程采用刮板薄膜蒸发器均匀混合沥青和废液，制成合格的沥青-盐固化产品。核化工厂低放废液沥青固化工程生产使用的工艺流程如图 4-1 所示。

当蒸发系统投入运行时，沥青齿轮泵将沥青定量地送出经过滤器后进入刮板薄膜蒸发器的上分配盘。螺杆计量泵将料液从供料槽抽出，定量送出经过滤器后进入刮板薄膜蒸发器的下分配盘。沥青和料液借助分配盘旋转的离心力被甩到蒸发器内壁上，在刮板不停地旋转下，沥青与料液呈薄膜状逐渐混合并以螺旋形向下流动，途中被蒸发器夹套内的蒸汽间接加热，使料液中水分被逐渐蒸出，盐及放射性核素被沥青包覆，直至刮板薄膜蒸发器底部得到沥青-盐的均相液态混合物，即沥青固化物产品。

沥青-盐混合物在工作箱内装桶，封盖。在装桶生产线上产生的桶装沥青-盐混合物，用数控吊车吊运至暂存间预定位置，在此静置冷却，待完全冷却固化后就是沥青固化工程生产的产品——桶装沥青-盐均匀混合物。该产品定期用数控吊车或桥吊吊至专用汽车上运至沥青固化桶贮存库进行贮存。

为防止刮板蒸发器因物化反应万一形成正压，在其二次蒸汽出口管段上设有水封柱。当刮板蒸发器气相出口压力≥300 mmH_2O 时就自行泄压。

从刮板蒸发器上、中、下三段加热夹套出来的中压蒸汽热回水还带有较多的热量，上段热回水经蒸汽发生器扩容后变成 1.5 kgf/cm^2 低压蒸汽去供料槽，加热夹套将料液预热到 70 ℃。中段热回水经蒸汽发生器扩容后以 1.5 kgf/cm^2 低压蒸汽去调料扬液器，加热夹套将料液预热到 60 ℃。下段热回水经蒸汽发生器扩容后去预热器预热料液使其温度升至 95 ℃左右。

一次蒸汽热回水最终收集到集水槽，在这里用生产水调节其温度，在温度≤40 ℃后自流入排水槽，用离心泵送出厂房排放。

刮板蒸发器产生的二次蒸汽经旋液分离器进行净化，再经冷凝器、冷却器转化形成二次蒸汽冷凝液。水相自流入废水接收箱、废水排放槽，再经泵排入低放废液蒸发厂房(也是低放浓缩废液暂存区)贮存待处理。油相进入废油槽装桶暂存。未凝气体经捕集器捕集液滴后，由喷射器抽送至工艺排气烟囱，经工艺排气烟囱排入大气环境。旋液分离器分离的液体及沥青定期清理。捕集器捕集的液滴自流入废水接收槽后排走。

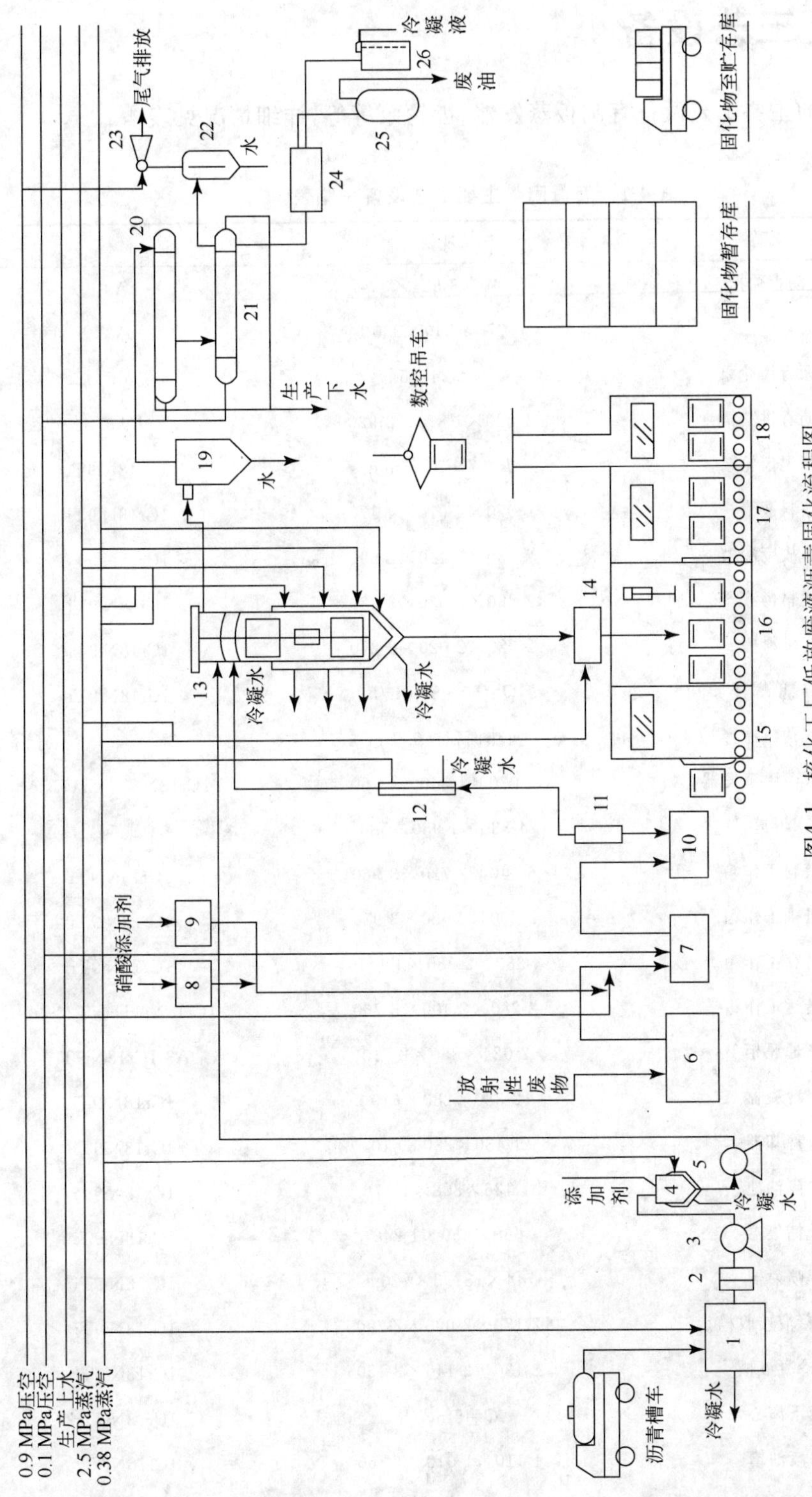

图4-1　核化工厂低放废液沥青固化流程图

1—添加剂槽；2—过滤器；3—沥青齿轮泵；4—沥青供料槽；5—保温齿轮泵；6—料液槽；7—调料扬液器；8—稀酸高位槽；
9—添加剂槽；10—供料槽；11—螺杆计量泵；12—预热器；13—刮板蒸发器；14—贮槽；15—进桶工作箱；16—装料工作箱；
17—监测工作箱；18—转动工作箱；19—旋液分离器；20—冷凝器；21—冷却器；22—捕集器；23—喷射器；24—隔油槽；
25—废油槽；26—冷凝液收集槽

4.2 主要工艺设备

沥青固化厂的主要工艺设备有刮板蒸发器、齿轮泵等等,详细情况见表 4-1。

表 4-1 沥青固化主要工艺设备一览表

序号	名称	规格	材料
1	沥青贮槽	4 540×3 684×3247	A3
2	沥青过滤器	770×540×200	A3
3	沥青齿轮泵	I=24:75	40Cr
4	沥青供料槽	1 820×1 820×3 920	A3
5	保温齿轮泵	R=7～70 r/min	1Cr18Ni9Ti
6	料液槽	4 070×4 070×4 170	1Cr18Ni9Ti
7	事故废液槽	2 530×2 440×2 590	1Cr18Ni9Ti
8	调料扬液器	2 880×2 630×3 330	1Cr18Ni9Ti
9	供料槽	2 320×2 020×2 870	1Cr18Ni9Ti
10	立式单螺杆泵	Q=50～500 L/h	1Cr18Ni9Ti
11	预热器	换热面积=0.9 m^2	
12	刮板薄膜蒸发器	2 030×1 340×4 460	1Cr18Ni9Ti Cr17Nie
13	辊道	4 330×1 980×580	碳钢
14	装料工作箱	6 040×2 730×3 960	1Cr18Ni9Ti
15	进桶工作箱	2 200×2 620×3 910	1Cr18Ni9Ti
16	暂存工作箱	3 380×2 380×4 1110	1Cr18Ni9Ti
17	转运工作箱	2 280×2 400×5 760	1Cr18Ni9Ti HT20-40
18	通风柜	2 024×850×2 710	A3 1Cr18Ni9Ti
19	冷凝器	2 380×280×610	1Cr18Ni9Ti
20	冷却器	1 480×280×610	1Cr18Ni9Ti
21	隔油池	1 436×808×1 176	1Cr18Ni9Ti
22	捕集器	660×650×1 240	1Cr18Ni9Ti
23	喷射器	744×187.5×226.5	1Cr18Ni9Ti
24	冷凝液接收槽	2 150×2 020×2 290	1Cr18Ni9Ti
25	冷凝液槽	2 130×2 140×2 150	1Cr18Ni9Ti
26	液下离心泵	Q=5 m^3/h	1Cr18Ni9Ti
27	废油槽	1 110×1 010×1 560	1Cr18Ni9Ti
28	贮槽	1 640×1 610×2 100	1Cr18Ni9Ti

续表

序号	名称	规格	材料
29	高位槽	1 540×1 540×1 800	1Cr18Ni9Ti
30	稀酸高位槽	1 340×1 210×1 240	1Cr18Ni9Ti
31	浓碱扬液器	1 310×1 210×1 340	A3
32	稀碱高位槽	980×810×1 180	A3
33	软化水槽	2 680×2 780×2 220	1Cr18Ni9Ti
34	三氯乙烯高位槽	1 010×890×1 370	1Cr18Ni9Ti
35	冷凝冷却器	1 380×280×610	1Cr18Ni9Ti
36	废液扬液器	1 310×1 220×1 920	1Cr18Ni9Ti
37	倒空槽	1 330×1 212×1 562	1Cr18Ni9Ti
38	缓冲罐	1 300×1 010×1 710	1Cr18Ni9Ti
39	螺旋板换热器	换热面积＝28.1 m^2	1Cr18Ni9Ti
40	纸过滤器装置	换热面积＝4.1 m^2	1Cr18Ni9Ti HT20-40
41	缓冲罐Ⅱ	1 298×1 010×2 310	1Cr18Ni9Ti
42	真空泵	SZ-3,SK-12	铸铁
43	集水槽	1 550×1 550×1 750	A3
44	分析工作箱	2 050×780×2 090	1Cr18Ni9Ti
45	取样分装工作箱	1 010×1 130×2 130	1Cr18Ni9Ti
46	排水槽	1 270×1 110×1 570	A3
47	pH 测定工作箱	1 150×770×2 090	1Cr18Ni9Ti
48	废水管道泵	YG6-38A	1Cr18Ni9Ti
49	污水泵	2 L/2FW	铸铁
50	石油磺酸钠熔化槽	200×1 100×1 200	1Cr18Ni9Ti
51	石油磺酸钠计量槽	500×400	A3
52	沥青固化物中间槽	/	1Cr18Ni9Ti
53	旋液分离器	500×1 100	碳钢
54	固化物下料管	57×108×1 360	1Cr18Ni9Ti
55	硼酸溶解槽	1 200×1 300×1 000	1Cr18Ni9Ti
56	清洗油槽	800×500×700	A3

4.3 沥青固化厂房布置及配套设施

沥青固化厂房(见图 4-2 和图 4-3)是核基地核化工厂“三废”区的组成部分,位于厂区内河的东北侧,离河床中心约30～50m不等,厂房一层±0.00平面的绝对标高为509.5m,

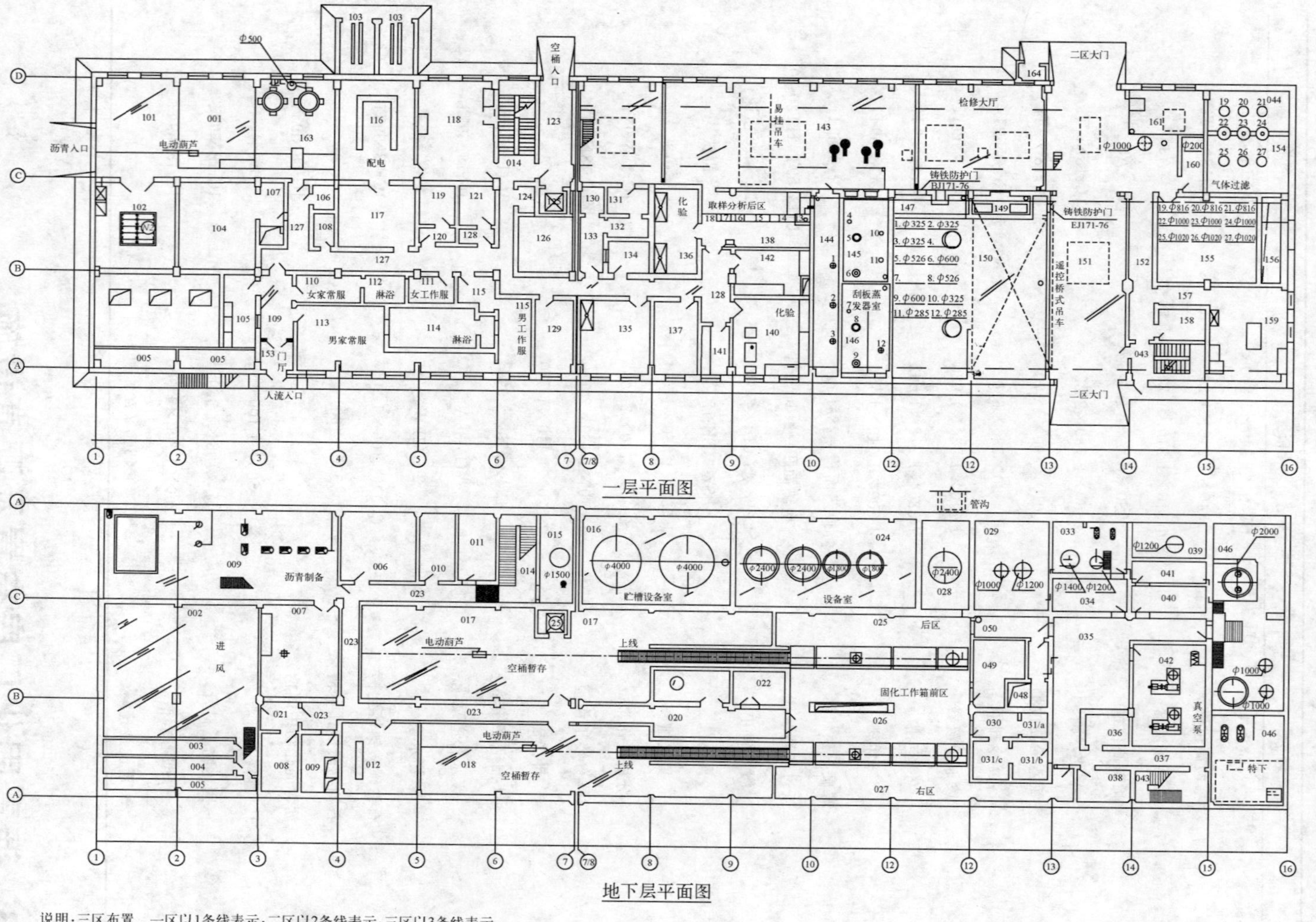

说明：三区布置 一区以1条线表示；二区以2条线表示；三区以3条线表示。

图4-2 沥青固化设施布置图（一层）

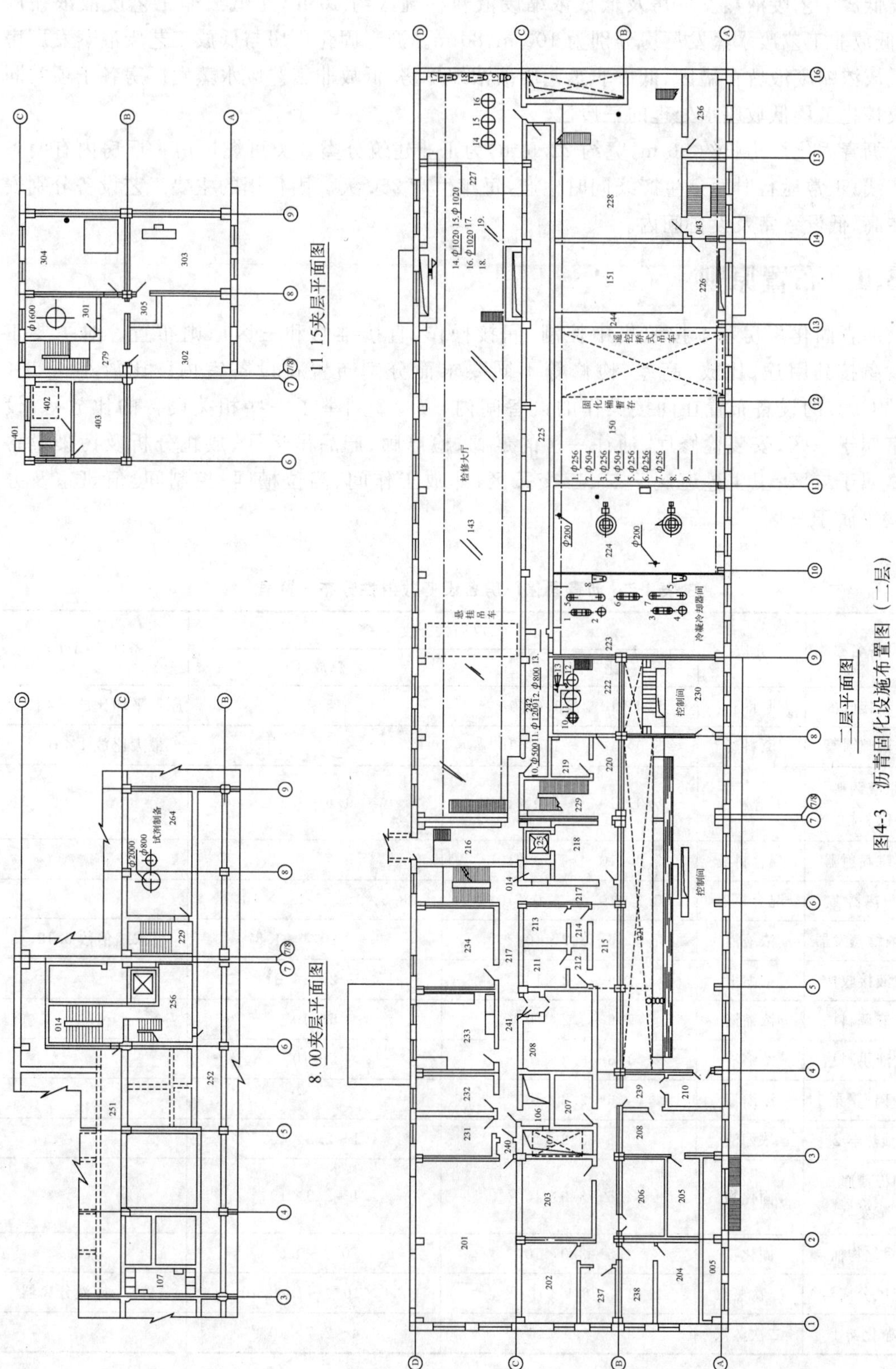

图4-3　沥青固化设施布置图（二层）

距离低放工艺废液蒸发厂房及低放浓缩废液暂存罐区约 40 m，距低放非工艺废液浓缩厂房、低放非工艺废水蒸发厂房分别为 100 m，80 m。沥青固化厂房与低放工艺废液蒸发厂房及低放浓缩废液暂存罐区、低放非工艺废液浓缩厂房、低放非工艺废水蒸发厂房各子项共同组成核化工厂低放废水处理的三废区。

沥青固化厂房长约 90 m，宽约 22.5 m，为工业建筑分类 2 类可燃厂房。厂房内有两条生产线，正常运行时两条生产线同时生产，每年生产 250 天。固化用的主要工艺设备分别安放在高、低设备室及设备间内。

4.3.1 布置原则

沥青固化厂房基本按照集中控制、间接操作、直接维修和三区原则布置。对主要工艺设备按其用途、比放、高差、检修等不同要求而分别布置在设备室内。比放小于 1×10^{-6} Ci/L 的设备布置在间接操作的设备间内（表 4-2 列举了一些相关设备的比放）。设备室属于一区；安装检修厅、通往一区的走廊、检修廊、产品吊运厅、放化分析及污染设备维修属于二区；卫生过道属于二、三交叉区；非放工作间、高位槽间、控制间、值班室及办公室等属于三区。

表 4-2 沥青固化厂房各设备放射性分布一览表

设备名称	介质	放射性强度		备注：(Ci/L)
		比放/(Ci/L)	总放/Ci	
原料接收槽	原料液	$5.0\times10^{-4}\sim1.0\times10^{-3}$	15～30	原液平均比放 5×10^{-4}
蒸汽喷射泵	原料液	$5.0\times10^{-4}\sim1.0\times10^{-3}$		最大比放 1×10^{-3}
原液调料供料槽	混合料液	$5.0\times10^{-4}\sim1.0\times10^{-3}$	1.6～3.2	
蒸汽喷射器	混合料液	$5.0\times10^{-4}\sim1.0\times10^{-3}$		
预热器 1	混合料液	$5.0\times10^{-4}\sim1.0\times10^{-3}$	$8.5\times10^{-3}\sim1.7\times10^{-2}$	
预浓缩蒸发器	浓缩液	$1.6\sim3.2\times10^{-3}$	$9.4\times10^{-1}\sim1.87$	浓缩倍数 3.12
浓液接收槽	浓缩液	$1.6\sim3.2\times10^{-3}$	7.2～14.3	
浓液调料槽	浓缩液	$1.6\sim3.2\times10^{-3}$	5～10	
浓液供料槽	浓缩液	$1.6\sim3.2\times10^{-3}$	5～10	
螺杆计量泵 1	浓缩液	$1.6\sim3.2\times10^{-3}$		
预热器 2	浓缩液	$1.6\sim3.2\times10^{-3}$	$1.1\sim2.2\times10^{-2}$	
刮板薄膜式蒸发器	固化物	$1.5\sim3.0\times10^{-3}$	$1.1\sim2.2\times10^{-2}$	
固化物桶	固化物	$1.5\sim3.0\times10^{-3}$	0.2～0.5	
旋风分离器	二次蒸汽	$3.4\sim6.9\times10^{-10}$	$8.9\times10^{-6}\sim1.8\times10^{-8}$	已改为旋液分离器
净化器 1	二次蒸汽	$3.4\sim6.9\times10^{-10}$	$1.4\sim2.7\times10^{-7}$	

续表

设备名称	介质	放射性强度		备注:(Ci/L)
		比放/(Ci/L)	总放/Ci	
冷凝器1	二次蒸汽及冷凝液	$3.5\sim7.0\times10^{-3}$	$4.1\sim8.2\times10^{-6}$	
冷却器1	冷凝液	$5.0\times10^{-8}\sim1.0\times10^{-7}$	$1.9\sim3.8\times10^{-6}$	二次蒸汽净化系统净化系数1×10^{1}
冷凝液槽	冷凝液	$5.0\times10^{-8}\sim1.0\times10^{-7}$	$2.3\sim4.6\times10^{-4}$	
液下离心泵	冷凝液	$5.0\times10^{-8}\sim1.0\times10^{-7}$		
净化器2	二次蒸汽	$9.0\times10^{-11}\sim1.8\times10^{-10}$	$8.7\times10^{-9}\sim1.7\times10^{-10}$	
冷凝器2	二次蒸汽及冷凝液	$1.1\sim2.2\times10^{-7}$	$7.7\times10^{-6}\sim1.5\times10^{-5}$	
冷却器2	冷凝液	$1.6\sim3.1\times10^{-7}$	$2.7\sim5.4\times10^{-6}$	
隔油池	冷凝液少量油	$1.6\sim3.1\times10^{-7}$		
冷凝液槽	冷凝液	$1.6\sim3.1\times10^{-7}$	$7.0\times10^{-4}\sim1.4\times10^{-3}$	
液下离心泵2	冷凝液	$1.6\sim3.1\times10^{-7}$		
废油槽	冷凝液少量油	$1.6\sim3.1\times10^{-7}$	$6.6\times10^{-4}\sim1.3\times10^{-3}$	
捕集器1	气体和冷凝液	1.3×10^{-7}	4.7×10^{-6}	
喷射器1	气体	$<1\times10^{-11}$		
捕集器2	气体和冷凝液	6.5×10^{-8}	4.2×10^{-6}	
喷射器2	气体	$<1\times10^{-11}$		
缓冲罐1	气体	$<1\times10^{-11}$	$<3.6\times10^{-8}$	
缓冲罐2	气体	$<1\times10^{-11}$	$<8.9\times10^{-9}$	
缓冲罐3	气体	$<1\times10^{-11}$	$<8.9\times10^{-9}$	
冷凝冷却器	气体和少量冷凝水	$<6.3\times10^{-11}$	$<2.0\times10^{-8}$	
净化器3	气体	$<1\times10^{-11}$	$<3.0\times10^{-10}$	
喷射器3	气体	$<1\times10^{-11}$		
三氯乙烯去污液槽	三氯乙烯溶解少量固化物	$6.7\times10^{-5}\sim1.3\times10^{-4}$	$9.0\times10^{-2}\sim1.8\times10^{-1}$	去污5次后回收，每次溶解固化物≈4 L
螺杆计量泵2		$6.7\times10^{-5}\sim1.3\times10^{-4}$		

续表

设备名称	介质	放射性强度		备注:(Ci/L)
		比放/(Ci/L)	总放/Ci	
冷凝器3	三氯乙烯蒸汽及冷凝液	$6.7\times10^{-8}\sim1.3\times10^{-7}$	$2.5\sim5.0\times10^{-6}$	
冷却器3	三氯乙烯液体	$6.7\times10^{-8}\sim1.3\times10^{-7}$	$1.9\sim3.7\times10^{-6}$	
三氯乙烯回收液槽	三氯乙烯	$6.7\times10^{-8}\sim1.3\times10^{-7}$	$2.8\sim5.6\times10^{-4}$	
喷射器4	气体	$<1\times10^{-11}$		
酸碱去污液槽	去污液体	$<1\times10^{-5}$	$<4.2\times10^{-2}$	
阀门洗涤池	去污液体	$<1\times10^{-5}$	$<6.3\times10^{-3}$	
仪表洗涤池	去污液体	$<1\times10^{-5}$	$<2.5\times10^{-2}$	
缓冲罐4	气体	$<1\times10^{-11}$	$<1.2\times10^{-9}$	
真空泵	水	$<1\times10^{-9}$	$<3.0\times10^{-8}$	
汽水分离器	汽水	$<1\times10^{-11}$	$<3.3\times10^{-9}$	
暂存库	固化桶	$1.5\sim3.0\times10^{-3}$	191～382	

为了保证对放射性设备的直接维修,对不同的比放有下列要求。

— 比放大于 1×10^{-4} Ci/L 的设备,要求倒空料液并去污后直接维修;

— 比放大于 2×10^{-6} Ci/L 的设备,要求倒空料液后直接维修;

— 比放小于 2×10^{-6} Ci/L 的设备,允许带料直接维修;

— 无论对仪表或阀门,检修均不使用防护容器;

— 更换轴承或更换芯子均应在去污后进行,废旧的刮板芯子不考虑维修再重复使用,包装后直接送废物库存放;

— 仪表、阀门和泵应尽可能维修后重复使用。先将废旧的仪表、阀门和泵在大厅的仪表或阀门洗涤池中去污合格后,送核化工厂维修车间。

4.3.2 主要配套设施

核化工厂与沥青固化厂有关的主要设施见表 4-3 和图 4-4,设施概况说明如下。

表 4-3 沥青固化工程的相关设施概况

序号	设施名称	与沥青固化工程来往关系
1	沥青中转站	向沥青固化工程提供沥青
2	低放工艺废液蒸发厂房及低放浓缩废液暂存罐区	向沥青固化厂房提供处理废液

续表

序号	设施名称	与沥青固化工程来往关系
3	低放非工艺废液浓缩厂房	沥青固化工程产生的$\leqslant 1.85\times 10^{2}$ Bq/L 废水送至低放非工艺废液浓缩厂房，经处理检测后达到$\leqslant$37 Bq/L 时向环境排放
4	低放废水蒸发厂房	沥青固化工程产生的$> 1.85\times 10^{2}$ Bq/L 废水送至低放废水蒸发厂房，进行蒸发处理
5	沥青固化工程排风机房	沥青固化工程Ⅰ区、Ⅱ区及工作箱室排风均在排风机房处理后经 100 m 高烟囱排入大气
6	沥青-盐匀相固化物贮存库	沥青固化工程生产的固化物用汽车送至固化物贮存库

注：在设计上，沥青固化工程产生的＞37 Bq/L 的废水根据比放射性活度大小送低放非工艺废液浓缩厂房或低放废水蒸发厂房处理，实际运行中把＞37 Bq/L 的废水均送低放废水蒸发厂房处理。

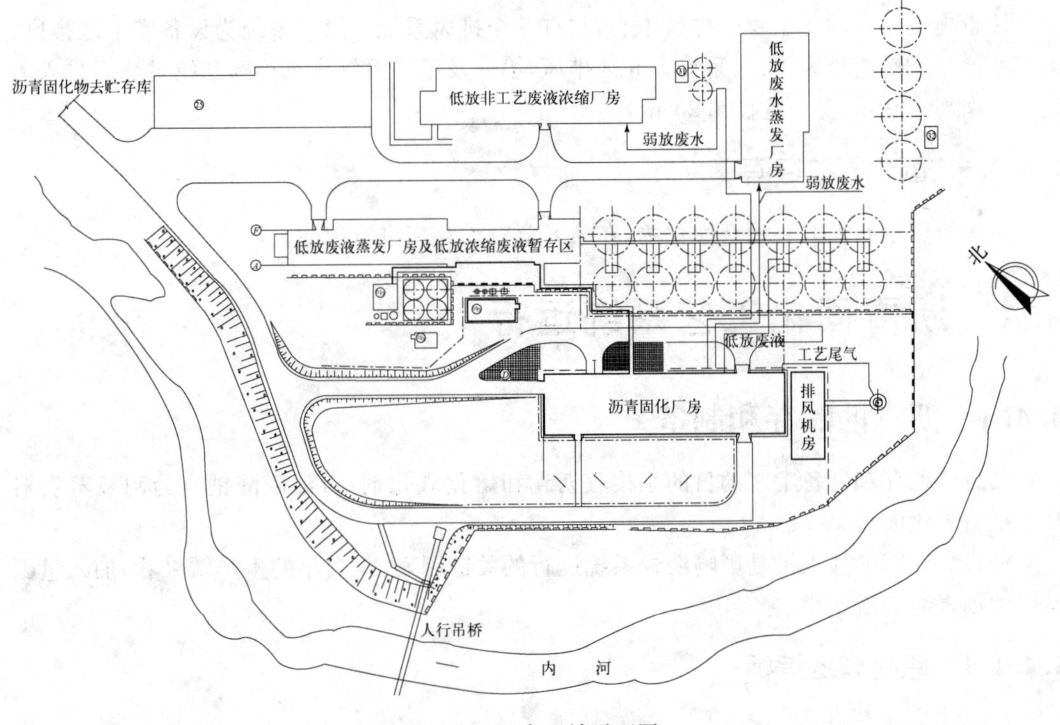

图 4-4　厂房区域平面图

4.3.2.1　低放工艺废液蒸发厂房

该设施有低放工艺废液蒸发处理厂房及低放浓缩废液暂存罐区两部分。

蒸发厂房处理对象为：1）主工艺厂房等经蒸发后的二次蒸汽冷凝液；2）低放非工艺废液浓缩厂房再生废液。

4.3.2.2 低放非工艺废液浓缩厂房

该设施处理放射性厂房地面冲洗水及洗衣房放射性废水。该设施采用凝聚、过滤、离心偏离及离子交换等方法对不用的废液进行处理。产生的泥浆装桶送至废物库贮存。处理合格的清液经另外厂房贮槽用泵排入环境。该设施的处理能力为：

工艺废水 130 m^3/d
地面冲洗水 125 m^3/d
洗衣水 130 m^3/d

失效的过滤器和废树脂直接装桶，送废物贮存库。

4.3.2.3 低放非工艺废水蒸发厂房

该设施为低放非工艺废水蒸发厂房。建有 3 条蒸发生产线，处理能力均为 120～140 m^3/d。

4.3.2.4 排风机房

该设施是沥青固化工程的排风中心，共有 3 个排风系统。第一系统为设备室Ⅰ区排风、第二系统为工作箱排风，第三系统为Ⅱ区排风，第一及第二系统排风均经二级过滤后排入大气。烟囱高 100 m，上口直径 4.25 m。

4.3.2.5 固化物贮存库

该设施用于长期贮存沥青固化物，在第 8 章对贮存库进行叙述。

4.4 沥青固化工艺系统运行

4.4.1 沥青的贮存和制备

沥青的贮存和制备工艺的目的是接收沥青和熔化乳化剂（石油磺酸钠），为刮板蒸发器开车准备乳化沥青。

沥青添加剂的加入量是影响沥青系统运行的关键因素，从多年的生产结果看，加入量因不同的沥青而有所变化。

4.4.1.1 原材料的指标

(1) 沥青的技术要求

① 每来一批沥青（约 30 m^3），应取沥青样品分析沥青的闪点、燃点、软化点、针入度和延度。分析结果应符合表 4-4 中的技术条件。

差热分析起始放热温度$\nless$240 ℃。

② 每批沥青应制作固化物做恒温试验，以确定其安全温度。

③ 沥青消耗量应根据刮板蒸发器的料液处理量与料液含盐量来调整，控制固化物含盐量在(40±5)%左右，一套刮板蒸发器开车时，每小时的沥青消耗量约 100 L。

表 4-4　沥青技术条件

物理特性	检测方法	属性参数	备　注
软化点(℃)	环球法 GB/T4507—1999	47～53	
针入度(15 ℃,100 g·5 s)	GB/T4509—1998	60～80	
延度(15 ℃,5 cm/min)	GB/T4508—1999	＞150	
密度(25 ℃,g/cm^3)	—	0.98～1.03	
溶解度(三氯乙烯%)	—	＞99	安全指标(控制)
闪点(℃)	电热板法	＞230	
化学属性(四组分)		属性参数	
饱和烃	—	≯14%	
芳香烃	—	≯40%	
沥青胶质	—	≮40%	
沥青质	—	≮6%	

注:四组分属推荐参考属性,由销售单位提供数据。

(2) 石油磺酸钠的技术要求

配制乳化沥青所用的乳化剂(石油磺酸钠)的技术要求见表 4-5。

表 4-5　乳化剂石油磺酸钠技术要求

项目	检测方法	参数要求	备注
磺化度/%		＞95	控制分析
闪点/℃	电热板法	＞230	安全性指标
水分		痕迹	控制分析
杂质/%		≯1	控制分析

4.4.1.2　沥青系统工艺流程

沥青系统工艺流程如图 4-5 所示,工艺控制参数见表 4-6。

表 4-6　沥青工艺控制参数

序号	设备名称	控制参量	控制参数	备　注	满度指示
1	沥青贮槽	沥青液位	20%～80%	0～2.4 m	3 m
2	沥青贮槽	下部沥青温度	(120±10)℃		200 ℃
3	沥青贮槽	中部沥青温度	(120±10)℃		200 ℃
4	沥青贮槽	加热蒸汽压力	0.2～0.38 MPa		0.6 MPa
5	过滤器/1	过滤器压力降	200～1 000 Pa		−400 mmH_2O
6	过滤器/2	过滤器压力降	200～1 000 Pa		−400 mmH_2O
7	沥青齿轮泵/1、2	泵出口压力	0.3～0.4 MPa		0.6 MPa

续表

序号	设备名称	控制参量	控制参数	备 注	满度指示
8	沥青供料槽/1	沥青液位	20%～70%	0～1 m	1.5 m
9	沥青供料槽/1	沥青温度	(120±10)℃		200 ℃
10	刮板蒸发器/1	加热蒸汽压力	0.2～0.38 MPa		0.6 MPa
11	沥青供料槽/2	沥青液位	20%～70%	0～1 m	1.5 m
12	沥青供料槽/2	沥青温度	(120±10)℃		200 ℃
13	沥青供料槽/2	加热蒸汽压力	0.2～0.38 MPa		0.6 MPa
14	沥青齿轮泵/1、2	泵出口压力	0.4～0.5 MPa		1.0 MPa
15	沥青齿轮泵/1、2	沥青流量	90～100 L/hl		
16	沥青齿轮泵/3、4	泵出口压力	0.4～0.5 MPa		1.0 MPa
17	沥青齿轮泵/3、4	沥青流量	90～100 L/bl		150 L/ h
18	熔化槽	石油磺酸钠加热温度	110～130 ℃		
19	熔化槽	液位	20%～60%		1.2 m
20	熔化槽	加热蒸汽压力	0.2～0.38 MPa		0.6 MPa
21	计量槽	石油磺酸钠液位	20%～80%		70 L
22	柴油贮槽	柴油加热温度	70～80 ℃		200 ℃
23	管道泵	电机电流	3～4 A		10 A
24	捕集器	呼排压力	－20～－30 mmHg		－760 mmHg
25	沥青齿轮泵/1	泵电机电流	3～3.5 A		5 A
26	沥青齿轮泵/2	泵电机电流	3～3.5 A		5 A
27	沥青供料槽/1	搅拌电机电流	10～11 A		15 A
28	沥青供料槽/2	搅拌电机电流	10～11 A		15 A

4.4.1.3 沥青系统的运行

(1) 沥青系统运行前的准备

① 运行所需资料、原材料、工具的准备

— 水、电、蒸汽、压空、沥青、石油磺酸钠供应正常；

— 设备、仪表处于完好状态；

— 各种工器具、图纸、报表齐全；

— 各种安全措施就绪；

— 操作人员技术培训符合要求。

② 沥青系统长期停车,再次启动的准备

在长期停车,沥青系统停止加热后再次开车时,必须提前 48 h 以上给沥青系统的设备、管道、阀门预先加热,使沥青充分熔化并升温至 110～130 ℃。注意,这时的加热温度不能太高,长时间高温加热会引起沥青原材料性质改变。

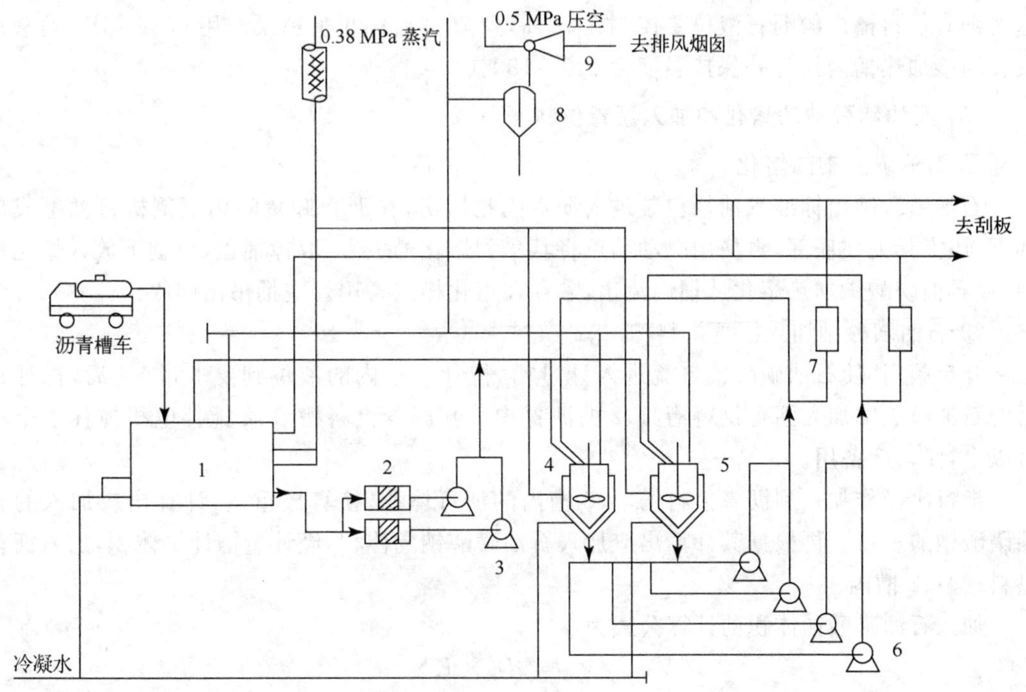

图 4-5　沥青系统工艺流程示意图

1—沥青贮槽；2—过滤器；3—沥青齿轮泵；4，5—沥青供料槽；
6—保温齿轮泵；7—工频加热器；8—捕集器；9—喷射器

(2) 沥青系统设备管道加热保温

① 使就地压力表指示在－20～－30 mmHg，在沥青贮槽、沥青供料槽/1、2 内形成微负压。

② 分别打开欲加热保温沥青贮槽/1，沥青供料槽/1、2 的收料漏斗，沥青齿轮泵/1～4，过滤器/1 以及相关管道等部位的疏水旁通阀，放掉积水并检查以确保总疏水出口的畅通。

③ 打开蒸汽总阀，分别打开欲加热部位的进汽分阀门对其进行加热升温，同时检查旁通疏水，待冒出大量的汽后手动关闭旁通疏水阀，疏水器投入疏水状态。注意，在加热升温过程中，蒸汽进口阀门的开度应分三次开到最大，这样可以保护由于蒸汽骤然增大对系统的冲击损坏。当温度达到控制参数的要求时应适当调小阀门开度使系统加热部位处于保温状态。

(3) 沥青接收入沥青贮槽

沥青槽车把液态沥青从中转库运到沥青固化厂房沥青贮存槽设备间，使沥青槽车卸料管对准沥青下料漏斗，用橡胶管把蒸汽接头与沥青槽车加热蒸汽入口联结牢固，通蒸汽加热沥青槽车内的沥青，打开沥青槽车上的卸料阀，使沥青自流进入沥青贮槽。贮槽中的沥青由蒸汽排管加热，使温度保持在 90～110 ℃。

(4) 沥青输送入沥青供料槽

沥青从沥青贮槽经过过滤器/1 过滤后，用沥青齿轮泵/1、2 输送到沥青供料槽/1(或 2)，这时沥青供料槽内的沥青液位要控制在70%，到70%后停止上料泵。用0.38 MPa的蒸汽夹套间接加热槽内沥青并保持温度为110～130 ℃。

(5) 石油磺酸钠的熔化和加入沥青供料槽/1、2

① 石油磺酸钠的熔化

石油磺酸钠由标准汽油桶包装进入沥青固化厂房，在沥青卸货间用翻倒机将桶翻成口朝下，用夹具夹住底部，再使用电动葫芦将其吊到熔化槽上方，取掉桶盖，口朝下放入熔化器内，使石油磺酸钠加热熔化从桶内流出，贮存在熔化槽内备用。空桶吊出回收。

② 石油磺酸钠加入沥青供料槽/1、2

开启阀门，使石油磺酸钠自流进入计量槽，待计量槽内的液位到要求量$V_{石}$后，把计量后的石油磺酸钠加入沥青供料槽/1、2的沥青中。开沥青供料槽/1、2搅拌电机搅拌半个小时以上，搅匀后备用。

把每次操作加入到沥青供料槽/1、2槽内的沥青体积，换算成重量，计算出应加入的石油磺酸钠的重量。再根据其计算出应加入石油磺酸钠的体积，经计量槽计量体积，加入沥青供料槽/1、2槽内。

加入石油磺酸钠体积的计算公式为：

$$V_{石} = V_{沥} \times d_{沥} \times K\% / d_{石}$$

式中，$V_{石}$、$V_{沥}$分别为需要加入石油磺酸钠的体积(L)和沥青供料槽/1、2槽内加入沥青的体积(L)；$d_{沥}$和$d_{石}$分别为沥青和石油磺酸钠的密度(kg/L或g/mL)；K为比例系数，由试验确定。

(6) 沥青输送入刮板蒸发器

当刮板蒸发器/1、2开车时，加入K%石油磺酸钠的沥青用沥青齿轮泵(保温齿轮泵)/1～4，经过管道过滤器、沥青流量计进入刮板蒸发器。

沥青齿轮泵/1～4在正常情况下由主控室远传操作。当沥青供料槽/1槽内的沥青即将用完时，可通过沥青供料槽出口阀进行切换操作。

(7) 停车时沥青系统的运行操作

① 临时停车

当刮板蒸发器临时停车时，除沥青齿轮泵(上料泵)/1～4停止运行外，整个沥青系统仍保持加热状态，准备随时供应沥青。沥青齿轮泵/1、2和沥青齿轮泵(上料泵)/1～4的进出口阀可保持正常状态。

② 长期停车

长期停车时，将泵出口管道中的沥青倒空。把上料管道中的沥青倒入沥青贮槽。将泵内沥青倒入地面(地面可撒些滑石粉)。倒空后关闭倒空阀，关闭所有蒸汽系统阀门，停止加热。

③ 事故停车

立即停止各运转设备，待事故排除后再按顺序开车。

4.4.1.4 沥青系统的清洗

沥青在长期受热并与空气接触的条件下，能够在管壁和容器内壁上形成一层氧化膜。

该氧化膜的存在不仅影响传热，而且一旦脱落下来，还会堵塞阀门、设备、仪表，影响正常开车。在系统中除设有过滤器予以保护外，还设置了清洗去污措施。在每个生产周期后清洗沥青管道和沥青供料槽，清洗介质是普通柴油和软化水、Na_2CO_3水溶液。

(1) 沥青供料管道的清洗

① 清洗流程

0# 或 1# 柴油在柴油贮槽内加热到 80 ℃，用管道泵输送入倒空后的乙线沥青上料管道，在进刮板蒸发器之前通过连通管进入甲线沥青上料管道返回柴油贮槽，以此循环清洗。清洗流程示意图见图 4-6。

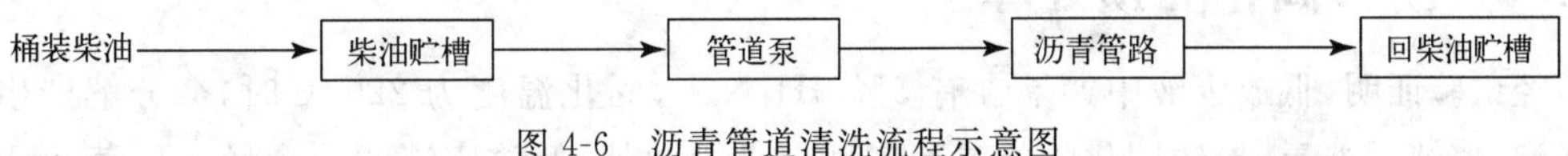

图 4-6 沥青管道清洗流程示意图

② 清洗操作

当柴油贮槽内的柴油加热到 70～80 ℃时，开启清洗沥青管道上的相关控制阀，启动管道泵使柴油循环。这时要特别注意检查系统的所有倒空阀，确认沥青齿轮泵/1～4 的出口阀，进入刮板蒸发器的控制阀处于关闭状态才可启动管道泵，以防柴油流失。清洗完后使柴油回流入柴油贮槽，停止加热。

(2) 沥青供料槽/1、2 的清洗去污

当沥青供料槽/1、2 槽要清洗时，先将槽内沥青完全倒空。关闭出料控制阀，向槽加入 70%的软化水，加入 Na_2CO_3配成 3%～5%的水溶液，夹套内通蒸汽加热，开搅拌桨搅拌，保持水温 80～90 ℃，清洗 24～32 h，用泵把废碱水打到厂房外排放。检查槽子内壁是否干净，如没有洗净则进行第二次清洗。洗净后，用水冲洗，排净水后烘干设备管道即可以再进沥青。

4.4.1.5 不正常现象及处理

设备异常现象及处理方法见表 4-7。

表 4-7 设备异常现象及处理方法

序号	设备	不正常现象	产生原因	处理办法
1	沥青贮罐、沥青供料槽	沥青温度升不到规定值	1. 疏水器不通 2. 不凝气积聚 3. 蒸汽压力低	检修疏水器 排不凝气 加大蒸汽压力
2	沥青齿轮泵	泵出口压力指示为零	过滤器或泵堵塞	清洗过滤器或泵
3	沥青齿轮泵	沥青流量指示为零	泵堵塞，泵电机故障，压力计、流量计失电或损坏	检修泵、电机或仪表
4	沥青供料槽	搅拌电机电流增大	沥青温度低于表指示温度或电机故障	检修温度计或电机
5	过滤器	压力降达 300 mmH_2O	过滤器堵塞	清洗过滤网

4.4.1.6　沥青系统运行的注意事项

沥青系统的运行应注意下列事项。

① 沥青系统的阀门、仪表需要检修时，应尽量倒空管路中的沥青后再拆卸，并在清洗槽内用煤油或三氯乙烯清洗沥青。在检修部位的地面上撒上滑石粉，以便清理地面上的沥青。

② 严防水进入沥青贮槽和沥青供料槽/1、2 造成冒槽事故。

③ 对沥青系统进行操作时应戴帆布手套，以防烫伤。

④ 沥青齿轮泵/1～4 泵启动前应将管路阀门开好，防止在高压下运行。

4.4.2　沥青固化的预处理

经试验证明，低放废液中如果含有 5%NH_4NO_3，固化温度为 220 ℃时，会分解产生大量气泡，使结垢严重，导致固化物的热稳定性降低。此外，低放废液的盐含量，pH 值也必须控制在规定的范围内，否则会影响固化物质量。因而必须在固化前对料液进行预处理。

4.4.2.1　料液的预处理——除铵

采用煮沸法除铵。此法不但可以完成除铵，还起到了浓缩的作用，使含盐量达到需要的浓度，提高固化效率。

在碱溶液中，铵盐呈如下状态：

$$NH_4^+ + OH^- \rightleftharpoons NH_3 + H_2O$$

反应是可逆的，当碱性增加时(见图4-7)，随着氨气的逸出平衡向右移动，就可把溶液中的 NH_4^+ 除去。

NH_3在溶液中的存在除受碱度影响外，还受到温度的影响。温度升高时，氨的溶解度降低。利用在强碱(料液本身的碱度)下加热煮沸除去存在于料液中的 NH_4^+，其工艺流程图见图 4-8。

在没有蒸发浓缩前，料液含 $NH_4(NO_3)$ 为 3.7%～12%(质量分数)，经过除铵后，料液中的 $NH_4(NO_3)$为 0.2%～0.23%(质量分数)。可见蒸发浓缩除铵的效果是好的。

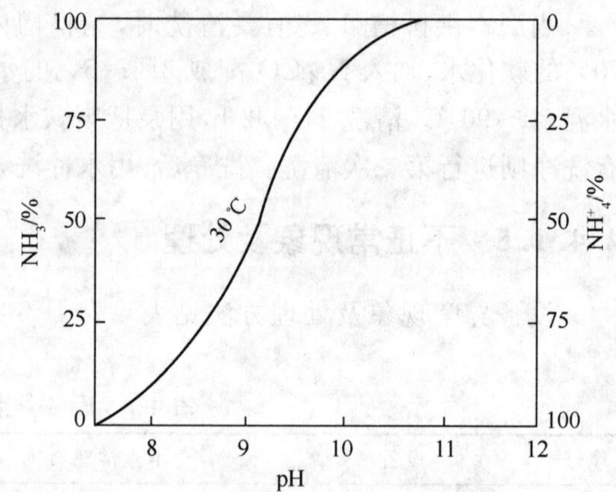

图 4-7　不同 pH 值时溶液中 NH_3 与 NH_4^+ 的比例

4.4.2.2　料液的配制

料液配制工艺是根据固化要求对经过预处理或含盐较高和较低的低放蒸残液相互兑制后的低放废液进行配制，主要是调整 pH 值和加入适量的疏松剂(硼酸)。一般低放废液的 pH 值在 13 以上，需要调节到固化要求的 11～12 的区间值。料液本身是硝酸盐、碳酸盐、疏松剂盐的缓冲溶液体系，在加入浓硝酸调节 pH 值时往往由于缓冲作用有偏高或偏低现象。通过实践，采取边收料边加酸、回调、倒料混合等方法在 2～3 天内能配制合格的料液大约 40 m^3。

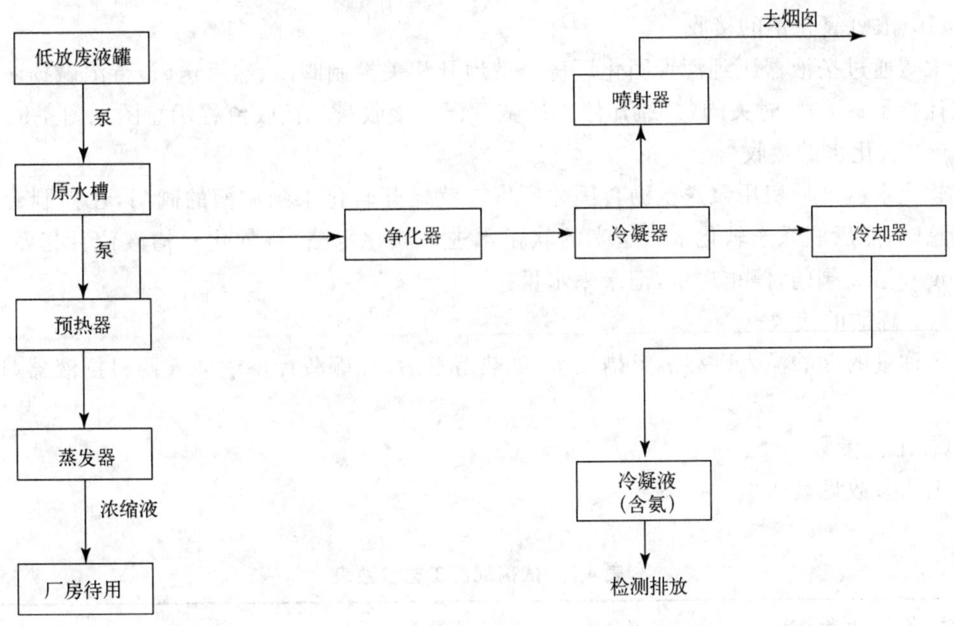

图 4-8 料液浓缩除氨流程图

用于调节低放废液 pH 值的化学试剂主要是硝酸、氢氧化钠等，硼酸用作疏松剂。在使用这些化学试剂前也要对其进行配制然后贮存待用。

(1) 调节低放废液的试剂配制

① 试剂的接收流程

(a) 浓硝酸的接收

由供货单位配制的浓度为 70% 的浓硝酸用运酸槽车从库房运到沥青固化厂房，在指定卸酸位置停稳后，由工艺人员将硝酸贮槽进料管上的软管与槽车的卸酸管道联结牢固，打开酸槽车至硝酸贮槽阀门，然后打开酸槽车上的卸酸阀门，酸自流进入硝酸贮槽内。待卸酸完毕，关闭酸槽车上的卸酸阀，拆下酸槽车一端的卸酸软管，关酸槽车阀门，记录收酸数量。

接入低位槽的酸使用前需要转移到高位槽。再由高位槽调节阀门自流入配料槽。手动开控酸阀（常开），启动浓酸管道泵，浓酸从硝酸贮槽经浓酸管道泵送入浓酸高位槽，待浓酸高位槽液位计指示为 80% 时，停止管道泵，记录数据。

图 4-9 为接收流程示意图。

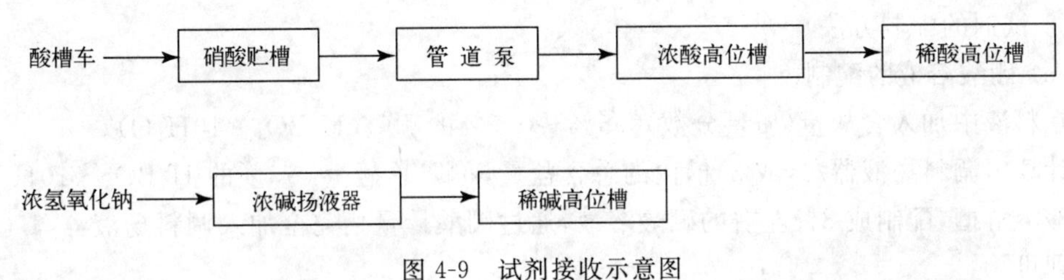

图 4-9 试剂接收示意图

(b) 浓氢氧化钠的接收

浓碱通过扬液器压到沥青固化厂房。就地开相关控制阀门，然后送碱，待浓碱扬液器的液位计指示达 80%时关阀，并通知停止送碱。记录接收量。接收流程示意图见图 4-9。

(c) 软化水的接收

软化水由外厂房用泵送至沥青固化厂房。就地开软化水到贮槽的阀门，在控制台上开纯水总阀，然后联系送软化水。送来的软化水进入软化水槽，待软化水槽液位计指示 80%（10 m^3）时，关阀门，停止送水，记录来水量。

(d) 硼酸的接收

经称量的硼酸流入硼酸溶解槽加水、加热溶解后，经硼酸计量槽加入调料扬液器/1（或2)内。

② 工艺参数

工艺参数见表 4-8。

表 4-8 试剂配制工艺参数表

序号	设备名称	控制参量	控制参数	备注	满度指示
1	浓酸管道泵	3～4 A			10 A
2	浓酸贮槽	液位	20%～80% 1.3 m	2.3 m^3	1.6 m
3	浓酸高位槽	液位	20%～80% 1.3 m	2 m^3	1.6 m
4	稀酸高位槽	液位	20%～80% 0.9 m	1 m^3	1.1 m
5	浓碱扬液器	液位	20%～80%	0.8 m^3	1.1 m
6	浓碱扬液器	压力	0.1～0.2 MPa	就地	0.6 MPa
7	稀碱高位槽	液位	20%～80% 0.8 m	0.4 m^3	1 m
8	软化水槽	液位	10%～80% 1.6 m	10 m^3	2 m
9	软化水槽	水进口压力	0.2～0.3 MPa		1 MPa
10	硼酸计量槽	液位	20%～80%	100 L	0.85 m
11	硼酸溶解槽	液位	20%～80%	0.7 m^3	1.3 m
12	硼酸溶解槽	温度	60～80 ℃		100 ℃
13	硼酸溶解槽	压力	0.05～0.1 MPa		0.1 MPa

③ 试剂的配制方法

(a) 硼酸溶液的配制

在料液中加入含盐量（质量分数）0.5%～0.7%的硼酸（$H_3BO_3 \cdot 10H_2O$）。

计算出调料扬液器/1（或 2）槽内的总含盐量，称取总盐量 0.5%的 $H_3BO_3 \cdot 10H_2O$，加入硼酸溶解槽，配制成 8%左右的硼酸溶液，通过硼酸计量槽完全加入调料扬液器/1（或 2）之内即可。

开软化水阀，使液位计指示加入水量到 70%～80%，把称取的硼酸从加料口慢慢加入硼酸溶解槽内，开蒸汽阀，把溶液加热到 60～70 ℃，使硼酸全部溶化，硼酸溶液即配制完毕，可加入调料扬液器。

其实配制供调料扬液器/1、2 的用量，在硼酸计量槽内配制即可。根据总盐量计算出所需 $H_3BO_3 \cdot 10H_2O$ 的重量，称取计算量的硼酸备用。开上水阀，加水到液位 40%关阀。从手孔加入称量好的硼酸，进行鼓泡搅拌，再开上水阀加至液位 60%(100 L)关上水阀，继续搅拌待 H_3BO_3 全部溶解，即可加入调料扬液器。

(b) 稀硝酸的配制

使用浓酸高位槽的浓硝酸在稀酸高位槽配制稀硝酸溶液，一次可配制 1 000 L 10%的稀硝酸。计算公式如下：

$$加入浓硝酸的体积=\frac{1\ 000\ \mathrm{L}\times 10\%\times 稀硝酸密度}{浓酸百分比浓度(60\%)\times 浓酸密度}$$

开纯水阀，加入到 0.6 m^3 关阀；在控制台上开控酸阀，按计算体积把浓酸加入到稀酸高位槽，关阀。再开纯水阀，使稀酸高位槽液位计指示 80%(1 000 L)停加纯水。鼓泡搅拌 5～10 min，稀酸配制完成，取样分析备用。硝酸水溶液浓度与密度对照表见表 4-9。

表 4-9　硝酸水溶液浓度与密度对照表

质量分数/%	质量浓度/(g/L)	密度/(g/mL)	质量分数/%	质量浓度/(g/L)	密度/(g/mL)
5	51.28	1.026	55	736.30	1.339
6	61.87	1.031	56	753.10	1.345
7	72.58	1.037	57	769.80	1.351
8	83.42	1.043	58	786.50	1.356
9	94.37	1.0485	59	803.20	1.361
10	105.40	1.054	60	820.00	1.367
11	116.60	1.060	61	836.90	1.372
12	127.90	1.066	62	853.70	1.377
13	139.40	1.072	63	870.50	1.382
14	150.90	1.078	64	887.40	1.387

(c) 稀碱溶液的配制

浓碱扬液器内的浓碱压送到稀碱高位槽配制 5%的稀碱溶液。一次可配制 400 L 稀碱溶液。计算公式如下：

$$需要浓碱的体积=\frac{稀碱体积(400\ \mathrm{L})\times 稀碱浓度(5\%)\times 稀碱密度}{浓碱浓度(40\%)\times 浓碱密度}$$

开纯水阀，向稀碱高位槽内加软化水 250 L(稀碱高位槽液位指示 50%)停止加水。开控碱阀及压力阀，待浓碱扬液器压力计(就地)指示为 0.3 MPa 时，关压力阀，浓碱就被压送入稀碱高位槽。根据浓碱扬液器液位指示，把计算量的浓碱压送完后，关闭相关阀门，压碱完毕。再开纯水阀，加水使稀碱高位槽液位指示 80%(400 L)关阀。鼓泡 5～10 min，搅拌均匀，关阀。稀碱配制完成，氢氧化钠水溶液浓度与密度对照表见表 4-10。

表 4-10 氢氧化钠水溶液浓度与密度对照表

质量分数/%	质量浓度/(g/L)	密度/(g/mL)	质量分数/%	质量浓度/(g/L)	密度/(g/mL)
2	20.41	1.021	34	365.70	1.370
3	30.95	1.032	36	500.40	1.390
4	41.91	1.043	38	535.80	1.410
5	52.69	1.054	40	572.00	1.430
6	63.89	1.650	42	608.70	1.449
7	75.31	1.076	44	646.10	1.469

④ 注意事项

配制稀酸、稀碱时，一定要先加入一定量的软化水，然后再加入浓酸或浓碱。如果先加入浓酸、浓碱再加入水，就会发生暴沸现象，使酸、碱与蒸汽的混合物从呼排管喷出，发生跑、冒事故。

4.4.2.3 料液系统配制流程

料液系统配制流程如图 4-10 所示，料液配制的工艺控制参数见表 4-11。

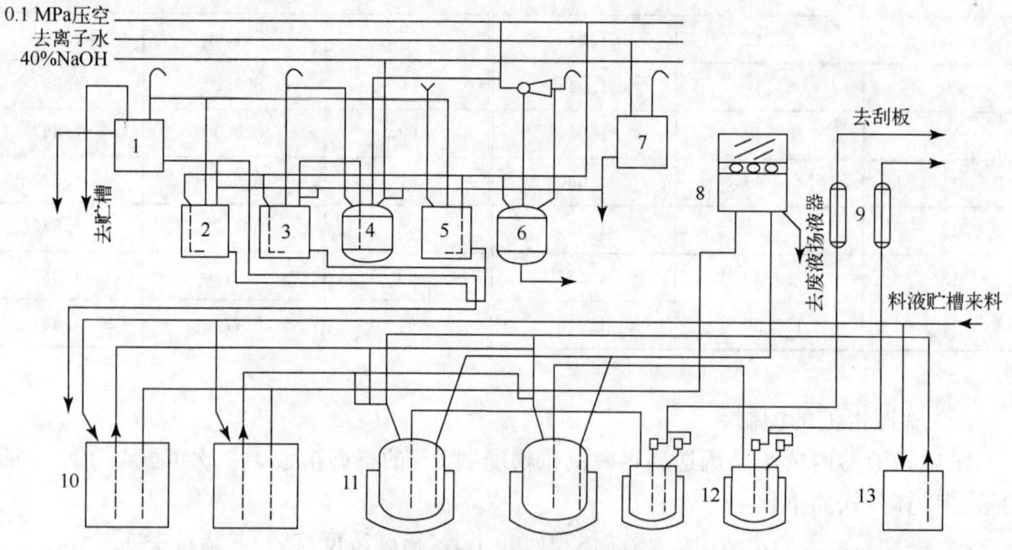

图 4-10 料液配制系统流程示意图

1—高位槽；2—稀酸高位槽；3—稀碱高位槽；4—浓碱扬液器；5—备用高位槽；6—三氯乙烯高位槽；7—软化水槽；8—取样分装工作箱；9—预热器；10—料液槽；11—调料扬液器；12—供料槽；13—事故废液槽

表 4-11　料液配制控制参数

序号	设备名称	控制参量	控制参数	满度指示
1	料液贮槽/1、2	鼓泡压空流量	约 60 Nm^3/Pa	100 Nm^3/Pa
2	料液贮槽/1	液位	40%～80%	4 m
3	料液贮槽/2	液位	40%～80%	4 m
4	料液贮槽/2	呼排压力	－50～＋100 mmH_2O	±300 mmH_2O
5	料液贮槽/1	呼排压力	－50～＋100 mmH_2O	±300 mmH_2O
6	料液贮槽/1、2	鼓泡压力	0.1 MPa	0.16 MPa
7	废液槽	液位	40%～80%	4 m
8	废液槽	鼓泡压力	约 0.1 MPa	0.16 MPa
9	废液槽	呼排压力	－50～＋100 mmH_2O	±300 mmH_2O
10	调料扬液器/1	液位	40%～80%	2.4 m
11	调料扬液器/2	液位	40%～80%	2.4 m
12	调料扬液器/1、2	密度	1.1～1.2 g/ml	1.5 g/mL
13	调料扬液器/1、2	压力或真空度	压力(4～5)×10^5 Pa 真空－400 mmHg	(－1～9)×10^5
14	调料扬液器/1、2	鼓泡压力	1×10^5 Pa	1.6×10^5 Pa
15	调料扬液器/1、2	扬液压空	(2～4)×10^5 Pa	6×10^5 Pa
16	调料扬液器/1、2	pH 值	11～12	7～14
17	供料槽/1、2	液位	40%～80%	2.2 m
18	供料槽/1、2	呼排压力	－100 mmH_2O	＋300～－300 mmH_2O
19	浓酸高位槽	浓酸流量	500 L/h	200～1 000 L/h
20	稀酸高位槽	稀酸流量	200 L/h	360 L/h
21	稀碱高位槽	稀碱流量	100 L/h	400 L/h
22	备用高位槽	液位		1 m(165 L)

4.4.2.4　料液配制运行操作

(1) 原始料液的接收

经过预处理或含盐较高和较低的低放蒸残液相互兑制后，经取样分析，总盐、比放、铵含量都符合固化要求后，用蒸汽喷射泵使料液经工艺管道进入厂房里的料液贮槽，料液贮槽的废液达到大约 30 m^3时，停止进料。

(2) 配制原始料液

① 启动真空泵，鼓泡搅拌料液贮槽内料液 3～5 min。

② 分析料液的总盐、总碱度。通知分析人员配合取样，分析室准备好，开料样阀和料回阀，关料液扬液器的呼吸排气阀，开真空排气阀，使料液扬液器内的真空度不低于 400 mmHg。把料液抽吸入取样分装工作箱内的取样罐。取样时间约为 10 min。料液盐含量控制在 400 g/L 左右。

③ 启动真空泵，开真空排气阀和料阀，把料液抽入调料扬液器，液位为60%时关闭所有相关阀门。根据料液贮槽内的料液所含总盐量与调料扬液器内的料液体积，计算出料液含盐的总重量，进一步计算出需加入的硼酸重量。称取所需的硼酸在硼酸溶解槽溶解后（硼酸配制的过程见前述）全部加入调料扬液器。

④ 再用浓硝酸、稀硝酸调整原始料液的 pH 值为 11～12。浓酸加入量的计算公式为：

$$\text{浓酸加入量(L)}=\frac{[\text{料液总碱度(mol/L)}-0.01\ \text{mol/L}]\times\text{料液体积(L)}}{\text{浓硝酸当量浓度(mol/L)}}$$

浓酸加入时需控制加酸速度，规定加酸速度为 500 L/ h。

⑤ 开启 PHS-3B 酸度仪测定装置，在控制台上开料液控制阀，将调料扬液器内的料液抽取后经 PHS-3B 酸度仪分析，根据所测定分析的数据对料液的 pH 值进行调节。如果 pH 值在规定的 11～12 之间，说明料液的 pH 值已经调好。

如果 pH 值高于 12，则应根据调料扬液器内的料液体积（L）和流线分析 pH 值计算加入稀硝酸的体积。这时同样需要注意把加酸的速度控制为 200 L/ h。当酸度接近计算值时，调小流量。当 pH 值指示在 12.5 时，停止加酸。继续鼓泡搅拌，使料液均匀。pH 值指示在 11～12 调料完成。

如果加酸过量，pH 酸度仪指示小于 11 时，可适量抽取料液贮槽内的碱性料液进行回调。

⑥ 通过取样工作箱取样分析料液 pH 值，与分析仪器的分析数据对照，确保 pH 值在 11～12 之间，并分析料液的总盐。最后将调配好 pH 值的料液压入供料槽。

4.4.3 沥青固化过程

低放废液预处理后，在刮板薄膜蒸发器中与熔融的沥青在较高的温度下进行混合，混合过程蒸发掉水分并给残留的废物包上沥青。冷却和凝固后，形成沥青固化工艺的最终产品——沥青固化物。

沥青固化工艺的主体设备是刮板薄膜蒸发器，该设备与其他蒸发设备的工艺区别在于物料加热至沸腾及蒸发汽化的汽液分离几乎同时在一个加热面上进行。因此不仅要求被蒸发的物料以膜状连续不断通过不同温度区的加热面，还要求不要使膜状物料在加热蒸发时过热，产生“爆沸、干壁、断流及分解”。为了防止废液中的盐在蒸发中严重结疤，导致产品不合格或堵塞下料管道，导致中断运行，要严格选定控制参数。为提高刮板蒸发器的运行周期，保证系统连续运行，主要采取了以下技术方法：

— 在沥青中加入定量的乳化剂。乳化沥青和纯沥青相比较，在蒸发器壁结疤更缓慢、流性更好，可延缓器壁结疤速度。

— 在料液中加入定量的疏松剂。疏松剂盐和硝酸盐体系的钠盐易形成共结晶盐，起到疏松的作用，使器壁结疤疏松，减少坚固的硬疤。

— 定期清洗刮板。该蒸发器壁结疤是不可避免的，随着运行时间的增加，器壁也会结上硬疤而阻碍刮板芯子转动，且形成不均匀的薄膜影响运行质量。一般确定清洗周期为480 运行小时。清洗采用的是三氯乙烯和水。三氯乙烯和水同时进入刮板浸泡，三氯乙烯溶解沥青疤块，水溶解盐从而达到清洗的目的。

4.4.3.1　刮板薄膜蒸发系统流程

(1) 刮板薄膜蒸发系统工艺流程

刮板薄膜蒸发系统流程示意图见图 4-11，对刮板薄膜蒸发系统流程的描述见 4.1 节。

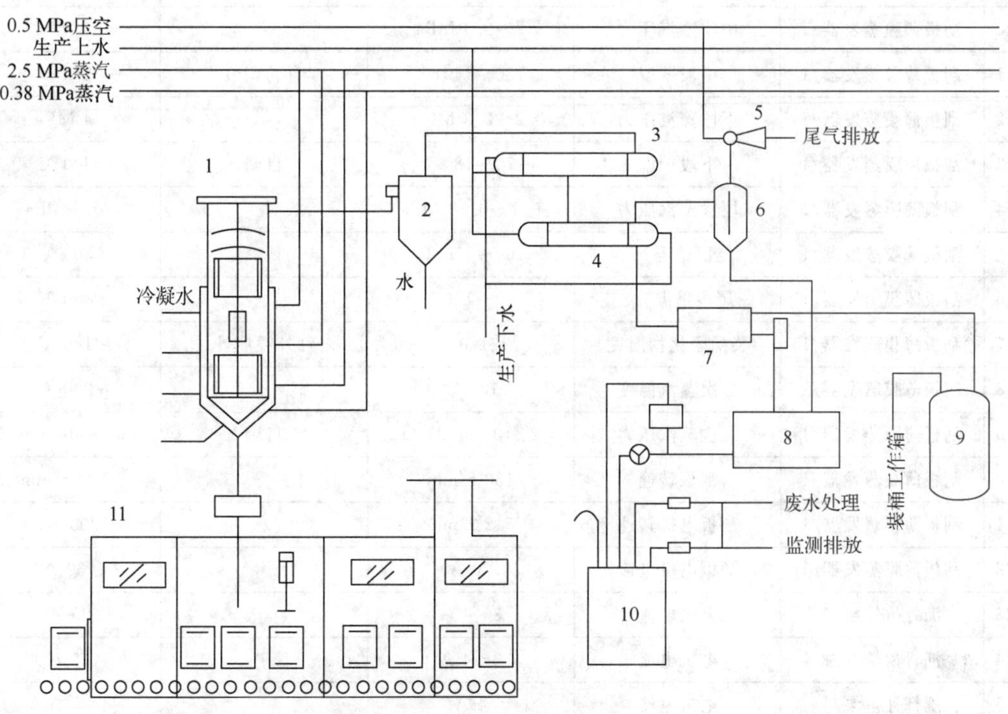

图 4-11　刮板薄膜蒸发系统流程示意图

1—刮板蒸发器；2—旋液分离器；3—冷凝器；4—冷却器；5—喷射器；6—捕集器；7—隔油池；8—凝液收集槽；9—废油收集槽；10—凝液排放槽；11—装桶工作箱

(2) 刮板薄膜蒸发器工艺参数

刮板薄膜蒸发器工艺参数见表 4-12。

表 4-12　刮板薄膜蒸发器工艺参数

序号	设备名称	控制参量	控制参数	备　注	满度指示
1	沥青齿轮泵/1、2	沥青流量	90～100 L/h		150 L/h
2	螺杆计量泵/1、2	料液流量	140～180 L/h	自动调节	250 L/h
3	沥青齿轮泵/1、2	泵压力	0.3～0.4 MPa	自动调节	1 MPa
4	沥青齿轮泵/1、2	沥料比值给定	1∶2	自动调节	1∶2.5
5	螺杆计量泵/1、2	泵压力	0.2～0.3 MPa		1 MPa
6	螺杆计量泵/1	料液温度	80～85 ℃	自动调节	200 ℃

续表

序号	设备名称	控制参量	控制参数	备 注	满度指示
7	预热器	加热蒸汽压力	0.10～0.38 MPa		0.6 MPa
8	刮板薄膜蒸发器/1	上段蒸汽压力	2～2.3 MPa		4 MPa
9	刮板薄膜蒸发器/1	上段壁温	110～120 ℃	自动调节	300 ℃
10	刮板薄膜蒸发器/1	中段蒸汽压力	2～2.3 MPa		4 MPa
11	刮板薄膜蒸发器/1	中段壁温	130～140 ℃	自动调节	300 ℃
12	刮板薄膜蒸发器/1	下段蒸汽压力	2～2.3 MPa		4 MPa
13	刮板薄膜蒸发器/1	下段壁温	170～180 ℃	自调	300 ℃
14	刮板薄膜蒸发器/1	尾段蒸汽压力	0.1～0.38 MPa		0.6 MPa
15	刮板薄膜蒸发器/1	尾段壁温－1	160～170 ℃		300 ℃
16	刮板薄膜蒸发器/1	尾段壁温－2	160～170 ℃		300 ℃
17	刮板薄膜蒸发器/1	装桶固化物温度	＜170 ℃	红外温度计	180 ℃
18	刮板薄膜蒸发器/1	二次蒸汽温度	100 ℃		200 ℃
19	刮板薄膜蒸发器/1	二次蒸汽压力	约 100 mmH_2O	自调	－600～400 mmH_2O
20	刮板薄膜蒸发器/1	刮板转速	430 r/min		100 r/min
21	刮板薄膜蒸发器/1	刮板电机转速	512 r/min		1 200 r/min
22	刮板薄膜蒸发器/1	刮板电机电流	20 A		30 A
23	沥青齿轮泵/1	电机电流	3～4 A		5 A
24	沥青齿轮泵/2	电机电流	3～4 A		5 A
25	螺杆计量泵/1	电机电流	4 A		5 A
26	螺杆计量泵/2	电机电流	4A		5 A
27	隔油池/1	界面	80%(0.8 m)		1 m
28	捕集器/1	负压	－100 mmH_2O		－3 mH_2O
29	喷射器	喷射压空压力	0.2～0.3 MPa		0.6 MPa
30	冷凝器/1	下水温度	＜40 ℃	STX-1010	
31	冷却器/1	凝液温度	＜40 ℃	STX-1010	
32	管道泵/1、2	泵出口压力	0.2～0.3 MPa		0.4 MPa
33	集水槽	热回水温度	＜40 ℃	自动调节	100 ℃
34	离心泵/1、2	泵出口压力	0.2～0.3 MPa		0.8 MPa
35	冷凝液槽	液位	80%(1.6 m)		2 m
36	集水槽	液位	80%(1.3 m)		1.6 m
37	排水槽	液位	80%(1.1 m)		1.4 m
38	冷凝液接收槽	液位	80%(1.6 m)		2 m
39	废油槽	液位	80%(0.9 m)		1.1 m
40	管道泵/1、2	电机电流	6 A		10 A

续表

序号	设备名称	控制参量	控制参数	备 注	满度指示
41	离心泵/1、2	电机电流	3.4 A		10 A
42	三氯乙烯去污液槽	液位	80% (1.04 m)		1.3 m
43	三氯乙烯去污液槽	真排、压力	−200 mmHg～0.4 MPa		−0.1～0.9 MPa
44	三氯乙烯去污液槽	扬液压空压力	0.3～0.4 MPa		0.6 MPa
45	喷射器	喷射压空	0.4～0.5 MPa		0.6 MPa
46	喷射器	负压	−3 mH_2O		−4 mH_2O

4.4.3.2 刮板蒸发系统的运行

(1) 启动前的系统准备工作

启动前的准备工作包括：

— 开启监视器并调试效果。

— 开二次蒸汽出口阀，依次检查打开凝液到凝液收集槽的各阀门。

— 开冷凝器，冷却器的上、下水，并调节好上水开度。

— 工艺排气。现场开启工排烟囱阀，并在控制间调节压空压力到 0.15～0.25 MPa，捕集器负压指示在 0～−500 Pa。

— 现场检查打开沥青供料和料液供料管路上各手动阀，并对沥青齿轮泵和螺杆计量泵检查盘车。打开和调节刮板蒸发器的下轴承冷却水阀。

— 装桶线空桶编号后就位，调试各段轨道运转是否正常，调试下料阀。

(2) 刮板蒸发器加热

开加热蒸汽的各疏水阀。开回水收集槽的上水并调节好开度，保证温度小于 40 ℃。首先到刮板加热系统的疏水间手动打开各段旁通阀放积水并调节到合适的开度，再到刮板热网平台上现场手动开启上、中、下、尾段蒸汽手动阀，对刮板蒸发器进行加热。然后到疏水间关闭旁通阀门，自动疏水器投入疏水状态。并在控制室分别开启上、中、下、尾各段放空阀，半分钟关闭，以排除加热夹套中的不凝气体。

(3) 刮板蒸发器的启动

当刮板蒸发器上、中、下三段壁温显示均达到 100 ℃以上时，工艺人员启动刮板蒸发器电机，调节主轴转速到 450 r/min，同时通知装桶运输岗位启动装桶运输线准备接收固化物。

在调速时，阶梯式地从低速到高速调节，分 100 r/min，200 r/min，300 r/min，450 r/ min逐步往上调节；每个点至少观察 5 min，观察电机电流指示的变化，必要时到现场听刮板蒸发器芯子转动的声音，判断是否运转正常，确定运行正常稳定，再开始下一步工作。空载时正常电流指示在 10 A 左右，电机电流热载保护设定在 21 A。

(4) 上料运行

当刮板蒸发器上、中、下三段壁温均达到 170 ℃时，在控制室启动沥青齿轮泵，调节泵转速使流量到规定值 90～100 L/h，同时通知装桶运输岗位启动装桶运输线开始装料运行程序。同时操作人员看表计时,通过监视器(工业电视)观察下料情况,一般在沥青齿轮泵启动后 10 min 开始下料,如超过 15 min 未见沥青从下料口流出,则应判断原因并处理。下料后应视沥青的下流状态,适时调节负压:下流状态以沥青连续性下流并在负压的作用下呈弧线状为正常。

当沥青开始装桶后,给螺杆计量泵灌去离子水后关闭水阀门,并启动螺杆计量泵给刮板蒸发器上料,调节好沥青与料液比例,用螺杆计量泵的转速和料回调的开度控制上料流量到规定指标。观察各段温度、蒸发器电流的变化。从监视器观察固化物下流状态,调节负压。

(5) 运行调节

① 将自动调节系统手动调节到规定的工艺参数指标并在稳定后投入自动控制操作。

② 对沥青固化物进行定性观察,同时也可取样分析,当确认固化物达到规定指标时,刮板蒸发器就可处于连续正常生产状态。

③ 运行过程中主要由操作人员通过观察固化物下流状态和电机电流的变化以及参考固化物含盐分析数据适时调节料液进量参数和调节负压,并工整填写运行记录。

— 当沥青固化物下流状态断断续续,流量偏小或不下流时应立即进行分析并及时处理,减小或停进料液都是有效的手段。

— 电流的变化在排出机械故障的可能性后,一般是筒内壁结疤引起的。电流在正常运行时在 21 A 以下,当蒸发器刮壁引起电机电流接近或超过热载保护电流时可能导致自停,这时应注意下料状况和听转动的声音,及时调节料液进料量及在固化物含盐不高(低于38%)的情况下适当提高料液进料量使结疤下移,而达到稳定电流的作用。当含盐已较高时(40%以上)可采取对上、中段加热放空数分钟后观察电流是否回落或降低进料量。在自停后,当班人员应到现场盘车后再重新启动(电机热载保护后取消了自启动)。

— 负压主要是控制固化物下流速度和强制抽排二次蒸汽,它对固化物的质量起着重要的作用,尤其是含水率。刮板蒸发器在正常运行时保持 500~1 500 Pa 负压,采用远距离调节压空的大小来实现调节。在运行过程中应有专人定时观察负压指示表并调节负压。运行中需要借助负压的骤大或骤小产生的瞬力疏通"下料堵塞"时,规定必须在停进料液,停进沥青,加热放空的条件下操作,否则沥青进入二次蒸汽系统并导致二次蒸汽系统不畅通。

(6) 凝液、凝结水的排放

二次蒸汽冷凝液经净化冷凝冷却后自流入冷凝液接收槽,并自流到冷凝液排放槽待排放。当液位达 60%指示时,开解吸废液干管上各阀,用流线监测装置测量冷凝液的放射性强度,若比放>37 Bq/L,将冷凝液送到低放废水蒸发厂房处理。

下料管线即中间槽的加热疏水由集水槽收集,并手动加入生产水使热回水温度降到 40 ℃以下,流入排水槽待排放。当排水槽到上液位时,启动排水泵将热回水排入河中。

疏水间的蒸汽凝结水直接排往厂房外的集水坑并排放。

(7) 料液的输送

当料液供料槽的液位运行到 25%时,需向供料槽输送料液,一次性输送入约 4 m^3 料液时供料槽的液位约为 70%。规定液位控制最高不超过 80%,避免液位控制过高在压空输送料时失控而进入供料槽的呼排系统。输送料分抽料和压料两步骤,当扬液器有充足料时,就直接进行压料操作,将扬液器里的料转移到供料槽;当扬液器存料不足时需要先从配制槽里进行抽料操作，将配制槽里预先配好的料转移到扬液器里，然后再进行压料操作转移到供料槽。

① 抽料操作

关闭扬液器的呼吸排气阀、压空鼓泡排气阀，在控制台上打开真空排气阀，启动真空泵。当真空度到−0.077 MPa(表指)打开配料槽到扬液器的料阀，料液在两槽压差的动力下被转移至扬液器。抽料完毕后停真空泵，关闭真空排气阀，恢复扬液器的呼吸排气阀。

② 压料操作

关闭扬液器的呼吸排气阀、压空排气阀，打开扬液器到供料槽的料阀。再打开到扬液器的压空总阀，打开到预送料扬液器的压空分阀，料液在两槽间压差的动力下被转移至供料槽。压料完毕后先关压空阀，再关料阀，最后恢复扬液器的呼吸排气阀及压空排气阀。

(8) 停车操作

① 临时停车

当检修设备、仪表、阀门或处理运行故障需要停车并预期在短时间内(8 h)能修好时，执行临时停车操作：

— 手控关闭螺杆计量泵，手动关闭上、中、下、尾各段加热阀；

— 螺杆计量泵停止运行 15 min 后，手控关闭沥青保温齿轮泵，停止沥青上料；

— 二次蒸汽冷凝冷却系统及工艺排气系统照旧运行；

— 沥青加热保温系统仍处于运行状态。

② 长期停车

需要大修或刮板蒸发器去污解析时，或非计划停车时间较长按长期停车进行操作：

— 按临时停车步骤将刮板蒸发器系统停止运行；

— 手控调节上水调、压调为 0 值。水调、压调上的手动阀在停车时间不长于一星期时可以不关闭；

— 可根据情况关闭真排和压排系统，呼排系统不停车。

— 若刮板蒸发器停车后进行去污解析，应按去污解析操作步骤执行(见 4.4.3.3 节去污操作过程)。

③ 紧急停车

当发生意外情况或接装桶岗位火灾及其他重大故障信号后，操作人员按下总停车按钮，刮板蒸发器系统全线紧急停车，系统自动关闭有关各蒸汽加热蒸汽阀门、螺杆泵，刮板蒸发器电机停止运行，并发信号通知装桶运输线岗位采取相应停车措施。待故障或意外事故处理完毕，再按开车步骤恢复正常运行。

4.4.3.3　刮板蒸发器去污解析

(1) 去污原理

刮板蒸发器长期运行后，其内壁表面会结疤，致使热效率降低、生产量下降。严重时阻碍刮板芯子转动，为保证刮板蒸发器的正常运行，规定必须在运行 480 h 后进行一次刮板蒸发器内壁清洗。先用去污剂除垢，再用水洗盐垢。去污剂可以选用苯、四氯化碳、三氯乙烯、四氯乙烯等有机溶剂。由于三氯乙烯价格比较便宜，不易燃烧，毒性低，所以采用三氯乙烯作为清洗去污剂。

每次清洗时，在刮板蒸发器内加入约 40 L 三氯乙烯，加水到上液位信号亮，尾端用 0.38 MPa 蒸汽加热，控制洗液温度 70～90 ℃。待沥青与盐分溶解后，刮板蒸发器上、中、下三段都用 0.4～0.7 MPa 蒸汽加热，使洗液沸腾汽化，待洗液只剩 30～40 L 时，把余下的洗液放入中间槽用 0.4～0.7 MPa 蒸汽加热，使温度升至 160～170 ℃，将余物装入固化桶。

(2) 蒸发系统清洗运行流程

① 按长期停车方案将刮板蒸发器系统停车。

② 三氯乙烯和水静态浸泡清洗刮板蒸发器。

(a) 关闭下料阀，装桶运输线进一个空桶在下料口处备用。将约 40 L 三氯乙烯输送入三氯乙烯槽，并放入刮板蒸发器。再将纯水注入该槽并流入刮板蒸发器，约一分钟后停止注入，关闭阀门。静态浸泡 24 h，刮板蒸发器内沥青被溶解。

去污后的三氯乙烯排至三氯乙烯去污槽。将抽取三氯乙烯的软管插入接液桶中，打开相关控制阀，调节压力为 $-3\ mH_2O$，然后开下料阀，启动保温齿轮泵将三氯乙烯打入接料桶中，同时立即抽至三氯乙烯去污液槽贮存。放至下料口不流液时，停止保温齿轮泵，关闭相关控制阀门。

(b) 刮板蒸发器的水洗。三氯乙烯只能将沥青溶解掉，粘在内壁上的盐分需用水浸泡溶解。打开阀门，将去离子水灌入蒸发器内至上液位信号亮。静态浸泡 6 h，将抽取解吸液软管插入接液桶中，开启地漏工作箱。在有真空的情况下，再按上述操作将水洗液放入接液桶中，同时立即被抽至废液扬液器贮存。放至下料口不流液时停泵，关阀。将接液桶送去暂存。刮板蒸发器去污完毕。

4.4.3.4 系统生产能力及主要原材料消耗定额

沥青固化系统生产能力按一条生产线开车计算，两条线开车产量加倍。表 4-13 显示了一条生产线的生产量数据。

表 4-13 沥青固化系统生产能力表

序号	项目	时产量	日产量	年产量(250 天计)
1	调配后料液(含盐 370 g/L)	170 L	4 080 L	1 020 m^3
2	原始料液(含总盐 435 g/L，总碱 2.15 mol/L)	118.30 L	2 839 L	709.80 m^3
3	固化物体积	124.50 L	2 988 L	747 m^3
4	固化物质量	161.30 kg	3 871.20 kg	967.80 t
5	固化物装桶量	0.778 桶	18.67 桶	4 668 桶
6	二次冷凝液量	145 L	3.48 m^3	870 m^3

注：1. 按每桶装 160 L，固化桶密度 1.29 g/cm^3 计。在桶表面 7 cm 处照射量率约为 5.5×10^{-8} C/kg · h。

生产所用的主要原材料消耗定额见表 4-14，定额以处理低放浓缩废液暂存罐区贮存的

1 m^3 料液为基础，大罐料液平均总盐按 435 g/L、总碱按 2.15 mol/L 计。表中不包含分析试剂、机油及零星消耗品。

表 4-14 主要原材料消耗定额表

序号	原材料名称	消耗量
1	60# 沥青	844.22 kg/m^3料液
2	60%硝酸	275.64 L/m^3料液(376.80 kg/ m^3)
3	石油磺酸钠	16.90 kg/m^3料液
4	硼酸	2.66 kg/m^3料液
5	固化物桶	6.62 桶/m^3料液
6	40%NaOH	4 m^3/a
7	三氯乙烯	4 t/a
8	软化水	500 m^3/a

水、电、压空、蒸汽年耗量见表 4-15。

表 4-15 水、电、压空、蒸汽年耗量

材料名称	技术要求	年耗量
水		3×10^5 t
电	电压 380 V,220 V,50 Hz	1.9×10^6 kW·h
0.38 MPa 蒸汽	饱和蒸汽	1.3×10^4 t
2.5 MPa 蒸汽	饱和蒸汽	6×10^3 t
0.7～1.2 MPa 蒸汽	饱和蒸汽	6×10^3 t
0.5 MPa 压空		6×10^6 NM^3
0.1 MPa 压空		5.5×10^5 NM^3
0.6 MPa 压空	无油	2.16×10^6 NM^3
进风	一台风机运行	
排风	一台风机运行	

4.4.3.5 固化运行过程中的问题及措施

沥青固化工艺应重视的是防火和燃爆问题。这是因为沥青本身是可燃物质，而当被固化的放射性废液中含有氧化剂(如 Mn 离子)及因加热可分解氧气的盐类(硝酸盐)存在时更应引起重视。例如：在用固化物样品进行稳定性试验时发现，当固化物中含 40% $NaNO_3$ 时，加热到 280 ℃硝酸盐就开始熔化，且因相对密度差异，液态的沥青与硝酸盐分离而存在于试验器皿的表面，因沥青本身热传导，热时流动性能较差，热量较难从沥青表面散发出来，当样品继续加热,就会引起硝酸盐的分解放出氧气,从而可能引起样品剧烈燃烧。另外,料液中 NH_4^+ 的存在也影响固化物的热稳定性。为防范系统燃爆危险,为此主要采取了以下技术措施:

① 沥青及其固化物在装桶、转运及贮存过程中严禁过热,温度要得到有效控制;

② 每批放射性废液均需在固化前进行分析,并制备固化物样品进行差热、热重分析及进行有代表性的恒温试验,以指导和调整生产工艺控制条件;

③ 重要岗位均安装了感温报警及灭火消防设施,同时设有应急事故通风系统;

④ 对料液进行除 NH_4^+ 预处理,使料液中 NH_4^+ 含量小于 0.5 g/L。

蒸发器设备的运转安全问题也值得重视。经常出现的有芯子刮片损伤,上、下支点损坏导致刮板芯子碰撞器壁而阻碍运转,甚至损坏筒壁。

4.4.4 沥青固化物的质量检验

沥青固化厂有两条固化生产线,正常生产时,当含盐量 400 g/L 的低放浓缩液流量为 170 L/h 时,每天一条生产线可生产每桶重约 210 kg 的沥青固化物 18 桶。当低放浓缩液流量为 250 L/h 时,每天一条生产线可生产沥青固化物 27 桶。沥青固化物的主要指标见表4-16。

表 4-16 沥青固化物主要指标

项 目	规 格
包装形式/装填系数	200 L 碳钢桶/80%
每桶固化物质量	(210±10)kg
密度	1.30～1.35 g/cm³
含盐量	(40±5)%(质量分数)
放射性比活度(总 β) (总 α)	$\leqslant 8.4\times10^7$ Bq/kg $\leqslant 7.4\times10^4$ Bq/kg
桶表面剂量率(平均) (最大)	0.26 mSv/h 0.94 mSv/h
含水率	实际控制<3%(质量分数)
软化点	≥65 ℃
闪点	≮240 ℃
燃点	≮300 ℃
浸出率(对 Na) (对 β 放射性)	$<1\times10^{-4}$ g/cm²·d $<1\times10^{-5}$ Bq/cm²·d
抗辐照能力	$\leqslant 10^6$ Gy 无明显影响
抗微生物能力	好
抗酸碱能力	强

生产出来的产品是否合格要靠分析来鉴定。为了保证沥青固化物的质量需要，在各主要固化工艺流程上进行取样和分析检测。取样分析是沥青固化工艺系统运行中一项重要的工作。

料液取样由工艺人员与分析人员配合取样。沥青固化物由工艺人员取样后送到样品吊篮里放妥当，分析人员在吊篮中拿取样品后分析并记录。其他样品由工艺人员取样后送去分析室或其他分析单位分析。

4.4.4.1　工艺取样

(1) 沥青贮槽取样

沥青贮槽温度不低于 70 ℃，沥青管路与齿轮泵夹套内有蒸汽保温时，才能取样。启动沥青齿轮泵使沥青循环，开倒空阀取样。取样完毕后，停泵、关阀。

(2) 沥青供料槽取样

沥青供料槽温度在 110 ℃，沥青管道夹套内有蒸汽保温，启动供料槽上的搅拌电机进行搅拌，启动齿轮泵使沥青循环到沥青贮槽，取样。

(3) 沥青计量泵取样

沥青系统运行期间沥青流量应定期定标，开沥青计量阀，计算单位时间沥青流量是否在规定的数值，如不符合，调整齿轮泵行程，使流量在规定的数值范围内。

(4) 料液取样

料液取样包括调料槽和事故槽的取样。工艺人员开启真空泵，鼓泡搅拌料液 3 分钟。控制台上打开真空排气阀门、分装箱到扬液器的料回阀门、预取样槽到分装箱的阀门。分析人员再将分装箱内取样阀门打开则料液样品进入分装箱分装。取样完毕后，关闭上述阀门，样品分析结果由分析人员及时报告工艺操作人员。

(5) 固化物取样

固化物样品在装桶工作箱人工取样，当值班长安排取样。取样人员先打开工作箱第四段的窥视孔，左手稳住窥视孔门，右手拿住取样钳夹住取样盘的边缘，从窥视孔中伸入到下料口，固化物落入取样盘中，约占取样盘容积的二分之一即可。取样完毕后关闭窥视孔，并将样品送入吊篮中待自然凝固后分析人员取样分析。

(6) 二次蒸汽冷凝液取样

当需要校正 γ 流线分析结果或 γ 流线分析运行不正常时，现场开手动阀取样。

(7) 生产下水取样

当冷凝器出现设备事故使生产下水受到污染时，开下水样阀，取生产下水分析总 β，检查设备破损情况。

当生产下水需要取样时，现场开启下水样阀，取样。

4.4.4.2　样品分析

生产过程中主要分析料液含盐量和 pH 值，固化物含盐量、含水率及浸出率。分析检测项目见表 4-17。

表 4-17 沥青固化工艺分析项目

序号	样品名称	分析项目	控制范围	取样周期	备 注
1	废液	总盐/(g/L)	350～420	每罐一次(在送料罐中下部取样)	控制分析
		总β/(Bq/L)	$3.7\times10^{4}\sim3.7\times10^{7}$		抽测
		碱度	1～2 mol/L		抽测
		五大核素			抽测
		盐分组成			抽测
2	料液	总盐/(g/L)	350～420	配制料每槽一次	控制分析
		pH	11～12		控制分析
3	沥青	软化点/℃	≮45	每采购一批沥青一次	控制分析
		闪点/℃	≮230		控制分析
		水分	痕迹		控制分析
		燃点/℃	≮300		控制分析
		差热起始放热温度/℃	≮240		控制分析
4	沥青固化物	总盐量	(40±5)%(质量分数)	每天早班和中班各取样一次，早班样分析含水率和含盐;中班样只做含盐。其他性能检测随原材料的变化抽测	抽测
		含水率	<3%(质量分数)		抽测
		软化点/℃	55～70		抽测
		差热起始放热温度/℃	≥240		抽测
		恒热起始放热温度/℃	≥240		抽测
		自燃点/℃	>300		抽测
		浸出率(对总β)	$<1\times10^{5}$ Bq/cm²·d		抽测
5	二次蒸汽凝液	总β	<180 Bq/L	每生产周期一次	抽测
		pH	6～8		抽测
		含盐量	<400 mg/L	每生产周期一次	抽测
6	放射性废水	含油量	<30 mg/L	不定期	抽测
		总β	<180 Bq/L		控制分析
7	生产下水	总β	本底	不定期	抽测
8	热回水	总β	本底	不定期	抽测

(1) 沥青固化物总含盐量的测定

① 测定原理

沥青固化物中的含盐量是重要的质量指标，含盐量要控制在(40±5)%(质量分数)。沥青固化物中包含的盐分不溶解于某些有机溶剂，但能溶解于水，而沥青能较完全地溶解于二硫化碳等有机溶剂，但不溶解于水。根据它们的这种化学性质差异，采用苯作为沥青的溶剂，用水溶解盐分，待两相分离后，通过称重测定水相中的盐含量，就能计算出固化物的总含盐量。

② 测定用的试剂

苯、硝酸钠、二硫化碳、碳酸氢钠。

③ 分析方法

(a) 沥青收率的测定

称取约 1 g 硝酸钠和 1 g 沥青一起放入分液漏斗中。用量筒量取 30 mL 苯加入分液漏斗中，充分摇动，使沥青全部溶解。加入 30 mL 去离子水，摇动使盐分完全溶解于水，静置分相。弃去有机相，加 10 mL 苯进一步去掉水相中的油分，弃去有机相。取 1 mL 水样放在已知重量的铝盘中，置于红外线灯下烘干，冷却、称重。计算公式如下：

$$n=\frac{30W}{W_c}$$

式中，n——收率；

W——称得盐分的质量(g)；

W_c——加入硝酸钠的质量(g)。

(b) 沥青固化物样品含盐量分析

准确称取 0.5～1 g 沥青固化物样品，置于 125 mL 分液漏斗中，加入 30 mL 苯使样品溶解。加入 30 mL 去离子水，摇动使盐分完全溶解于水，静置分相。弃去有机相，加 10 mL 苯进一步去掉水相中的油分，弃去有机相。取 1 mL 水样放在已知质量的铝盘中，置于红外线灯下烘干，冷却、称重。计算公式结果如下：

$$\text{总含盐量的百分数}=30\times\frac{W}{Gh}\times 100\%$$

式中，h——收率；

G——所称沥青固化物样品质量(g)；

W——称得盐分的质量(g)。

(2) 沥青固化物含水量的测定

① 测定原理

沥青固化物残存的水分经烘烤后除去。称量失水前后的质量，可计算出固化物中的含水量 W。

② 测定仪器

电热干燥箱、分析天平。

③ 分析方法

取适量固化物放在已称好质量的干净烧杯中，在空气中冷却 1 h 后称重，将盛有固化物的烧杯放置在烘箱内，使温度徐徐上升，以防止溢出。升温至 160 ℃之后保持 2 h。取出烧杯，在空气中冷却 1 h 后称重。计算公式如下：

$$W=\frac{100\times(g_2-g_3)}{(g_2-g_1)}$$

式中，g_1——空烧杯质量(g)；

g_2——沥青试样加烧杯重(g)；

g_3——失水后沥青试样加烧杯重。

(3) 沥青固化物浸出率的测定

① 测定原理

沥青固化物浸出率指在一定温度范围、浸出剂及浸出条件下，固化物中某组分(Na^+、总β、^{137}Cs 等)在浸泡周期内每天每单位体积比表面的浸出分数。沥青固化物浸出率是另一项很重要的质量指标。

② 测定的试剂和仪器

浸泡溶液：去离子水。测试仪器：钠离子浓度计、α-β 低本底测量仪、聚乙烯浸泡容器、聚四氟乙烯盛样容器。

③ 测定方法

将聚四氟乙烯盛样容器中盛满熔融的沥青固化物样品，放置冷却至室温，将盛满样品的容器放入预先已调配好浸出剂的浸泡容器中。在一定温度下静置浸泡。并按长期浸泡试验标准更换浸出剂，进行浸出试验，直至在分析误差范围内，浸出率实际上恒定不变时为止。浸泡样品转移后留在浸出容器中的全部物质作为分析样品测定所需的分析项目。计算公式如下：

$$R'_n = \frac{a'_n / A'_n}{F / V t_n}$$

式中，R'_n——第 i 组分在第 n 浸出周期中浸出率($cm \cdot d^{-1}$)；

a'_n——第 i 组分在第 n 浸出周期中浸出的放射性量(g)；

A'_n——第 i 组分在原始样品中的放射性量(g)；

F——样品与浸出剂接触的面积(cm^2)；

V——样品的体积；

t_n——第 n 浸出周期的持续时间(d)。

(4) 沥青固化物性能指标测量总结

— 沥青是一种复杂的混合物，不同批次的同一型号沥青的物理性质和成分也会有很大的波动。甚至于同一来源的产品也不能例外。但还未能确定这些特性对沥青固化物中的盐分的测定是否有影响。

— pH 值大于 10 时，用苯溶解沥青会产生不易分相的现象。鉴于 pH 值大于 10 时对盐分测定的影响，可先用有机溶剂将沥青溶解，离心后弃去有机相再用水溶解盐分。

— 用二硫化碳代替苯作为溶剂，测定固化物中的盐分也能得到满意的结果。但二硫化碳沸点低，价格较贵。

— 用二硫化碳作溶剂，当水相 pH 值大于 10 时，对分相的影响须进一步确实。

— 分析沥青固化物浸出试验的结果时至少应有两个平行样。

— 浸出容器和盛样器要有特定的设计和规格，这样才好确定体积和表面积并进行计算。

— 浸出剂采用去离子水，其电导率不应大于 1.5 μs/cm。

— 更换周期从开始浸出试验计起第 1，3，7，10，14，21，28，35 和 42 天更换浸出剂，往后每过一个月更换一次。

4.4.5　沥青固化物的转运

4.4.5.1　沥青固化物的装桶

由蒸发器出来的沥青固化物在工作箱内四段处装捅，第五段封盖，转到第六段暂时冷却后再转至第七段吊运至沥青固化物暂存库。整个生产过程的装桶运输为人工控制，由控制间通过监视器，监视下料装桶，换桶、吊运时再由人工去工作箱处理。

(1) 沥青固化物桶

沥青固化物桶由制桶车间加工，桶直径 560 mm、高 900 mm、壁厚 1.5 mm，公称容积 200 L，用碳钢制造，外涂红丹防锈漆。经检验质量符合要求，加工良好。

沥青固化物桶未做暂存期寿命试验，但 1985 年沥青固化厂试车初期已陆续加工 2 000～5 000 个桶，有些桶放在库房里，有些桶放在沥青固化厂地下空桶间，有部分桶已装有冷料沥青固化物放在室外。经过 6 年多时间，这些桶保持了良好的完整性及机械强度。盛有冷料沥青固化物的桶也可搬运。若沥青固化物桶暂存 5 年后进行最终处置，沥青固化物桶不会损坏，可以安全转运。

(2)装桶程序

装桶工作箱由四小箱组成，共有四道门，辊道由八段组成，再由四个控制盒控制辊道正反转及工作箱门的开关。首先空桶编好号后由人工放在第一段辊道中，再操控第一个控制盒按下正转按钮，并按下第一道门开按钮，使空桶进入工作箱，再按下第二道门开按钮并操控第二段辊道电机，使空桶进入第二段工作箱。在空桶运行至第三段、第四段辊道时，应及时观察，将空桶逐渐调整至第四段辊道上的沥青固化物下料口，打开下料阀，要确保固化物准确无误地落至桶中。

在控制间观察到桶中固化物接近 80%时，立即到工作箱，关固化物下料阀，将固化物桶移动到第五段辊道上，此时将桶盖放入封盖装置旁的放盖口，然后通过两个手孔将桶盖放在桶中处，此时应注意安全，不准两人同时进行封盖工作，然后按下紧盖按钮，观察桶盖是否压紧。

在固化物封盖后，开第四道门按钮，将固化物桶转运至第七段辊道上，此时应注意桶位，防止数控吊车吊悬、偏斜，抓偏或不到桶的故障。对桶位置以工作箱外视窗口上的刻线为准。第八辊道是暂存段，可临时停放水桶和不合格固化物桶，而不致影响后面固化物桶的吊运、事故排除和清洗。

在发生冒桶现象时，应及时处理，对于固化物泄漏至辊道和桶面的应采用碱面去污。但应注意固化物对人体的烫伤和辐射伤害，其他故障应及时安排检修。

4.4.5.2　固化物桶的转移暂存

固化物包装完毕后，由数控吊车吊运至暂存库暂时贮存。一般要在暂存库存放 10 天待其温度已接近常温(一般<45 ℃)后才用普通吊车转移至车道，用专用车运输到长期贮存库贮存。

(1)数控吊车

数控吊车为远距离吊运放射性产品之用，工艺人员应熟悉自动及手动两种控制方式，通过控制台的按钮实现吊运转移产品桶的工作。

数控吊车远距离遥控操作将工作箱内的沥青固化物桶吊运至暂存库有规则地码放暂存；控制部分通过控制台上的按钮调用PLC内储存的程序，将信号传送至变频调速器，以达到对大车、小车、吊钩、抓具、电机进行启、停、调速及对中的目的。在上位机上进行监视、报警、组态等。数控吊车的空间坐标由站址来确定，平面位置用大车和小车的站号表示，按十进制顺序：大车为10～14站，小车为1～9站；垂直位置以吊钩提高位置为始点往下计数，单位用十进制数表示。

①自动程序操作运行

控制台面布置见图4-12。

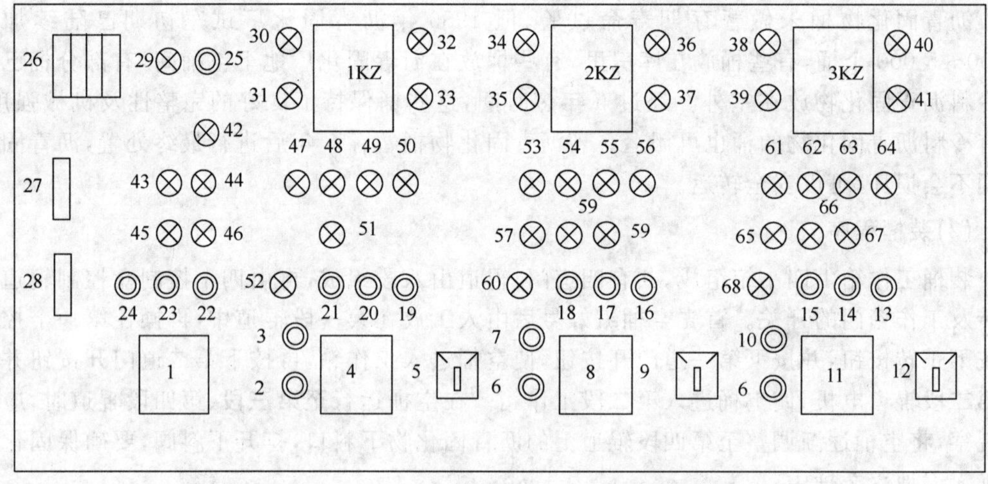

图4-12 数控吊车控制台台面布置图

在桶已经对中的情况下自动程序的启动、运行操作如下：

(a)将控制台上(1)打至“就地/原点”位，(4)、(8)、(11)打至“自动”位；

(b)按下(2)，这时上位机监视器画面“吊车总貌平面图”上“PLC RUN”模拟灯亮；

(c)按下(25)，若数吊不在原点位，则数吊将自动依吊钩中速向上、小车中速向右、大车中速向前的顺序返回原点；若数吊已在原点，则会听到继电器及接触器吸合声；

(d)用拨码开关设定大、小车目标站址及吊钩下降高度。注意：

—设定到工作箱抓桶时，拨码高度为1 244 cm；

—设定到150时，拨码高度：空位为796 cm；第2桶为706 cm；第3桶为616 cm。

(e)将(1)打至“自动”位；

(f)按下(6)：此时数吊将按大车、小车的顺序依次进行换速及对中动作，当到达设定站址时，吊钩首先高速下降，到达距设定高度100 cm时转中速，中速运行50 cm后吊钩转为低速下降，直至碰桶灯(45)亮；然后抓具开始夹紧，一段时间后(42)亮，当全部夹紧后(44)亮：吊钩开始中速上升，到达上终端(30)亮时，数吊停止待命；

(g)通过拨码开关重新设定目标站址和吊钩高度；

(h)按下(6)：此时，数吊将重复步骤(f)的动作。但不同的是，碰桶灯(45)亮后，抓具开始放松，当(43)亮时，吊钩开始中速上升，直至到达上终端；然后小车中速向右回到右终端，大车中速向前回到前终端。这时，一个吊桶工作周期结束。

(i)工作结束；若数吊不在原点，如欲结束工作，须按步骤(c)使数控吊车先回到原点，才能进行结束阶段的工作；将控制台上(1)、(4)、(8)打至“零位”。

②手动方式操作运行

(a)大车、小车、吊钩的手动操作

将(4)、(8)、(11)打至“手动”位，通过(5)、(9)、(12)选择中速或点动，通过(20)、(21)、(17)、(18)、(14)、(15)选择数吊运行方向。

(b)抓具的手动操作运行

将(1)打至“手动”位，通过(22)、(23)、(24)进行抓具的放松、夹紧及停止工作。

(c)就地方式

将(1)、(4)、(8)、(11)打至“就地”位时，操作人员可在就地通过按钮盒操纵吊车。操作人员可以直接观察吊车的运行情况，因此不需指示吊车运行情况的信号灯。但是，控制间应有人监视控制设备和电机主回路的工作情况(通过观察控制柜上的交流电压表、电流表和有关信号灯)。遇有异常现象，应立即将(1)、(4)、(8)、(11)”扳至“零位”，使就地操作失去作用，必要时还要断开电源开关。

③保护措施

(a)夹紧终端保护

抓具在夹紧过程中，当由于桶位不正或碰桶、全部夹紧等机械开关损坏而造成夹紧终端灯(46)亮时，程序将自动停止，不再往下执行。遇到此种情况，操作员应及时与有关人员联系，同时按“自动停止(3)”，然后将吊钩、大车、小车状态选择旋钮扳至“手动”或“就地”位，继续操作。

(b)拨码高度保护

当吊钩因为溜钩或者碰桶开关不起作用时，吊钩将下降至拨码开关所指定的高度处自动停止，这样便防止了抓具碰倒等恶性事故的发生。如果吊钩上已有桶，而碰到这种情况时从现象上看，则是碰桶灯(45)不亮(51)亮，操作员应通过工业电视判断桶是否已到地面，如已到地面，可以不管；如桶仍悬空，应立即按“自动停止(3)”，然后将吊钩转为“手动”，手动放桶。

(c)抓具放松保护

为了防止误操作，特设抓具放松保护。如果放松灯(43)不亮，则无法进行自动返回原点操作。

④主要运行参数

—抓具抓紧或放松时，控制柜柜面上的交流电流表数值约 0.5～0.75 A；

—吊钩运行时，交流电流表数值约 15～20 A；

—大车运行时，交流电流表数值约 4～6 A；

—小车运行时，交流电流表数值约 3.5～5.5 A；

—操作过程中，操作员应经常观察电流表上的数值，如遇电流表数值突然增大的异常情况，立即按下“自动停止(3)”，必要时还要断开电源，并通知检修人员。

(2)普通吊车转运固化物桶

普通吊车用来实现沥青固化物从暂存库到车道的转运。和其他桥式吊车一样，通过操纵杆达到吊钩前后左右的启动、停、调速运行。吊运固化物桶的夹具是机械自动式的，该普通吊车夹具采用的是自主设计的专用夹具，夹具对中放在固化物桶上，在升起的过程中自动夹紧，当固化物桶到车道放下后，夹具自动松开。

操作普通吊车时应两人在现场，一人操作，一人监护。车道上固化物桶在放置时可放两层，但第二层要求每桶之间需留约 10 cm 的距离，便于叉车操作。结束工作时吊车应准确停放在规定的位置，吊钩离台面 2 m 以上，并切断电源。

(3)沥青固化物的运输

沥青固化物的运输分装车和卸车两步。

①装车

当运输车在车道停好位置后，叉车叉住桶的上加强吊环，到车左侧厢板处停住，将固化物桶升起，过车厢板后下降。下降到桶中上部时叉车后退，桶放置到车上。然后两人协作将桶在车上搬动、调整位置并把桶堆放整齐，每车一次可装桶 20 只。

②卸车

固化物桶运输到贮存库后，司机在指定的地点停好车，卸车人员打开侧厢板，一人将特制的钢丝绳分三次(两次各 8 只，一次 4 只)把桶套住，用桥吊将桶放置于地面或直接放置到库里整齐码放。

4.4.6 辅助系统

4.4.6.1 蒸汽供给

沥青固化厂房使用两种不同压力的蒸汽，1.2～1.5 MPa(简称中压)，0.38～0.5 MPa(简称低压)。由外单位生产经调节送入固化厂房。

(1)蒸汽系统工艺流程

低压蒸汽直接由热网系统的阀门调节后用于沥青系统、沥青输送管道、刮板薄膜蒸发器的尾段，另外还用于洗澡水和厂房取暖。

中压蒸汽经热网系统的远距离电动调节阀调节压力后进入蓄热器进行缓冲稳压后，用于刮板薄膜蒸发器的上、中、下三段加热，中、低压的放空、疏水都直接排到厂房外。

同时中、低压之间有两处串阀，主要用于在低压停或低压不足时串中压补充。一处是热网操作平台上阀门调节中压直接串入低压干管。另一处是蒸发器系统上段并管串入尾段。

(2)蒸汽系统运行

①低、中压蒸汽的接收

中压蒸汽的接收程序如图 4-13 所示。接收前热网开疏水，蓄热器放水保留约 1/3 的水位，开热网手动总阀，开远距离电动调节阀(开度慢慢由小到大)，开蓄热器进口手动调节阀，将蒸汽引入蓄热器稳压待用，视情况调节或关闭疏水阀。

低压蒸汽的接收参照中压执行。

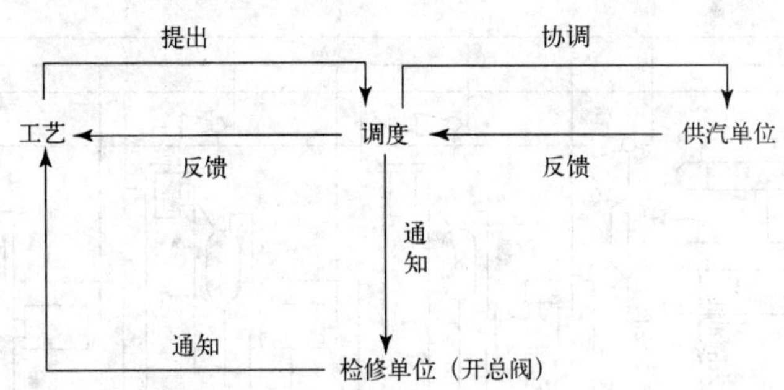

图 4-13 中压蒸汽的接收程序示意图

②低、中压蒸汽的调节

(a)应用于刮板薄膜蒸发器上、中、下三段加热的中压由远距离电动调节阀和蓄热器安全阀调节流量和压力。当蓄热器压力大于 1.5 MPa 时，则自动跳闸泄压后自动恢复，这时注意适度调节远距离电动调节阀。其余阀基本上处于全开状态；

(b)低压的调节由热网系统的总阀控制；

(c)中压串低压的调节由手动串阀控制，在串压时不可压力太高，原则上不超过 0.5 MPa为宜；

(d)蓄热器维护保养

—蓄热器属压力容器，使用应遵循国家压力容器安全使用的有关规定；

—安全阀应进行一年一度的校验，保证性能状态良好。

4.4.6.2 供电系统

沥青固化厂房供电系统包括动力供电和照明供电。

动力供电：沥青固化厂房供电设备系二类负荷，如Ⅰ、Ⅱ区排风用电、沥青系统的用电及一部分自控用电。为了提高生产过程的连续性及火灾情况下安全供电，设有两路电源，厂房内设两台变电器，分别由外单位高压配电装置两条母线引来两路 6 kV 电源。平时每台变压器负荷在 50%左右。低压母线分段运行，手动投入，一些重要的工艺用电设备和Ⅰ区排风机均有备用，其工作备用分别从两段母线供电。

照明供电：一些重要的房间和通道采用双电源交叉供电，在固化物吊运区和低安装厅设 36 V 检修照明。

4.4.6.3 尾气净化系统

(1)尾气净化系统工艺流程

尾气净化系统工艺流程见图 4-14。尾气净化系统将压空排气、呼吸鼓泡排气、真空排气进行过滤净化后排往工艺烟囱。工艺尾气都要先经过换热器冷却，再经缓冲罐，然后在过滤器的下部被加热后进入过滤器进行净化处理。所有分离和捕集到的冷凝液均收集到倒空槽中，倒空槽到上液位后，由废液扬液器将收集的冷凝液抽走，最后排放到废水收集罐待处理。尾气净化系统工艺参数见表 4-18。

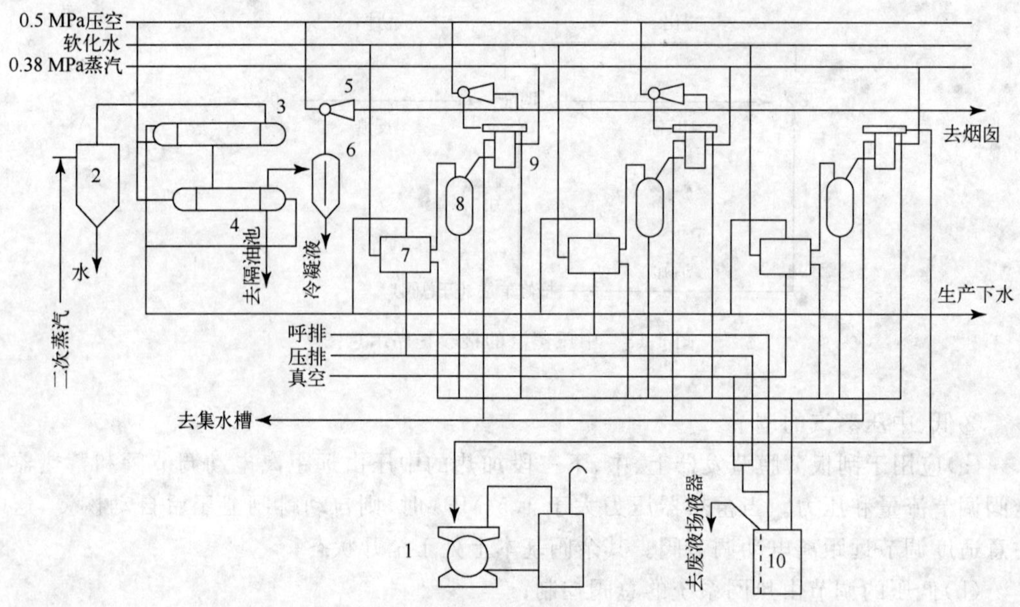

图 4-14 尾气净化系统工艺流程图

1—真空泵；2—旋液分离器；3—冷凝器；4—冷却器；5—喷射器；
6—捕集器；7—螺旋板换热器；8—缓冲罐；9—纸过滤器；10—倒空槽

表 4-18 尾气净化系统工艺控制参数

序号	设备名称	控制参量	工艺控制参数	满度指示
1	螺旋板换热器	压排气体温度	<40 ℃	
2	螺旋板换热器	鼓呼排气体温度	<40 ℃	
3	螺旋板换热器	真排气体温度	<40 ℃	
4	纸过滤器	压排气体温度	>60 ℃	100 ℃
5	纸过滤器	鼓呼排气体温度	>60 ℃	100 ℃
6	纸过滤器	真排气体温度	>60 ℃	100 ℃
7	螺旋板换热器	下水温度	<40 ℃	
8	喷射器	压空压力	0.4～0.5 MPa	0.6 MPa
9	缓冲罐	压排压力	−50 mmHg	−0.1～+0.6 MPa
10	纸过滤器	负压	−0.01 MPa	−0.04MPa
11	缓冲罐	呼排压力	−50 mmHg	−0.1～+0.6 MPa
12	缓冲罐	真空度	−600 mmHg	−0.1～0 MPa
13	纸过滤器	差压	20～100 mmH_2O	250 mmH_2O
14	真空泵	真空度	−600 mmHg	−0.1～0 MPa
15	真空泵	电机电流	50～60 A	75 A
16	倒空槽	液位	80%(1.1 m)	1.4 m(1.58 m^3)

(2)尾气净化系统运行操作

①压空排气运行操作

(a)打开压空排气干管到倒空槽阀门,两分钟后将其关闭,将压排干管内的积液放入倒空槽;

(b)在控制间控制台面上开缓冲罐、螺旋板换热器、纸过滤器到倒空槽的凝回阀门,现场手动开启缓冲罐的上水调节阀,并调节使螺旋板换热器的压空排气温度和下水温度均小于 40 ℃,现场手动开启蒸汽到纸过滤器阀门,在控制间调节使纸过滤器压空排气温度指示大于 60 ℃;

(c)现场手动开启喷射器压空阀(常开),在控制台面调节使喷射器负压计指示－0.01 MPa,压空压力控制在 0.4～0.5 MPa;

(d)压空系统投入运行后注意调节控制台面上调节阀门的开度,使系统在规定的工艺参数条件下稳定运行。

②呼吸排气运行操作

呼吸排气运行操作可参考压空排气运行操作。

③真空排气运行操作

(a)现场手动开启螺旋板换热器的上水阀门、纸过滤器的蒸汽进口阀门,调节上水使螺旋板换热器的真空排气温度和下水温度均小于 40 ℃,调节蒸汽阀门开度使纸过滤器真空排气温度指示大于 60 ℃;

(b)就地打开真空泵的上水总阀门、真空泵排气阀门(常开),在控制间开真空泵上水阀,启动循环水泵,启动真空泵,两分钟后开启纸过滤器到真空泵的工艺阀门,真空排气系统投入运行;

(c)真空排气干管及缓冲罐内的捕集液必须在真空泵停止运行,真空被破坏后才能打开真空排气干管、凝回到倒空槽的阀门,将集液放入倒空槽中,放完后及时关闭阀门。

④倒空槽集液的倒液

当倒空槽液位计指示到达 80%时,在控制台上开启阀门,将倒空槽集液抽送到废液扬液器,至倒空槽液位计指示 30%时,关闭阀门,停止倒液。

⑤进排风

—进排风是为了保证沥青固化厂房内的空气质量符合标准。共有进风机 3 台,排风机 6 台;

—进风机在使用时应按规定切换使用,排风机分别按热区、污染区、清洁区三区各配备两台,两台之间也应按规定切换使用;

—生产期间,进风不停,排风按三区各一台运行;停车期间的进排风视情况间断运行。

(3)系统运行中的注意事项

由于工艺尾气中夹带的水滴会浸湿纸过滤器过滤芯子,使过滤器很快失效。因此,必须按规定的运行操作程序开启尾气净化系统。

刮板蒸发器临时停车时,尾气系统不停车。刮板蒸发器短期停车时可视情况关闭真排及压排系统,呼排系统不停车。刮板蒸发器长期停车时,呼排系统不停车。

4.4.6.4 真空泵

沥青固化工艺系统在料液配制槽、料液扬液器进行料液取样，抽排设备室地坑积水，抽排尾气净化系统的凝回液时需要使用真空。沥青固化工艺中涉及的水环真空泵有两种型号：SZ-3 型及 SK-12 型，其操作程序大致相同。两台真空泵应定期切换使用。

(1)启动前的准备

①手动盘车，检查主轴是否卡紧或有异声；

②循环水是否太混浊，如悬浮物多需更换；

③打开欲抽真空设备的相关阀门。

(2)真空泵的启动

①打开真空泵轴封供水闸阀，打开真空泵供水闸阀；

②在控制间启动循环水泵调节供水闸阀，使泵体供水压力为 0.03 MPa；

③在供水达到 10～20 s 内启动真空泵，应注意供水液位在泵的轴线以下，否则启动困难；

④在控制间观察设备真空度显示；

⑤观察吸入真空表，若吸入真空太高，可通过旁通阀引入旁路气体，调节吸入真空度；

⑥运行中，观察循环水温度是否超过 40 ℃、泵体噪音是否过大，若发生这些现象，应立即采取停泵等措施。

(3)真空泵的停止

①首先停止真空泵运行；

②其次停止循环水泵运行；

③放空真空泵内积水。

4.4.6.5 特下水、地漏与生产下水系统

(1)特下水

特下水包括二区地面冲洗水、工作箱冲洗水、真空泵回水、通风柜下水、分析室下水及消防下水，均汇入特下水池。特下水池全容积 30 m^3，特下水经仪器监测或取样分析后，若其比放大于 37 Bq/L，送去蒸发处理。

需要排放时，在控制台上打开解吸废液干管阀门，启动潜水泵排放到废水蒸发厂房处理。到下液位时停泵，关闭阀门。注意在送特下水时不得与送冷凝液的操作同时进行，解吸废液干管也不得进行倒料操作，以避免串料。

(2)地漏

设备室有的地漏液比放较高，用废液扬液器将设备室地漏液收集，然后用压空压去废水蒸发工艺处理。

地漏液的抽取要在真空泵正常运行的情况下，在控制台上打开废液扬液器到净化系统的真排阀门。在控制台上打开倒空槽到废液扬液器的阀门，就地打开相关设备室地漏到废液扬液器的阀门，抽取地漏积水；在控制台上打开地漏干管到废液扬液器的阀门，就地打开

相关设备室地漏到废液扬液器的阀门，抽取地漏积水；就地开工作箱到废液扬液器的阀门，再打开工作箱内各段地漏阀门，可抽取工作箱内的地漏集液。

(3)生产下水

①冷凝、冷却器下水

冷凝、冷却器下水均通过下水排放管直接排往室外环境；下水管路上有取样阀门，定期取样分析有无放射性，以检查设备是否内漏。

②地下室下水

地下室设有生产下水集水池，体积1.2 m^3。枯水季节地下室生产下水由集水池收集，打开池的排放阀门，则下水自流入环境排放；洪水季节如果洪水倒灌，则关闭集水池的下水排放阀门，用潜水泵抽送至生产下水出口排到环境。

③酸性生产下水

在酸贮槽间、高位槽间、浓酸高位槽间设有中和箱，这些房间的酸性下水需要加碱中和后方可排到厂房外，以避免下水管道被酸腐蚀。中和酸性下水使用的化学试剂可以用 Na_2CO_3 或稀 NaOH，用 pH 试纸测得 pH＝7～9 时即可打开中和箱的出水阀门排放下水。

(4)特下水、地漏与生产下水系统工艺参数

特下水、地漏与生产下水系统工艺参数见表4-19。

表4-19 特下水、地漏与生产下水系统工艺参数

序号	设备名称	控制参量	控制参数	满度指示
1	特下水池	液位	0～80%(0～2 m)	2.5 m
2	离心泵	泵出口压力	0.2 MPa	0.25 MPa
3	废液扬液器	液位	80%(1.1 m)	1.4 m
4	废液扬液器	密度	1.1～1.2 g/mL	1.5 g/mL
5	废液扬液器	扬液压空压力	0.3～0.4 MPa	0.6 MPa
6	废液扬液器	真空度	－400 mmHg	－0.1～＋0.9 MPa
7	特下水池	比放	<180 Bq/L	

4.4.6.6 消防系统

沥青固化生产过程中使用的主要原材料是沥青，处理低放废液的主要成分是硝酸钠，而沥青与硝酸钠形成的沥青固化物虽不属于易燃易爆物质，但仍然具有可燃性，一旦着火，沥青固化物燃烧极为剧烈。经分析，沥青固化厂房可能发生的火灾，除电气引起的火灾和沥青有可能燃烧之外，危险性最大的是装料过程中的沥青固化物发生燃烧事故。

因此，在厂房设计、工艺设备布置和工艺参数控制方面已采取了大量的措施，如在整个工艺过程中采用尽可能低的加热温度，尽量减少固化物受热时间，并将失火可能性最大的沥青固化物置于工作箱内。在装桶间采用了自动报警装置和手动消防系统，以备万一发生火灾，能够进行有效的扑救和控制。

(1)火灾报警系统

分别在装桶工作箱、通风槽、装桶控制间、沥青固化物暂存库安装了就地声、光信号的火灾报警装置，并分别连接到控制间的火灾报警控制器上。火灾报警控制器有声、光信号并显示出事地点。与报警装置相联的火灾探测器共有28个，其中19个离子感温型，9个离子感烟型。

(2)火灾消防系统

①二氧化碳灭火装置

该装置主要是对装桶工作箱和暂存工作箱内的沥青固化物火灾进行消防，其运行操作严格按以下三个步骤进行。

(a)火灾观察：当火灾报警器发出火灾报警时，值班人员首先应确定报警器上标明的出事地点，并迅即前往。从窥视窗观察，当判明确实已构成起火或冒烟时，应立即关闭该工作箱与控制室的一切通道，并联系主控制间紧急停车。

(b)灭火操作：首先在二氧化碳钢瓶柜的前室手动全开启火工作箱的二氧化碳喷气阀门，此时四个二氧化碳喷气总阀处于常开状态，两套灭火装置互串阀门处于常闭状态。然后打开钢瓶柜手动开启钢瓶上的气压阀门，实施灭火。灭火装置应在两分钟内灭火完毕，此时应密切观察灭火效果；若火势未扑灭或灭后复燃，则应手动全开初总串和续总串两阀门，再启动另一套灭火装置进行灭火。当两套灭火装置灭火无效时，应立即前往钢瓶柜对面的房间手动全开消防水阀门进行灭火。

(c)善后操作：灭火完毕后需待工作箱内二氧化碳气体被充分排除后，人员方可进入清理。消防水排入特下池。

②其他区域的消防

(a)沥青槽间

当发生沥青火灾时，可人工用消防水、移动式二氧化碳灭火器、干粉灭火器及0.38 MPa蒸汽进行灭火。

(b)沥青固化物暂存库

当发生火灾时，可用消防平台上的消防水扑灭。

(c)主控制间

当发生火灾时，采用就地放置的二氧化碳灭火器进行灭火。

(3)应急措施

①一旦发生火灾，立即通知主控室全线停车，关闭着火部位的排风，切断动力系统电源。

②值班负责人留在主控室，立即向核化工厂、沥青固化厂、消防队报告火灾情况，同时通知核化工厂相关车间做好加开事故风机的准备工作。

③如果是工作箱内的沥青固化物失火，要关闭手套孔和转运小室的密封门、关闭门3和门2，使失火区域与外界隔绝。

④火灾发生后，当核化工厂、沥青固化厂、消防队没有来到现场之前，值班负责人留在主控室，由值班负责人助理统一指挥，组织工作人员正确使用配备的消防器材，进行扑救以延缓火势扩大，减少财产损失，尽力控制火势。

⑤人员撤离：当火灾现场烟雾太大，特别是在地下层发生火灾，产生大量烟雾，有可能发

生窒息时，要按火灾应急措施制定的撤离路线有组织地撤离现场，撤离时一定要镇静自若，不要慌乱，更不能有人员遗留在现场。

4.5 厂房建设简史

4.5.1 沥青固化工程建筑地段工程地质勘探

沥青固化厂建在核化工厂三废区，1973 年曾对三废区进行工程地质勘探。由于沥青固化工程为二期建筑项目，当初规划未作具体安排。拟用于沥青固化工程的建筑地段原未考虑利用。为查明建筑地段第四纪土层的成层情况(包括厚度、埋深的变化)，基岩埋深以及岩面的起伏情况，特别是地基持力层范围内是否有软弱夹层，1979 年对该建筑地段进行了工程地质勘探。

在建筑地段共布置 9 个钻孔，深度为 3.10～14.00 m，全部钻到了基岩。根据钻探结果，除地表个别地段覆盖一层 0.80～1.80 m 厚的人工填土外，均为第四纪冲积的亚黏土以及卵石层。地层简单，无不良地质现象存在，适宜于建筑。

冲积层的底部均为志留纪页岩，微密坚硬，岩石完整，倾向 340°，倾角 33～42°。

卵石层为一含水层，地下水埋藏深度为 3.40～5.00 m。其中有 1 个钻孔在 2.10 m 深遇见地下水。水位变化较大，主要受地表渗水影响所致。

根据该地区原有土质分析资料，采取地层类比法，确定地基土的容许承载能力如表4-20所示。

表 4-20 地基土的容许承载能力

序号	土质名称	状态	容许承载能力/MPa
1	亚黏土	可塑	0.12
2	亚黏土	硬塑	0.18
3	卵石	中密	0.3
4	页岩	微风化	1.4

4.5.2 前期准备阶段

1976 年在我国西南建成了核化工厂，由于当时放射性废液的固化方法科研尚未过关，确定了对生产过程中产生的低放废液在碳钢大罐中暂存 5 年的临时措施，但原设计建造的低放废液大罐几年后将全部装满。因此，能否解决处理低放废液的问题是关系到核化工厂能否继续生产及环境安全的大问题。从 1969—1979 年，由有关院、所、厂对沥青固化处理低放废液工艺进行了科研及中型扩大试验，在此基础上核二院进行了初步设计，1979 年国家有关部门批准了初步设计。此后核二院开始工程设计，1980 年底国家有关部门批准了沥青固化工程设计，建筑单位也于同期在核基地完成了土建和安装工程施工的准备工作。

4.5.3 建设施工阶段

土建主体工程于1981年1月正式开工。为了确保工程进度和质量,施工单位编制了施工进度计划、技术组织措施计划和工程质量保证大纲。截至1983年底,沥青固化工程土建交工验收,安装工程达到系统联动试车条件,辅助配套子项1(压缩空气车间),子项2(排风中心)、低放废水再浓缩工艺工段及低放浓缩液贮存罐区改造、沥青制桶线、仪表校验间、沥青中转库、沥青保温锅炉房、沥青固化贮存库应急加压泵房及高位水池、沥青固化物贮存库等都相继建成。1984年第一季度单体及单系统调试完毕,并正式移交给核基地。经过局部整治,1984年5月开始水酸联动试车,至此低放废液沥青固化工程按设计要求基本全面建成。

第5章 沥青固化工程安全分析

沥青固化厂房是我国目前为止唯一的工业规模沥青固化厂房,主要处理低放废液蒸残液,最终产品为沥青固化物。

沥青固化工程的主要安全问题是火灾。在国外发生过沥青固化物着火、燃爆事故。国内在进行沥青固化的研究实验中发生过中间槽燃爆事故。所以,沥青固化工程从工程设计到正式营运的各个环节,都需要充分地分析评估安全问题。

5.1 最大可信事故分析

根据外部因素(如自然不可抗力)和内部因素(厂房设备运行等)对沥青固化工程可能发生的事故进行分析。对这些因素及其后果需要进行充分的分析评估并准备好应急计划和措施。事故分析是保证沥青固化工程安全管理的重要步骤。

5.1.1 外部因素

5.1.1.1 洪水

洪水主要发生在7~9月的多雨季节,暴雨形成山洪。在1988年7月23日厂房所在地区遇到过特大暴雨。平均每小时降雨117 mm,超过该地区历史记载的最大降雨量,但厂房未受到任何危害。

5.1.1.2 水电站溃坝

在流经核基地附近的一条江的上游建有水电站。水坝高130 m,总库容25.4亿m^3,最高蓄水位588 m。地震、山崩、特大洪水等自然灾害以及战争因素造成溃坝危险是关注的问题。经地质和水力专家鉴定后认为,溃坝的可能性虽不能绝对排除,但发生的概率小于百万分之一,因此可以不予考虑。

5.1.1.3 地震

本地区主要地震危险来自邻区地震波及影响。根据历史记载和访问资料,核基地及附近地区没有发生过破坏性地震,震中均分布于外围地区。

经核基地所在地省地震局鉴定,核基地附近地区仅伴有弱震活动,不具备产生强震的地质条件,该地区未来100年地震基本烈度为Ⅵ度。厂房建筑设计是按地震烈度Ⅶ度设防的。

5.1.1.4 泥石流、滑坡

厂房本身的地质状况，不存在产生泥石流、滑坡的条件。

5.1.1.5 高空飞行物坠落

本地区不在国内外航线上，飞行物恰好坠落在厂房的概率可以忽略。

5.1.2 内部因素

5.1.2.1 内部因素可能发生的事故

沥青固化厂房运行时因厂房内部因素可能发生的事故见表5-1。

表5-1 可能发生事故描述

序号	事故名称	事故原因	事故后果
1	沥青"冒顶"	沥青含水急剧升温	沾污岗位、烫伤人员
2	酸、碱漏出	操作不当	灼烧人员
3	中压蒸汽泄漏	维护不够	烫伤人员
4	三氯乙烯挥发	管理不善	人员中毒
5	低放浓缩废液泄漏	设备、阀件损坏	放射性气溶胶经排风系统排入大气
6	沥青一盐液态混合物冒桶	脱水不够	沾污固化生产线
7	沥青一盐液态混合物自燃	运行时过热	损坏固化生产线，放射性废气排入大气
8	沥青一盐液态混合物桶吊运翻倒	吊运工具故障	沾污暂存大厅
9	过滤器穿孔	滤纸漏损	排入大气放射性增大

5.1.2.2 预防措施

为防止表5-1中可能事故的发生，沥青固化厂房在设计上采取了以下措施：

—重要场所及有可燃物放置的区域均设有火灾报警装置。

—沥青一盐液态混合物的装料工作箱设有火灾报警、定位自动灭火、喷淋消防及事故排风系统(在4.4.6.6节有详细介绍)。

—为防止沥青一盐液态混合物过热，加热蒸汽压力严格控制在2.5 MPa以内，刮板蒸发器三段壁温不得高于170 ℃，沥青一盐液态混合物的温度小于170 ℃。

—多点温控系统监测沥青一盐液态混合物的温度变化，一旦出现过热现象，立即发出警告信号，操作人员立即调整运行参数。

—厂房内按常规配有消防设施(见4.4.6.6节详细介绍)。

5.1.3 最大可信事故

虽然设计上采取了以上安全措施，但依然存在沥青一盐液态混合物在装桶生产线上发生自燃的可能性。因为桶装沥青一盐液态混合物量为 160 L，比刮板薄膜蒸发器、中间槽装料量大。因此沥青一盐液态混合物的自燃是可能发生的各种事故中危害最大的。

在安全措施的保证下，沥青混合物自燃的可能性极小，只有在测温点、测压点连锁报警全部失灵、二次仪表均损坏、此时运行人员又因疏忽未发现仪表失灵、同时锅炉房供应的蒸汽和厂房内配汽系统供给的蒸汽远远超压的情况下，沥青混合物才有可能过热，并分解放热而自燃。

根据分析可知，危害最大的是沥青一盐液态混合物在装桶生产线上的自燃，因此将其确定为最大可信事故，把 1 桶沥青一盐混合物包覆的全部放射性作为安全分析和环境评价的基础。从后来发生的工作箱燃爆事故来看，把沥青一盐液态混合物的自燃定为最大可信事故不是非常谨慎。燃爆事故可引起中间槽和刮板蒸发器所含沥青一盐混合物的燃烧，应把沥青固化物装桶箱燃爆事故确定为最大可信事故，根据衡算，中间槽和刮板蒸发器所包含的放射性物质相当于 1 桶沥青固化物所含放射性的 63%，应把1.63桶沥青-盐混合物包覆的全部放射性作为安全分析和环境评价的基础。因为为实施沥青固化工程所进行安全分析和环境评价时是以 1 桶固化物所包覆的全部放射性作为基础的，本章的安全分析和下一章的环境预评价还是以 1 桶固化物的放射性为基础，虽然采用1.63桶固化物所包覆的放射性进行安全分析和环境评价的结论与采用 1 桶固化物所包覆的放射性进行安全分析和环境评价的结论相比不会有实质差异(两者均不超过相应管理限值)，但在确定沥青固化设施的最大可信事故时应更为谨慎。

5.1.3.1　混合物燃烧机制

沥青一盐液态混合物基本上是沥青与硝酸钠的混合物。沥青是一种可燃物，加热时产生放热反应，燃点在 300 ℃以上。硝酸钠加热时，在 234 ℃开始吸热熔化，随着温度的升高，逐步分解并随之放热。分解产物为氧化氮、氧气及残留的氧化钠，而这些分解气体却是一种助燃剂。

有关沥青固化工艺的研究结果普遍认为在硝酸钠沥青固化体系中，沥青与盐分在较高温度下会发生相互作用。如果有外来的热源将沥青一盐液态混合物加热，使其温度达到自燃温度，则有可能不与明火接触就燃烧起来。

5.1.3.2　最大可信事故的后果分析

假设在设计基准事故情况下放射性释放量为 1 桶沥青一盐混合物包覆的全部放射性总活度，即 1.8×10^{10} Bq，产生的废气经事故排风过滤器排入大气，则排入大气的放射性总活度为 1.8×10^{7} Bq。按经验 1 桶沥青固化物燃烧时间约需 20 min，当事故排风量为 8 700 m^3/h 时，排入大气的废气最大放射性浓度为 6.2×10^{3} Bq/m^3。若过滤器失效则排入大气的废气最大放射性浓度为 6.2×10^{6} Bq/m^3，总活度为 1.8×10^{10} Bq。最大可信事故下，公众所受剂量在 6.3.2.2 节叙述。

5.1.3.3　最大可信事故情况下的应急措施

—现场负责人组织灭火指挥部，指导现场工作人员灭火；

—消防系统投入使用(见 4.4.6.6 节)；

—关闭正常风机,启动事故风机,加大排放量,消除工作箱内的烟雾;

—迅速通知核化工厂调度及有关单位;

—及时迅速地对烟囱、操作区取样,对放射性气溶胶进行剂量监测;

—严禁非事故处理人员进入事故现场,待安防部门进行剂量监测后,有组织地进行去污清理;

—寻找事故原因,清除事故后果。

5.2 非放射性物料的安全分析

5.2.1 沥青

沥青是一种非常复杂的高分子聚合物,其组分变化范围很大,甚至同一型号沥青的组分也不是固定不变的。由于沥青的导热性能较差,不溶于水,耐辐照性能好,资源丰富,因此被用于放射性废物的固化处理中,但沥青也有一定的危害作用。

(1)沥青属于可燃性物质,不过其发生燃烧的危险性并不大。因为纯沥青的燃点一般在300～400 ℃范围,沥青固化工艺中对沥青的加热没有超过 200 ℃的,所以只要控制好加热温度和明火源,沥青着火的危险性就可以被消除。

(2)沥青具有化学毒性。据研究,沥青的蒸汽粉尘对人体的呼吸系统、皮肤等有一定的危害作用。因而沥青系统在运行过程中不允许向外敞开,以防止沥青气体扩散到工作场所。若直接接触沥青及沥青气体的人员,必须戴好口罩、手套、眼镜等防护用品,下班后必须洗澡。

(3)沥青含水时,在加热过程中极易“冒顶”,因此,脱水过程应缓慢升温,防止沥青溢出。

沥青固化厂房操作是远距离控制,因此,沥青不会对工作人员形成任何危害。当进行检修时,一定要确保将系统中的沥青排空,且系统不处于高温条件后,检修人员才能进入工作现场检修,这样能确保工作人员不会受到沥青的损害。

5.2.2 化学试剂

在调节料液 pH 值,在工艺取样分析过程及清洗去污等沥青固化工艺中,都要接触到酸、碱等化学试剂,它们都是有毒有害的物质,使用不当也会对人体造成损害,特别是在放射性环境下使用这些化学试剂更要谨慎,以免造成双重毒害。

5.2.2.1 硝酸

纯硝酸为无色液体,化学性质不稳定,受热和受光照射时会分解,产生 NO、NO_2 等氮氧化物气体,可对人体造成极大的危害,特别是在高浓度情况下,大量吸入会导致死亡。国家规定厂房内空气中 NO_2 最高容许浓度为 5 mg/m^3。

沥青固化厂房使用 60%及 10%的硝酸。硝酸运行在密闭系统中,通常不对人员产生危害。

5.2.2.2　氢氧化钠

氢氧化钠常温下为白色固体，熔点 328 ℃，密度 2.02 g/cm^3，易溶于水。浓氢氧化钠溶液腐蚀性很强，可对人体造成比酸更深的危害。厂房内空气中最大容许浓度为 0.5 mg/$m^3$①。

沥青固化厂房使用 10%的氢氧化钠。氢氧化钠运行在密闭管路、设备中，通常不会对人员产生危害。

5.2.2.3　三氯乙烯

沥青固化厂被放射性沾污的沥青固化设备的去污溶剂是三氯乙烯。三氯乙烯是无色透明易流动的液体，有类似氯仿的气味，化学式为 $CHCl_3$，密度 1.47 g/cm^3；三氯乙烯在潮气存在下，逐渐分解呈酸性；不含稳定剂的三氯乙烯会被空气氧化，生成光气、一氧化磷和氯化氢；因此三氯乙烯为有机毒品，根据 TJ36—79《工业企业设计卫生标准》规定②，工厂空气中最高容许浓度为 30 mg/m^3。三氯乙烯本身无燃烧性，但在光及有明火环境中可生成光气，在加热时与碱作用，可能发生自燃产生二氯乙炔，要防止二氯乙炔次生危害带来的严重烧伤。

三氯乙烯有卤代烃的毒性，人体在短期内大量吸入时具有强烈麻醉作用，抑制中枢神经，并造成肝、肾的损害，在常温下空气中含量为 2.2 g/m^3 时，人体会产生不愉快感，当浓度为 4.4 g/m^3时，人体会有病态反应，三氯乙烯含量为 10.9 g/m^3就会对人体产生剧毒。

沥青固化厂刮板薄膜蒸发器通常仅用热水及碱液去污，当需将刮板芯子取出检修时才使用三氯乙烯喷淋或浸泡，此时应禁止三氯乙烯与热碱水同时作为去污剂使用，用后的三氯乙烯或装入密闭桶中待下次去污时使用或在加热表面不大于 125 ℃温度下通过蒸馏排至大气，而残存物则装入废物桶送进固体废物库贮存。经排风中心排风稀释后排入大气的三氯乙烯浓度约为 4.4 g/m^3。

沥青固化厂应当尽量减少三氯乙烯的使用。当投入三氯乙烯时，应通过远距离操作控制，同时确保排风系统运行正常。由于三氯乙烯封闭在系统中，同时又确保人员不与其接触，即使发生少量泄漏时，也能确保工作场所不积累三氯乙烯。因此，它对人员的危害作用是可以避免的。而三氯乙烯从 100 m 烟囱排出后，可以迅速稀释到有害浓度之下，不会对环境造成危害。

5.3　沥青固化厂放射性“三废”处理、管理安全分析

5.3.1　放射性固体废物

沥青固化厂产生的放射性固体废物主要是其产品——沥青固化物。此外，还有运行、检修时产生的少量固体废物。放射性固体废物状况见表 5-2。

① 目前在用的 GBZ2-2002《工作场所有害职业接触限值》规定的最大限值为 2 mg/m^3。

② TJ36-79《工业企业设计卫生标准》修订后分成 GBZ1-2002《工业企业设计卫生标准》和 GBZ2-2002《工作场所有害因素职业接触限值》，但三氯乙烯的限值(时间加权平均容许浓度)仍为 30 mg/m^3。

所有固体废物在出沥青固化厂外运前，均进行表面污染与外照射剂量当量率检查。

当废物桶表面 γ 剂量当量率大于 2 mSv/h 或距桶表面 1 m 处 γ 剂量当量率大于 0.1 mSv/h时不能运出沥青固化厂，只有采取屏蔽措施满足上述要求后才可运出沥青固化厂。

废物表面污染必须满足 $\alpha<0.4\ Bq/cm^2$ 及 $\beta<4\ Bq/cm^2$，否则应清洗去污，达标后方可运出沥青固化厂。

表 5-2 放射性固体废物状况

序号	废物名称	放射性比活度/(Bq/kg)	数量	去向	备注
1	暂存间桶装沥青固化物	$\leqslant 8.4\times10^7$	30～40 桶/d	沥青固化物贮存库	平均每桶总活度 1.8×10^{10} Bq
2	分析室工作箱废物	$<8.4\times10^7$	2～3 桶/a	沥青固化物贮存库	不定期产生
3	Ⅰ区放射性废物	$<10^6$	1 桶/a	45# 固体废物暂存库	
4	Ⅱ区放射性污染物	$<7.4\times10^4$	5 桶/a	45# 固体废物暂存库	焚烧

沥青固化桶直径 560 mm、高 900 mm、每桶装料 160 L、密度 $1.4\ g/cm^3$。当放射性比活度为 1×10^8 Bq/L 时，计算出固化物桶的剂量当量率见表 5-3。

表 5-3 无屏蔽固化物桶的剂量当量率(mSv/h)

计算方法	固化桶表面	距桶 1 m 远	距桶 2 m 远
半无穷源法	5.10		
等效点源法	2.13	0.24	6.05×10^{-2}
圆柱源法	2.19 ＊1	0.12 ＊2	2.97×10^{-2} ＊3
实验数据修正法	0.96 ＊2	0.14	4.7×10^{-2}

注：1. ＊1 表示距桶表面为 7.0 cm 处；

2. ＊2 表示距桶表面为 1.1 m 处；

3. ＊3 表示距桶表面为 2.5 m 处。

根据计算的结果，固化物桶出厂外运时采取的安全措施是：

—用数控吊车，自动远距离地吊运固化物桶；

—固化物桶外运的专用汽车有铅屏蔽层防护。

固化物桶在装料时，可能有液态－盐混合物滴洒在桶的上盖上，导致桶盖的污染，为防止这种污染，固化物桶在装料前预先在桶盖上铺上一层滑石粉，如液态沥青－盐混合物滴洒在滑石粉上，就很容易与滑石粉一起除掉，放入固化物桶中。

5.3.2　放射性液体废物

沥青固化厂的放射性废液主要是生产过程中产生的二次蒸汽冷凝水，还有少量设备检修时的去污废液及工作箱室和Ⅱ区地面冲洗水。所产生的放射性废液状况及去向见表 5-4。

当废液放射性浓度大于 1.85×10^2 Bq/L 时，送去低放非工艺废水蒸发厂房蒸发浓缩，蒸残液贮存于大罐中，待固化处理；废液放射性浓度小于 1.85×10^2 Bq/L 时，送去低放非工艺废液浓缩处理厂房处理后，用泵压送至贮罐中，待取样分析，其放射性浓度不超过 37 Bq/L时方可排放。

表 5-4　放射性废液状况

序号	废液来源	放射性浓度/(Bq/L)	数量/(m^3/d)	去向	排放状况
1	离心泵二次蒸汽冷凝液	$>1.85\times10^2$ $\leqslant1.85\times10^2$	7.9～11.86	去低放非工艺废水蒸发厂房处理 去低放非工艺废液浓缩厂房处理	每天排放 2 h
2	设备去污液	3.7×10^4	100 m^3/a	去低放非工艺废水蒸发厂房处理	不定期
3	箱室及Ⅱ区地面冲洗水	$>1.85\times10^2$ $\leqslant1.85\times10^2$	500 m^3/a	去低放非工艺废水蒸发厂房处理 去低放非工艺废液浓缩处理厂房处理	不定期

5.3.3　放射性气载废物

沥青固化厂产生的放射性废气是生产过程中的工艺排气及非工艺排气，其状况见表 5-5。

表 5-5　放射性废气状况

序号	废液来源	放射性浓度/(Bq/m^3)	气量/(m^3/h)	去向	排放时间/(h/d)
一	工艺排气				
1	刮板薄膜蒸发器不凝气	$<9.47\times10^{-1}$	<240	高烟囱	24
2	设备压空排气	$<1.85\times10$	<720	高烟囱	4
3	设备呼吸排气	<1	<720	高烟囱	4
二	非工艺排气				
1	Ⅰ区设备室排风	<6.4	4.35×10^{-3}	高烟囱	24
2	工作箱排风	$<6.2\times10^{-3}$	8.7×10^{-3}	高烟囱	24

设计上采用纸过滤器对沥青固化厂的压空、呼吸、工艺排气系统排出的气体加以净化，净化后的气体由直径 250 mm×3 mm 的不锈钢管道送厂房的 100 m 烟囱上口中心 2 m 处排入大气。为了解与控制气载放射性物质的排量，设有固定管道取样系统。

表 5-5 中设备室排风的放射性浓度取沥青固化厂放射性浓度最高的设备、阀门泄漏时可能排出的放射性气体浓度。在正常生产时，设备室排风基本上无放射性污染。

工作箱排风取设计基准事故时的放射性浓度和排风量。

在正常运行情况下，非工艺排气含放射性核素量极小。因此，经厂房高效过滤器进一步净化后，由烟囱排往大气的放射性活度很低。

工艺排气均在厂房汇集后用管道送至烟囱排入大气。按表 5-5 所列数据可计算出工艺排气中放射性物质的排出率约为 1.42×10^{4} Bq/h，该排出率经 1×10^{4} m^3空气稀释后 β 放射性浓度为 1.42×10^{-3} Bq/L。核化工厂房烟囱 β 放射性排放控制限值为 1.42×10^{-2} Bq/L。因此，沥青固化厂产生的放射性气载废物的管理和排放是安全的。

5.3.4 放射性废物运输

放射性物质运输事故的一个特点是地点的不确定性，一旦发生事故，其社会影响是巨大的。放射性物质运输事故的性质、特点、后果取决于很多因素，包括货包的类型、内容物的物理和化学形态、毒性和数量、运输方式和影响货包完好性的事故严重程度，其他因素，如事故地点和当地的气象条件也对事故后果起一定作用。所以在正常运输过程中的主要放射性风险是放射性废物从货包中释放出来的低水平辐射。

沥青固化物从暂存库到长期贮存库的运输距离较短(2 km)，只要采取充分的安全措施，事故发生率是很低的，另外，由于沥青固化物的比活度较低，而且是包装在碳钢桶内，即使发生运输事故，只要固化物不燃烧，是不会对环境造成任何影响的。

5.4 辐射安全

为了减少放射性物质对工作人员及公众产生的辐射危害，必须从沥青固化工程设计、建造、运行(包括退役)和管理等方面采取相应措施，控制非随机效应，并将随机效应的发生率降低到可以接受的水平。归纳起来主要是采用屏蔽、分区封闭、选用优质的无人远距离操作设备(如数控吊车转运固化桶和运输固化桶的专用汽车)，和做好去污及维修工作等辐射安全措施。

5.4.1 屏蔽

辐射源和生物体之间主要凭借设于其间的物质或距离实现辐射防护。屏蔽材料因辐射类型而异，屏蔽物的成分、形状(包括厚度)和用量取决于辐射类型和能量、放射源形状和强度以及允许剂量率。γ 辐射是屏蔽的重点对象，常用的屏蔽材料有混凝土、水、铸铁、铅(铅块、铅皮、铅玻璃)、铝板等。在厂房营运时，所有设备室的屏蔽层和工作箱的铸铁屏蔽层都已建成，符合设计要求，能保证工作人员工作环境的剂量当量率低于设计规定的限值。

5.4.2 污染控制

根据厂房内的所有房间及设施的功能、辐射水平和可能的污染程度分为若干区。凡出入放射性工作区的人员都要通过卫生入口，进入时换掉日常服装，佩戴个人防护用品，出去时脱去工作服，淋浴，进行污染检查。

处理和贮存放射性物质的厂房、设施、设备和系统，应对于放射性物质具有最好的封闭作用。封闭是辐射防护的重要措施之一。控制放射性物质可能对环境产生的污染，设计上采取了对放射性物质进行包容及合理布置厂房及人流控制等措施。

5.4.2.1　分区与封闭

(1)用于沥青固化处理的放射性废液均密封在设备与管道内，从而防止放射性物质逸出污染工作场所及环境。

(2)厂房按三区原则布置

为尽量减少放射性的污染和扩散，减少操作人员的受照机会与时间，厂房按放射性水平的高低分为红色标志的控制区(Ⅰ区)、橙色标志的监督区(Ⅱ区)、绿色标志的非限制区(Ⅲ区)。

Ⅰ区为放射性设备区，直接存放放射性物质。此区外照射很强，污染很严重。只有当设备经清洗去污后，经过批准并在严格的辐射防护监控下，才能短时间内进入。为了控制污染弥散，进出Ⅰ区的人员必须通过卫生闸门的检测。

Ⅱ区为检修区，也称可能污染区或半热区，所有的安装厅、检修廊、特下廊、取样廊等都属于二区。正常运行时，该区的剂量并不大，但拆卸吊运Ⅰ区设备和发生事故时可能形成较高的剂量率。因此，此区为不经常停留的区域，人员进入受到控制。

Ⅲ区非放射性工作区，也称操作区或清洁区。控制室、剂量值班室、试剂配制间、高位槽间等均属于Ⅲ区。在该区任何时候，剂量率不超过最大容许剂量的十分之一。因此，人员工作时间停留在本区也是安全的，操作人员在正常情况下大部分时间在控制间进行操作。表5-6为辐射操作的剂量控制数据。

表 5-6　辐射操作的辐射剂量率控制

辐射剂量率/(μGy/h)	操作的管理	控制操作的措施
<200	直接操作	按规定自我防护
200～2 000	间接或监护操作	辐射防护人员现场监护
$>2\ 000$	控制操作	办理超剂量作业单，防护人员按月剂量控制

为了有效控制污染的扩散，人流的走向应该是：Ⅲ区⇌Ⅱ区⇌Ⅰ区。这样通过分区和人流控制，可避免污染的扩散。

5.4.2.2　厂房强制通风

通风按三区原则布置，根据各房间的余热量和全面换气要求，设置了机械排风。

进风：厂房进风经M－Ⅰ型泡沫塑料过滤器除尘，冬季再经空气加热器加热至23 ℃，由离心通风机经通风竖井送入各层的混凝土风道，再由混凝土风道的铁皮风管道至需要的房间，满足整个厂房的通风要求，设计总进风量为105 880 m^3/h。

排风：厂房的排风是由厂房的排风中心完成的，它是为厂房Ⅰ区设备室、工作箱，Ⅱ区房间、通风柜等的排风服务的。Ⅰ区排风在厂房内经空气过滤器过滤后,由风机送入排气筒排入大气。Ⅱ区排风由风机直接送入排气筒排入大气。Ⅰ区排风包括P-Ⅰ、P-Ⅱ系统。P-Ⅰ系统为设备室的Ⅰ区排风,排风量为13 290 m^3/h;P-Ⅱ系统为工作箱的Ⅰ区排风,排风量为4 325 m^3/h。一旦发生设计基准事故时,系统排风量为8 700 m^3/h。P-Ⅲ系统是Ⅱ区房间的排风,主要包括安装厅、固化物吊运暂存区、真空泵房等的排风,系统总排风量为68 305 m^3/h。

P-Ⅰ,P-Ⅱ排风系统,经高效玻璃纤维空气过滤器净化后,用高压离心通风机送入100 m高烟囱排放;P-Ⅲ排风系统则用高压离心通风机直接送入100 m高烟囱排放。

为防止放射性气体和气溶胶的扩散和污染,在厂房内严格控制气体流向,控制空气从Ⅲ区到Ⅱ区,再流到Ⅰ区,不准倒流。这是防止内照射的重要防护措施。为此需要在Ⅲ区、Ⅱ区、Ⅰ区和设备间保持一定的压差。即空气压力Ⅲ区>Ⅱ区>Ⅰ区>设备内。一般保持Ⅲ区为5 mm H_2O,Ⅱ区为−10 mm H_2O,Ⅰ区为−25 mm H_2O。

另外,根据厂房放射性水平的高低,规定各区的换气次数。这样在发生放射性气体扩散后,也能及时排除以减少被吸入人体内的机会。厂房内各区的换气次数见表5-7。

表5-7 厂房内各区域的换气次数表(次/h)

区域	安装厅	高位槽间	酸槽间	装料工作箱	固化物存放间	设备室
换气次数	4~6	6.5	11.7	12	18.5	22.3

排出的气体,经净化处理达到国家排放标准后,经烟囱排入高空。

5.4.2.3 剂量监测装置和安全制度

为了随时了解工作场所辐射水平,在厂房内容易污染的地方设置固定的剂量监测仪和报警仪,另外还有携带式的剂量率仪、表面污染监测仪和空气取样装置等。生产下水、特下水也要定期取样监测被污染情况。

推行岗位责任制,对沥青固化厂的各工艺岗位制定严格的岗位操作规程、安全规程等。沥青固化工艺主要岗位包括沥青岗位、调料岗位、刮板薄膜蒸发器岗位、装桶岗位、数控吊车岗位。

5.4.3 沥青固化厂房的去污

在沥青固化厂房里,操作放射性物质的工作人员的体表、衣服和手套及地面、墙面会被放射性物质沾污,许多设备、泵阀、仪表的表面也会积累放射性物质。需要及时加以清洗去污使其达到允许剂量水平,而且去污的好坏对厂房的辐射防护程度有很大的关系,必须十分重视。因此,厂房的清洗去污具有很重要的意义。

5.4.3.1 设备仪表的去污

在检修设备、泵阀、仪表之前必须清洗表面的放射性物质,使其达到允许剂量水平后才能进行检修。

(1)沾污机制

① 机械沾污:在沥青固化工艺过程中生成的沉淀物,沉积在设备内壁上。

② 物理吸附:设备表面力和静电作用的结果,若设备表面凹凸不平或被酸碱腐蚀后,放射性物质渗入内部后,吸附加剧。

③ 化学吸附:放射性核素与设备金属材料发生化学反应或离子交换而被吸附。

三种沾污方式中,机械沾污比较容易去除,物理吸附去污较困难,化学吸附的去污方式最困难,往往要用强腐蚀性试剂来去污。

(2)去污方法

固定设备的去污通常就地进行。泵、阀、仪表等可拆卸的设备,在专用的洗涤池里进行去污。去污的方法分物理去污和化学去污两类。

① 物理去污:包括喷砂清洗、蒸汽清洗、超声波清洗。

② 化学去污:采用酸性试剂、碱性试剂、氧化剂或还原剂以及电解反应等对设备表面的沾污进行浸泡和清洗。通过溶解络合、离子交换等化学反应达到去除沾污的目的。

由于化学法去污简单可靠、去污效率能满足要求,所以主要是使用化学去污法进行去污。

常用的酸性试剂有硝酸、有机酸(酒石酸、柠檬酸等)、草酸、氢氟酸等。去污效率的顺序是:氢氟酸>草酸>有机酸>硝酸。

常用的碱性试剂有氢氧化钠以及碱性氧化物(如氢氧化钠、过氧化氮、酒石酸等)。

另外,还配有Ⅰ#和Ⅱ#解吸液。Ⅰ#解吸液为5%氢氧化钠和0.05%高锰酸钾的水溶液。Ⅱ#解吸液为3%硝酸、0.2%草酸和0.1%氟化钠的水溶液。

5.4.3.2　地面、墙壁的去污

地面、墙面被放射性物质沾污后,要及时进行清洗去污,使放射性不超过最大允许剂量水平(见表 5-8)。

表 5-8　地面、墙壁、工具、设备表面污染的最大允许水平

污染表面	控制水平/(Bq/cm^2)	
	α 放射性	β 放射性
三区地面、墙壁、工具、设备	1	10
二区地面、墙壁、工具、设备	5	50

(1)去污原理

地面、墙壁的去污原则是尽量缩小被沾污的面积,尽可能减小废液的体积。塑料地面和油漆墙面的去污常用石油磺酸溶液,利用其产生的泡沫和胶体来清洗沾污。石油磺酸溶液的配制方法是:将每升浓度为 200 g/L 的氯化钠和 20 g/L 的苯酸溶液加 500 mL 的石油磺酸。

(2)去污方法

① 沾污不严重时,可用湿拖布进行拖洗。

② 沾污较严重时，先把冒撒的溶液或粉末用吸水纸很小心地吸起，在被沾污的塑料地面上倒上适量的石油磺酸溶液，让其浸泡 0.5～1 h，再用毛刷、棉纱进行擦洗。然后用吸水纸或拖把将液体吸干后用水清洗，最后拖干。如一次去污达不到要求，可再用石油磺酸擦洗一次。

③ 水磨石、水泥地面和水泥墙面的去污极为困难，在清洗无效时，只有凿去沾污部分。重新更换。

5.4.3.3 衣服、手套、皮肤的去污

沥青固化厂房操作放射性物质的工作人员的体表、衣服和手套的表面污染水平应控制在允许范围内(见表 5-9)。在 GB18871-2002《电离辐射防护与辐射源安全基本标准》发布后，表面污染控制水平不得违反该标准的规定。

表 5-9 操作人员体表、衣服和手套的表面污染控制水平

污染表面	控制水平/(Bq/cm^2)	
	α 放射性	β 放射性
手、皮肤、内衣、工作袜	0.03	0.33
三区工作服、手套、工作鞋	0.17	1.67
二区工作服、手套、工作鞋	0.83	8.33

(1)去污清洗控制限值

手、皮肤、内衣污染时，应及时进行清洗，尽可能洗到本底水平。如衣服等虽经多次清洗，表面污染仍高于表 5-10 规定限值或污染面积超过 1/3 时，应予更换。清洗前污染高于表 5-10 规定的限值或污染面积在 1/3 以上的，可直接按作废标准报废个人防护用品。在 GB18871-2002 发布后，控制限值不得违反该标准的规定。

表 5-10 个人防护用品清洗报废标准

污染物	清洗后报废标准		直接报废标准	
	α 放射性/(Bq/cm^2)	β 放射性/(Bq/cm^2)	α 放射性/(Bq/cm^2)	β 放射性/(Bq/cm^2)
内衣	0.03	0.33	0.33	3.33
工作服、帽子	0.17	1.67	1.67	16.67

(2)去污方法

① 衣服的去污

沾污的衣服送专门的洗衣房用合成洗涤剂等进行清洗。

② 手套的去污

乳胶手套或耐酸橡胶手套在脱下之前，先用肥皂清洗，然后用水冲洗，如达不到要求时，可用 1%柠檬酸清洗后，再用水冲刷。

③ 皮肤的去污

皮肤(主要是手)的沾污程度很轻时,用肥皂及软毛刷在温水中刷洗5 min,即可达到要求。必要时可重复刷洗5 min。

沾污程度较严重时,可用含有络合剂的特种肥皂或高锰酸钾、稀草酸、柠檬酸、5%EDTA(乙二胺四乙酸钠)的溶液进行浸泡和洗涤。

5.3.3.4 清洗去污的注意事项

(1)设备清洗去污的注意事项

① 试剂使用顺序

一般只用普通试剂,如5%～10%的硝酸或10%的氢氧化钠去除大量污染。也可两者交替使用。如果难以进一步清洗去污时,再用Ⅰ#和Ⅱ#解吸液等贵重试剂。

Ⅰ#和Ⅱ#解吸液除成本较高外,对设备的腐蚀也较严重。如5%的草酸对不锈钢有较明显的腐蚀;3%的氢氟酸加以20%硝酸,使用20 min,设备表面就开始出现浅坑,因此必须控制使用。

② 温度控制

提高温度将大大加快去污速度,化学平衡理论证明,温度每升高10 ℃,化学反应速度约增加1～2倍。但提高温度,试剂的分解会加快,腐蚀能力也随之增强,会加剧对设备的腐蚀,因此要综合考虑。一般采用5～10%的硝酸或10%氢氧化钠去污,温度在90～95 ℃。

③ 搅拌强度

强烈的搅拌可加速试剂对沾污物的作用,并使已经脱落的污染物向溶液内部迅速扩散,从而提高去污效率和速度。

④ 浸泡时间

试剂浸泡时间和更换试剂次数要根据实际情况而定,必须注意节约试剂,通过合理运用试剂达到最佳去污效果。

⑤ 去污废液的处理

去污废液根据污染物的放射性强度,转运到处理厂房处理和排放。

(2)地面、墙面清洗去污的注意事项

① 在用石油磺酸清洗地面时,浸泡时间与去污效果有很大关系,浸泡时间长些效果好。切不可刚倒上溶液就用水冲刷。

② 在用毛刷、棉纱进行擦洗时,注意要从外向内进行,不要反方向进行以免污染扩大。

③ 去污时应尽量避免用大量清水冲洗,因为这样会使废液大量增加,沾污面积也容易扩大。

(3)衣服、手套、皮肤清洗去污的注意事项

① 沾污衣服清洗时,将内衣和外衣,沾污严重的和不严重的分开清洗,效果会好些。

② 禁止使用有机溶剂和较浓的酸(大于3 mol/L)洗手,有机溶剂能使放射性渗入皮肤组织。较浓的酸能使皮肤产生看不出的龟裂,使放射性核素钻入体内。

5.5 小结

经过安全评估，沥青固化厂房所处地理位置是合理的，水文、地质、地震、气象等自然环境对沥青固化厂不会构成威胁。公用相关设施及配套项目齐全，沥青固化厂产生的“三废”对环境没有影响。

在辐射安全方面，沥青固化厂辐射屏蔽按源项放射性浓度为 3.7×10^{7} Bq/L 进行设计，土建施工质量优良，欲处理的浓缩液的放射性浓度均低于 3.7×10^{7} Bq/L，故在营运阶段工作人员接受外照射剂量在国家规定的允许范围内。另外，沥青固化厂按三区原则布置，进排风系统合理，并设有完备的剂量监测设施，确保沥青固化厂在营运生产时，工作人员所受内照射危害将限制在最小程度。

为防患于未然，沥青固化厂设有完整的火灾报警及消防灭火系统。

在沥青固化厂房正常运行中应注意加强对关键设备、仪表及控制系统的专人管理及维护。关键设备有螺杆计量泵、刮板薄膜蒸发器、中间槽、蓄热器；关键仪表有沥青流量计、电磁流量计、刮板薄膜蒸发器及中间槽的压力表、温度表；关键的控制系统有装桶运输线、数控吊车。

第 6 章　辐射监测和剂量评价

6.1　辐射监测

在沥青固化系统运行期间，辐射监测是做好辐射防护工作的重要措施之一。辐射监测的目的是及早发现工厂生产过程中的异常情况和放射性核素释放带来的环境影响的变化趋势，保护工作人员和公众免受不可接受的辐射影响，尽可能减少人员受照剂量。

6.1.1　个人监测

常规的个人照射监测和剂量估算是为了评价正常生产时工作人员的受照程度和工作环境安全程度而定期进行的监测。个人剂量监测主要内容为外照射监测、内照射监测和污染监测等项目。

6.1.2　流出物监测

厂房运行期间的流出物主要是废气、废液。监测厂房流出物主要是探测、监视厂房的运行状况，检查流出物是否符合国家标准、管理标准和运行限制。监测的目的是保护环境和公众。

6.1.2.1　气态流出物监测

沥青固化厂房在运行期间，工艺废气在沥青固化厂房内过滤净化后，由不锈钢管送至排风厂房烟囱排入大气。

非工艺排气（主要为Ⅰ区及Ⅱ区排风）在排风厂房内净化后，由 100 m 高烟囱排入大气。

为了对沥青固化厂房的气态流出物进行监测，在烟囱内及工艺排气尾气管处设有固定空气微尘取样器，通过监测烟囱及工艺尾气管内放射性气溶胶浓度及气流量，可确定排入环境的放射性数量。

把从工艺尾气管及烟囱内取的气溶胶样品送沥青固化厂房剂量测量间。在测量间内，采用 FJ-2114 型 β/α 比值仪测量流出物中 α，β 放射性气溶胶的浓度。

β/α 比值仪的主要技术性能如下。

① 探测效率：对 ^{239}Pu　α 源≥20％(4π)；
本底＜0.5 计数 /min；
对 ^{90}Sr-^{90}Y　β 源≥25％(4π)；
本底＜40 计数 /min；

② 指示值准确度≤20%。

若样品的放射性气溶胶浓度低，采用测量室内的 PH-1216 型 α，β 低本底测量装置测量。

6.1.2.2 液态流出物监测

沥青固化厂房产生的放射性废液主要是生产中的二次蒸汽冷凝水及检修中产生的去污液和冲洗水。

经在线仪表监测，放射性浓度＞37 Bq/L 的废液送低放废水蒸发厂房处理。当废液放射性浓度(β)≤37 Bq/L 时经管道排入江中。因为废液中 α 浓度很低，所以未限定 α 值。

通过监测排入环境废水的放射性浓度和水量可确定排入环境的放射性排放量。

6.1.3 环境监测

环境监测包括本底调查、正常运行期间的常规监测和事故期间的应急监测。

6.1.3.1 本底调查

基地于 1970—1973 年，在 20 km 范围内进行了环境本底调查，1974—1985 年对厂区周围 0～50 km 范围内的气溶胶、落下灰、环境水、土壤、动物、γ 外照射等多项内容进行过监测。1984—1986 年 6 月对厂区周围 80 km 内各县、市的室外 γ 吸收剂量率进行了调查。

6.1.3.2 常规监测

环境监测范围为厂区周围 0～80 km，监测项目有气溶胶、落下灰、环境水、土壤、动物、γ 外照射等 10 多项。监测内容为总 α，总 β 测量、γ 能谱分析以及 ^{90}Sr，^{187}Cs，^{239}Pu 等化学分析(见表 6-1)。

表 6-1 环境监测内容

项目	距离/km	采样周期	监测内容	监测分析方法
气溶胶	0.5～4.5	日	总 α，总 β， ^{90}Sr，^{187}Cs，^{239}Pu	Sr：发烟硝酸法 Cs：AMP-碘铋酸比色法 Pu：TOA 萃取色层法
落下灰	0.5～30	日 月	总 β ^{90}Sr，^{187}Cs，^{239}Pu	Sr：发烟硝酸法 Cs：AMP-碘铋酸比色法 Pu：TOA 萃取色层法
水	3～30	日 半年	总 β，^{90}Sr，^{187}Cs ^{239}Pu，	Sr：发烟硝酸法 Cs：AMP-碘铋酸比色法 Pu：TOA 萃取色层法
动植物	3～30	年	γ 能谱 ^{90}Sr，^{187}Cs	Sr：TBP 萃取法 Cs：AMP 萃取法
外照	3～80	季	γ 照射量率	热释光

6.1.3.3　事故监测

沥青固化厂房事故环境监测的目的是及时、迅速收集发生有关事故时，放射性污染程度和范围，估算吸入、食入和外照射剂量，迅速确定食物和水源的可能污染程度，为采取应急辐射防护提供依据。在事故应急状态下，除利用常规环境监测的固定监测项目外，还将利用环境监测车加强野外巡视，以迅速获得可靠的监测数据。

6.2　工作场所辐射监测结果和工作人员受照剂量

6.2.1　热试和试生产阶段

6.2.1.1　热试车期间

热试车开始以后，为了及时掌握工艺场所的辐射屏蔽效果和生产运行、设备检修中的人员受照剂量，利用固定式 FJ-321CG αγ 报警仪连续监测各测点的辐射水平，以便采取防护措施使人员尽可能少受剂量。

热试中对生产、运输和贮存场所的 γ 照射率进行了测量，其数据均低于设计值。测量数据见表 6-2。

表 6-2　γ 照射量率测量数据　单位：μR/s

序号	测量点位	测量平均值	测量最高值	设计值
1	装桶工作箱前区	0.005	0.005	0.3
2	装桶工作箱后区	0.006	0.008	0.3
3	阀门操作大厅	0.06	0.17	0.3
4	刮板运行平台	0.06	0.10	0.3
5	固化物装车车道	0.34	1.07	2.5
6	固化物暂存间	0.31	0.96	2.5
7	44#C 固化物暂存库	3.42(桶表面)	8.9(桶表面)	25
8	固化桶表面	4.32	8.92	25

结果表明现场的 γ 辐射水平低于设计值，辐射屏蔽效果良好，辐射安全达到了期望目标。

个人剂量监测采用热释光个人剂量计测量，1993 年沥青固化厂房放射性工作人员年集体剂量当量值为 101.1 人 · mSv，个人剂量平均值为 2.246 mSv/a，个人剂量最大值为 5.4 mSv/a。监测结果表明不论是年人均剂量还是个人年最大值均低于设计控制值。

6.2.1.2　试生产阶段

为了及时了解生产过程中工作场所的辐射水平，利用固定式仪表连续监测现场的 γ 照射量率。设定了报警值,超过报警值自动报警,提醒工作人员采取措施,并根据现场工作需要,用手提式仪表随时对现场操作、检修部位进行监测。对生产中的放射性气溶胶的监测,原设计为排风负压式取样装置,但排风产生的负压无法满足取样流量的要求,所以用可携式取样器对部分工艺间进行监测。另外利用表面沾污测量仪对工作人员和厂房内设备、地面及厂房外环境地面进行监测,以便及时去污、防止污染扩大。沥青固化厂房 1993—2001 年的辐照水平测量结果见表 6-3,1994—2001 年厂房内气溶胶监测结果见表 6-4,2002 年辐照水平测量结果和厂房内气溶胶监测结果见表 6-5。表 6-3 和表 6-5 的监测结果表明热试车以来,沥青固化厂房各监测点的辐射水平低于设计值(0.3 μR/s)。Y-11,Y-12 两测点 1997 年度 P_γ 变化较大。指示有时偏高,是因为数控吊车故障固化桶未能及时转运,暂存桶数量增多造成。监测结果说明屏蔽效果可行,只要工作人员按规范操作,辐射安全是有保证的。表 6-4 和表 6-5 表明气溶胶 α 放射性和 β 放射性小,不会使工作人员所受剂量超过管理限值。

沥青固化厂房自热试车以来,没有发生大面积污染现象也没有严重污染点,偶尔发生局部 β 沾污,也都及时进行了去污。沥青固化厂工作人员 1994—2002 年个人剂量监测结果见表 6-6。约有 50% 的人员年受照剂量 <5 mSv,另有 50% 的人员年受照剂量当量为 5 mSv$<H<$15 mSv,这部分人员受照剂量高的原因之一是参加修复低放废液贮槽,二是从 44# C 固体废物暂存库、45# 固体废物暂存库向沥青固化长期贮存库大量集中转运沥青固化物桶所致,特别是 1997 年度更为突出。当然也不排除由于吊具不好用,为了使固化物桶码放整齐牢固,直接用手扶桶装卸码放,使人员受照剂量增高。但是从事沥青固化的工艺人员受照水平基本低于设计控制限值。

6.2.2 正式生产阶段

表 6-7 至表 6-10 为沥青固化厂房正式生产阶段(2003—2006 年)的辐射监测结果。

正式生产阶段沥青固化厂工作人员的外照射剂量见表 6-11。

下面对 2006 年的工作场所辐射监测进行简要叙述,2006 年 3 月 20 日沥青固化厂房发生工作箱燃爆事故,事故后放射性监测在第 14 章叙述。

(1)剂量率测量

使用 FJ-347A 型便携式剂量率仪,每月 1 次对沥青固化控制室和沥青固化厂房环境的剂量率水平进行巡测,测量值都小于 1 μGy/h;每月 1 次对低放浓缩废液贮存厂房各贮罐口处的剂量率水平进行测量,测量值范围为 20 μGy/h～40 μGy/h。

(2)放射性气溶胶浓度监测

每月 1～2 次对沥青固化厂房环境、大厅、控制室和低放浓缩废液罐区的空气进行取样(取样设备:DK-2 型移动式空气取样器),采用四天衰变法测量(测量仪表:FH-408 型定标系统),其放射性气溶胶浓度的测量值范围为 1.51×10^{-5} Bq/L～5.4×10^{-5} Bq/L(C_α)和 1.09×10^{-4} Bq/L～3.73×10^{-4} Bq/L(C_β)。

(3)表面污染监测

使用 FJ-2206 型表面污染测量仪,每月 1 次对低放浓缩液贮存厂房地面的 β 表面污染水平进行测量,测量范围为 5～300 Bq/cm^2。生产期间,定期、不定期地对控制室、厂房周围环境的地面及工作人员的 β 表面污染水平进行检测,测量值一般都小于 4 Bq/cm^2,低于控制水平。

表 6-3　沥青固化厂房试车—试生产期间 γ 辐射水平(μR/s)统计表

测点号	监测地点	1993 年		1994 年		1995 年		1996 年		1997 年		1998 年		1999 年		2000 年		2001 年		设计值
		平均	最高	平均	最高	平均	最高	平均	最高	平均	最高	平均	最高	平均	最高	平均	最高	平均	最高	
Y-1,4	026/1 026/3	0.005	0.010	0.005	0.005	0.005	0.005	0.130	0.850	0.026	0.350	0.17	2.00	0.032	0.039	0.005	0.005	0.083	0.56	0.3
Y-2,5	026/2 026/4	0.005	0.010	0.005	0.005	0.005	0.005	0.006	0.020	0.006	0.040	0.01	0.05	0.230	1.03	0.012	0.04	0.025	0.029	0.3
Y-3,6	工作箱后区	0.005	0.017	0.006	0.005	0.006	0.005	0.005	0.005	0.005	0.005	0.005	0.005	0.005	0.005	0.005	0.005	0.005	0.005	0.3
Y-7	045 房间	0.007	0.070	0.006	0.020	0.006	0.020	0.008	0.020	0.034	0.090	0.005	0.005	0.062	0.111	0.036	0.05	0.005	0.005	0.3
Y-8	046 房间	0.007	0.050	0.008	0.025	0.008	0.025	0.007	0.020	0.028	0.090	0.03	0.05	0.023	0.036	0.021	0.03	0.005	0.005	0.3
Y-9	143/1	0.010	0.210	0.007	0.025	0.007	0.025	0.006	0.015	0.044	0.150	0.14	0.22	0.005	0.005	0.005	0.005	0.005	0.005	0.3
Y-10	143/2	0.006	0.025	0.007	0.025	0.007	0.025	0.007	0.030	0.017	0.050	0.04	0.06	0.020	0.087	0.005	0.005	0.018	0.020	0.3
Y-11	143/3	0.028	0.180	0.026	0.110	0.026	0.110	0.042	0.450	0.023	0.100	0.03	0.06	0.013	0.032	0.005	0.005	0.083	0.12	0.3
Y-12	固化物装运间	0.662	3.400	0.779	2.800	0.779	2.800	0.454	2.100	0.940	2.400	2.63	4.8	0.188	0.195			0.437	0.6	2.5
Y-14	223 房间	0.009	0.040	0.007	0.020	0.007	0.020	0.013	0.070	0.005	0.005									0.3
Y-15	检修间	0.056	0.750	0.086	0.200	0.086	0.200	0.100	0.150	0.048	0.090									0.3
Y-16	固化物暂存间	0.499	1.400	0.904	1.500	0.904	1.500	0.490	1.000	0.590	1.100									2.5

注:026/1 指工作箱进桶段;026/3 指工作箱封盖段;026/2 指工作箱装料段;026/4 指工作箱转运段;223 房间指二气汽净化系统设备间;045 房间指凝液收集排放间;046 房间指沥青固化厂房非工艺废水收集排放间。

表 6-4　试生产期间厂房内放射性气溶胶监测结果

测点	监测地点	监测结果	1994 年		1995 年		1996 年		1997 年		1998 年		1999 年		2000 年		2001 年	
			平均	最大	平均	最大	平均	最大	平均	最大	平均	最大	平均	最大	平均	最大	平均	最大
K-3	阀门操作大厅	C_α,10^{-5}Bq/L	3.7	13.1	3.7	13.1	3.6	7.5	7.51	61.1	4.74	4.74	2.02	2.02	2.35	2.35		
		C_β,10^{-2}Bq/L	0.016	0.041	0.016	0.041	0.027	0.051	0.048	0.331	0.029	0.013	0.031	0.031	0.021	0.034		
K-6	沥青固化控制间	C_α,10^{-5}Bq/L	3.3	13.7	3.3	13.7	3.13	8.7	2.83	4.91	1.51	1.51	2.08	2.08	1.51	1.51		
		C_β,10^{-2}Bq/L	0.014	0.02	0.014	0.02	0.016	0.038	0.037	0.192	0.02	0.02	0.022	0.022	0.012	0.014		

注:K 表示气溶胶监测点。

表 6-5　沥青固化厂房 2002 年辐射监测结果

γ 监测				放射性气溶胶监测						
监测点	监测次数	$P_\gamma/(\mu R/s)$		监测点	监测次数	$C_\alpha/(10^{-5}Bq/L)$		$C_\beta/(10^{-4}Bq/L)$		
		平均	最高			平均	最高	平均	最高	超标次数
Y-1,4	116	0.005	0.005	K-1						
Y-2,5	116	0.017	0.03	K-2						
Y-3,6	116	0.005	0.005	K-3	12	3.31	4.41	2.60	3.84	
Y-7	51	0.005	0.005	K-4						
Y-8	51	0.02	0.04	K-5						
Y-9	51	0.118	0.18	K-6	12	1.51	2.18	1.63	2.29	
Y-10	51	0.005	0.005	K-7						
Y-11	51	0.012	0.02	K-8						
Y-12	51	0.005	0.005							
Y-14	51	0.014	0.02							
Y-15	51	0.064	0.08							
Y-16	51	0.54	0.61							

注：Y 表示 γ 监测点；K 表示空气取样点。

表 6-6　沥青固化试生产期间个人剂量监测结果

年份	监测人数	集体剂量/（人·mSv）	年人均剂量/（人·mSv）	$H<5$ mSv		5 mSv$<H<$15 mSv		15 mSv$<H<$25 mSv		个人最大剂量当量/mSv
				人数	%	人数	%	人数	%	
1994	20	100.1	5.01	8	40	12	60			8.8
1995	19	100.0	5.26	11	57.9	8	42.1			11.0
1996	20	59.4	2.97	19	95	1	5			6.3
1997	22	199.7	9.07	6	27.5	12	54.5	4	18.2	21.7
1998										
1999										
2000										
2001	15	53	3.53	11	73	4	27			5.9
2002	21	70.3	3.4	19	90	2	10			6.5

表 6-7　沥青固化厂房 2003 年辐射监测结果

γ 监测				放射性气溶胶监测						
监测点	监测次数	$P_\gamma/(\mu R/s)$		监测点	监测次数	$C_\alpha/(10^{-5}\,Bq/L)$		$C_\beta/(10^{-4}\,Bq/L)$		
		平均	最高			平均	最高	平均	最高	超标次数
Y-1,4	74	0.005	0.005	K-1						
Y-2,5	74	0.016	0.05	K-2						
Y-3,6	74	0.005	0.005	K-3	12	2.15	2.15	2.94	2.94	
Y-7	37	0.005	0.005	K-4						
Y-8	37	0.051	0.24	K-5						
Y-9	37	0.085	0.30	K-6	12	1.51	1.51	1.43	3.30	
Y-10	37	0.005	0.005	K-7						
Y-11	37	0.02	0.03	K-8						
Y-12	37	0.005	0.005							
Y-14	37	0.005	0.005							
Y-15	37	0.005	0.005							
Y-16	37	0.005	0.005							

注：Y 表示 γ 监测点；K 表示空气取样点。

表 6-8　2004 年沥青固化厂房辐射监测结果

γ 监测				放射性气溶胶监测						
监测点	监测次数	$P_\gamma/(\mu R/s)$		监测点	监测次数	$C_\alpha/(10^{-5}\,Bq/L)$		$C_\beta/(10^{-4}\,Bq/L)$		
		平均	最高			平均	最高	平均	最高	超标次数
Y-1,4	126	0.76	9.5	K-1						
Y-2,5	126	0.016	0.04	K-2						
Y-3,6	126	0.005	0.005	K-3	11	3.85	6.23	2.69	3.94	
Y-7	63	0.007	0.011	K-4						
Y-8	63	0.112	0.25	K-5						
Y-9	63	0.393	0.72	K-6	12	3.52	5.78	1.96	2.50	
Y-10	63	0.056	0.21	K-7						
Y-11	63	0.023	0.08	K-8						
Y-12	63	0.019	0.45							
Y-14	63	0.012	0.03							
Y-15	63	0.056	0.50							
Y-16	63	0.500	4.50							

注：Y 表示 γ 监测点；K 表示空气取样点。

表 6-9 2005 年沥青固化厂房辐射监测结果

γ 监 测				放射性气溶胶监测						
监测点	监测次数	$P_\gamma/(\mu R/s)$		监测点	监测次数	$C_\alpha/(10^{-5}Bq/L)$		$C_\beta/(10^{-4}Bq/L)$		
		平均	最高			平均	最高	平均	最高	超标次数
Y-1,4	114	0.015	0.024	K-1						
Y-2,5	114	0.019	0.029	K-2						
Y-3,6	114	0.005	0.005	K-3	12	3.24	6.35	2.33	4.73	
Y-7	57	0.005	0.005	K-4						
Y-8	57	0.023	0.150	K-5						
Y-9	57	0.356	0.550	K-6	12	3.13	6.91	2.16	3.77	
Y-10	57	0.186	0.243	K-7						
Y-11	57	0.024	0.034	K-8						
Y-12	57	0.005	0.005							
Y-14	57	0.021	0.023							
Y-15	57	0.382	0.526							
Y-16	57	0.005	0.005							

注:Y 表示 γ 监测点;K 表示空气取样点。

表 6-10 2006 年沥青固化厂房辐射监测结果

γ 监 测				放射性气溶胶监测						
监测点	监测次数	$P_\gamma/(\mu R/s)$		监测点	监测次数	$C_\alpha/(10^{-5}Bq/L)$		$C_\beta/(10^{-4}Bq/L)$		
		平均	最高			平均	最高	平均	最高	超标次数
Y-1,4				K-1						
Y-2,5				K-2						
Y-3,6				K-3	12	2.95	5.40	2.66	4.44	
Y-7				K-4						
Y-8				K-5						
Y-9				K-6	12	2.43	4.00	2.51	5.29	
Y-10				K-7						
Y-11				K-8						
Y-12										
Y-14										
Y-15										
Y-16										

注:Y 表示 γ 监测点;K 表示空气取样点。

表 6-11　沥青固化厂 γ 外照剂量　单位:mSv

年份		2006	2005	2004
监测人数		78	77	78
集体剂量		188.30	37.0	112.4
平均剂量		2.414	0.48	1.44
$H\leqslant 5$	人数	71	77	77
	百分比	91%	100%	98.7%
$5<H\leqslant 15$	人数	7		1
	百分比	9%		1.3%
个人最高剂量		10.50	2.50	9.5

6.3　环境影响预评价

本节介绍对沥青固化工程进行的环境预评价，下一节(6.4)介绍沥青固化工艺热投料以来的环境影响(公众剂量评价)。

6.3.1　正常运行情况下的公众剂量

沥青固化厂房正常运行期间，产生的废物主要有：(1)放射性废气；(2)放射性废液；(3)放射性固体废物。其中放射性固体废物经过处理包装后，送场址内有关设施集中贮存。

沥青固化厂房每年产生废液约 3 100 m^3，经低放废水蒸发厂房及低放废液浓缩厂房集中处理至低于 37 Bq/L 后，通过专用管道排入附近的一条江里。因此沥青固化厂房每年向外环境排入的液载放射性核素总量最多为 1.15×10^8 Bq，此值远低于基地废液排放总量。按这条江的平均流量 427 m^3/s 估算，造成江水中放射性核素平均浓度为 1.25×10^{-2} Bq/L，远远低于这条江的环境监测本底值(1970—1973 年)8.14×10^{-2} Bq/L。由此可见，沥青固化厂房产生的放射性废液对环境造成的影响很小。下面主要叙述沥青固化厂房气载放射性核素排放所致公众剂量。

6.3.1.1　源项

向环境释放的气载放射性核素主要来源于刮板蒸发器不凝气，设备压空排气和设备呼吸排气。这些工艺排气经过滤净化后，用管道送至 100 m 高烟囱上口排入大气环境。根据工艺源项分析，向环境释放的气载放射性核素主要为 ^{137}Cs 和 ^{90}Sr。刮板蒸发器不凝气及设备呼吸排气为连续排放，设备压空排气为每天 4 h。放射性核素年排放总量计算如下：

$$Q_i = CVTf_i$$

式中，Q_i—i 种放射性核素年排放总量(Bq/a)；

C—放射性核素排放浓度(Bq/m^3)；

T—排放时间，d/a，年生产时间取 250 d；

V—排气量(m^3/d)；

f_i—i 种放射性核素所占百分比，由于气载放射性核素主要为夹带释放，故排放的气载放射性核素比例按固化进料废液中核素比例考虑。

各核素年排放总量计算结果见表 6-12。气载放射性核素年排放总量为 1.90×10^7 Bq。

表 6-12 气载放射性核素排放情况

污染源	排放浓度/(Bq/m^3)	排气量/(m^3/min)	排放时间	年排放量/(Bq/a)	
				^{137}Cs	^{90}Sr
刮板蒸发器不凝气	9.47×10^{-1}	4	连续	1.34×10^6	1.90×10^4
设备压空排气	1.85×10	12	4h/d	1.31×10^7	1.86×10^5
设备呼吸排气	1.0	12	连续	4.26×10^6	6.05×10^4

6.3.1.2 剂量评价

采用适当的剂量评价估算模式和参数对气载放射性核素排放所致公众剂量进行计算。

由于污染源位于山谷中，用普通高斯烟羽扩散公式显然是不合适的，因此采用深切山谷模式，即在烟羽出谷前应用箱式作浓度计算，认为污染物将只沿山谷方向迁移。忽略其沿两侧山脊的逸出，并假设山谷上方有一顶盖抑制烟羽的垂直扩散，顶盖的高度即为两侧山脊的平均高度。烟羽出谷后，当作处于谷口的垂直向面源，按后退虚源法处理。谷内、谷外的浓度计算，分别采用谷内、谷外两种不同的天气频率分布。

扩散参数计算采用 Briggs 扩散参数表达式。该表达式适于城市和山区的扩散参数计算。

计算结果表明，正常运行工况下，最大个人有效剂量当量出现于东面距场址 5 km 范围之内的当地镇。该处居民各年龄组成员所受的年有效剂量当量列于表 6-13。各核素和各照射途径对最大个人有效剂量当量贡献值列于表 6-14。半径 80 km 范围内各核素和各照射途径对居民所致集体有效剂量当量分别列于表 6-15 和表 6-16。

表 6-13 各年龄组成员所受的年有效剂量当量 单位：Sv

年龄组	幼儿	儿童	成人
年有效剂量当量	6.27×10^{-9}	3.89×10^{-9}	3.13×10^{-9}

表 6-14 各核素照射途径对年最大个人有效剂量当量贡献值 单位：Sv

核素	照射途径				总计	份额/%
	空气浸没	地表沉积	吸入	食入		
^{90}Sr	8.29×10^{-19}	太小可忽略	4.77×10^{-13}	9.92×10^{-11}	9.97×10^{-11}	1.6
^{137}Cs	8.29×10^{-14}	6.60×10^{-10}	6.56×10^{-12}	5.50×10^{-9}	6.17×10^{-9}	98.4
总计	8.29×10^{-14}	6.60×10^{-10}	7.04×10^{-12}	5.60×10^{-9}	6.27×10^{-9}	100
份额/%	0.0	10.5	0.1	89.4	100	

表 6-15　各核素对居民所致集体有效剂量当量　单位：人・Sv

核素	^{90}Sr	^{137}Cs	总计
集体剂量	9.46×10^{-6}	6.71×10^{-4}	6.8×10^{-4}
份额/%	1.3	98.7	100

表 6-16　各照射途径对居民所致年集体有效剂量当量

照射途径	空气浸没	地表沉积	吸入	食入	总计
集体剂量/(人・Sv)	3.09×10^{-9}	2.60×10^{-5}	4.57×10^{-7}	6.54×10^{-4}	6.80×10^{-4}
份额/%	0.0	3.8	0.0	96.2	100

沥青固化厂房在正常运行情况下对周围居民的照射，关键居民组的年最大个人有效剂量当量为 6.27×10^{-9} Sv，与 GB6249-86《核电厂环境辐射防护规定》中规定的正常运行工况下每座核电厂向环境释放的放射性物质对公众任何个人造成的有效剂量当量每年应小于 0.25 mSv 的值相比，是非常小的。80 km 以内居民年集体有效剂量当量为 6.80×10^{-4} 人・Sv。与该区域内天然本底值 5 400 人・Sv 相比，相差达 7 个数量级。因此，沥青固化厂房在正常运行时，对周围居民造成的个人最大有效剂量当量和集体有效剂量当量都是极低的。

6.3.1.3　非放射性物质的环境影响

该厂运行过程中使用的非放射性物质包括沥青、三氯乙烯、硝酸和氢氧化钠溶液。

(1)沥青

拟使用的沥青为 60# 道路石油沥青，所用沥青全部生成沥青固化物产品，不排入环境。另外，沥青燃烧或加热时可产生沥青烟气，如果沥青烟气进入环境，则会造成大气污染。但是按目前确定的工艺条件，只有极少量沥青烟气产生，原因如下：

—所用沥青闪点不低于 230 ℃、燃点约为 300 ℃(按 GB267 测定)，而在沥青固化厂内沥青温度最高仅为 130 ℃，加热蒸汽温度不超过 150 ℃，远远低于沥青的闪点及燃点。因此，不存在沥青燃烧的可能。

—在工艺条件和防火措施的保证下，沥青固化物燃烧的可能性极小。

—所用沥青是在炼油厂经 300 ℃氧化生产的直馏沥青，轻馏分已基本去除，从沥青进料至生成固化物产品不超过 2 min，因此挥发很少。沥青的贮存和转移均在密闭设备中进行，所处场所均采用强制机械通风，故不会对操作人员造成危害；另外，设备排气经二次高效过滤后再排入大气，净化因子为 10^3，因此，净化后的气体基本不会对环境造成影响。

(2)三氯乙烯

三氯乙烯在大修或特别需要时用于去除放射性设备中残留的沥青，正常生产时不使用，因此使用量很少。

废三氯乙烯蒸馏后经排风中心从 100 m 高烟囱排入大气。蒸馏后的残存物装入废物桶送固体废物库贮存。

由于三氯乙烯封闭在系统中，设计中还考虑了在沥青固化厂内采用强制机械通风，使沥青固化厂空气中三氯乙烯浓度低于 30 mg/m³，符合《工业企业设计卫生标准》(TJ36-79)的规定。而少量挥发的三氯乙烯经排风中心稀释后，采用100 m高烟囱排放，经大气扩散，在空气中的浓度是很低的。由于当时我国尚无三氯乙烯的排放标准和大气质量标准①，故未做定量评价。

(3)硝酸

在沥青固化生产过程中，低放废液调 pH 值使用少量硝酸，所用硝酸全部生成固化物产品，不排入环境。所使用硝酸浓度为10%，硝酸均在单独的房间及完全密闭的设备、管道中贮存及转移，且房间内有强制机械通风设施，故不会构成对生产人员的危害及环境的影响。

(4)氢氧化钠

氢氧化钠溶液作设备去污用。所用氢氧化钠溶液全部进入固化物产品，不排入环境，因此不会造成对环境的影响。

6.3.2 事故环境影响评价

6.3.2.1 事故源项

沥青固化厂房工艺过程中可能发生的事故主要为以下几项：

(1)沥青固化物燃烧事故；

(2)过滤器穿孔；

(3)放射性料液配制设备泄漏。

以上各项事故排放源项列于表6-17。从表中可看出，放射性核素释放量最大的事故为沥青固化物燃烧。

沥青固化物基本上是沥青与硝酸盐的混合物。沥青是一种可燃物，燃点在300 ℃以上。硝酸盐是一种氧化剂，加热时分解产生 NO_x，O_2 及 Na_2O，因此，硝酸盐又是助燃剂。

表6-17 事故排放源项

事故分类	排放量/Bq		排放时间/h
	^{90}Sr	^{137}Cs	
沥青固化物燃烧	2.5×10^{8}	1.75×10^{10}	0.33
过滤器穿孔	9.32×10^{4}	6.57×10^{6}	0.50[1)]
放射性料液配置设备泄漏	1.46×10^{3}	1.03×10^{5}	24

注：1)此时间为过滤器穿孔至操作人员通过压差探测器发现穿孔并关闭阀门的时间间隔。

引起沥青固化物燃烧的原因有：①放射性核素衰变及固化物分解放热引起自燃；②外部加热引起固化物分解放热而自燃；③外部火源引燃。在沥青固化生产工艺中，上述第①种情况仅在装桶生产线及暂存间有可能出现，但在暂存间固化物已经降温，衰变热不足以使固化物自燃。第②种情况仅在刮板蒸发器运行中存在。第③种情况由于沥青固化厂房无外部火源，故存在的可能性极小。

① 到目前为止，GB16297-1996《大气污染物综合排放标准》和GB3095-1996《环境空气质量标准》仍未规定三氯乙烯的排放限值和浓度限值。

在刮板蒸发器运行过程中，正常运行时供热温度严格控制在固化物分解温度(240 ℃)之下，不会引起固化物燃烧。一旦固化物温度超过允许限值，固化物已进入桶内，因此事故仅在装桶生产线的工作箱中有可能。

以 1 桶沥青固化物完全燃烧作为事故评价的设计基准事故，产生的气体经事故排风系统的高效过滤器后由 100 m 高烟囱排入大气。为保守计算，假设发生沥青固化物燃烧事故时，事故过滤器同时失效，即不考虑过滤作用，因此，以 1 桶沥青固化物所含放射性核素总量 1.8×10^{10} Bq 作为设计基准事故的释放量。

6.3.2.2 事故剂量估算

对事故排放量最大的设计基准事故进行了事故后果计算。事故工况下各照射途径对各年龄组所致有效剂量当量和各核素、各照射途径对最大个人所致有效剂量当量(5%概率水平)分别列于表 6-18 和表 6-19。事故工况下各核素及各照射途径对居民所致集体有效剂量当量列于表 6-20。

表 6-18　事故工况下各照射途径对各年龄组所致有效剂量当量　单位：Sv

年龄组	空气浸没	地表沉积	吸入	食入	总计
幼儿	3.16×10^{-9}	4.23×10^{-5}	1.14×10^{-7}	1.43×10^{-6}	4.38×10^{-5}
少年	3.16×10^{-9}	4.23×10^{-5}	1.71×10^{-7}	5.60×10^{-7}	4.30×10^{-5}
成人	3.16×10^{-9}	4.23×10^{-5}	1.31×10^{-7}	2.93×10^{-7}	4.27×10^{-5}

表 6-19　事故工况下各核素、各照射途径对最大个人有效剂量的贡献　单位：Sv

核素	空气浸没	地表沉积	吸入	食入	总计
^{90}Sr	忽略不计	忽略不计	7.70×10^{-9}	3.68×10^{-8}	4.45×10^{-9}
^{137}Cs	3.16×10^{-9}	4.23×10^{-5}	1.06×10^{-7}	1.39×10^{-6}	4.38×10^{-5}
总计	3.16×10^{-9}	4.23×10^{-5}	1.14×10^{-7}	1.43×10^{-6}	4.38×10^{-5}
份额/%	0.0	96.5	0.2	3.3	100

表 6-20　事故工况下 80 km 范围内集体有效剂量当量

范围/km	集体有效剂量当量/(人・Sv)
0～1	0.0
0～2	4.82×10^{-3}
0～3	1.66×10^{-2}
0～5	8.33×10^{-1}
0～10	8.33×10^{-1}
0～20	1.12
0～30	1.31
0～40	1.60
0～50	1.83
0～60	2.47
0～70	2.83
0～80	5.05

计算结果表明,沥青固化厂房在事故工况下,对周围居民所致最大个人剂量当量出现在偏西方位约 2 km,为 4.38×10^{-5} Sv,对周围 80 km 范围内居民所致的集体有效剂量当量为 5.50 人·Sv。可见沥青固化厂房在设计基准事故工况下对环境影响也是极小的。

6.4 沥青固化运行以来的环境影响

6.4.1 热投料和试生产期间

热试期间产生的二次蒸汽冷凝水 pH 值为 8~9,比活度为 370~1 121 Bq/L,送低放废水蒸发厂房进行处理,设备去污水和地面冲洗水也经过处理。外排废水均达到了 100%合格排放。

由于沥青固化工程产生的废水、沥青固化块实行的是封闭式管理,所以放射性废气是该工程唯一向环境直接排放的污染物。沥青固化工程投产以来由气体向环境排放的放射性物质见表 6-21。表 6-22 是沥青固化投产以来厂房外气溶胶监测结果。表 6-23 是沥青固化投产后环境监测结果。

表 6-21 沥青固化设施由气体排入环境的放射性量

年 份	放射性排放量/Bq
1993	4.7×10^{6}
1994	6.7×10^{6}
1995	4.1×10^{6}
1996	4.0×10^{6}
1997	4.8×10^{6}
1998	4.8×10^{6}
1999	4.8×10^{6}
2000	4.8×10^{6}
2001	4.8×10^{6}

放射性物质排入环境造成的环境影响,可以用实际排放量与核设施环境排放限值的比较和公众成员受到的年有效剂量当量与个人剂量限值的比较来衡量。在我国有关环境排放量的限值中,GB8703—88《辐射防护规定》①规定由气体或气溶胶的排放造成公众生活环境中的气载放射性核素浓度不应超过该核素相应的导出空气浓度(DAC)的 1/150,由场址总排放量引起的公众居民区核素浓度的升高与环境排放量的限值比较见表 6-24。

结果表明,场址居民区核素的污染指数很小很小,充分满足了在核设施比较集中的地区,其所有核设施的排放总量远远低于该地区的环境容量的一般原则。沥青固化排放的废气是全部废气的一小部分,因此对环境核素浓度的影响可以忽略不计。

① 已由 GB18871—2002《电离辐射与辐射源安全基本标准》代替,但不影响在此得出的结论。

表 6-22　试生产期间厂房外放射性气溶胶监测结果

监测结果	1994 年		1995 年		1996 年		1997 年		1998 年		1999 年		2000 年		2001 年	
	平均	最大	平均	最大	平均	最大	平均	最大	平均	最大	平均	最大	平均	最大	平均	最大
$C_\alpha/(10^{-5}Bq/L)$	2.5	11.6	2.35	2.5	2.35	11.6	2.80	5.4	2.01	2.01	1.91	1.91	1.51	1.51	1.25	1.25
$C_\beta/(10^{-2}Bq/L)$	0.017	0.031	0.017	0.017	0.017	0.031	0.026	0.060	0.055	0.055	0.031	0.031	0.011	0.038	0.002	0.004

表 6-23　沥青固化工程投产后环境监测结果

监测项目	单位	1993 年	1994 年	1995 年	1996 年	1997 年	1998 年	1999 年	2000 年	2001 年
气溶胶										
长寿命 β	10^{-5}Bq/L	0.24	0.14	0.14	0.25	0.26	0.34	0.36	0.29	0.34
^{90}Sr	10^{-8}Bq/L	1.2	0.22	0.12	0.22	0.38	0.34	0.18	0.34	0.22
^{137}Cs	10^{-8}Bq/L	7.3	3.96	5.62		10.4	9.12	10.1	6.5	5.7
沉降灰										
干样总 β	Bq/m^2·d	2.37	0.6	0.42	0.86	1.2	1.14	1.38	1.71	0.82
^{90}Sr	Bq/m^2·月	0.55	3.43	0.66	1.62	2.39	2.96	1.61	1.71	1.49
^{137}Cs	Bq/m^2·月	0.72	0.74	0.77	0.71	0.89	1.03	1.33	1.22	0.93
江水										
总 β	Bq/L	0.07	0.023	0.013	0.084	0.045	0.072	0.075	0.103	0.157
^{90}Sr	10^{-2}Bq/L	0.10	0.43	0.27	0.39	0.43	0.73	0.75	0.69	0.27
^{137}Cs	10^{-2}Bq/L		1.67	0.12	0.51	0.24	0.48	0.62	0.23	0.26
小麦^{90}Sr	10^{-1}Bq/kg	1.9	4.05	2.45	0.63	1.8	2.2	3.7	2.5	4.9
^{137}Cs	10^{-1}Bq/kg	1.85	2.5	0.27	0.95	0.51	5.5	1.5	5.4	1.2
叶菜^{90}Sr	10^{-1}Bq/kg	3.9	1.2	4.4	19.6	4.0	3.3	2.5	5.1	2.5
^{137}Cs	10^{-1}Bq/kg	0.3	0.5	0.93	0.82	2.2	2.9	1.7	9.4	4.7

表 6-24 居民区核素的污染指数

项目	1994 年		1997 年		2001 年	
	^{90}Sr	^{137}Cs	^{90}Sr	^{137}Cs	^{90}Sr	^{137}Cs
气溶胶实测浓度/(Bq/L)	2.2×10^{-9}	3.96×10^{-8}	3.8×10^{-9}	10.4×10^{-8}	2.2×10^{-9}	5.7×10^{-8}
排放限值(空气导出浓度的 1/150)/(Bq/L)	2.0×10^{-3}	1.3×10^{-2}	2.0×10^{-3}	1.3×10^{-2}	2.0×10^{-3}	1.3×10^{-2}
污染指数	1.1×10^{-6}	3.0×10^{-6}	1.9×10^{-6}	8.0×10^{-6}	1.1×10^{-6}	4.4×10^{-6}

采用适当的剂量估算模式与参数，结合源项、照射途径、80 km 范围内人口分布、关键居民组、居民年龄构成、饮食习惯、厂区地形、地貌、水文、气象、常规监测等基础资料，逐年进行了辐射剂量的估算，核基地和沥青固化工程剂量估算的结果见表 6-25。

表 6-25 核基地和沥青固化工程致使公众所受剂量

年份	核基地所有核设施引起的公众剂量		沥青固化工程对公众剂量的贡献	
	最大个人剂量当量/(10^{-4}Sv/a)	集体有效剂量当量/人·Sv	最大个人剂量当量/(10^{-9}Sv/a)	集体有效剂量当量/10^{-4}人·Sv
1992	1.13	2.34	1.55	1.68
1993	1.49	2.42	2.21	2.40
1994	1.94	2.00	1.35	1.47
1995	1.15	2.88	1.32	1.43
1996	1.01	2.61	1.58	1.72
1997	0.59	0.98	1.56	2.69
1998	0.53	0.88	1.56	2.97
1999	0.52	0.99	1.56	3.27
2000	0.55	0.94	1.56	3.60
2001	0.47	0.86	1.56	3.96
设计值			6.27	6.86

估算结果说明，核基地排放到环境中的总的气载和液态放射性物质对居民产生的辐射剂量也远低于国家的限制标准。沥青固化工程只有少量的放射性气体排放到环境中，仅为所有核设施中的极小一部分，对居民的剂量贡献很小。

6.4.2 正式生产期间

2002—2006 年(2002 年为试生产的最后一年，该年的剂量评价数据在本节列出)放射性监测的内容包括气溶胶、沉降灰、河水、地下监测井水、环境水、热释光、土壤、河泥、动植物等，监测项目为总 α，总 β 测量，^{90}Sr，^{137}Cs，^{239}Pu 的放化分析。2002—2006 年放射性监测未发现异常情况。

在 2002—2006 年对场址周围 80 km 范围内公众所致的剂量当量进行了估算。表 6-26 为不同核素通过气载途径所致的公众集体剂量当量，表 6-27 为不同核素通过水途径所致的公众集体剂量当量，表 6-28 为最大个人剂量当量。从估算结果可以看出，最大个人剂量当量为 4.97×10^{-5} Sv/a，出现在距场址 2 km 处居民点的幼儿组，该剂量值与国家标准规定的 1 mSv/a 的限值相比是很低的。

表 6-26　不同核素通过气载途径所致的公众集体剂量当量　　单位：人・Sv/a

年份	途径	^{137}Cs	^{90}Sr	^{239}Pu	合计
2002	吸入	1.02×10^{-5}	9.29×10^{-5}	4.19×10^{-2}	4.20×10^{-2}
	食入	3.69×10^{-2}	6.64×10^{-1}	1.20×10^{-2}	7.13×10^{-1}
	合计	1.36×10^{-1}	6.64×10^{-1}	5.38×10^{-2}	8.54×10^{-1}
2003	吸入	1.52×10^{-5}	1.39×10^{-4}	4.12×10^{-2}	4.13×10^{-2}
	食入	4.24×10^{-2}	6.57×10^{-1}	1.18×10^{-2}	7.11×10^{-1}
	合计	1.40×10^{-1}	6.57×10^{-1}	5.30×10^{-2}	8.50×10^{-1}
2004	吸入	3.96×10^{-5}	3.62×10^{-4}	4.51×10^{-2}	4.55×10^{-2}
	食入	7.05×10^{-2}	6.70×10^{-1}	1.28×10^{-2}	7.54×10^{-1}
	合计	1.68×10^{-1}	6.70×10^{-1}	5.79×10^{-2}	8.96×10^{-1}
2005	吸入	2.43×10^{-5}	2.22×10^{-4}	3.70×10^{-2}	3.73×10^{-2}
	食入	5.25×10^{-2}	6.51×10^{-1}	1.08×10^{-2}	7.15×10^{-1}
	合计	1.49×10^{-1}	6.51×10^{-1}	4.78×10^{-2}	8.48×10^{-1}
2006	吸入	1.45×10^{-5}	1.33×10^{-4}	3.72×10^{-2}	3.73×10^{-2}
	食入	4.10×10^{-2}	6.35×10^{-1}	1.08×10^{-2}	6.87×10^{-1}
	合计	1.36×10^{-1}	6.36×10^{-1}	4.80×10^{-2}	8.20×10^{-1}

表 6-27　不同核素通过水途径所致的公众集体剂量当量　　单位：人・Sv/a

年份	途径	^{137}Cs	^{90}Sr	^{239}Pu	合计
2002	饮入	4.20×10^{-6}	1.08×10^{-5}	0	1.50×10^{-5}
	食入	1.21×10^{-4}	3.87×10^{-3}	3.62×10^{-6}	3.99×10^{-3}
	合计	1.25×10^{-4}	3.88×10^{-3}	3.62×10^{-6}	4.01×10^{-3}
2003	饮入	9.31×10^{-6}	2.38×10^{-5}	0	3.31×10^{-5}
	食入	1.18×10^{-4}	3.74×10^{-3}	3.58×10^{-6}	3.86×10^{-3}
	合计	1.27×10^{-4}	3.76×10^{-3}	3.58×10^{-6}	3.89×10^{-3}
2004	饮入	8.29×10^{-7}	2.12×10^{-6}	0	2.95×10^{-6}
	食入	1.14×10^{-4}	3.62×10^{-3}	3.55×10^{-6}	3.73×10^{-3}
	合计	1.15×10^{-4}	3.62×10^{-3}	3.55×10^{-6}	3.73×10^{-3}

续表

年份	途径	^{137}Cs	^{90}Sr	^{239}Pu	合计
2005	饮入	5.04×10^{-7}	1.29×10^{-6}	0	1.79×10^{-6}
	食入	1.10×10^{-4}	3.49×10^{-3}	3.51×10^{-6}	3.61×10^{-3}
	合计	1.11×10^{-4}	3.49×10^{-3}	3.51×10^{-6}	3.61×10^{-3}
2006	饮入	1.27×10^{-4}	3.25×10^{-4}	0	4.52×10^{-4}
	食入	1.09×10^{-4}	3.44×10^{-3}	3.48×10^{-6}	3.55×10^{-3}
	合计	2.37×10^{-4}	3.76×10^{-3}	3.48×10^{-6}	4.00×10^{-3}

表 6-28 最大个人剂量当量 单位:Sv/a

年份	途径	组别	剂量当量	与场址中心的距离/km
2002	气	幼儿	4.71×10^{-5}	2
	水	幼儿	1.49×10^{-6}	3
2003	气	幼儿	4.66×10^{-5}	2
	水	幼儿	1.44×10^{-6}	3
2004	气	幼儿	4.97×10^{-5}	2
	水	幼儿	1.39×10^{-6}	3
2005	气	幼儿	4.58×10^{-5}	2
	水	幼儿	1.34×10^{-6}	3
2006	气	幼儿	4.32×10^{-5}	2
	水	幼儿	1.30×10^{-6}	3

第7章 沥青固化工程的实施

沥青固化厂房1981年1月开始建造，于1983年基本建成，1984年5月至1989年1月进行了前期工艺试验，1991年至1992年进行了全面整治，整治完成后成功进行了冷试，于1992年开始热投料试车，热投料试车成功后于1994年转入试生产，2003年转入正式生产，直至2006年3月20日发生装桶工作箱燃爆事故而停产，运行期间处理了大量低放浓缩废液。

7.1 沥青固化工程工艺试验

7.1.1 前期试验

按照设计文件的要求，沥青固化设施属试验性生产厂房，在热投料生产前，必须对系统进行全面的联动试车，考验各种设备、仪器、仪表性能，取得生产工艺运行参数。从1984年5月至1989年1月，经过下列四个试验阶段，取得了突破性进展，达到了工业运行条件。

7.1.1.1 水酸联动试验

1984年5月至1984年8月进行水酸联动试验。为了正确地开展水酸联动试验，试车前编制了水联动、酸联动、冷试车、装桶运输线等试车方案。通过试验对设备、管道、阀门进行了68项小修改。这一时期由于沥青没有投入系统，中压蒸汽没有进入厂房，水酸联动试验较为顺利。

7.1.1.2 1984年11月—1986年3月的试验

1984年11月—1986年3月的试验都是参照大连二一三所中间规模台架试验的工艺条件进行的。

第一阶段(1984年11月22日—1985年1月11日)共做六次试验，发现运行的关键设备——刮板蒸发器——生产能力达不到设计数值，下料系统堵塞，刮板碰壁严重，不能实现连续运行，最长的一次运行时间为6 h。辅助系统也存在不少问题，如装桶运输线程序控制不能正常工作，电磁流量计无法实现计量，工业电视不显示、易坏等。为此，基地和设计院双方研究确定了十六项修改，其中主要有三项。刮板碰壁严重是刮板与壁间隙小造成的，故把刮板刨去3 mm，使间隙由原设计1.5 mm增大到3 mm，但碰壁问题没有得到解决，后又在刮板上增加铝片把间隙恢复到1.5 mm；刮板蒸发器下料管旁的反吹管从防护套筒的孔中引出，设计留有5 mm间隙，经核算伸缩长度达10 mm，引起刮板蒸发器倾斜导致碰壁严重，为此把间隙扩大到30 mm；把下料齿轮间隙扩大，但防止齿轮泵卡死效果不大。本阶段试验结果见表 7-1。

第二阶段(1985 年 4 月 24 日—8 月 16 日)试验在第一阶段试验整改后进行。在低含盐量条件下进行了十四次试验,结果证明低含盐量条件下也不能长时间运转,主要问题是下料系统堵塞,刮板蒸发器结疤严重,尾气系统不通畅。对此又做了二十四项修改,主要是:取消了下料齿轮泵,增加一个中间槽,解决了出料系统堵塞问题;取消了低位的水封槽和泡罩塔,增设了高位的捕集器,解决了尾气系统不通问题;将原设计装桶运输线的程序控制改为就地手动操作,增加了装桶运输线的可靠性;把电磁流量计改为玻璃转子流量计,可以满足试验计量要求;把石墨轴承改为青铜轴承加润滑油润滑。第二阶段试验结果见表 7-2。

第三阶段(1985 年 11 月 23 日—1986 年 3 月 5 日)共做十七次试验,试验过程中蒸发器内壁中段结疤严重,致使刮板芯子中段的一根叶片被撞弯曲,刮板芯子报废。后改用甲线的刮板芯子进行试验,但也没有实现连续运行。矛盾主要集中在刮板蒸发器结疤严重,每次投料后半个小时左右就出现刮疤现象,引起电流升高,很快出现卡死,自动停车。第三阶段试验结果见表 7-3。

第四阶段(1986 年 3 月 6 日—4 月 12 日)在原有设备及加热方式不变条件下,主要从以下四个方面改变工艺条件进行试验。

(1)加大刮板电机功率

1986 年 3 月 5 日刮板电机由原来的 7.5 kW 电机更换为 10 kW 电机。做了五次试验,运行时间最长的一次是 5 h,每次开始投料后,刮板电机电流持续上升,导致刮板卡死,自动停车,更换电机无明显效果。

(2)降低上、中段加热温度

经过多次观察刮板结疤情况,发现结疤都发生在上段下部与中段上部,分析原因可能是由于上、中段加热温度太高,蒸发速度太快造成的。为此把上、中段加热温度降低进行了五次试验。试验结果证明,降低上、中段加热温度并没有减缓结疤,只是结疤位置由中段上部移至中段下部,仍然不能实现连续运行。试验结果见表 7-4。

(3)降低刮板转速

根据观察,形成的结疤几乎全是盐分,当时分析认为可能是由于盐与沥青的密度相差较大,在刮板搅拌离心力的作用下,发生了分离,设想以降低刮板转速来减缓结疤,试验选择了 250 r/min,150 r/min 和 75 r/min,结果证明均无效果。

(4)模拟料液直接制取干盐分的试验

试验证明,刮板可以制得干燥、洁白、粒度很小的盐分。可是由于当时刮板蒸发器的尾段是盘形小口出料,适于沥青固化物的流出,而盐分易于堵塞,下料不通,几个小时后,积料上升到刮板搅拌空间,造成电流上升,自动停车。由于制得干盐分后还需要进一步制成沥青固化物,没有再深入进行工作。

表 7-1　1984 年 11 月—1986 年 3 月试验的结果

序号	试验起止时间	运行时间/h	料液			沥青流量/(kg/h)	各段温度/℃			固化物含盐/%	停车原因
			流量(L/h)	含盐(g/L)	pH		上	中	下		
1	1984 年 11 月 4 日 21:45—11 月 5 日 8:30	10	123	400	9～11	90	120	140	150	35.3	下料不通畅 刮板碰壁
2	1984 年 11 月 22 日 13:30—18:30	5	125	400	9～11	60	120	180	210	45	下料齿轮泵卡死
3	1984 年 11 月 29 日 19:50—11 月 30 日 2:00	6	158	400	9～11	90	120	146	210	40	下料齿轮泵卡死
4	1984 年 12 月 21 日 8:30—11:45	3	130	400	9～11	90	145	170	200	36	刮板振动大,下料不通
5	1984 年 12 月 21 日 14:30—18:30	4	130	400	9～11	90		160	180	36	下料泵卡死
6	1985 年 1 月 11 日 13:10—15:40	2.5	50～60	400	9～11	72	150	155	190	20	石墨轴承磨损严重,刮板振动

表 7-2　1985 年 4 月—1985 年 8 月试验结果

序号	试验起止时间	运行时间/h	料液			沥青流量/(kg/h)	各段温度/℃			固化物含盐/%	停车原因
			流量(L/h)	含盐(g/L)	pH		上	中	下		
1	1985 年 4 月 24 日 21:45—4 月 25 日 0:30	6.5	50～60	400	9～11	78	120～130	160～170	180	24	尾气系统堵塞
2	1985 年 6 月 27 日 12:55—14:05	1.5	75	400	9～11	100	180	190	200	23	下料泵卡死不下料
3	1985 年 7 月 12 日 17:20—7 月 13 日 17:15	24	90	221.8	9～11	8.78	80	140～160	190～210	20	下料泵不下料
4	1985 年 7 月 31 日 16:45—8 月 1 日 14:30	22	90	144	12	80	120～125	165		15	尾气系统堵塞
5	1985 年 8 月 16 日 12:45—8 月 19 日 11:00	70	80～90	298	9.24	80	120～130	120～130	200～210	25	多次刮疤,电流不稳

表 7-3 1985 年 11 月—1986 年 3 月的试验结果

序号	试验起止时间	运行时间/h	料液			沥青流量/(kg/h)	各段温度/℃			固化物含盐/%	停车原因
			流量/(L/h)	含盐/(g/L)	pH		上	中	下		
1	1985 年 11 月 23 日 16:10—11 月 26 日 13:00	69	100～170	27	9～11	80	120～130	150～170	160～180	5	上料不稳，固化冒桶
2	1985 年 1 月 30 日 9:22—10:30	1	100	210	10.28	80	160	180	210	20	结疤卡死
3	1986 年 1 月 17 日 16:15—17:45	1.5	70	220	9～11	90	100	165	160	14.6	结疤卡死
4	1986 年 1 月 28 日	4	220	210	9～11	67.5	120	140	200	40.6	结疤卡死
5	1986 年 1 月 25 日	0.67	72.5	280	9～11	70	120	150	170	47.4	结疤卡死
6	1986 年 3 月 1 日	1.83	120	377	9～11	110～145	140	120～163	155～180	43	结疤卡死

表 7-4 降低上、中段温度试验结果

序号	试验起止时间	运行时间/h	料液			沥青流量/(kg/h)	各段温度/℃			固化物含盐/%	停车原因
			流量/(L/h)	含盐/(g/L)	pH		上	中	下		
1	1986 年 3 月 6 日	2.8	100	377	9～11	52	110	140	170	42	卡死停车
2	1986 年 3 月 6 日	5	100	377	9～11	52	110	130～150	160～180	42	结疤卡死
3	1986 年 3 月 7 日	1.2	150	354	9～11	76.5	123	160	200	41	结疤卡死
4	1986 年 3 月 10 日	0.6	100	354	9～11	108	140	160	200	24.7	结疤卡死
5	1986 年 3 月 10 日	0.7	100	354	9～11	108	140	100	200	24.7	结疤卡死

7.1.1.3　1988 年 1 月—1988 年 6 月的试验

为了解决刮板蒸发器内壁严重结疤问题，1986 年试验结束后，制定了三条改进措施：

①重新设计、加工八叶片的刮板芯子，增加主轴强度，以加强对混合物的搅拌强度和机械刮疤能力。

②在刮板主轴与驱动电机间增加一台 2：1 的正齿轮减速机以增大输出扭矩，增强刮疤能力。

③选择合适的沥青和添加剂，以防止结疤或者使生成的结疤变得疏松，有利于刮板将结疤刮下，实现刮板连续运行。

1987 年把筛选沥青和添加剂的科研项目委托北京石油化工科学研究院进行。经过该院的努力，选择了对防止刮板蒸发器结疤有明显作用的石油磺酸钠作为添加剂，并且在小型试验装置上通过了 100 h 的连续运行试验。同时推荐济南 60# 沥青优于以前使用的茂名 60# 沥青。1987 年 12 月，三项改进措施全部落实，1988 年 1 月 8 日开始进行试验，由于济南沥青未到货，所以全部试验仍然采用茂名 60# 沥青。这阶段共投料运行十二次，有三次连续运行时间超过了 100 h，虽未达到工业生产起码要求连续运行 200 h 以上目标，但试验取得了明显的进展。加入添加剂后使结疤有所缓和，新刮板的混合和刮疤能力增强；观察到加入添加剂后制成的固化物中，沥青与盐分混合均匀，在固化桶内没有出现盐分自然沉降现象。

加入石油磺酸钠，结疤问题仍没有完全解决，未能达到工业生产要求的连续运行 200 h 以上的目标。同时，当使用的添加剂分解温度低时。固化物发生冒桶事故。特别是 1988 年 5 月份试验生产的 160 多桶固化物，其中四分之一冒出桶外，其他也有不同程度的体积膨胀现象。

这期间的试验按内容可分为加剂试验、不加剂试验和脱水试验。加剂试验使用旧的四叶片刮板与新的八叶片刮板在加剂条件下进行试验，目的是验证添加剂的使用效果，考核刮板蒸发器连续运行 200 h 以上的条件和最佳工艺参数。不加剂试验使用旧刮板和新刮板在不加剂条件下进行试验，目的是考察加热条件对结疤的影响，考察新刮板对结疤的影响。脱水试验考察刮板蒸发器不同加热条件下的脱水能力。试验结果见表 7-5，各项试验的主要工艺运行参数见表 7-6，固化物分析结果见表 7-7。

表 7-5　1988 年上半年沥青固化试验结果

试验编号	试验内容	试验条件			试验起止时间	净运行时间/h	自停次数	最长连续运行时间/h	停止试验原因
		沥青条件	刮板条件	加热条件					
1	加剂试验	茂名 60#	旧	三段中压	1 月 8 日 16:00 — 13 日 21:00	109.5	19	24	结疤卡死
2	加剂试验	茂名 60#	旧	三段中压	1 月 21 日 16:00—23 日 0:45	32	6	32	结疤卡死
3	加剂试验	茂名 60#	新	中段低压	4 月 15 日 14:00—21 日 13:20	137	7	64	主动停车
4	加剂试验	茂名 60#	新	中段低压	5 月 19 日 19:00—28 日 1:50	121	15	42	结疤卡死
5	加剂试验	茂名 60#	新	中段低压	5 月 30 日 20:00—6 月 4 日 6:00	56	5	16.5	结疤卡死
6	不加剂试验	茂名 60#	旧	上中段低压	3 月 16 日 2:00—2:47	0.78	1	0.78	结疤卡死

续表

试验编号	试验内容	试验条件			试验起止时间	净运行时间/h	自停次数	最长连续运行时间/h	停止试验原因
		沥青条件	刮板条件	加热条件					
7	不加剂试验	茂名60#	旧	上中段低压	3月18日9:37—10:25	0.8	1	0.8	结疤卡死
8	不加剂试验	茂名60#	新	中段低压	6月4日15:00—18:37	3.5	1	3.5	结疤卡死
9	脱水试验	茂名60#	旧	上中段低压	3月14日17:00—15日6:45	11	0	11	主动停车
10	脱水试验	茂名60#	旧	上中段低压	3月16日15:10—17日21:00	30	0	30	主动停车
11	脱水试验	茂名60#	旧	中段低压	3月18日17:00—20日9:30	40	8		结疤卡死
12	脱水试验	茂名60#	旧	中段低压	1月29日16:00—30日4:00	12			主动停车

注：表中净运行时间指模拟料液进料运行时间，累积计算；最长连续运行时间指没有任何中断的连续进料运行时间；自停指刮板蒸发器叶片因结疤卡住引起的自动保护停车，一般均可再度启动；卡死是指自停后无法再度启动造成试验中止。

(1)试验过程描述

①加剂试验

加入添加剂，结疤状况得到很大改善，刮板蒸发器连续运行由不加剂的1 h左右延长到几十至100多小时，效果是明显的。加剂后沥青固化物的包容能力，包容性能和刮板蒸发器的脱水能力都得到优化。

新刮板芯子的效果表现在两个方面，一是搅拌混合强度增大，固化物盐分、水分的均匀度明显变好；二是对结疤有减缓作用，刮壁周期变长，也比较容易被刮下，因此运行中刮板自停次数有所减少。例如编号1,2的旧刮板芯加剂试验，平均运行5.5 h自停1次，而编号3～5的新刮板芯加剂试验，平均13 h才自停1次，因此新刮板芯比旧刮板芯使用效果好。

试验中观察到，相同条件下，固化物包容量大，盐分结疤快，刮壁频繁，自停次数多，连续运行时间短。例如编号2的包容量为40%～42%，只运行了32 h，自停6次；编号4第2段落的包容量为45%～50%，运行26 h中自停达9次，其中8次自停发生在盐分最高的10 h内。反之，编号4第3段落降低包容量到36%～38%之后运行了47 h只自停5次；编号5运行137 h只自停7次，包容量一直是38%～39%。这些现象说明，选取合理的包容量对于连续稳定运行是很重要的。

加剂和采用新刮板芯制得的沥青固化物，冷却后没有明显的分层和析出现象，即使加热静置48 h，也还有50%左右的盐分悬浮在沥青中；而不加剂产品冷却后盐分析出并沉积在桶底，加热静置12 h盐分基本全部沉积下来；这说明加剂后盐分粒度和分布情况得到优化。加热产品的差热起始放热温度约在280 ℃以上，固化物累积放热量在500～600 cal/ g，低于不加剂产品。加剂产品的软化点一般在55～60 ℃，浸出率(对Na^+)在$(1.5\sim5.0)\times10^{-4}$ $g/d\cdot cm^2$。就试验情况来看，加剂后固化物产品的包容性能(包容量、盐分粒度和均匀度)和热稳定性(差热，恒温，热重，放热量，闪点及燃点)均可达到设计指标，贮存性能(浸出率、软化点、含水率、针入度、膨胀度、耐辐照能力)与设计略有差异。

表 7-6　1988 年上半年沥青固化试验主要工艺参数一览表[1)]

试验编号	试验内容	段落号	试验起止时间	沥青		模拟料液			刮板蒸发器									负压/mmH$_2$O	备注
				流量/(kg/h)	添加剂量/%	浓度/(g/L)	pH 值	流量/(L/h)	转速/(r/min)	上段压力/MPa	上段壁温/℃	中段压力/MPa	中段壁温/℃	下段压力/MPa	下段壁温/℃	尾段压力/MPa	尾段壁温/℃		
1	加剂试验	①	1 月 8 日 16:00—10 日 13:00	91	2	300	10.12	120～130	375	2.0～2.5	120	2.0～2.5	120～130	2.0～2.5	190～210	0.4～0.6	130～140	50	试验 1 是连续运行的，因料液含盐量不同分为三个段落
		②	10 日 13:00—12 日 4:30	86.5	2	222	11	174～178	375	2.0～2.5	115～120	2.0～2.5	130～140	2.0～2.5	178～180	0.4～0.6	140～150	50	
		③	12 日 4:30—13 日 21:30	86.5	2	370	10	165～175	375	2.0～2.5	130	2.0～2.5	130～140	2.0～2.5	190～205	0.4～0.6	150～160	50	
2	加剂试验		1 月 21 日 16:00—23 日 0:45	86.5	2	370	10	155～163	380～390	2.2～2.4	125～130	2.2～2.4	130～140	2.0～2.4	180～200	0.4～0.6	140～150	30～50	
3	加剂试验		4 月 15 日 14:00—21 日 13:20	88	2.17	410	9.98	130～140	400	1.8～2.2	120～130	0.2～0.4	115～125	1.7～2.2	200～240	0.2～0.4	140～170	50～100	
4	加剂试验	①	5 月 19 日 19:00—24 日 13:00	约 90	2	408	10.12	150～160	400	2.2～2.5	120～130	0.4～0.5	130～140	2.0～2.5	180～210	0.4～0.5	160～170	50～100	试验 4 是连续进行的，因沥青流量不同分为三个段落
		②	24 日 13:00—25 日 22:00	约 90	2	408	10.12	165～170	400	2.2～2.5	120～130	0.4～0.5	130～140	2.0～2.5	180～210	0.4～0.5	160～170	50～100	
		③	25 日 22:00—28 日 1:50	110	2	408	10.12	150～155	400	2.2～2.5	120～130	0.4～0.5	130～140	2.0～2.5	180～210	0.4～0.5	160～170	50～100	

续表

试验编号	试验内容	段落号	试验起止时间	沥青		模拟料液				刮板蒸发器									备注
				流量/(kg/h)	添加剂量/%	浓度/(g/L)	pH值	流量/(L/h)	转速/(r/min)	上段压力/MPa	上段壁温/℃	中段压力/MPa	中段壁温/℃	下段压力/MPa	下段壁温/℃	尾段压力/MPa	尾段壁温/℃	负压/mmH_2O	
5	加剂试验		5月30日20:00—6月4日6:00	110	2	408	10.4	156～161	400	2.2～2.5	120～130	0.42	130～140	2.2～2.5	190～210	0.42	160～170	50～100	
6	不加剂试验		3月16日2:00—2:47	86.5	0	370	10	108	400						130～150				
7	不加剂试验		3月16日9:37—10:25	86.5	0	370	10	100	400						120～150				
8	不加剂试验		6月4日15:00—18:37	110	0	408	10.12	152	400										
9	脱水试验		3月14日17:00—15日6:45	86.5	2	370	10	80～100	400						160～180				
10	脱水试验		3月16日15:10—17日21:00	86.5	2	370	10	80～90	400						150～180				
11	脱水试验		3月18日17:00—20日9:30	86.5	2	370	10	150～160	400						180～190				
12	脱水试验		1月29日16:00—30日4:00	86.5	2	370	10	160～170	400						170～190				

注:1)表中工艺操作参数范围是选取该次试验中具有代表性的数据。添加剂量是指占沥青的质量分数。

表 7-7 1988 年上半年沥青固化试验主要分析结果

试验编号	试验内容	段落号	试验起止时间	分析数据						备注
				包容量%	含水率%	软化点℃	起始放热温度/℃	累积放热量/(cal/g)	浸出率/($g/cm^2 \cdot d$)	
1	加剂试验	①	1 月 8 日 16:00—10 日 13:00	27～28		63				试验 1 是连续运行的，因料液含盐量不同分为三个段落
		②	10 日 13:00—12 日 4:30	32～33	<1	59	300	577	1.8×10^{-4}	
		③	12 日 4:30—13 日 21:30	35～41	<1		304		1.6×10^{-4}	
2	加剂试验		1 月 21 日 16:00—23 日 0:45	40～42	<1	58	319	486	5×10^{-4}	
3	加剂试验		4 月 15 日 14:00—21 日 13:20	38～39			306	590	1.5×10^{-4}	
4	加剂试验	①	5 月 19 日 19:00—24 日 13:00	41～43	<1	56	285			试验 4 是连续进行的，因沥青流量不同分为三个段落
		②	24 日 13:00—25 日 22:00	45～50	<1	59～61	280			
		③	25 日 22:00—28 日 1:50	36～38	<1	55～58	290			
5	加剂试验		5 月 30 日 20:00—6 月 4 日 6:00	37～40	<1	55	282			
6	不加剂试验		3 月 16 日 2:00—2:47	33						
7	不加剂试验		3 月 16 日 9:37—10:25	31						
8	不加剂试验		6 月 4 日 15:00—18:37	36～40		58.5				
9	脱水试验		3 月 14 日 17:00—15 日 6:45	27～30	<1	56	302			
10	脱水试验		3 月 16 日 15:10—17 日 21:00	20～30	<1	57	291			
11	脱水试验		3 月 18 日 17:00—20 日 9:30	34～44		57～61	305			
12	脱水试验		1 月 29 日 16:00—30 日 4:00	41～42						

注：1. 表中浸出率，累积放热量和部分起始放热温度数据是由北京石油化工科学研究院分析提供的。

②不加剂试验

用旧刮板芯进行试验,上、中段改为低压蒸汽加热,对结疤没有明显缓和作用;原因是由于脱水能力小限制了料液流量,盐分仍然在中段析出、结疤,与不改蒸汽而流量较大的情况基本类似,因而两次运行不到 1 h 就卡死。

新刮板芯由于其搅拌能力和刮疤能力增强,运行时间由 1 h 左右延长到 3.5 h,证明了光靠强行刮疤维持连续运行是不可能的。

③脱水试验

上、中段改为低压蒸汽(约 0.4 MPa)加热,脱水能力大幅度下降,一般只能达到 80~100 L/h 的最大脱水能力,不能满足试验和生产的要求。而且运行中下段温度偏低,容易造成脱水不尽发生冒桶。

仅改中段为低压蒸汽加热,脱水能力能够达到 170 L/h,而且下段壁温可以保证产品含水率合格。

(2)存在的问题及分析

①工艺技术问题

结疤仍然是最大的工艺技术问题。上半年的 5 次加剂试验有 3 次达到连续运行 100 h 以上,但没有实现连续运行 200 h 的预定目标,主要是由于结疤造成的。这说明尽管采取了添加剂,使用新刮板芯子以及中段改为低压加热这三条措施,也只是在一定程度上缓和了结疤,作为一个关键的工艺技术问题尚未得到满意的解决,还需要在两个方面作出努力:(1)完善试验条件,采用性能较好的济南沥青进行实验;(2)把添加剂的研究工作进一步深入开展下去,争取找到更有效的消除结疤的添加剂或方法。

5 月份的试验(编号 4~5)发生了装桶封盖后数小时内固化物体积膨胀,大量冒出桶外的现象,这是以往从未发生过的。经检验两次试验生产的 160 多桶固化物都有程度不同的体积膨胀。初步分析认为,这种冒桶现象不是含水过高引起的,而是 5 月份购进的这批添加剂热分解温度低,装桶后汽化造成的。

②试验条件问题

(a)沥青系统长期加热后产生焦痂和硬块,经常堵塞进料口造成试验中断,原设计没有清洗措施。

(b)试验中沥青由于流量计不过关而无法调节和计量,致使工艺参数无法及时监视和调整。

(c)沥青和料液供料泵都是长期单台运行,没有备用,一旦发生故障,试验就得中断。

(d)数控吊车监视系统无法使用,给操作造成困难,一旦发生事故,试验就要被迫中断。

7.1.1.4 1988 年 12 月—1989 年 1 月的试验

针对 1988 年上半年试验存在的两个主要问题,采取了相应措施。核化工厂和北京石油化工科学研究院进行复合添加剂的筛选试验,提出了在济南沥青中加入适量石油磺酸钠,向料液加入硼酸作为稀松剂的方案,并且在小型装置上通过了 200 h 连续运行试验。核化工厂为解决冒桶问题,采用了分解温度较高的石油磺酸钠。

在这一阶段进行了五次试验,采用八叶片刮板,在济南沥青中加适量乳化剂,料液中加入适量疏松剂,在沥青固化工程乙线上成功进行了两次连续运行超过 200 h 的模拟料液试验，工程试验取得了突破性进展。

(1)试验过程和结果

试验使用的济南 60# 沥青的质量指标如表 7-8 所示。模拟料液是用 90%(质量分数)的硝酸钠和 10%的碳酸钠加水溶解，配制成一定含盐量的溶液，加入适量硼酸作为疏松剂，用氢氧化钠调节料液的 pH 值到 11～12。

表 7-8　济南 60# 沥青质量指标

软化点/ ℃	针入度/(1/10mm)	延度/cm(25 ℃下)	密度/(g/mL)	组成/%			
				饱和烃	芳香烃	胶质	沥青质
51	64	76	1.002	11.1	31.6	53.5	3.8

原设计工艺条件与 1988 年 12 月—1989 年 1 月工艺条件见表 7-9。试验结果如表 7-10 所示。

第一次试验，试验前刮板未经三氯乙烯彻底清洗，料液含盐 350 g/L，pH 值为 10.25，在沥青泵行程不变的情况下，沥青量有时变小，瞬时固化含盐量有时达 50%左右，上、下段温度控制过高，使运转 2.5 h 后发生刮壁现象，共有 45 次刮壁，运行 74 h 后产生自停 2 次，最后一次自停卡死，共运转了 78 h。

第二次试验是在前一次试验沥青流量明显降低的情况下，调大沥青泵行程到 80%，运行 1 h 后，产生刮壁现象，这次试验共刮壁 2 次自停 1 次，最后卡死，共运行 13 h。吊出刮板发现刮板上的盐疤松散，也没有盐和沥青的明显界限，蒸发器内壁由上到下都有盐疤，但盐疤较为松散。

表 7-9　原设计工艺条件与本次试验工艺条件

序号	项目	主要工艺参数		
		原设计	前三次试验	第四、五次试验
1	料液含盐量	335 g/L	350～387 g/L	359～396 g/L
2	料液 pH	9～11	10.17～10.84	10.84～12.2
3	硼酸加入量	0	适量	适量
4	料液处理量	约 250 L/h	154～169 L/h	140～167 L/h
5	料液预热	0.1～0.38 MPa 蒸汽	30～75 ℃	30～80 ℃
6	加入添加剂量	0	适量	适量
7	沥青流量	100 L/h	80～91 kg/h	80～100 kg/L
8	沥青预热温度	170 ℃	130～135 ℃	130～135 ℃
9	上段加热蒸汽压力	(2.3±0.1)MPa	1.9～2.8 MPa	1.5～2.0 MPa
10	上段壁温	(220±5)℃	120～150 ℃	110～120 ℃
11	中段加热蒸汽压力	(2.3±0.1)MPa	0.3～0.4 MPa	0.3～0.4 MPa
12	中段壁温	(220±5)℃	120～160 ℃	115～130 ℃

续表

序号	项目	主要工艺参数		
		原设计	前三次试验	第四、五次试验
13	下段加热蒸汽压力	(2.3±0.1)MPa	1.5～2.8 MPa	1.0～1.8 MPa
14	下段壁温	(220±5)℃	165～200 ℃	155～180 ℃
15	尾段加热蒸汽压力	0.10～0.38 MPa	0.3～0.4 MPa	0.3～0.4 MPa
16	尾段壁温	160～170 ℃	120～160 ℃	110～130 ℃
17	刮板转速	430 r/min	390～408 r/min	400 r/min
18	二次蒸汽压力	−50 mmH_2O	−40～−100 mmH_2O	−50～−100 mmH_2O

表 7-10 1988 年 12 月—1989 年 1 月试验的结果

序号	试验起止时间	投料运行时间/h	料液pH	处理料液量/m^3	消耗沥青量/t	固化物含盐/%	自停次数	最后停车原因	备注
1	1988 年 12 月 27 日 15:20—30 日 21:29	78	10.25	14.4	7.2	38.9	2	结疤卡死	
2	1988 年 12 月 31 日 10:30—31 日 23:15	13	10.17	2.04	1.18	39.05	1	结疤卡死	
3	1989 年 1 月 3 日 15:45—3 日 21:00	5.5	10.84	0.78	0.455		0	结疤卡死	
4	1989 年 1 月 7 日 16:25—16 日 7:30	207	10.84～12.2	31.7	18.69	38.97	6	按计划停车	
5	1989 年 1 月 18 日 11:00—1 月 27 日 11:00	208.5	10.10～11.95	30.96	17.93	39.02	1	按计划停车	因蒸汽压力太低导致管道堵塞,停料后重新进料

第三次试验,试验前用三氯乙烯清洗蒸发器,并将 pH 调至 10.84。当时由于蒸汽锅炉停了二个炉火,蒸汽压力偏低,试验运转 5.5 h 后产生自停卡死,这次停转不应视为试验条件所致。

第四次试验中,初期料液 pH 为 10.84,含盐 387 g/L;后期料液 pH 为 12.21,含盐 384 g/L。这次试验运转 8 h 后开始产生刮壁,有一个班共刮壁 6 次但此时沥青流量较大,在 88～90 kg/h,没有产生自停。以后的操作,由于严格控制了上下段壁温,顺利地按计划运行了 207 h,主动停车。

第五次试验的目的是做 200 h 的重复试验,这个操作比较平稳,只是第三次配料时 pH 只达 10.13,试验过程中启用 pH 为 10.13 的料液没产生刮壁但电机电流偏大,最后产生过一次自停。当使 pH 调至 11.95 时,操作即恢复平稳,顺利按计划完成了 208.5 h 的重复试验，主动停车。

固化物各项性能分析结果见表 7-11。从表中可知，固化物盐分包容量、含水率、起始放热温度均满足设计要求。其中起始放热温度，只加石油磺酸钠时都大于 270 ℃，当料液中加入疏松剂后，固化物起始放热温度无明显变化，说明在工业装置上操作是安全的。只软化点一项比设计值 70～100 ℃低，比大连中间试验结果 61.8～66.6 ℃也低。其原因是与沥青的性质有关。北京石油化工科学研究院小试验测得固化物起始放热温度为 300 ℃，测得固化物 5 天平均的 Na^+ 浸出率为 1.9×10^{-4} g/cm² · d。

表 7-11　固化物性能分析结果

含盐量/%	含水率/%	软化点/℃	起始放热温度/℃	水中 Na^+ 浸出率[1] (g/cm² · d)
31.4～51.8	<1	52.5～56	295～329	8.97×10^{-5}

注：1)42 天平均值。

(2)讨论

①料液 pH 值对试验的影响

从表 7-10 看出，从第一到第三次试验，料液 pH 值都小于 11，第一次运行了 78 h，发生了 39 次刮疤现象，最后结疤卡死停车。第二次运行了 13 h，结疤卡死停车。第三次只运行 5 h 就卡死停车。第四次试验 pH 值为 10.84～12.2，运行平稳，顺利通过了 200 h。第五次试验料液 pH 曾低至 10.10，出现刮板电流升高、刮疤严重的现象，发生了一次自动停车，随后自动启动运行；当把料液 pH 值提高到 11.50～11.95 以后，运行平稳，共运行 208.5 h，按计划停止试验。料液的 pH 值对运行影响巨大，是由于 pH 值低于 11 时，加入的添加剂——石油磺酸钠和疏松剂的防垢效果差，只有在 pH 高于 11 时才能发挥出防结疤的作用。如果把料液 pH 提得过高，虽然对运行有利，但是产生的固化物热稳定性会降低，因此 pH 值应控制在 11～12 之间。

②刮板蒸发器上、下段加热温度对试验的影响

试验表明，当刮板蒸发器上段壁温大于 120 ℃，下段壁温大于 170 ℃时，刮板电机电流增大，发生刮疤现象，以致造成自停或卡死现象。发生这种现象是由于当上段加热温度高时，料液中的水分迅速蒸发，料液与沥青不能充分地乳化混匀，添加剂不能充分发挥防止结疤的作用，盐分易于在上段析出造成结疤。当下段壁温大于 170 ℃时，沥青与盐的混合物中的水分已经脱尽，但随着温度的升高，其黏度变小，沥青与盐的混合物发生分离，盐分在下段析出产生结疤，影响刮板连续平稳运行。试验结果证明控制上段壁温在 105～110 ℃，下段壁温在 155～170 ℃之间比较有利。

③ 结论

试验证明，使用新加工的八叶片刮板，按转速 400 r/min，上段壁温 105～110 ℃，中段壁温 115～130 ℃，下段壁温 155～170 ℃，济南 60# 沥青中加入石油磺酸钠，料液中加入疏松剂，pH 值在 11～12 之间，进料率 140～160 L/h，控制沥青固化物含盐量在 36%～38%的工艺条件，刮板蒸发器连续运行时间可以超过 200 h，并制得含水率低于 1%的沥青固化物。系统经过全面整治，再经过冷试车考验，可以转入热试车。

7.1.1.5 前期试验暴露的问题

经过模拟料液试验，确定了实现刮板连续运行 200 h 以上的各项工艺条件，但是要真正转入冷料试车和热料试车，还存在大量需要解决的问题。

(1)中压蒸汽系统

中压蒸汽进入厂房的减温减压装置是试制品，交工验收就不能实现减温，几年试验只靠调节阀门、开度控制压力，实际使用的是过热蒸汽，刮板蒸发器温度难于控制，应重新研制。

(2)沥青系统

沥青系统的设备、管道、阀门经过长期使用后，都会形成垢层，不仅影响传热，而且会堵塞管道、泵、阀。原设计无清洗措施，应增加清洗措施。

三元转子泵(沥青上料泵)芯无互换性，原有 5 台，现在只剩下一台可以使用，必须加工新的备品。

(3)料液系统

原设计水槽只能单线供料，为了给调料有充分时间，改为调料槽。应增加加入硝酸与硼酸的管道阀门，并实现向甲、乙两条线都能供料。

调料扬液器原设计也只是单线供料，应增加管道、阀门，实现向甲、乙线都能供料。料液流量计(电磁流量计)不能实现计量，应重新选型或引进。需增加一台硼酸溶解槽，以便向料液中加硼酸。

(4)刮板蒸发器系统

悬吊刮板主轴的锁紧螺母易松动，需改进。齿轮箱漏油严重，要重新设计、加工密封装置。甲线缺刮板芯子、10 kW 调速电机减速器、下料中间槽和尾气捕集器等。

(5)装桶运输线

现有的工业电视性能差，显示效果不好，无法监视固化物出料装桶情况。吊桶定位装置强度不够，挡不住桶，应重新设计加工。出料口接盘电动不灵，应改为气动式。

(6)数控吊车

由于工业电视不能显示，不能保护数控吊车安全，即使更换新的，夹具也易损坏，应重新设计、选择性能可靠的夹具。

(7)放射性废水泵(特下水泵)

原设计排放射性废水的污水泵扬程不够，不能把废水送往废水处理厂房，应重新选型。

(8)分析问题

原选用 β 分析定标器不能使用，已淘汰，应选购新的。

7.1.2 工程整治

继 1989 年沥青固化工程乙线生产线上模拟料液试验取得两次 200 h 连续运行的突破

性进展后，针对五六年来多次试验所暴露出的问题，中国核工业总公司（现中国核工业集团公司）决定拨专款对沥青固化工程进行大规模整治改造。整治改造的主要技术内容有：

(1)甲、乙线刮板更换八叶片刮板芯，更换 11 kW 拖动电机，增设 2∶1 减速机以改进刮板的搅拌、刮疤强度；

(2)下料系统改为带搅拌的夹套加热中间槽，以改善固化物出料的通畅；

(3)二次蒸汽系统改泡罩塔为捕集器，以改善二次蒸汽系统的通畅，解决捕集液的回流；

(4)增设添加剂接收、计量系统，以实现添加剂的定量加入；

(5)增设两台蒸汽蓄热器及其控制系统以满足工艺所要求的稳定的加热蒸汽供应；

(6)更新沥青供料计量泵、料液电磁流量计以满足沥青、料液的计量和定量供料；

(7)装桶运输线程控、手动系统进行改造以满足固化物装桶、转运的可靠性；

(8)新安装一台普通 5 t 吊车以解决固化物吊运用数控吊车检修时的应急吊桶需要；

(9)更新已过时淘汰的自控、仪表装置以及工业电视、通讯器具以满足对工艺运行参数和设备监测监控的需要；

(10)更新火灾报警装置和剂量监测、取样系统以满足厂房生产中防火、剂量安全的需要。

整改施工从 1991 年 3 月开始至 1992 年 7 月历时一年半。1992 年 8 月对沥青固化整治工程进行了初步验收，认为整治内容完整，技术要求满足设计规定，整治施工进度符合计划要求，施工质量优良，沥青固化工程已具备冷料试车条件。

7.1.3　冷料试车

7.1.3.1　试车经过

为了全面考核整治后生产线和系统设备的可靠性，进一步验证确定的工艺条件和运行参数的适应性，1992 年 8 月 23 日，沥青固化工程生产线乙线冷试正式开始，到 9 月 1 日实现了连续、稳定、安全运行 209 h 的冷料联动试车。9 月 22 日至 10 月 6 日生产线甲线也完成了连续运行 323 h 的冷料联动试车。两条线试车用模拟料液是用 90%（质量分数）的工业硝酸钠和 10%碳酸钠加软化水溶解，加入一定量疏松剂，再用氢氧化钠调节料液 pH 值到 11～12；沥青采用济南 60# 石油道路沥青，按沥青量加入添加剂（石油磺酸钠）。单线对料液平均处理能力为 168 L/h（日处理能力 4 m^3，年处理 1 000 m^3，控制沥青固化物平均含盐量 40.4%，含水率小于 1%）。试车结果表明，生产线主体设备刮板蒸发器运行平稳可靠，试车生产的固化物主要性能全部达到设计指标。表 7-8 为冷试期间所用沥青的质量指标；表 7-12 是原设计、工艺条件试验与冷试车的主要工艺参数；表 7-13 是沥青固化物和二次冷凝液分析结果。

表 7-12 原设计、工艺条件试验与冷试车的主要工艺参数

序号	项目	主要工艺参数		
		原设计	工艺条件试验	乙线冷试车
1	料液含盐	331 g/L	359～396 g/L	364.3 g/L
2	料液 pH	9～11	10.84～12.2	11.83
3	疏松剂加入量	0	适量	适量
4	料液处理量	250 L/h	140～170 L/h	150～180 L/h
5	料液预热		30～80 ℃	60～95 ℃
6	沥青流量	100 L/h	80～91 kg/h	85～105 kg/L
7	沥青预热	170 ℃	130～135 ℃	130～135 ℃
8	乳化剂加入量	0	适量	适量
9	上段加热蒸汽压力	(2.3±0.1)MPa	1.9～2.0 MPa	1～1.16 MPa
10	上段壁温		110～120 ℃	115～125 ℃
11	中段加热蒸汽压力	(2.3±0.1)MPa	0.3～0.4 MPa	0.64～1.0 MPa
12	中段壁温		115～130 ℃	130～140 ℃
13	下段加热蒸汽压力	(2.3±0.1)MPa	1.0～1.8 MPa	0.9～1.12 MPa
14	下段壁温		155～180 ℃	150～160 ℃
15	尾段加热蒸汽压力	0.10～0.38 MPa	0.3～0.4 MPa	0.3～0.5 MPa
16	尾段壁温	160～170 ℃	110～135 ℃	130～150 ℃
17	中间槽加热蒸汽	/	/	0.64～1.0 MPa
18	中间槽温度	/	/	160～170 ℃
19	刮板转速	430 r/min	390～408 r/min	395～400 r/min
20	二次蒸汽压力	−50 mmH_2O	−40～−100 mmH_2O	−40～−80 mmH_2O

注：1."/"表示不适用。

表 7-13 沥青固化物及二次冷凝液分析结果

含盐率 %	含水率 %	软化点 ℃	起始放热温度/℃	二次冷凝液含盐/(mg/L)	二次冷凝液 pH
40～19.4	< 1	54～57	315～321	180～370	8.26～8.35

7.1.3.2 结论和存在问题

两条生产线的连续运行冷试车相当顺利，主体设备刮板蒸发器运行平稳，没有发生结疤卡转现象，生产的固化物性能指标基本上达到设计要求（软化点偏低未达到设计要求，属沥青性能决定），生产量比较大，流量可达 160～180 L/h。新增设的两台蓄热器供给刮板蒸发器用的 1.0～1.2 MPa 饱和蒸汽很稳定；新更换的沥青齿轮计量泵供给的沥青流量稳定可靠；新更换的电磁流量计为料液的准确计量提供了灵敏、可靠的计量需要；新增加的沥青固化物出料中间槽既可连续出料，又可间断出料，兼有脱水功能，整个冷试车过程中没有发生

一次固化物桶冒桶现象；新增的旋液分离器可以把从二次蒸汽中分离出来的液体及时排除，有利于刮板蒸发器内负压的稳定，大大减少了负压调节的频次；新更换的工业电视图像清晰，起到了保护数控吊车运行和监控固化物装桶安全的作用；其他更新的自控、仪表系统基本上都好用，能满足工艺参数检测的需要。

甲乙线冷试车的成功，证明试车中所制定的工艺条件可行，可以实现 200 h 以上的长周期，连续稳定运行，为下阶段热料试车和试生产运行创造了条件。

由于沥青系统原来没有清洗手段，多年没有清洗，泵出口和过滤器发生过几次堵塞，使沥青流量降低甚至断流，因此，沥青系统增加清洗系统是必要的。

新增加的石油磺酸钠系统，从计量槽到沥青供料槽由于管道坡度小，石油磺酸钠黏度大，难于自流进入沥青供料槽，必须改造。

沥青流量计运行不稳定，即使在供料泵平稳运转，阻力不变的情况下，流量指示波动也可达 40 L/h，有待选择更先进的沥青流量计。

7.2　热试车和试生产阶段

7.2.1　热试车

冷料试车于 1992 年 8 月至 10 月成功之后，同年 11 月中国核工业总公司对沥青固化工程模拟料液的冷试车进行了评审，与会专家一致认为沥青固化工程模拟料液冷试车是成功的。这次会议还通过了《沥青固化工程安全分析报告》，对热试车方案进行了评审。会后中国核工业总公司派出考查组对沥青固化工程热投料前的各项准备工作进行了检查。经过几次现场调查后，小组成员一致认为沥青固化工程已具备热试车的条件，同意按拟定的试车方案进行热投料，处理 300 m^3 料液。

这次热试处理了 5 号、13 号低放废液贮槽的料液，沥青仍然是济南 60# 石油道路沥青，由于沥青固化物贮存库暂不能启用，固化物暂存于 44# C 及 45# 固体废物暂存库。

来自 5 号、13 号低放废液贮槽的料液由 1 号、2 号料液槽接收，将硼酸溶化后加入料液槽内，搅拌均匀后加入 HNO_3 调节 pH 值，酸与料液中的 NaOH 中和后每升原始料液含盐量增加 40～50 g/L。加去离子水将料液含盐量调整到 370～400 g/L，取样测量 pH 值在 11～12 范围，料液就配制好了。由于 pH 值范围较窄，调节 1 槽料需3～5天时间，1 槽料液可供 7～8 天用量。热试车阶段各批料液调料情况见表 7-14。

热投料于 1992 年 12 月 17 日开始，1993 年 3 月 26 日，由于济南沥青未到货热试车暂停，这期间乙线刮板蒸发器实际运行时间 1 117 h，共处理料液 143 m^3，消耗沥青 124 t，固化物装桶数 1 235 个，每桶固化物重 146 kg。沥青到货后于 1993 年 6 月 19 日又开始热试车至 8 月 7 日结束，这期间刮板蒸发器实际运行时间为 808 h，处理料液 120 m^3，消耗沥青 90 t，固化物装桶数 736 个，每桶固化物重 190 kg。

前、后两个阶段试车运行状况、生产能力对比见表 7-15。前、后两阶段热试车共运行 1 925 h，共处理料液 263 m^3（调料后体积），按 331 g/L 折算为 318 m^3，消耗沥青 214 t，生产沥青固化物 1 971 桶，固化物平均含盐量 33%。

表 7-14 热试车各批料液配制情况

序号	收料时间	低放废液贮槽（来料设备）	料液槽（收料设备）	收料体积/m³	调料后体积/m³	折算为331 g/L的体积/m³	调料后pH	调料后盐含量/(g/L)
1	1992.11.24	5号	2号	30	35.5	44	12.05	420
2	1992.12.09	5号	1号	27	33.5	39	11.79	401
3	1993.01.01	13号	2号	21	25	30.5	11.83	418
4	1993.01.20	13号	1号	28	34	41	12.11	410
5	1993.02.17	13号	2号	18	22	25.5	12.09	404
6	1993.03.12	13号	1号	27	32.5	38.5	11.81	410
7	1993.06.19	13号	2号	27	32	39.5	11.98	420
8	1993.07.06	13号	1号	25.5	30.5	38	9.92	414
9	1993.07.20	13号	2号	27.5	34	41	9.62	400
	小计			231.0	279.0	337.0[1)]		

注：1）热试车处理料液 318 m³，槽内剩余 19 m³。

从表 7-15 可以看出，1992 年 3 月前阶段的运行情况，无论从处理能力还是刮板运行状况都不太理想，由于茂名沥青的增加，刮板运行欠佳，且先后出现 4 次刮板运行卡住现象。前阶段试车用的茂名沥青因进货多年，长期加热过程中出现了一些碳化物，造成泵、过滤器 3 次堵塞停车，后阶段济南沥青中含碳化物较少，运行较顺利。前阶段茂名沥青因固化性差，固化物含盐量上不去，特别是 2～3 月份平均含盐量仅为 25%～28%，稍高就会出现下料口堵塞，试车中堵塞四次，处理困难。前阶段由于运行不稳，固化物含水波动大，造成一部分桶冒桶，因而桶装固化物的量少，平均才 146 kg，而后阶段含水率基本上都在 1%左右，因而桶装量比前阶段多，平均每桶装固化物 190 kg。在前、后两个阶段热试车中，沥青平均进料量都是 110 kg/h，但料液处理量差别大，前阶段平均进料量为 128 L/h，后阶段平均进料量为 150 L/h。

热试车连续运行时间较长的是 7 天、7.5 天，最长的一次为 8 天。热试车连续运行最长时间的控制参数见表 7-16。

表 7-17 为热试所用废液的分析结果；表 7-18 是热试车主要工艺参数；表 7-19 是固化物的主要质量指标；表 7-20 是固化物浸出率分析数据。沥青质量指标与冷试所用沥青相同。

从表 7-20 可以看出，固化物浸出率低于设计要求的 3.7×10^{-4} cm/d。

这次热试暴露了一些问题，如在刮板蒸发器连续运行一星期后筒壁仍然有轻微结疤现象，但可继续运行下去。在料液含盐量为 330～400 g/L 左右，流量为 150～180 L/h 时，可连续运行 180 h 以上，为热投料试生产提供了依据，在下一步试生产中要定期（一个星期）清洗刮板，清除刮板筒壁结疤，保证生产正常运行。

表 7-15　前、后两个阶段热试车比较

序号	时间	运行小时/h	处理料液体积/m^3	料液平均流量/(g/h)	料液含盐量/(g/L)	消耗沥青量/t	沥青平均流量/(kg/h)	固化物平均含盐量%	固化物装桶数/个	每桶固化物重量/(kg/桶)
1	1992.12	144	22	152	420	15	104	34	205	118
2	1993.01	367	55	149	461	37	100	34	371	159
3	1993.02	215	20	93	418	25	116	25	193	172
4	1993.03	391	46	117	404	47	120	28	466	140
前	小计	1 117	143	128		124	110	30	1 235	146
1	1993.06	91	14	154	420	11	120	34.8	76	215
2	1993.07	553	82	148	414	64	115	34.6	481	203
3	1993.08	164	24	146	400	15	95	39	179	149
后	小计	808	120	150		90	110	36.1	736	190
两	总计	1 925	263	137		214	110	33	1 971	163

表 7-16　连续运行最长时间控制参数

序号	控制项目	参数值
1	料液含盐量	414 g/L
2	料液 pH	9.92
3	料液流量	175 L/h
4	沥青流量	120 kg/h
5	刮板轴转速	400 r/min
6	刮板负压	-50 mmH_2O
7	刮板加热蒸汽压	1.2 MPa
8	刮板上段温度	110 ℃
9	刮板中段温度	140 ℃
10	刮板下段温度	160 ℃
11	刮板尾段温度	150 ℃
12	中间槽温度	160 ℃

表 7-17　废液分析结果

废液	含盐量/%	碱度/(mol/L)	比放/(MBq/L)	铵离子含量/(g/L)
5 号贮槽	451	1.43	2.1	2.77
13 号贮槽	449.6	1.03	9.9	2.145

表 7-18 热试车主要工艺参数

序号	控制项目	控制参数	序号	控制项目	控制参数
1	料液含量	370～400 g/L	11	中段壁温	130～140 ℃
2	料液 pH	11～12	12	刮板下段蒸汽压	1.0～1.2 MPa
3	疏松剂加入量	适量	13	下段壁温	150～160 ℃
4	料液流量	150～175 L/h	14	刮板尾段蒸汽压	0.3～0.5 MPa
5	沥青流量	100～120 kg/h	15	尾段壁温	145～155 ℃
6	沥青预热温度	110～130 ℃	16	下料中间槽加热蒸汽压	1.0～1.2 MPa
7	乳化剂加入量	适量	17	中间槽温度	160～170 ℃
8	刮板上段蒸汽压	1.0～1.2 MPa	18	刮板轴转速	(400±5)r/min
9	上段壁温	110～120 ℃	19	刮板二次蒸汽压	−50～100 mmH_2O
10	刮板中段蒸汽压	1.0～1.2 MPa			

表 7-19 固化物主要质量指标

	月份	含盐量/%	软化点/℃	含水率[1]/%	起始放热温度/℃
第一阶段试车	1992 年 12 月	29～36	56～59	< 1	315～321
	1993 年 1 月	31～36	57～58	2～3	307～320
	1993 年 2 月	20～30	55～57	1～2.1	309～320
	1993 年 3 月	25～31	56～59	< 1	307～321
第二阶段	1993 年 6 月	32～41	50～52	< 1	
	1993 年 7 月	33～39	51～52	1～1.3	306
	1993 年 8 月	36～41	51～52	1～1.5	304

注：1) 由于后阶段分析方法的变更，含水率比实际值偏高。

表 7-20 固化物浸出率分析数据

分析项目	浸泡天数	1# 样	2# 样	3# 样	4# 样
含盐量		36.6%	39.0%	24.4%	32.3%
浸出率/(cm/d)	1	2.3×10^{-6}		5.5×10^{-5}	6.0×10^{-6}
	4	1.2×10^{-6}	2.9×10^{-6}	1.9×10^{-4}	8.5×10^{-6}
	9	2.2×10^{-6}	3.7×10^{-6}	9.0×10^{-5}	4.3×10^{-6}
	16	1.9×10^{-7}	1.3×10^{-6}	3.3×10^{-6}	1.8×10^{-7}
	23	1.0×10^{-7}	5.4×10^{-7}	3.3×10^{-6}	3.9×10^{-7}
	30	2.0×10^{-7}	3.0×10^{-7}	2.2×10^{-6}	1.8×10^{-7}
	37	3.0×10^{-7}	3.1×10^{-7}	2.3×10^{-6}	1.8×10^{-7}
	44	2.6×10^{-7}	3.1×10^{-7}	2.3×10^{-6}	2.0×10^{-7}

新增的蒸汽蓄热器可以稳定地向刮板蒸汽上、中、下三段供给 1.0～1.2 MPa 的加热蒸汽。料液进料量也基本稳定，为刮板蒸发器连续运行提供了保证。

更换后的电磁流量计、沥青流量计，经冷、热试车考验，计量准确、灵敏、可靠、可满足计量要求。

新安装的工业电视，稳定、可靠，起到了监护数控吊车和固化物装桶的安全运行的作用。

数控吊车是维持正常生产的关键设备之一，在冷、热试车中时常出现故障，影响生产运行，有时被迫停车，需加以改造。

刮板蒸发器下部筒体固定用拉筋多次震断，致使刮板筒体振动3次，将下段蒸汽回水管焊口震裂或震断，这在以前的冷试车阶段未出现过。分析可能是因改装出料中间槽后造成刮板筒体中心偏移所致，已采取措施加固下部筒体，增设了防振平台。

热试实践也证明在沥青中加入乳化剂和料液中加入防垢疏松剂对刮板蒸发器防垢很有利。

7.2.2　试生产阶段

热投料试运成功之后，于1994年开始转入试生产阶段。在1994年至2002年期间按国家指令性任务进行试生产。从整个生产过程来看，试生产产量逐年提高，固化物产品的含盐量指标也逐渐到达了设计的(40.5+2.5)%的水平，表明试生产工艺逐渐成熟。通过这个阶段的试生产比较成熟地掌握了沥青固化生产工艺，并根据实际情况不断地进行了完善，如刮板蒸发器防振的改进、刮板蒸发器下轴承座的改进、数控吊车夹具的改造和数控吊车系统的改造等等。

原设计刮板蒸发器筒体下部用三根拉筋支撑，由于刮板运行时振动，三根拉筋多次被拉断，改进为一固定平台，并用抱箍将刮板蒸发器筒体固定在平台上，减轻了筒体的振动；连接刮板蒸发器的蒸汽管及回水引入管因振动造成疲劳，多次断裂，改进为U形补偿型弯、降低管道特别是焊口因振动造成的疲劳程度。经实际运行考验，取到了良好的效果。

原设计的石墨轴承套定位销是两个凸出的小台，因刮板振动造成定位销磨损或将轴承套两个挡块打断，造成轴承套旋转，石墨轴承上移撞裂，使石墨轴承很快损坏，刮板碰壁，中断运行，改进后的挡销变点接触为面接触，并使轴承套与支承座呈紧配合，防止轴承套产生位移，改进后的装置使刮板运行比过去平稳得多。

原设计数控吊车夹具采用直流电机带动螺杆、夹臂进行夹紧、吊桶操作，直流电机易损坏且找不到备件更换，故改直流电机为交流电机，并增设手动放松夹具装置，对夹具上的各种信号也作了修改，整改后延长了夹具的使用寿命，使吊桶的可靠性有所提高，但夹臂还嫌单薄，使用一段时间后夹臂支撑杆发生疲劳，弯曲，连接销钉处发生豁口等现象时有发生，还应增强夹臂，支撑臂的牢固程度。

原设计锥部部位因出料管受力大和焊缝腐蚀，曾多次造成锥部保温夹套往槽内漏蒸汽、造成沥青内进水，轻则影响沥青出口流量、严重时造成沥青贮槽发生冒槽故障，整治后下料管不与保温蒸汽夹套相连接，避免了往槽内漏汽，保证了原料的质量与运行安全。

原设计料液槽采用超声波液位计，虽经更新型号仍不能满足正常读数的要求，超声晶片质量不过关，经常损坏且备件又不好买，试生产中更改为浮称液位计后满足了生产要求。

尾段加热蒸汽原采用0.4～0.7 MPa蒸汽，因低压蒸汽系统压力波动大，经常在0.1～0.7 MPa频繁波动，给操作带来困难，甚至造成固化物出料温度达不到155～160 ℃。造成装桶时冒桶(脱水不净)，后改为采用中压1.0～1.2 MPa蒸汽加热，保证了出料温度，易于操作控制，同时对提高产量起到了一定的作用。

表 7-21 为试生产期间固化物的主要性能；表 7-22 为试生产期间主要工艺控制参数；表 7-23 为刮板蒸发器的净化能力；表 7-24 为历年主要生产技术指标。

表 7-21 试生产期间固化物主要性能

沥青名称	济南 60#	江汉沥青	茂名 50#	茂名 70#
固化物含盐量/%	29～40	20～30	38～45	40～50
固化物含水率/%	1～2.5	1～2	0.5～1.5	0.5～1.5
软化点/℃	51～54	57～59	51～55	50～52
固化物起始放热温度/℃	307～320	315～320	304～306	

表 7-22 试生产期间主要工艺控制参数

序号	设备名称	工艺控制参数	控制范围	备注
1	沥青供料槽	沥青温度	110～130 ℃	
2	沥青供料槽	添加剂加入量	(2±0.5)%	按沥青质量计
3	沥青泵	沥青流量	100～110 L/h	
4	料液槽	含盐量	370～400 g/L	
5	料液槽	pH	11～12	
6	料液槽	疏松剂加入量	(0.5±0.2)%	按料液含盐量的质量计
7	料液泵	料液流量	150～185 L/h	
8	刮板蒸发器	轴转速	(400±5)r/min	
9	刮板蒸发器	负压	$-50\sim-100$ mmH_2O	
10	刮板蒸发器	上、中、下段蒸汽压力	1.2～1.4 MPa	
11	刮板蒸发器	上段壁温	110～120 ℃	
12	刮板蒸发器	中段壁温	130～140 ℃	
13	刮板蒸发器	下段壁温	160～170 ℃	
14	刮板蒸发器	尾段蒸汽压力	0.38 MPa	1995 年改为：1.0～1.2 MPa
15	刮板蒸发器	尾段壁温	150～160 ℃	
16	中间槽	温度	150～160 ℃	
17	冷却器	冷凝液温度	< 40 ℃	

表 7-23 刮板蒸发器的净化能力

料液含盐	364～410 g/L	二次蒸汽冷凝液含盐	180～370 mg/L
料液 pH	11～12	二次蒸汽冷凝液 pH	8.2～8.4
料液比活度	2.1～9.9 MBq/L	二次蒸汽冷凝液比活度	370～1 121 Bq/L

表 7-24　历年主要生产技术指标

序号	指标	1993 年度	1994 年度	1995 年度	1996 年度	1997 年度	1998 年度	1999 年度	2000 年度	2001 年度
1	固化物平均含盐量/%	34.4	37.7	41	42.9	40.6	44.2	39.5	36.7	42.7
2	料液平均流量/(L/h)	177.7	206.2	209.7	222.2	206.3	236	224.7	175.8	223.61
3	沥青平均流量/(kg/h)	112.3	113	100	98	100	93	99.35	100.5	99.36
4	乳化剂加入质量分数/%	2	2.16	2	2	0.9	1.15	1.58	0.73	0.63
5	疏松剂与料液盐分的平均比/‰	4.63	5.04	5.14	5	7.39	5.02	4.78	4.6	4.7

刮板蒸发器每周要清洗一次，每次清洗要产生一定量的清洗液。这些清洗液中含有放射性水溶液、少量三氯乙烯及少量沥青，不能将其排入特下系统处理，只能暂时装入固化物桶中，并与固化物分开存放。对这些废液的处理方法进行了实验室基础研究，但到目前为止未曾进行现场工艺验证试验。

7.3　正式生产阶段

2003 年至 2006 年的生产情况见表 7-25。

2003 年是转入正式生产的第一年，生产情况良好，工艺安全、稳定、连续运行，全年无事故，按计划完成了全年生产任务，各主要参数和产品指标达到了设计水平。存在的主要问题如下。

① 中、低压蒸汽不稳，停汽频繁，给沥青固化生产带来了一定影响，使一些工艺参数不能得到及时有效的控制。

② 数控吊车相关技术问题有待进一步解决；普通吊车老化严重，危险系数增大。

③ 中压蒸汽管道腐蚀严重。

④ 二次蒸汽旋液分离器易堵。

2004 年总体生产情况良好，较顺利地完成了年度生产计划，各主要参数和产品指标基本达到了设计水平。2004 年沥青固化工程工艺运行分 3 个阶段。第一阶段从 1 月 6 日至 3 月 2 日，使用乙线处理低放料液 280 m^3，生产运行基本平稳、顺利。第二阶段为 3 月 2 日至 4 月中旬，3 月 3 日发现刮板薄膜蒸发器运行异常，经查实为筒体穿孔，经筒体补焊，刮板运行仍不正常。经更换刮板底座和齿轮箱轴承、打磨旧刮板芯子等措施仍不能解决问题。随后决定对甲线进行整治恢复，整治工作于 4 月中旬完成。第三阶段从 2004 年 4 月 23 日至 2004 年 11 月 17 日，使用整治后的甲线处理了 727 m^3 料液。生产运行中仍遇到中压蒸汽不稳的问题，一些工艺参数不能及时有效地得到控制。数控吊车相关技术问题有待进一步解决；普通吊车老化严重，危险系数增大，现已不能操作。很多设备型号已淘汰，在市场上备品备件配型相当困难，出现问题时检修难度大。

2005年沥青固化工艺运行从4月2日开始投料运行，4月7日基本达到正常运行状态，全年生产运行基本平稳、顺利，完成了年度生产计划，固化物指标基本符合有关要求。沥青固化工艺日趋成熟，但由于沥青固化整体工艺系统投入运行已达13年，工艺设备的腐蚀、机械磨损、老化、备品备件短缺和配型困难等对生产带来了不利影响。

2006年沥青固化工程工作分两个阶段。第一阶段从2月27日开车运行开始，至3月20日工作箱发生燃爆事故为止，这期间处理料液91 m^3，生产了324个固化物桶。工作箱燃爆事故后沥青固化厂房已不能进行固化物生产，转入厂房维护工作。

表7-25 2003年至2006年度的生产情况

年度	2003	2004	2005	2006
送料体积/m^3	730	717	700	75
原料液含盐量/(g/L)	350～486.8	350～476.8	338.0～553.0	410
调料后体积/m^3	1 001	1 007	1 011	151[1)]
调料后含盐/(g/L)	350～445.3	376.6～428.8	349.0～445.0	309.5～400.0
调料后 pH	11～12	11～12	11～12	11～12
固化物含盐量	37.15～44.76	30.43～42.90	38.02～47.42	38.43～42.06
含水率	合格	合格		
固化物桶/个	3290	3443	3243	324
放射性总活度/Bq	5.546×10^{12}	4.13×10^{12}	3.643×10^{12}	4.01×10^{11}

注：1) 2006年2月27日—2006年3月20日期间处理了91 m^3。

第 8 章　沥青固化物长期贮存

沥青固化物贮存库是沥青固化厂的配套项目，用于贮存沥青固化厂生产的沥青固化物。沥青固化物贮存库于 1981 年完成设计，1983 年建成。由于沥青固化厂房未投入运行，沥青固化物贮存库建成后多年未使用。沥青固化物贮存库设计和建造期间国家没有对其进行环境影响评价和安全分析方面的审核。随着法律、法规的完善，建设项目的设计、建造和营运必须经过环境影响评价和安全分析审核。随着沥青固化试验在 1989 年取得突破性进展，沥青固化厂房有望在不久投入运行，这就要求与之配套的贮存库投入营运。为了获得国家环保局对贮存库投入营运的批准，编制了安全分析报告和环境影响评价报告（追溯性评价）。1981 年设计沥青固化物贮存库时对处置的概念还不很明确，但最初的意图并不打算对废物进行回取，故事实上是准备将该库用作处置库。但国家环境保护局在 1988 年颁布了《低中水平放射性固体废物的浅地层处置规定》（GB9132—1988），该标准规定处置场不应对露天水源有污染影响，场址边界与露天水源间的距离不宜少于 500 m。这一点贮存库不满足，因为贮存库距最近的河只有 200 m。但考虑到该贮存库建造时的历史原因，并且基地是大型核设施，随后退役的废物要全部运走也不现实，如果对贮存库进行整治改造，贮存库作为处置库使用是安全的，在经济上的好处更是明显，因而对该库进行的安全分析和环境评价是按处置库进行的。1990 年 4 月中国核工业总公司组织人员对贮存库的环境影响评价与安全分析进行了评审，要求随后对该库进行整治设计，并重新编制环境影响评价报告。1991 年当地省环保局对重新编制的环境评价报告（按处置库进行评价）提出反对意见，不同意按处置库进行评价。1992 年 4 月国家环保局在北京对沥青固化物贮存库环境影响报告进行了评审，会后营运单位根据专家意见重新编制报告。1992 年核工业第二研究设计院对贮存库改造为处置库和暂存库以及新建暂存库等方案进行比较后提出改造为处置库的方案在经济上最佳，安全和技术上均可行。1993 年 7 月 5 日国家环保局再次对修改后的贮存库环境评价报告进行评审，同意该贮存库再作一些工程改造后，作为长期贮存库使用，并在营运前提交环境影响评价报告（按长期贮存库进行评价）。1995 年 12 月完成了 3 号贮存库和贮存库公用工程的整治修改任务。1996 年 5 月 4 日组织专家验收，于 1996 年 7 月 15 日以文件形式批准该贮存库按长期贮存库（日后可回取）投入营运。

8.1　贮存库建造和整治改造

8.1.1　贮存库场地工程地质勘察和贮存库建造

沥青固化物贮存库于 1981 年开始设计，1983 年建成。贮存库占地面积 150 m×150 m，与最近的河的直线距离 200 m，沿公路与沥青固化厂房的距离为 2 km。1980 年 7 月至9月间，为查明废物贮存场地及附近地段的地质条件，在场地范围及附近地段进行了工程地质勘察。现按场地工程地质条件对这次勘察工作和其他相应工作取得的结果进行叙述。贮存库建造主要是土建施工和沥青固化桶卸车、放置所需设备的安装，在此不进行叙述。

(1)场地工程地质条件

① 地形地貌

场地位于河左岸山坡上，两侧有冲沟切割，后面为一小山梁(高程625 m)。

场内为斜坡台阶地形，平均坡度15°～17°，局部坡段较陡，达25°～30°。本地段发育有两级阶地台面，高程分别为558 m和585 m，高出河水面52 m和80 m，与区内Ⅲ级和Ⅳ级阶地相当。

阶地组成物多为当地母岩(页岩)碎石、土和砾石混杂物，下伏基岩面起伏不平。

② 地层岩性

志留系龙马溪群(S_1)：绿灰色粉砂质页岩，主要为泥质成分，含少量粉砂，层理发育。抗风化性差，遇水易软化，失水易崩裂，新鲜岩石强度较高，单轴抗压强度32.5 MPa(垂直断面)。

岩体风化较剧，强风化带厚7～25 m，岩石多呈绿黄色碎块。弱风化带厚10～20 m，局部达44 m，大部分岩石未变色，但强度略低，单轴抗压强度为29.2 MPa。

本层基岩在场地内被第四系松散层所覆盖，最大埋深为25 m。仅在两侧冲沟人工陡坎及山梁顶部有小片出露，构成Ⅲ～Ⅳ级阶地的基座。

第四系更新统(Q_P)：该层为洪积和冲积混合成的堆积物，组成Ⅲ～Ⅳ级阶地。总厚度5～25 m，岩性混杂，成层性差，大体分三层，顶部为含黏质土碎石层，中间为黏质土层，底部为含砾石黏质土层。

第四系全新统(Q_4)：该层分两层，表层为坡积含黏质土碎石层，主要分布在场地后面的山坡上，厚约1～3 m。底部为人工堆积碎石土层，分布在人工平台上，厚约1～3 m。

③ 水文地质条件

(a)含水层

场地及附近地段有两个含水层，上部为第四系更新统冲洪积含水层，下部为志留系龙马溪基岩含水层，分别为孔隙性潜水和裂隙性潜水。

第四系更新统冲(Q_P)洪积含水层由含黏土碎石层和黏质土层组成，含孔隙潜水。富水性极差，水位埋深11～18 m。旱季一般不含水，为季节性含水层。该含水层透水性不均，从部分试验资料看，黏质土渗透系数为$(1.4\sim4.6)\times10^{-7}$ cm/s，属微弱透水层；含黏质土碎石层渗透系数为$(2.8\sim5.4)\times10^{-2}$ cm/s，属强—较强透水层。

志留系龙马溪群(S_1)基岩含水层由粉砂质页岩组成，为本区主要含水层。由于本层岩性为泥质页岩、裂隙短小，故富水性亦差，水多贮存在风化带中。地下水埋深25～49 m。在六个钻孔中做了46段压水试验。严重透水的(单位吸水量$W>0.1$ L/min·m^2)占2%；中等透水($W=0.05\sim0.1$ L/min·m^2)占22%；微透水($W=0.01\sim0.05$ L/min·m^2)占41%；极微透水($W<0.01$ L/min·m^2)占35%。这些数据表明岩体透水性不均匀。从整体上看，属弱—微弱透水层。从垂直分带来看，上部风化带的透水性略比下部新鲜岩石为高。

(b)地下水补给、排泄条件

第四系洪冲积层孔隙性潜水直接受大气降水补给，其动态与气候有密切关系。7～9月份，雨量较充沛，大量雨水渗入补给，在底部遇到相对不透水层（黏土质或基岩），水来不及排走，形成暂时水体，即孔隙性潜水。随着旱季的到来，潜水面就消失。地表没有发现泉水点，故其排泄方式仍以垂直渗入为主。

志留系龙马溪群基岩裂隙水主要受大气降水、第四系孔隙性潜水补给。另外，后山坡地下水和两侧冲沟季节性地表水也有少量补给。地下水位坡降在场地上、下两平台处较缓（约1%～3%），在平台之间地段较陡（约10%左右），与地形基本一致。

(c)水质

基岩裂隙潜水的水化学类型为重碳酸钙镁水或重碳酸钙镁钠水，矿化度0.19～0.26 g/L，为淡水，pH值6.9～7.3。经鉴定，水对混凝土无侵蚀性。

冲洪积孔隙性潜水的化学成分与基岩潜水差不多，只是硫酸根离子略有增加。水化学类型为重碳酸钙镁水，pH值为6.1。

④ 地基土的承载能力

场地主要地基土层有冲洪积含黏质土碎石层、黏质土层、含碎石黏质土层以及强风化粉砂质页岩。土石形成时间早、堆积紧密，力学强度高，一般可满足建筑物要求。

⑤ 边坡稳定性

根据对贮存库场地的地质调查，场地位于F_{22}断层下盘，岩层倾向岸里，岩体内裂隙短小，且倾角较陡（$>60°$），基岩中不存在危险滑动结构面，基岩面起伏不平，部分地段为倾向岸里的反坡地形，对上覆盖层稳定有利。斜坡上的土层为冲洪积堆积物，抗剪强度高，土的内摩擦角比场内斜坡角（平均16°）大，地表上未发现坍滑现象，所以场地斜坡在天然情况下处于稳定状态。建筑物属埋藏性质，施工后不会造成大的临空面，故认为对场地整体稳定性影响不大。

应对人工陡坡和永久开挖边坡进行护坡处理，防止开挖面岩石风化，并在较大范围内做好排水，避免地表水冲刷，以保持边坡的完整性。

(2)工程地质勘察基本结论

场区内地震烈度为Ⅵ度。场地内无滑动结构面，斜坡整体稳定性较好。地基土层力学强度高，能满足承载要求。地下水位较低，对建筑物影响不大。故认为场地具备修建废物贮存建筑物的工程条件。但地基土受压层土石分布不均，局部地方有软弱夹层存在，可能引起基础不均匀沉陷变形，施工中应予以注意。

8.1.2 贮存库结构及设施

8.1.2.1 库结构

贮存库共有三排建筑物，共9个贮存坑，每个坑长30 m，深9 m，建筑总面积为3 240 m^2，贮存容积为29 160 m^3。采用整齐码放，可贮存200 L沥青固化物44 658桶。图8-1为贮存库的平面示意图。三排建筑物相对标高±0.00的高程分别是555 m，562 m和569 m。±0.00以上为砖混结构，一端设运输大门，±0.00以下为30 m×12 m×9 m（长×宽×深）的箱形现浇钢筋混凝土结构贮存坑。1号建筑物设有2个贮存坑，2号建筑物设有4个贮存坑，3号建筑物设有3个贮存坑。坑墙身和底板的厚度均为500 mm，设计选用200号级配防水混凝土，抗渗标号 B_8，坑盖板为 300 mm 厚的钢筋混凝土预制件，设计活载荷为汽－10 级。

坑底部设有排水盲沟，库周围设有混凝土排水明沟，四周地表做散水坡。

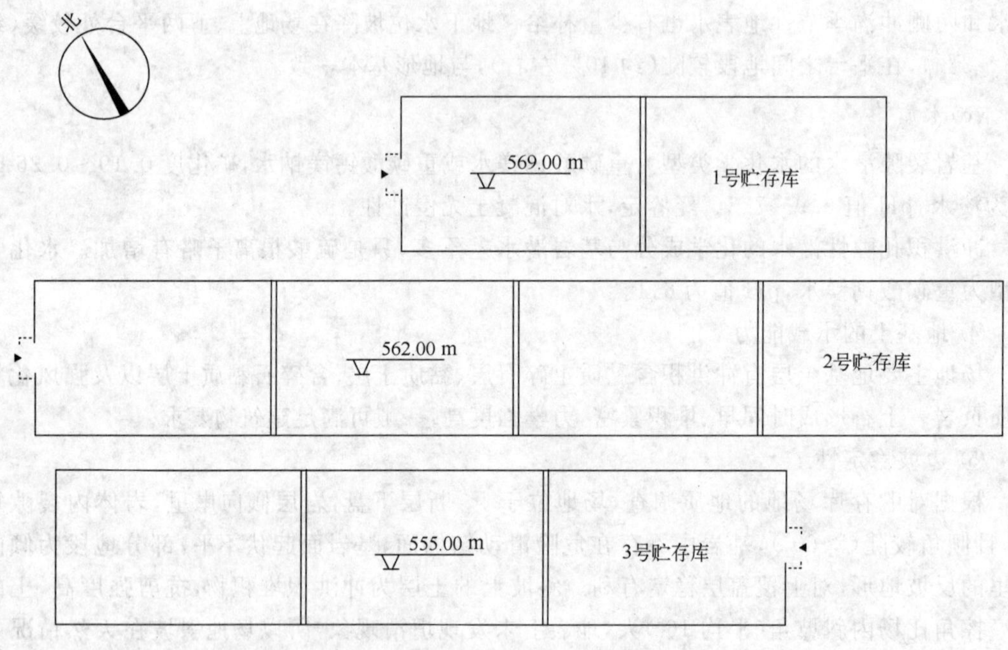

图 8-1 贮存库平面示意图

8.1.2.2 辅助设施

贮存库大门口内为废物接收区，区内设有可移动式剂量检测装置及用于废物再包装的水泥包装箱。吊装大厅内在运行期间设有剂量监测仪及辐射报警系统。库内不设清洗去污设施，库内设备全部采用擦拭去污，污染固体废物装入再包装水泥箱内在该库贮存。（水泥箱尺寸 1 600 mm×1 600 mm×1 200 mm，壁厚 100 mm）。

库内设有消防水系统，共设有 6 个消火栓，每个消火栓有两个出水口，口径为 Dg65，消防供水管管径为 Dg100。库周围设有三口地下水监测井。在运行和关闭期间可定期取样，监测废物对地下水是否造成污染，以便及时采取措施。库入口处设有门卫及公用卫生设施，并设有档案室，全部贮存废物的档案均应存于档案室内。

8.1.3 贮存库改造方案

1992 年中国核工业总公司要求核工业第二研究设计院对现有贮存库改建为永久处置库或暂存库的改建方案进行技术、经济和安全的全面比较。进行比较采用的标准有：GB8703—88《辐射防护规定》，GB9132《低中水平放射性固体废物的浅地层处置规定》，GB9133《放射性废物分类标准》，GB11806《放射性物质安全运输规定》和 GB11928《低中水平放射性固体废物暂时贮存规定》。进行比较的废物物项为基地截至 1992 年累积的低放浓缩废液沥青固化后产生的固化物。

8.1.3.1　暂存库方案

(1)水泥包装箱暂存方案(集装箱式)

该方案是将沥青固化物桶装入集装箱式水泥包装箱内。水泥包装箱外形尺寸：3 400 mm×1 300 mm×1 500 mm。体积为 6.63 m^3。根据剂量防护计算，水泥包装箱壁厚为 250mm。每个水泥包装箱装沥青固化物四桶，总重约 8.6 t。

① 方案说明

将沥青固化厂生产的沥青固化物装入 200 L 专用碳钢桶中，冷却一周后吊入置于专用汽车上的水泥包装箱内。吊装过程中人可在 2 m 以外处对桶吊入箱内进行监视，监视时间每人每天不超过 1 h。如桶不到位，人可用长杆对桶进行校正。四桶装完后，将水泥包装箱盖盖好，运至贮存库内，汽车开进库内后，操作人员开动库内吊车，将贮存盖板吊开，用专用工具从汽车上将装有沥青固化物桶的水泥包装箱吊入坑内。按照设计提供的堆码方式，贮存库中的每个单元坑内每层可码放水泥包装箱 48 箱，桶数 192 桶。按五层码放，每个单元坑可码放水泥包装箱 240 箱，即 960 桶。九个单元坑可码放水泥包装箱 2 160 箱，沥青固化物 8 640 桶。为保证水泥包装箱在坑内整齐码放，操作人员可直接下到坑内进行水泥箱的人工定位。先将坑内第一层码放完毕再码放第二层，第三层……码放完第五层到－1.50 m 位置时，用吊车将贮存坑盖板盖好，到此完成一个单元坑的码放，待暂存五年后连同水泥包装箱一同回取运往处置场。

② 水泥包装箱暂存方案的特点

(a)在暂存库暂存期间，水泥包装箱可以防止由于沥青桶被腐蚀引起泄漏而造成沥青固化物外流，避免放射性外露对环境造成污染。

(b)可防止桶的腐蚀，保证能完整的回取。

(c)经剂量防护计算，操作人员可直接接近水泥包装箱进行操作，所以，水泥包装箱可人工准确定位。

(d)一次吊装沥青固化物 4 桶，大大节省了吊装时间，且使吊车的死区得以充分利用。

(e)水泥包装箱耗量大，费用较高。

(f)水泥包装箱暂存五年后回取运往处置场需处置水泥包装箱约 96 500 m^3，增大了废物处置体积。

③ 采用水泥包装箱暂存方案需改造内容

(a)需制作水泥包装箱。

(b)原设计吊车起重量不能满足水泥包装箱吊装方案，需将 50 kN 吊车改换成 100kN 吊车。

(c)原吊车仅为起吊盖板设计，其运行速度不适用于该方案整齐码放的要求，故应改变吊车行走及提升速度。

(d)原设计之库房高度为 50 kN 吊车安装高度，且柱子牛腿承载能力不能满足要求，柱子基础需重新核算，改造工程费用大。

(e)运送沥青固化物桶的专用汽车需更换为载重量为 10 t 的货车。

(f)需设计专用吊具(集装箱式)，用于吊装水泥包装箱。

(g)此方案码放固化物桶库容量仅有固化物桶总量的 15%，需扩建暂存库，扩建面积为

9 360 m^2。库容积为 112 320 m^3。

(h)新建最终处置库。

(i)增加运输费用。

(2)水泥包装桶暂存方案(单桶式)

此方案采用的水泥包装桶为单桶式,该桶外形尺寸为 ϕ1 300 mm×1 500 mm,体积为 2 m^3。根据剂量防护计算,水泥包装桶壁厚为 250 mm,每个水泥包装桶装固化物一桶,总重约 3.3 t。

① 水泥包装桶暂存方案说明

该方案的操作与水泥包装箱式暂存方案类似,只是每车装三个水泥包装桶。为便于暂存五年后水泥包装桶的回取,在吊车的死区不码放水泥包装桶。

按照设计提供的码放方式,9 个单元坑可码放水泥包装桶 5 832 桶,即沥青固化物桶 5 832桶。

② 水泥包装桶暂存方案特点

(a)水泥包装桶可保护沥青固化物桶不受损伤,不受腐蚀,保证能完整回取。

(b)经剂量防护计算,操作人员可直接对水泥包装桶进行操作,所以,水泥包装桶可人工准确定位。

(c)由于水泥包装桶体积较大,加之吊钩死区不能码放桶,库容量小。

(d)每个沥青固化物桶需一个水泥包装桶,水泥包装桶用量大,造价高。

(e)水泥包装桶暂存五年后回取运往处置场,需处置水泥包装桶约 115 420 m^3,增加了废物处置体积。

③ 采用水泥包装桶暂存方案原库需改造内容

(a)需制作水泥包装桶。

(b)原吊车仅为起吊盖板设计,其运行速度不适用于该方案整齐码放的要求,故应改变吊车行走及提升速度。

(c)需设计专用吊具以满足水泥包装桶吊装要求。

(d)运送沥青固化物的专用汽车需更换为载重量 10 t 的货车。

(e)原设计中每个单元坑内地面两端各有 2 个 1 500 mm×1 350 mm×500 mm 的水泥基础台子,为充分利用库内空间,需将这四个水泥基础加宽加长,使其可放置 2～3 桶,且可码 4 层桶。

(f)此方案码放沥青固化物桶,库容量仅有固化物桶总量的 10%,需扩建暂存库,扩建面积为 16 920 m^2,库容积约 203 040 m^3。

(g)需扩建最终处置库。

(h)增加运输费。

(3) 沥青固化桶单桶暂存方案

① 单桶暂存方案说明

将沥青固化厂生产的沥青固化物装入 200 L 专用碳钢桶中,冷却一周后用汽车运至贮存库内,汽车开进库大厅后,操作人员开动库内吊车将库最里面贮存坑盖板打开,用真空吸盘吊具或无动力自动机械抓具将桶吊入贮存坑内。设计要求整齐码放,为便于桶的定位,且使桶吊入库内不易倾倒，桶需顺贮存坑中设置的定位导向杆吊入坑内。将第一组导向杆内的桶码完 9 层后再码第二组，第三组……直至每个单元坑中 6 m 一跨的小坑码完后盖上盖板，再码第 2 个小坑，第 3 个……待第 5 个 6 m 一跨的小坑码完盖好盖板，到此完成一个小单元坑的码放。

为便于固化物桶的回取，吊车死区不放桶。

按照设计提供的堆码方式，每个单元贮存坑码放 9 层桶，每层可码放固化物桶 266 桶，9 层共码放 2 673 桶，9 个单元贮存坑共放 24 057 桶。

② 单桶贮存方案特点

(a)在原贮存库中增设桶的导向装置，使固化物桶可以准确定位，为将来回取固化物桶提供了有利条件。

(b)受原设计影响，吊车死区无法码桶，故减少了一部分码桶空间。

(c)回取的固化物桶运往处置场，处置容量约 14 752 m^3。

(d)在暂存 5 年后可能因腐蚀造成固化物无法安全回取。

③ 采用单桶暂存方案原库需改造内容

(a)需设计专用吊具，即真空吸盘或无动力自动机械抓具，使其适合单桶吊装。

(b)需改变吊车的行走及提升速度，以利于桶的吊装定位。

(c)贮存坑内需设置导向杆 10 692 根，导向杆用 57 碳钢管，外涂防锈漆，每根 8 m，共需碳钢管约 86 000 m，每四根导向杆用腹杆焊接为一体，需腹杆约 88 960 m。

(d)单元坑内墙壁需用膨胀螺栓安装钢板，钢板上焊有腹杆以支撑设在坑边的导向杆。

(e)需增设必要的照明设备。

(f)需加强固化物桶的防腐蚀措施。在桶壁涂防锈漆后再涂上 W61-31 铝粉有机硅耐热漆，可耐 180 ℃。采取这样的改进措施后，固化物桶的完好性能可保持10年左右。

(g)增设进排风系统。

(h)单元坑底面结构需修改，使其适合设置导向杆的基础。每个单元坑两端 1 500 mm×13 500 mm×500 mm 的水泥基础台加宽加长，使其可放置两个固化物桶，并在此基础上码放 9 层桶。

(i)此方案码放固化物桶，库容量仅有固化物桶总量的 42%，需扩建暂存库，扩建面积约 4 680 m^2，其容积约 38 000 m^3。

(j)需扩建最终处置库，并增加运输费。

8.1.3.2　永久处置库方案

(1)永久处置库方案说明

永久处置库方案采用单桶整体码放。

将沥青固化厂生产的沥青固化物装入 200 L 专用碳钢桶中，冷却一周后用汽车运至贮存库内。汽车开进库大厅内后，操作人员开启库内吊车将适当位置的贮存坑盖板打开，用真空吸盘吊具或无动力自动机械抓具将桶吊入处置坑内，整齐码放。先将坑内第一层桶码放完毕再码第二层，第三层……直至第九层(梁下码 8 层桶)－0.900 m 的位置时，用砂子填充桶与桶之间的空隙，砂子用汽车运至大厅内向处置沟内倾倒，必要时可用大厅内吊车上的专用工具将砂子刮平，然后盖好盖板，按有关规范及标准要求封库。

为使桶定位准确，操作人员可在大厅对吊有固化物桶的吊具和吊绳进行双向目测，以实现桶的定位。

采用真空吸盘机具吊装沥青固化物桶，9 坑共码放 45 936 桶；采用无动力自动机械抓具吊装沥青固化物桶，9 坑共码放 44 658 桶。

(2)永久处置库方案特点

① 采取了必要的对位措施，使桶的定位基本得以保证。

② 采用该方案，不用考虑桶的回取吊装问题，用少年先锋吊可将固化物桶码放在吊车死区，使吊车死区空间得以充分利用。

③ 单桶吊装，人可在短时间内对桶进行近距离操作(约距固化物桶 2 m)。

④ 坑内放满固化物桶后要将桶与桶之间的缝隙填满砂子。

(3)贮存库存在的问题

贮存库于 1983 年 1 月开始施工，同年 12 月竣工，经验收合格后交工。经复查交工材料及现场调查，该库的施工质量基本符合设计要求，坑内无进水或渗水迹象。但存在下列问题。

① 贮存坑壁面外露

±0.00 以下的贮存坑外壁有相当大的部分暴露出地面，1 号库外露表面 600 m^2，2 号库外露表面 570 m^2，3 号库外露表面 630 m^2。外露面积总计 1 800 m^2，占 3 个库坑总壁面积的 33%。

自然地质屏障是放射性废物处置要求的一个重要屏障，此贮存库的自然屏障很不完整，一旦坑内进水，放射性核素就可能随着水由坑壁渗出污染环境，处置库长期运行过程中，外露壁面一旦遭到破坏，沥青固化物就会直接暴露在自然环境中造成污染。

② 贮存坑内墙面未涂沥青

沥青是很好的隔水层，可以防止地下水进入贮存坑，也可以在贮存坑一旦进水后阻止水渗出，原设计要求在贮存坑内墙壁和底板刷热沥青两道。现场调查时发现贮存坑内墙面未刷沥青而只在坑的外墙面刷了沥青。其中暴露在大气中的沥青涂面经过几年的风吹日晒已经形成龟裂和脱落。

③ 库区消防设施未完善

配套设施和消防设施，如应急加压水泵房和 1 000 m^3 容积的事故水池、沥青固化物贮存库运行生活用水池、消防栓等还不能投入使用。

④ 监测井不知去向

贮存库建设时，地质勘探井中三口井埋有钢管，原定在施工中保留下来作永久监测井，现场调查时未发现，可能是施工中遭到破坏。监测井对沥青固化物中的放射性核素可能外溢而污染地下水进行监测，是十分必需的。

⑤ 贮存库未设避雷装置

原设计参照 JBJ6-80《工厂电力设计技术规程》的规定，建筑物年计算雷击次数小于 0.01，没有设置避雷装置。沥青固化物是处于地下贮存坑中，上面有厚 300 mm 的混凝土盖板，雷击引起固化物着火的可能性很小，但沥青固化物为可燃的并带有放射性核素的废物，为保万无一失，以预防为主，应补装避雷装置。

(4)采用永久处置库方案原库需改造内容

① 原吊车仅为起吊盖板设计，其运行速度不适用于该方案整齐码放要求，故应改变吊车行走及提升速度。

② 增加少年先锋吊。

③ 需砂子约 15 000 m^3。

④ 设计一种可安装在吊车上的刮板，作刮平坑内砂子之用。

⑤ 设计吊装机具(真空吸盘或无动力自动机械抓具)。

⑥ 改变固化物桶的材料，用镀锌钢板制作固化物桶，桶的完好性可维持 15～20 年。

⑦ 每个单元坑两端 1 500 mm×13 500 mm×500 mm 的水泥基础台需加宽加长，使其可放置两个固化桶，并在此基础上码放 8 层桶。

⑧ 此方案码放固化物桶，库容积仅有固化物桶总量的 77%(以无动力自动机械抓具吊装方案为例)，需扩建永久处置库，扩建的库建筑面积约为 2 000 m^2。

⑨ 经剂量防护计算，在车厢和司机座位之间增设 50 mm 厚的铅材料屏蔽。

8.1.3.3　新建暂存库方案

新建暂存库建在地面之上，暂存库容量为沥青固化厂 5 年内生产的沥青固化物桶，新建库面积约 10 368m^2，厂房长 144 m，柱列之间距离为 6 m，厂房宽 72 m，轴线与轴线之间距离为 24 m。

新建暂存库采用水泥包装箱方案，包装箱外形尺寸为 3 400 mm×1 300 mm×1 500 mm，每个水泥包装箱装沥青固化物 4 桶，水泥包装箱在库内整齐码放 8 层。

8.1.3.4　比较结论

经济对比见表 8-1。表中平均每桶处置费指全部处置费用，包括暂时贮存和运输的费用。暂存库方案(改造原库或新建)中在国家处置库进行处置的费用按 5 000 元/ m^3计。因为改造为永久处置库方案的费用估算值(672.4 万元)未考虑处置库封库后的运行费用(虽然封库后运行费用较低)，该方案的平均每桶处置费的值偏低。由于与暂存库方案相比，改造为永久处置库可节省大量运输费用，在该处置库的处置费用也比在国家处置库的处置费用低，该方案的总处置费用比其他方案低是显而易见的。

表 8-1　几种方案经济对比

方案	改造为暂存库			改造为处置库	新建暂存库
	水泥包装箱	水泥包装桶	单桶吊装	单桶吊装	水泥包装箱
改造费用/万元	2 913.8	3 618.6	881.5		
总费用/万元	53 159.0	64 298.2	8 489.5	672.4	53 325.6
平均每桶处置费/元	9 165.3	11 085.9	1 463.7	115.9	9 194.1

技术和安全方面的对比在前面已进行过叙述，可以看到，单桶吊装整齐码放永久处置技术上可行，操作上安全，总费用最低。因此将贮存库改造成基本符合 GB9132—1988《低中

水平放射性固体废物的浅地层处置规定》的永久处置库是最佳方案。

8.1.4 贮存库整治改造

整治改造是针对贮存库施工时不符合设计要求的部分进行改造，同时考虑下述原则。

(1)增强贮存库的稳定性；

(2)防止地表水和地下水的渗入；

(3)增加工程屏障，阻止放射性核素向生物圈的迁移；

(4)完善消防装置；

(5)增设安全设施。

整治改造工程要点如下。

(1)为了加强工程屏障，在三个贮存库±0.00以下坑外墙面暴露部分对已经龟裂和脱落的沥青进行全面修复，并在贮存坑外墙暴露面前2 m处增设混凝土护坡，护坡和外墙之间填充2 m厚黏土，其顶部用混凝土做散水坡与库±0.00处散水坡相联。

(2)为了保证沥青固化物桶的整齐码放，改造了原有吊车的行走及提升速度并增设了填充、刮平和吊装机具。

(3)为了防水，贮存坑内壁涂沥青。

(4)为了预防运行期内发生火灾，在库内增设临时干粉灭火器。为了安全，所有贮存坑顶增设避雷装置。

(5)在贮存库外围增设围墙及铁丝网，在库的入口处增设门卫及公用和卫生设施。

(6)修复并完善了原有消防设施，设置监测井。

1994年基地委托核工业第二研究设计院作沥青固化物贮存库的整治施工设计，核二院于1994年10月份完成设计。整治施工分3年完成。1995年完成值班室和黏土库土建施工；完成3号库挡墙修建，倒塌围墙修复，2号库原建挡土墙的加固及道路清理；完成黏土库内吊车、皮带输送机及贮存库值班室内设备安装调试；完成3号库防雷接地网阵、火灾报警装置安装和动力、照明、通讯系统改造；完成3号库坑基础整治及内壁刷沥青漆.3号库库内新双梁双速吊车安装、抓具安装调试、3个库的卷帘门安装；接通应急加压水泵房上水管线，清理好1 000 m^3生产水高位水池和500 m^3生活水高位水池，检修好库区消防栓及供水管线，使库区消防水系统投入使用；打好三口地下水监测井。1996年对2号库进行了整改。在移走库内存放的沥青固化物空桶及其他设备后，按设计要求对库坑内壁刷沥青漆，整治坑内基础平台；安装吊车；安装火灾及防盗报警器；更换动力、照明装置；铺设防雷网阵。1997年对1号库进行了整改。对库进行清理，吊开盖板对库坑内壁刷沥青漆，整治基础平台；增设防雷接地网阵；安装火灾、防盗报警器；整治动力、照明通讯系统；检修调试好吊车。

1996年5月国家环保局组织专家组到现场对沥青贮存库的整治和营运前的准备工作进行了现场验收，之后于5月27日下文批准沥青固化物贮存库投入营运。

8.2 贮存库的运行

8.2.1 沥青固化物桶的运输

贮存库与沥青固化厂相距约2 km，有厂内公路相通，库区内设有单行车道，采用在汽车驾驶室后部设有铅屏蔽的专用汽车运输沥青固化物桶。

8.2.2 废物接收及检测

专用汽车将废物桶运至接收区后，库内吊车将废物桶吊入可移动式剂量检测装置，核查废物桶的表面剂量当量率和进行桶表面沾污测量。认真检查废物桶是否损坏，确认废物包装符合包装要求。仔细核查废物交付清单及废物桶编号。经以上检查确认无误后方可接收废物桶，并将废物交付清单注明接收日期和贮存位置后存档。

8.2.3 废物贮存方案

对固化桶立放贮存方案和固化桶横放贮存方案进行过考虑。

固化桶立放贮存方案采用单桶吊装立式整齐码放。沥青固化物在沥青固化设施装入200 L碳钢桶中，冷却10天后用专用汽车运至贮存库。汽车开进库大门后，操作人员使用库内吊车将贮存坑盖打开，然后用真空吸盘吊具将检查合格的沥青固化物桶吊入坑内立式整齐码放。码放完第一层后用细黏土填充桶与桶之间的空隙，填实平整后铺盖一层抗压石棉板，然后再立式整齐码放第二层，依次码放至第九层后用细黏土填满贮存坑，然后用吊车将贮存坑盖板盖好，用水泥砂浆封缝。待贮存库内所有贮存坑全部装满后盖板上封盖200 mm厚的混凝土(见图8-2)。

入库检查和码放过程中全部采用远距离操作。利用贮存库内地面和墙面的双向定位标记，可以实现比较准确的定位，把固化物桶码放整齐。

采用上述的码放措施后，贮存坑内的沥青固化桶形成一个整体，避免了因废物桶长期贮存腐蚀后塌落造成的冲击。封库后完全切断了贮存库与外界的火源联系，因此在沥青固化物的长期贮存中不会发生燃爆事故。

此方案的优点是采用真空吊具，废物桶的入库立式码放操作简单易行，并可实现远距离操作。

固化桶横放贮存方案采用单桶吊装整体横放。装有沥青固化物桶的汽车进入贮存库大厅后，操作人员开启库内吊车将贮存坑盖板打开，用吊具将检查合格的沥青固化物桶吊入翻桶机内，将立桶翻转到横位，然后用真空吸盘吊具将桶吊入贮存坑内整体横放。码放完第一层后用黏土填充桶与桶之间的空隙，填实平整后再依次码放第二层、第三层，直至第十二层后用细黏土填满贮存坑，然后用吊车将贮存坑盖板盖好，用水泥砂浆封缝。待贮存库内全部贮存坑装满后盖板上封盖200 mm厚的混凝土(见图8-3)。

固化桶采用横放贮存方案后，可避免因固化桶长期立式存放腐蚀后塌落造成的冲击，封库后完全切断了贮存库与外界的火源联系，因此在沥青固化物的长期贮存中不会发生燃爆事故。

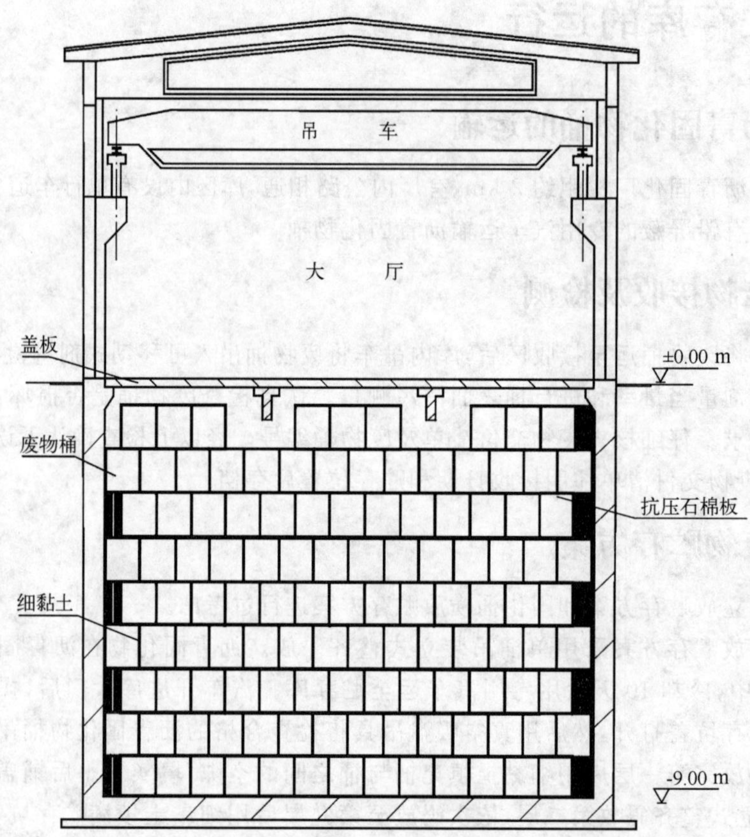

图 8-2 废物桶立放贮存方案示意图

横放贮存方案与立放贮存方案相比,在每层固化物桶之间减少了石棉板。但在废物桶入库时需将桶翻转成横放,然后更换真空吸盘吊具后才能将桶吊入贮存坑内,因此入库吊装操作复杂,不易实现远距离操作。在两方案均能保证长期安全贮存的基础上,第一方案(固化物立放贮存方案)入库操作简单,安全,易实现远距离操作。立放吸盘真空吊具与横放真空吸盘吊具相比,结构简单、更容易设计、可靠性好、操作也方便。相比之下固化桶立放贮存方案为佳,故采用固化桶立放贮存方案。

8.2.4 封库

库内所有贮存坑全部填充封盖后,首先移出库内剂量监测仪表及临时消防设施。在盖板上浇注 200 mm 厚混凝土,混凝土顶面做 1%的坡度,从库中心坡向库两边,在库边设排水盲沟。盲沟顶面附近铺设 300 mm 厚卵石,然后在库内覆盖 2~3 m 厚的黏土层,最后拆除吊车、切断电源、用砖封闭库门,并在库门处设永久性标记,标记上注明库内贮存废物的放射性总活度、主要核素、库址坐标位置及封库日期(见图 8-4)。

8.2.5 运行的监督

库运行期间的监督应按 GB9132—1988《低中水平放射性固体废物的浅地层处置规定》

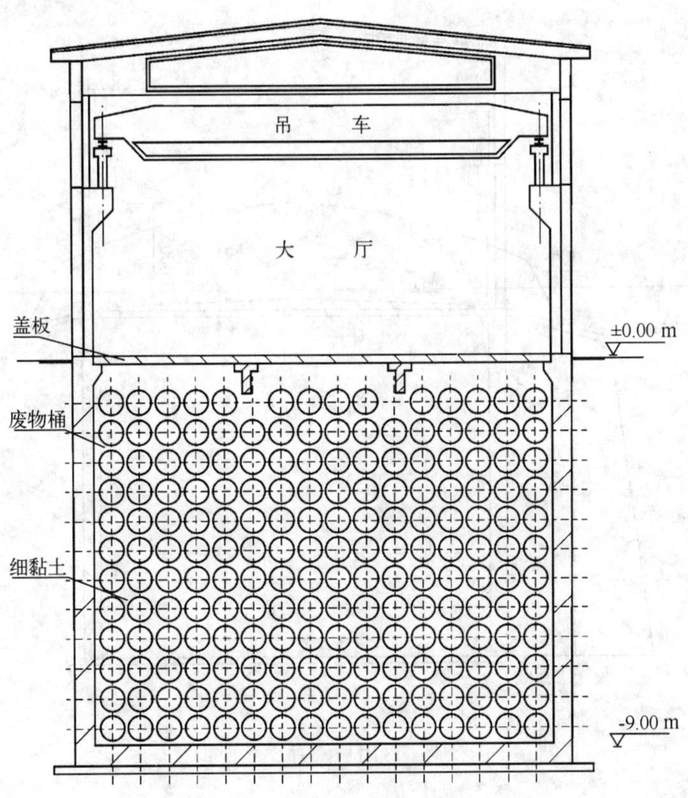

图 8-3　废物桶横放贮存方案示意图

中的要求执行。库区内环境每半年进行一次全面检查，并将分析结果上报有关监督单位。

8.2.6　对异常情况的措施

在库运行过程中如发现废物桶包装不合格或破裂，应将废物桶放入水泥再包装箱内，经再包装后方可放入贮存坑，每箱码放 4 桶，一般应码放在坑顶层。已经发现破损的废物桶严禁直接吊入坑内。一旦发生污染事故，应在尽快确定污染的地点、核素、水平、范围后采取控制污染的有效措施并立刻上报有关管理部门。在贮存库遭到严重破坏，以致不再适于贮存废物时，应将废物桶回取，另行贮存或处置。

8.2.7　库的关闭

当贮存库均存满废物桶并经封库作业后，即可实行正常关闭。此时将库区内可能引起火灾的隐患（包括电源和易燃物）全部拆除，废弃设备、建筑物应进行清理，并应设立明显标志，禁止非工作人员进入。贮存库关闭后，应定期对其完整性进行检查，并对库区环境进行监测。

8.2.8　库的开放

废物贮存 300 年后其最大比活度将下降为 3.35×10^{4} Bq/kg。经验证，库内废物的放射

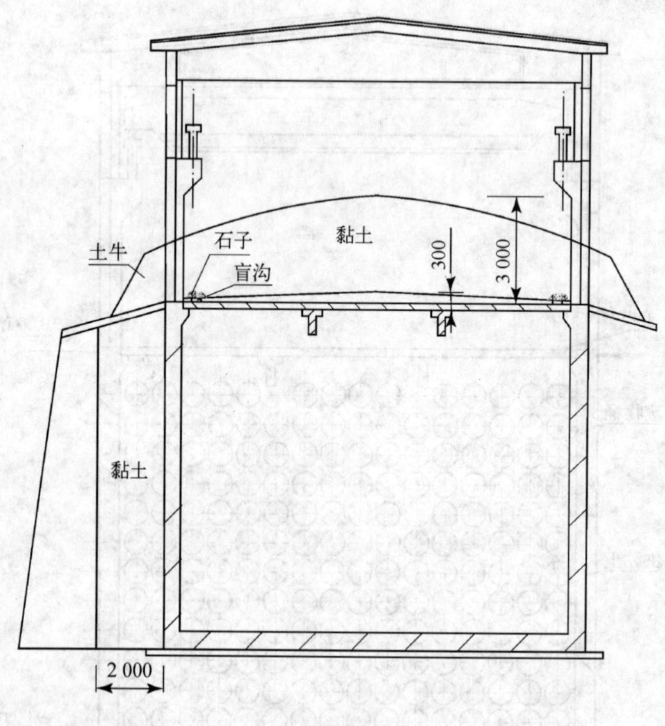

图 8-4 封闭后贮存库示意图

性降到不需辐射防护的水平(GB13367—92《辐射源和实践的豁免管理原则》)后,可解除控制,实行完全开放。

8.2.9 辐射监测

8.2.9.1 工作场所监测

沥青固化物贮存库启用前,进行表面的 α,β,γ 参照本底调查和 α,β 放射性气溶胶参照本底调查。沥青固化物贮存库启用后,每周取一次放射性气溶胶监测,每月进行一次库内外 α,β 表面污染普查。

8.2.9.2 环境监测

在正常营运期间,没有放射性废气、废液的排放。在事故情况下,由于水淹没使固化物中的放射性核素被浸出、经地下水出露于附近的河或江。

在营运期间,除坚持常规环境监测(如表 6-1)之外,还应加强对放射性废物运输路线的监测,并定期通过监测井对地下水进行监测。

贮存库关闭后,对库区内的放射性分布和辐射强度、地下水的放射性活度均应进行长期监测,随着放射性水平降低,可降低监测频率,直至放射性已降到不需辐射防护的水平为止。

8.3 安全影响

本节叙述在沥青固化物贮存库正常运行下对工作人员的辐射防护，简要叙述公安部天津消防科学研究所对硝酸钠一沥青固化物燃烧爆炸性的论证实验。由于最大可信事故对工作人员的辐射影响很小，在此不进行叙述，沥青固化物贮存库营运的环境影响在 8.4 节叙述。

8.3.1 贮存库内操作人员的防护

贮存库的主要危害来自沥青固化物的 γ 外照射。为使库内操作人员所受的 γ 外照射剂量低于国家规定的限值，对可能产生 γ 外照射的贮存坑内沥青固化物进行有效的屏蔽，屏蔽设计中采用 2.5×10^{-2} mSv/h 剂量当量率。沥青固化物的比活度最大为 3.7×10^{7} Bq/kg，每桶的放射性活度为 7.77×10^{9} Bq，贮存库建筑的防护厚度（四周墙壁、盖板的混凝土厚分别为 450 mm 和 250 mm）是足够的。

沥青固化物是在沥青固化厂装入 200 L 标准桶内加盖密封的。如桶的表面有污染，必须擦洗干净后方可进行下一步操作。可以说，沥青固化物桶的表面污染是微量的。装入桶内的沥青固化物是重馏分的有机体，在常温下很难挥发出放射性气溶胶，即使有其量也是很小，经库内空气稀释，库内空气的放射性气溶胶的浓度是很低的，只要工作人员穿上工作服、工作鞋、工作帽，戴上口罩，则对库内操作人员是不会有内照射影响的。

8.3.2 运送沥青固化物汽车司机的防护

《放射性物质安全运输规定》（GB11806—89）中“6.4.2.3 各类人员座位处的辐射水平，一般不得超过 0.02 mSv/h，有个人剂量监测措施的职业性辐射工作人员坐的位置处的辐射水平可适当提高。”沥青固化物是从沥青固化厂用汽车送至沥青固化物长期贮存库。司机座位与沥青固化物桶只有 300 mm 的距离，采用厚 5.0 cm 的铅屏蔽后，司机座位处的剂量当量率低于 0.02 mSv/h 的国家限制值。如8.3.1节所述对司机基本无内照射影响。

8.3.3 硝酸钠-沥青固化物燃烧爆炸性论证实验

为了贮存库安全，委托公安部天津消防科学研究所论证硝酸钠一沥青固化物在地下贮存库内贮存期间（350 年左右）热稳定性是否变化，是否存在燃烧、爆炸的可能性。

8.3.3.1 实验工作

进行了三项实验：(1)为了研究硝酸钠一沥青固化物长期贮存的热稳定性变化，进行了样品加速老化实验；(2)对经过恒温老化的样品和未经恒温老化的样品分别进行热分析实验；(3)对恒温老化后的样品进行撞击感度试验。

8.3.3.2 论证意见

(1)关于发生燃烧爆炸的可能性

硝酸钠与沥青混合，有成为爆炸性混合物的危险。

用重 10 kg 的立式落锤仪从高 40 cm 落锤进行五次实验，有三次发火，落锤的势能为 40 J。沥青固化物装入碳钢桶内，桶高 90 cm，装填系数 80%，桶内上部留有 18cm。贮存库设计堆高 9 桶，每桶净重 208～216 kg。固化物桶埋入地下数年后锈蚀，强度下降，桶将下落。如果最下一层固化物桶锈蚀后，上面 8 桶下落，8 桶总重量超过 1 664 kg，下落高度为 18 cm，撞击势能为29 95.2 J，远大于实验时的 40 J，此撞击完全可能引起硝酸钠－沥青固化物的热分解，存在着发生爆炸的可能性。

杂质对炸药的敏感度有很大影响。在一般情况下，固体杂质，特别是硬度高有尖棱的杂质能增加炸药的敏感度。这是因为杂质使冲击能量集中在尖棱上，产生许多高能中心，促使炸药爆炸。桶内沥青固化物表面会有高低不平，上部桶的下落亦不会垂直落下，总是由尖棱处先承受上方的撞击，由于受力面积小，从而加大了压强，局部承受很大的撞击能量，造成迅速的热分解(工程上采取的措施可避免贮存期间对沥青固化物的撞击)。

(2)自燃着火的可能性极小

通过热分析实验发现，没有老化的样品起始放热温度不小于 340 ℃，经过老化的样品起始放热温度不小于 300 ℃(这些数据和以前得出的起始放热温度不小于 230 ℃有一定差距，可能是样品不同造成的)。实验表明老化后的样品起始放热温度有明显降低。

在硝酸钠－沥青固化物贮存库中，固化物桶埋在地下，不会受外界加热。老化后样品起始放热温度为 300 ℃，可以认为固化物在长期贮存期间自燃着火的可能性极小。

(3)样品老化后稳定性变差

从热分析曲线可以看出没有老化的样品放热峰比较平稳，经过老化的样品放热峰很陡，撞击实验结果亦表明，老化后的样品热分解猛烈，起始放热温度也有明显降低。

(4)氢气积累的影响

由于固化物所包容的放射性核素对沥青的辐射，沥青会分解出氢气，经计算，因放射性核素对沥青辐射，一个固化物桶内的沥青分解产生的氢气量(最大积累)为 0.825 L。桶内固化物分解产生的氢气与空气混合，由于氢气爆炸范围很宽，在局部区域可能形成爆炸性混合气。如果贮存库内的桶从高处落下，可能产生撞击火花，存在着点燃爆炸性混合气的可能性。但由于工程上采取的措施可避免贮存期间对沥青固化物的撞击，不存在引燃爆炸性混合气的火源，因此沥青固化物在贮存库贮存期间不存在氢气爆炸的可能性。

8.4 环境影响评价

环境影响评价按 GB6249—86《核电厂环境辐射防护规定》的限值(即 0.25 mSv/a)，进行评价。考虑到基地有多个核设施，故采用总限值的五十分之一，即 0.005 mSv/a，作为评价的标准。因为闯入事故只对少数闯入者发生，故闯入事故的评价标准取公众成员年有效剂量当量限值(1 mSv)。

8.4.1 正常情况下的环境影响

贮存库在正常运行、关闭和关闭后的控制期内，由于天然屏障和工程屏障的保证，所贮存废物中的放射性核素不会从库中释出、进入环境，因此不会对公众造成影响。

由于距离和贮存库本体结构的防护，库外的公众所受到的 γ 外照射的影响是极小的。

运送沥青固化物桶的汽车车厢前侧采用 5 cm 厚的铅板屏蔽、左右两侧和后侧采用2 cm 厚的铅板屏蔽，对周围公众的外照射剂量影响极小。

8.4.2 事故情况下的环境影响

8.4.2.1 事故分析

(1)水的浸泡

① 雨水

贮存库的排水设施、工程屏障和天然屏障可以使雨水不进入贮存库。但是，当瞬时雨量较大时，由于排水设施来不及排水，以及地下孔隙性潜水增加，可能使水进入贮存库，浸泡固化体，使放射性核素浸出。

② 洪水

贮存库与附近的河相距 200 m，库房基础最低标高为 546 m，高出百年一遇水位(499.68 m)约 46 m，高出千年一遇水位(504.32 m)约 42 m。因此洪水对该库不构成威胁。

在附近的江的上游 5 km 处建有一水电站，水库坝高 130 m，总库容 25.4 亿 m^3，最高蓄水位 588 m。因经专家鉴定，自然灾害导致溃坝的概率小于 10^{-6}，故未做溃坝洪水作用的分析。

③ 地下水

1 号库底距地下水位 14～21 m；2 号库距地下水位 16～26 m；3 号库距地下水位 22～29 m。场址区域自第四纪以来为间歇性均衡上升，上升幅度小，平均隆起速率为 0.8 mm/a，距此推算今后 1 000 年累计上升相对高度为 0.8 m。因此，地下水不会因地层上升而对贮存的废物产生影响。

(2)燃烧和爆炸

沥青固化物在贮存库贮存期间自燃着火的可能性极小，可能引起燃烧和爆炸的诱因是撞击和氢气积累的影响。

① 撞击

采用立放方案时，废物桶立式整齐排放，桶与桶之间的空隙用细黏土填满，每层桶之间用抗压石棉板隔开，上下层桶错开摆放，贮存坑内的沥青固化物桶形成一个整体。当废物桶腐蚀后，由于黏土和石棉板之间的支撑作用，延迟并阻止了废物桶的下落，避免了废物桶塌落对沥青固化物的冲击。因此工程上采取的措施可避免贮存期间对沥青固化物的撞击。

② 氢气积累的影响

沥青固化物受到包容在其中的放射性核素照射使沥青分解，产生气体。该气体由氢、甲烷、一氧化碳和乙烯组成，其中氢占气体总量的 75%～95%(体积分数)。一桶沥青固化物累积产生的氢气量最大为 0.825 L，桶内空间约为 40 L，即使所产生的氢气全部聚集在桶内，也达不到爆炸下限[4.1%(体积)]。而且由于沥青受照产生氢气的过程是一个缓慢发生的过程，一旦氢气产生，氢气即通过废物桶上的小孔扩散到周围固体介质中，而不会形成爆炸性混合气。即使局部有氢气积累，由于不存在引燃的火源，也不会产生燃爆。因此，不存在爆炸的可能性。

(3)地震

库址区域内仅伴有弱震活动,不具备产生强震的地质条件。

库址区域内主要地震危险来自邻近地区波及影响,据历史记载,基地及附近地区没有发生过破坏性地震。

因此,基地区域不会发生对贮存库造成破坏性的地震。

(4)泥石流

库区地势北高南低、西高东低,由西北向东南倾斜。

该库区位于山坡上,三排箱形建筑的地面高度分别为 555 m、562 m 和 569 m。场地两侧有冲沟切割,后面有一小山梁,高度为 625 m,所以泥石流不会危及该库安全。库四周建有护坡和护墙,可防止泥石流的侵袭。

(5)崩塌和滑坡

正如 8.1.1(1) ④和 8.1.1(1) ⑤ 所述,贮存库最后将填充、埋藏、施工后不会造成大的临空面,故对场地整体稳定性影响不大,不会产生崩滑。

(6)其他事故

贮存库关闭后,无意侵扰者可能进库进行挖掘、钻探等活动,从而受到辐照。

8.4.2.2 事故后果预测和评价

根据上述事故分析,贮存库在运行、关闭和关闭后的长期隔离过程中可能发生的事故是水的浸泡事故和意外闯入事故。因此仅就这两个事故进行后果预测和评价。

(1)水的浸泡事故

放射性核素随水渗出贮存库,通过如下三条途径向生物圈迁移:

— 向下渗入包气带,然后进入潜水层,沿潜水层水流方向迁移,最后出露于附近的河;

— 向下渗入基岩裂隙,沿裂隙进入附近的江;

— 通过库侧壁渗出的浸出液一部分向下渗入包气带,与第一条途径相同,另一部分通过黏土层和护坡,弥散至台阶外侧,然后被雨水冲刷由地表进入附近的河。

在上述三条途径中,第二条途径的放射性核素迁移行程长,出露时间晚,而且渗入基岩裂隙的放射性核素有限,由此对公众造成的放射性影响小,因此,未做定量预测。第三条途径中,因为贮存库处在地面以下,台阶一侧的库侧壁与台阶外侧之间尚有 2 m 厚的黏土层和护坡,因此,弥散至台阶外侧的放射性核素很少,对公众的影响也将很小,故未做定量预测。

综上所述,水浸泡事故时放射性核素迁移的主要途径是:放射性核素通过包气带和潜水层,进入附近的河中。

表 8-2 为放射性核素在河中的浓度(Bq/m^3)。最大浓度分别是在贮存库进水后第 64.1 年(^{137}Cs)和第 8.29 年(^{90}Sr)出现,浓度分别为 180 Bq/m^3(^{137}Cs)和 10.5 Bq/m^3(^{90}Sr)。

贮存库进水后的 300 a 内,江中最近取水点处的核素浓度为 0.408 Bq/m^3(^{137}Cs)和 2.40×10^{-2} Bq/m^3(^{90}Sr。)

表 8-2　放射性核素在河中的浓度　单位：Bq/m^3

时间/a	^{137}Cs	时间/a	^{90}Sr
10.0	3.24×10^{-5}	2.0	1.30×10^{-6}
20.0	4.57×10^{-4}	4.0	2.25×10^{-6}
30.0	5.72×10^{-4}	6.0	1.05×10^{-2}
40.0	5.74×10^{-4}	8.0	2.11×10^{-2}
50.0	1.95×10^{-1}	8.29	1.05×10^{1}
60.0	1.37×10^{2}	9.00	1.03×10^{1}
64.1	1.80×10^{2}	10.00	9.91
70.0	1.69×10^{2}	15.00	8.32
80.0	1.22×10^{2}	20.00	6.98
90.0	9.30×10^{1}	40.00	3.45
100.0	7.17×10^{1}	60.00	1.68
150.0	1.80×10^{1}	80.00	8.00×10^{-1}
200.0	3.40	100.00	3.59×10^{-1}
300.0	2.68×10^{-7}	200.0	5.02×10^{-8}
400.0	2.07×10^{-8}	400.0	5.34×10^{-11}

公众由于贮存库水浸事故而接受的有效剂量当量包括饮水内照射，食用水生物内照射，食用农作物内照射、游泳和划船外照射，以及岸边活动外照射剂量。各照射途径的最大个人有效剂量当量计算结果如表 8-3 所示。由表可知，公众个人最大有效剂量当量幼儿组为 1.33×10^{-6} Sv/a，少年组为 5.78×10^{-7} Sv/a，成人组为 3.29×10^{-7} Sv/a，分别为评价所采用标准值(0.005 mSv/a)的 26.6%、11.6%和 6.58%。

表 8-3　最大个人有效剂量当量　单位：Sv/a

途径	核素	幼儿	少年	成人
饮水	^{90}Sr	1.62×10^{-11}	7.78×10^{-12}	8.15×10^{-13}
	^{137}Cs	1.12×10^{-8}	5.53×10^{-9}	8.85×10^{-9}
食鱼	^{90}Sr	5.29×10^{-11}	2.03×10^{-11}	1.45×10^{-11}
	^{137}Cs	1.21×10^{-6}	4.75×10^{-7}	2.29×10^{-7}
食农作物	^{90}Sr	1.96×10^{-10}	1.10×10^{-10}	1.27×10^{-10}
	^{137}Cs	1.37×10^{-8}	7.91×10^{-9}	6.08×10^{-9}
游泳、划船	^{90}Sr	0	0	0
	^{137}Cs	4.83×10^{-10}	4.86×10^{-10}	4.83×10^{-9}

续表

途径	核素	幼儿	少年	成人
岸边活动	^{90}Sr	0	0	0
	^{137}Cs	8.98×10^{-8}	9.98×10^{-8}	9.98×10^{-8}
合计		1.33×10^{-6}	5.78×10^{-7}	3.29×10^{-7}

(2)意外闯入事故

假设贮存库关闭后第 6 年发生意外闯入事故,不知情者进入贮存库进行钻探作业,提取出长为 4 m,直径为 20 cm 的岩芯,如果受照者距岩芯端点为 50 cm,计算得出受照者在 8h 内接受的剂量当量为 2.54 mSv。此值为公众成员年有效剂量当量限值 1 mSv 的 2.54 倍。因此,贮存库在封库后应进行控制,以杜绝该事故发生。

8.4.3 评价结论

贮存库在正常运行和关闭后对公众的影响极小。

贮存库可能发生的事故是水对固化物的浸泡事故和意外闯入事故。水浸没事故发生时,公众由于饮水、食鱼等途径而接受的年最大有效剂量当量分别为 1.33×10^{-6} Sv/a(幼儿组),5.78×10^{-7} Sv/a(少年组),3.29×10^{-7} Sv/a(成人组)。关键居民组为幼儿组,关键核素是 ^{137}Cs,关键照射途径为食鱼内照射,该事故下公众所受到的辐射影响是可以接受的。意外闯入事故发生时,公众由于进行钻探而在 8 h 内接受的剂量当量为 2.54 mSv,为限值的 2.54 倍,因此,应通过管理控制杜绝该事故发生。

GB9132—88《低中水平放射性固体废物浅地层处置规定》中要求:"场址边界与露天水源间的距离不宜小于 500 m。"而固化物贮存库距最近的一条河仅 200 m。但考虑到基地进入全面退役后产生的总的放射性废物量很大,不可能全部移走,总要留一部分在原址。贮存库的放射性总活度相对较少,且经贮存 300 年后能达到非放废物水平。同时考虑到该库于 1983 年早已建成,经计算论证,该库投运后,核素通过水途径的迁移不会对环境造成危害,可作为长期贮存库使用。

8.5 贮存库营运情况

8.5.1 3 号贮存库

8.5.1.1 固化物贮存情况

沥青固化贮存库 3 号库于 1996 年 7 月 15 日开始贮存沥青固化物桶。在沥青固化物入库过程中,由于严格操作,人工整齐码放,3 号库比原设计多存放 4 296 桶(原设计 5 542×3 桶)。对入库沥青固化物的贮存采用对位入坑,分层整齐码放,并且桶间用黏土填死,每三层层间填 60 mm 黏土铺平后还垫上一层抗压石棉水泥板的方式(原设计是在每放置一层桶后加盖抗压石棉板,但实际操作中发现加上的石棉板因抗压强度不足而容易破裂,后改为每三层间填抗压石棉板)。在贮存沥青固化物过程中耗用抗压石棉水泥板 2 217.56 m^2,黏土 6 233 t。

在沥青固化物贮存过程中,对单桶、桶间、各层面上的外照射量率进行了严格监测。对库内大厅放射性气溶胶定期进行了监测。确保了沥青固化物入库过程中及 3 号贮存库的安全。具体监测情况如下:

(1)单桶外照射量率:5～24 μR/s

(2)桶间外照射量率:6～25 μR/s

(3)层间上外照射量率:4～20 μR/s

(4)3 号贮存库内大厅放射性气溶胶:

C_α 范围:1.00×10^{-3}～5.5×10^{-5} Bq/L

C_α 平均:3.50×10^{-5} Bq/L

C_β 范围:0.50×10^{-4}～4.10×10^{-4} Bq/L

C_β 平均:1.30×10^{-4} Bq/L

8.5.1.2　3 号贮存库的封库方案及准备工作

3 号库 1999 年底已装满废物,到 2004 年底已达 5 年,从安全角度考虑应当封库。2005 年 4 月就对 3 号库进行封库向基地所在地的省环保局报告,省环保局作出“不宜封库的答复”。下面介绍封库方案和准备工作。

(1)封库方案

① 拆除封库后不用设备

封库前,将可能引起火灾的隐患全部拆除,拆除电动葫芦双梁起重机(包括安装的同步移动式探照灯、可旋转 360°的吊钩)。

拆除动力电源、电缆、插座等设备。照明系统暂保留,以供进库使用。拆除所有废弃设备,未用设备(200 L 桶吊具)。

② 建筑物整治

建筑物进行清理,对库内盖板进行处理,使之符合浇筑混凝土条件。水泥盖板打毛。预埋钢管做排气孔(9×3=27 个)。盖板上部浇筑 20 cm 厚 C20 混凝土。

损坏的门窗进行拆换;屋面进行清理,对老化的防水层按Ⅱ级防水要求进行整治;清理外露的砖墙体,作外墙的防水处理,对外露的混凝土墙的老化沥青防水涂层进行清理,重新按原设计要求补刷;建筑物清理整治完成后设立明显安全标志及必要的护栏。

③ 防雷接地及消防、报警系统整治

检查消防系统、感烟报警装置、防盗报警装置、雷击装置、消防栓、消防供水等系统及灭火器。更换腐蚀损坏的接地线及装置;更新报警线路和设备;对消防水管和消防栓进行整治,并配备必需的消防器材。

④ 气溶胶测量、普查

对厂房内外进行气溶胶测量、普查、建立封库前辐射基础数据。

⑤ 库区道路及挡墙、排洪沟涵整治

对库房周围环境进行整治,修复损坏道路和挡墙,疏通、清理沟涵。

⑥ 新建环境监测井

在厂房周围新建三口环境监测井，对地下水定期进行监测。

⑦ 建立封库档案数据库

在封库前对3号库的历史数据进行整理、分类、建档。在此基础上建立封库的电子数据库。

(2)准备工作

为3号库封库进行准备，2005年4月曾委托省环境管理监测中心站对贮存库的外环境进行监测。γ剂量率监测点、土壤取样点和气溶胶取样点的布置见图8-5。监测结果如表8-4至表8-7所示。贮存库外环境中γ剂量率范围为0.13～0.20 μSv/h。气溶胶样品中放射性核素比活度监测结果表明气溶胶样品中^{137}Cs和^{238}U的比活度低于最低检测限，^{232}Th比活度为7.97×10^{-4} Bq/m^3，^{226}Ra比活度是5.71×10^{-4} Bq/m^3，^{40}K比活度是1.16×10^{-3} Bq/m^3。厂区的土壤样品中^{232}Th比活度范围为33.79～51.11 Bq/kg，^{226}Ra比活度范围为13.43～23.81 Bq/kg，^{40}K比活度范围为353.92～457.49 Bq/kg，^{37}Cs比活度范围为23.48～38.00 Bq/kg，^{238}U比活度范围为5.22～18.22 Bq/kg。地表水中^{90}Sr浓度范围为4.01×10^{-3}～2.72×10^{-1} Bq/L，^{137}Cs浓度范围是4.17×10^{-4}～6.31×10^{-4} Bq/L，总α放射性是0.011～0.042 Bq/L，总β放射性是0.012～0.015 Bq/L。

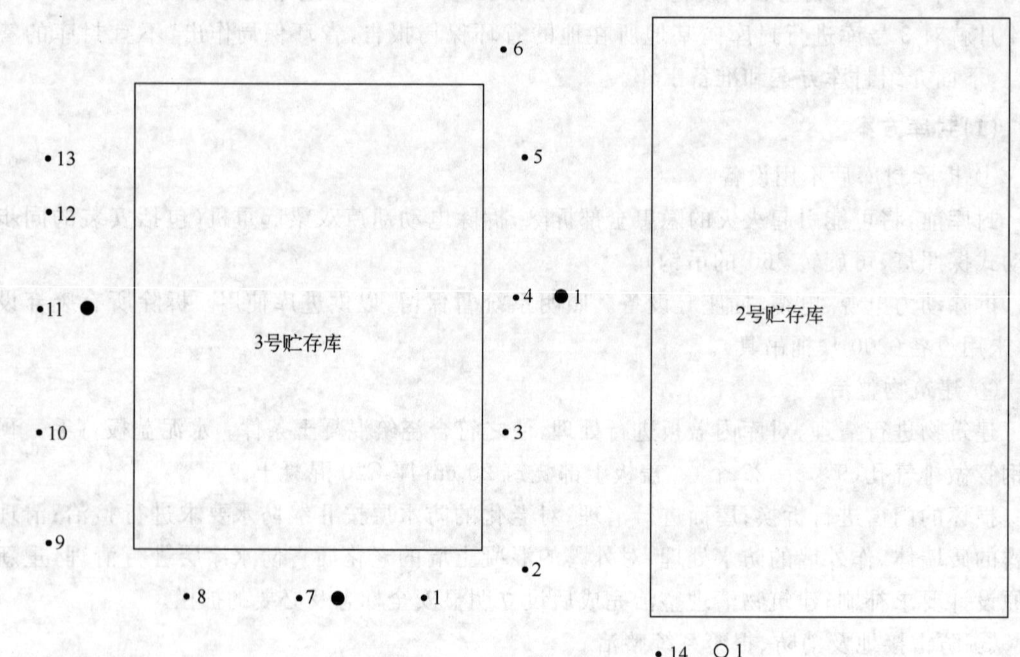

图8-5　沥青固化物贮存库辐射环境监测布点图

·—γ剂量率监测点　○—气溶胶取样点　●—土壤取样点

表 8-4　环境 γ 剂量率监测结果　　单位：μSv/h

点位号	γ 剂量率	标准差	点位号	γ 剂量率	标准差
1	0.13	0.011	8	0.15	0.011
2	0.14	0.010	9	0.15	0.011
3	0.15	0.018	10	0.15	0.012
4	0.20	0.005	11	0.14	0.008
5	0.16	0.005	12	0.16	0.009
6	0.14	0.008	13	0.17	0.010
7	0.13	0.008	14	0.15	0.013
			本底	0.13	0.008

表 8-5　气溶胶样品中放射性核素比活度　　单位：Bq/m^3

样品编号	^{232}Th	^{137}Cs	^{238}U	^{226}Ra	^{40}K
1	7.97×10^{-4}	< LDD	< LDD	5.71×10^{-4}	1.16×10^{-3}

注：^{137}Cs，^{238}U 的探测下限分别为 2.8×10^{-4} Bq/m^3 和 2.45×10^{-3} Bq/m^3。

表 8-6　土壤样品中 γ 放射性核素放射性比活度　　单位：Bq/kg

样品编号	^{232}Th	^{226}Ra	^{40}K	^{137}Cs	^{238}U
1	51.11	23.16	457.49	38.00	18.22
2	33.79	13.43	453.33	23.48	5.22
3	36.90	23.81	353.92	26.92	12.10

表 8-7　水样放射性监测结果　　单位：Bq/L

样品编号	采样点	^{90}Sr	^{137}Cs	总 α	总 β
1	河上游	4.01×10^{-3}	4.17×10^{-4}	1.01×10^{-2}	1.21×10^{-2}
2	河下游(距排污口 100 m)	2.72×10^{-1}	6.31×10^{-4}	4.20×10^{-2}	1.52×10^{-2}

8.5.2　2 号贮存库

沥青固化物 2 号贮存库于 1996 年 10 月全面开展整改施工，于 1997 年 1 月完成整改及验收工作。2 号贮存库于 1997 年 9 月正式营运。贮存库 1 号大坑贮存沥青固化物过程中的辐射监测情况如下：

(1)单桶外照射量率：1～10 μR/s

(2)桶间外照射量率：2～11 μR/s

(3)层间上外照射量率：1～8 μR/s

(4)2 号贮存库内大厅放射性气溶胶：

C_α 范围:2.44×10^{-3}～7.63×10^{-5} Bq/L

C_α 平均:3.10×10^{-5} Bq/L

C_β 范围:0.45×10^{-4}～1.81×10^{-4} Bq/L

C_β 平均:0.90×10^{-4} Bq/L

8.5.3 辐射监测结果

8.5.3.1 1996年至2001年

贮存库防火、防爆、防盗和辐射安全监督防范措施、监测报警装置运行正常,从未发生异常现象。表8-8至表8-10为库内辐射安全监测结果统计表。

表 8-8 贮存库放射性气溶胶监测数据

取样地点	测样个数	C_α/(×10^{-5}Bq/L)		C_α/(×10^{-4}Bq/L)	
		平均值	最大值	平均值	最大值
3号贮存库	28	3.6	5.7	1.56	3.15
2号贮存库	10	3.98	5.28	1.47	9.86

表 8-9 贮存库工作场所 γ 外照射监测结果

监测地点	装卸桶场所 P_γ/(μR/s)		贮存桶场所/P_γ/(μR/s)		每层桶表面 P_γ	
	P_γ 平均值	P_γ 最大值	P_γ 平均值	P_γ	P_γ 平均值	P_γ 最大值
3号贮存库	8～10	24	9～12	24	6～10	22
2号贮存库	4～8	16	5～7	14	4～8	17

表 8-10 贮存库坑顶水泥盖板表面外照射水平

水泥盖板表面(中央)	水泥盖板间隙处 P_γ/(μR/s)		
	缝隙小于5 cm	缝隙小于10 cm	缝隙大于10 cm
P_γ=0.6 μR/s	1.0	2.0	4.0

从辐射安全监测结果看,可以看出辐射安全效果比较好,库内空气中放射性气溶胶浓度与本底值相比无显著增加,贮坑水泥盖板也无明显污染,封坑后再抹200 mm水泥层,盖板表面的 P_γ 将会小于0.03 μR/s,所以辐射安全将会更理想。

但是,贮存库在营运中由于吊桶吊具对位困难,操作人员经常下坑手扶固化物桶进行装卸码放,受照剂量偏大,特别是1997年个别人员年剂量当量达20 mSv,这是因为1997年把以往存放在44C固体废物暂存库的固化物全部倒送至长期贮存库,形成短时间集中受照,此种情况以后没有出现过。

8.5.3.2　2002 年至 2006 年

表 8-11 为 2002 至 2006 年沥青固化物贮存库气溶胶监测结果。从监测结果可知，放射性气溶胶的放射性水平处于正常水平。2005 年为 3 号库封库作准备进行的辐射监测在 8.5.1.2节已进行描述，这儿简要介绍 2006 年贮存库辐射监测情况。

(1)沥青固化桶辐射剂量率测量

在沥青固化物桶接收、存放的工作日，辐射防护人员使用 FJ－347A 型剂量率仪随机测量单桶及摆放到坑后的层间的剂量率水平。单桶和层间按统计学布点，各随机测量 3 个数据。单桶的剂量率值范围为 60 μGy/h ～ 300 Gy/h；层间的剂量率值范围为 300 μGy/h～500 Gy/h。

(2)放射性气溶胶监测

在沥青固化物桶入库营运期间(3 月和 4 月)，使用 DK-2 型移动式空气取样器，对 2 号库房的放射性气溶胶共取样三次，采用 4 天衰变法(使用 FH-408 定标器)测量 α，β 放射性浓度。C_α 值的范围为 $3.03\times10^{-5}\sim4.47\times10^{-5}$ Bq/L；C_β 值的范围为 $0.85\times10^{-4}\sim1.37\times10^{-4}$ Bq/L。

(3)个人剂量监测

对所有沥青固化物桶贮存工作人员，采用 JR－102 型热释光个人剂量计进行了个人剂量监测。其中，沥青固化桶存放人员 9 人，集体剂量为 5.22 人 · mSv，个人平均剂量为 0.58 mSv，个人最高剂量为 0.81 mSv；运输人员(司机)2 人，个人平均剂量为 0.15 mSv；辐射防护、机电仪及管理人员约 10 人，个人剂量均小于 0.1 mSv。

8.5.4　环境影响

贮存库营运对环境的影响在整个核基地的环境影响中的比重相当小，核基地放射性排放所致公众剂量的相关数据已在 6.4 节进行过叙述。在此只是列出 2002 年至 2004 年贮存库监测井的总 β 监测结果(表 8-12)。从表中可看出监测结果远低于环境排放允许限值(37 Bq/L)。

表 8-11　贮存库厂房 2002 年至 2006 年气溶胶监测结果

年份		2006	2005	2004	2003	2002
取样次数		2	14	37	92	40
气溶胶 α 放射性 /(10^{-5}Bq/L)	最高	4.47	3.06	7.30	4.02	3.47
	平均	3.03	2.80	4.20	3.64	3.42
气溶胶 β 放射性 /(10^{-4}Bq/L)	最高	1.37	1.04	1.11	0.85	0.96
	平均	0.85	0.98	1.07	0.68	0.63

表 8-12 贮存库监测井总 β 监测结果 单位:10^{-2} Bq/L

年份	井 号	1	2	3
2002	上半年	29.7	*	*
	下半年	*	*	*
2003	上半年	66.2	*	*
	下半年	33.5	*	*
2004	上半年	14.2	*	*
	下半年	△	△	△

注:* 表示受气候条件影响该井常年无水;△表示监测井因厂房改造报废,待以后恢复。

第9章　沥青固化工程的成果及经济分析

9.1　工程实施背景

基地核化工厂主体工程1976年建成，由于当时放射性废液的固化方法科研尚未过关，因此确定了对生产过程中产生的低放废液在碳钢大罐中暂存5年的临时措施，但原设计建造的低放废液大罐，几年后将全部装满，能否处理低放废液是关系到基地能否继续生产及环境安全的大问题。

低放废液沥青固化项目于1980年获得国家批准，1981年正式开工，1984年建成。

国家对放射性废液沥青固化工程一直相当重视，在1989年沥青固化工程乙线成功进行了两次连续运行超过200 h的模拟料液试验后，决定对工艺试验期间发现的问题进行全面整治。整治工作于1991年4月开始，1992年8月中旬基本完成整治任务。在1992年8月和10月顺利进行超过200 h的连续模拟料液试车。1992年开始热投料运行，1994年转入试生产。

在设计和建造沥青固化厂的同时，还为贮存沥青固化物建造了贮存库。沥青固化物贮存库于1981年设计，1983年建成。在沥青固化工程投产后对贮存库进行了整治，1996年国家环保局组织专家对贮存库营运前准备工作进行现场验收后批准沥青固化物贮存库按长期贮存库营运。

9.2　经济分析

1994年对低放废液蒸残液沥青固化成本进行过计算。如果采用单线运行，按全年运行300天计算(含定期清洗时间)，计入人员工资时，1 000 m^3 料液处理费用597.8万元(不计人员工资为548.3万元，费用按1994年5月材料、动力价格计算)，每立方米处理成本5 978元。如果采用双线运行，按全年运行300天计算(含定期清洗时间)，计入人员工资时2 000 m^3料液处理费用1 083.98万元(不计人员工资为1 025.5万元)，每立方米处理成本5 420元。根据1997年费用核定，1 000 m^3 料液的处理费用为701万元，贮存库全年贮存5 000个沥青固化物桶的费用为70.7万元。根据1998年11月费用核算，处理1 000 m^3 料液的费用为753.29万元，沥青贮存库年运行费用为97.18万元。

沥青固化工程竣工决算的总投资支出约为9 245万元，其中基本建设支出约2 849万元，三废治理支出约6 396万元。三废治理包括沥青固化厂试生产(含热试车)和沥青固化贮存库运行。每立方米料液处理费用(包括沥青固化物贮存)为8 000元左右(该估算值未计基本建设支出,考虑基本建设支出为1.03万元左右),该估算值包括与沥青固化有关的其他系统的整治费用,所以每立方米的处理费用比1994年成本估算值和1997年至1999年的费用核算值高。包括沥青固化物贮存费用在内,每立方米废液处理费用为1.36万元左右(含基本建设支出)。

1992年在对已建成沥青固化物贮存库改造方案进行对比时指出,已建成沥青固化物改造成处置库在经济上最佳,每桶固化物的处置费用为120元(没考虑最初的处置库建造费用)。如果考虑贮存库最初建造费用450万元,则每桶的处置费为200元左右。虽然已建成沥青固化物贮存库实际上改造为长期贮存库,但每桶沥青固化物的贮存费用仍为200元左右,贮存库长期运行还要产生一些费用,正常情况下这些费用较小。虽然沥青固化长期贮存库方案考虑了回取,如果回取当然要增加费用(主要是最终处置费),但如果沥青固化物经长期贮存衰变至无害水平,则可不需回取,那么这种方案的经济性是明显的。

水泥固化和沥青固化方案在经济上哪一个具有优势,要看用不同方案处置同量废物的总费用,包括处理和处置费用。采用沥青固化处理低放废液,由于沥青固化形成的固化物的体积比原始废物体积稍小,而水泥固化所形成固化体的体积比原始废物的体积通常增大1～2倍左右。

沥青固化方案与水泥固化方案的处理费用的对比只有在对两种方案处理同一废物的费用进行对比才有意义,虽没有发现具体的对比数据,美国能源部环境管理办公室技术开发办公室在一份技术创新报告(1999年)中对聚合体固化与水泥固化方案进行比较中指出处理1 m^3 低放混合废物[①]的费用为7 700美元左右。我国沥青固化的处理费用与之相比很低。

美国能源部环境管理办公室技术开发办公室对放射性废物处理技术方案进行对比研究的一份报告(1994年)中指出,费尔纳德(Fernald)环境管理项目(场址以前生产高纯度铀金属)采用水泥固化近地表处置方案处置1 m^3 放射性淤泥(低放/混合废物)的总费用预计为2 995美元左右,其中处理费用1 740美元左右,处置费用1 255美元左右(1 m^3放射性淤泥经水泥固化后体积增加至3.5 m^3左右)。场址内处置费用比远离场址处置费用低是显然的,美国总审计办公室在给能源部长的报告中提到,橡树岭国家实验室低放废物在场址内处置费用为384美元[②]/m^3,低放废物远离场址处置(送往远离场址的处置库处置)则为1 000美元[③]/m^3。2002年在英国德里格处置场处置1 m^3 不可压缩低放射性废物的费用为1 500～2 000英镑。在2005年12月28日英国放射性废物管理委员会关于处置方案基本信息的一份报告中指出,如果采用近地表工程屏障处置库处置英国的353 000 m^3(整备后体积)低放废物,每立方米经整备的低放废物的处置费估计为9155英镑左右,如按加外包装后计算,处置1 m^3 包装好的整备的低放废物的费用估计为8 266英镑左右。我国沥青固化物长期贮存费与国外处置费相比很少,如果沥青固化物贮存300余年变成非放废物而实际上不进行回取,则我国采用沥青固化方案固化低放浓缩废液和长期贮存沥青固化物的总费用很低,非常经济。

① 按美国环保局规定,混合废物指既含放射性又含危险化学物质的废物,美国能源部场址有大量混合废物,化学处理厂产生的含硝酸盐、硫酸盐和氯盐的残液、泥浆即为混合废物。

② 1995年美元不变价。

③ 1995年美元不变价。

9.3 取得的成果

9.3.1 生产情况

自 1992 年 12 月开始热投料到 2006 年 3 月 20 日发生工作箱燃爆事故止，处理了大量低放浓缩废液，生产的沥青固化物桶全部安全贮存在沥青固化物长期贮存库。

9.3.2 技术方面

掌握了沥青固化处理放射性废液这项技术。在沥青固化科研和工程实施中通过向料液中加适量硼酸作为疏松剂，向沥青中加适量石油磺酸钠作添加剂，调节 pH 值和含盐量等关键工艺参数，解决了刮板蒸发器结疤的难题，使得沥青固化工艺处理放射性废液能较顺利、平稳地按计划进行。

9.3.3 辐射安全

沥青固化生产(包括沥青固化物贮存)对工作人员带来的剂量不大，10 余年的生产过程中未发生工作人员剂量超出国家相应标准的规定限值的事件；沥青固化生产对环境的影响很小，沥青固化生产和沥青固化物长期贮存库营运不改变对核基地环境影响所作评价的结论。

9.4 工程实施的意义

沥青固化工程从建造到竣工验收历时 20 余年，该工程一直受到国家有关部门的关注，充分体现了国家对加强放射性废物治理、保护国土环境安全的重视，工程的成功运用源于国家的支持。

沥青固化工程成功运用是在较为艰苦的条件下取得的，和核行业人的奉献是密不可分的。沥青固化工程的成功运用凝聚了基地领导、管理人员、工程技术人员和其他工作人员围绕该工程在管理、生产、技术和安全等诸多方面的努力。

沥青固化工程从最初建造到竣工历时较长，其间的改造和整治较多，这是当时的现实决定的。在设计和建造该工程时我国还没有完全掌握沥青固化处理放射性废液这项技术，沥青固化厂房只能设计为试验性生产厂房。沥青固化厂房设计和建造之初受当时技术水平的限制，建造完成后又长期不能投入运行，这个过程中进行大量整治既是需要的，又是必然的。这一点可成为以后的放射性废物治理的宝贵经验，对于放射性废物治理，进行系统的规划是必要的，通过实践掌握相应技术是顺利开展放射性废物治理的前提之一。

应认识到沥青固化工艺的确存在燃烧、爆炸风险，在沥青固化工艺研究和运用之初(20 世纪 70 年代)得出的沥青固化工艺只要按设计的工艺条件和参数运行，不会出现燃烧、爆炸事故的结论虽然是为人们所接受的，但从实际情况来看，要沥青固化按设计的工艺条件和参数运行或许是不能完全达到的，因为用来保证工艺条件和参数的设备和设施受总体技术水平的制约，有时难以完全满足要求。不过从事故后果来看，国外几次沥青固化设施燃烧或爆炸事故和我国的沥青固化设施工作箱燃爆事故，对工作人员和环境的辐射影响是可接受的。对发生燃烧、爆炸事故的沥青固化设施的去污和退役带来的负担（辐射影响和经济影响）还是值得关注。

沥青固化工程的实施处理了大量废液，最大限度减轻了贮存在碳钢罐的低放浓缩废液对环境的安全隐患，保卫了环境安全。

沥青固化工程是放射性废物治理的一次重要实践。通过实践完全掌握了放射性废液沥青固化处理技术，填补了放射性废物处理技术的一项空白。

对核军工生产时期遗留的放射性废物进行管理和顺利开展核设施退役是一项社会责任，而掌握放射性废物处理技术是放射性废物管理和顺利开展核设施退役的基础。随着社会越来越关注环境保护，放射性废物处理技术对核行业尤其是核能的发展就更为重要，人们对掌握放射性废物处理技术愈加迫切。从这个意义上来说，沥青固化工程无疑是一次成功的探索，对以后的放射性废物管理活动具有重要意义。

参考文献

[1] U. S. Department of Energy/Office of Technology Development. Minimum Additive Waste Stabiliation [R]. 1994

[2] Nancarrow D. J. &M. M. White. Radioactive Waste Disposal Implication of Extending Part A to cover Radioactively Contaminated Land[A]. 2003

[3] CoRWM. Information Needs: Times, Employment and Resource Use for each Option[R]. 2005

[4] United States Gerneral Accounting Office. DOE Should Reevaluate Waste Disposal Options Before Building New Facilities[R]. 2001

[5] U. S. Department of Energy /Office of Technology Development. Mixed Waste Encapsulation in Polyster Resins: Treatment for Mixed Wastes Containing Salts[R]. 1999

[6] Commission for the Temelin Nuclear Power Plant Environmental Impacts Assessment. Standpoint of Commission for the Temelin Nuclear Power Plant Environmental Impacts Assessment[R]. 2001

第二篇　国　外

第10章 欧洲辐照燃料化学处理公司中放废液沥青固化

10.1 概述

欧洲辐照燃料化学处理公司(以下简称欧化公司)是经合组织(OECD)核能署下的一家联合企业。1959年7月,欧化公司成为一家合法的国际股份公司,其成员国有奥地利、比利时、丹麦、法国、德国、意大利、荷兰(1975年才加入)、挪威、葡萄牙、西班牙、瑞典、瑞士和土耳其。欧化公司的任务是:

(1)进行与辐照核燃料化学处理有关的研究或工业活动;

(2)满足各成员国后处理的需要;

(3)培养核燃料后处理领域的专家。

为上述目的,欧化公司建造、运行了一座后处理厂和研究实验室。研究实验室由冷实验室、热实验室、热室装置和工艺车间等组成,在1963年底交付使用。后处理厂于1964年完工,当年对设备进行冷试,1966年上半年进行热试,1966年7月开始放射性运行。

欧化公司能够成功处理研究反应堆、材料试验堆和动力反应堆的辐照燃料。这些辐照燃料在富集程度、尺寸大小、燃耗、芯块和包壳材料方面都有着大不相同的特点。欧化公司采用的化学工艺流程是:1)燃料元件化学脱壳;2)对^{235}U浓度达5%的辐照燃料,采用30% TBP做萃取剂的二循环普雷克斯流程;3)对^{235}U初始浓度达93%的辐照燃料,采用三循环普雷克斯流程,前两个循环用5%TBP做萃取剂,第三循环用30%TBP做萃取剂。

欧化公司在约8年的放射性运行中,处理了181 t低浓缩铀燃料和30.6 t高浓缩铀燃料。除产生各种类型的固体废物和低放废液外,还有约870 m^3的高放废液和约2 000 m^3的中放废液。

欧化公司对厂内设施的放射性部件进行彻底去污,增加了几百立方米的中放废液(0.1～10 000 Ci/m^3)。当欧化公司采用化学脱壳工艺时,就充分意识到伴随而来的废液管理问题。因而,各种脱壳液的固化研究和开发工作早在1960年就开始了。在随后的大部分研究和开发工作中,考虑过材料测试堆(MTR)产生的高放裂变产物废液与脱壳废液一起处理的可能性。

欧化公司对当时的固化方法、本身的开发工作、工业规模测试和从比利时、法国和西德获得的沥青固化技术结果进行评估之后,决定采用沥青固化方法处理中放废液。

10.2 欧化公司中放废液沥青固化

10.2.1 废液来源、组成和数量

欧化公司的中放废液主要来自三个方面:

(1)燃料元件化学脱壳;

(2)放射性工厂设备去污;

(3)某一类型低放废液(热废物)的浓缩液,也称为热废液浓缩液(HWC)。

根据燃料包壳材料的不同,脱壳废液包括四种类型:

(1)锆合金包壳燃料的泽尔弗莱克斯法(Zirflex Process)化学脱壳废液(锆合金溶于氟化铵和硝酸铵混合液);

(2)不锈钢包壳燃料的索尔费克斯法(Sulfex Process)脱壳废液(不锈钢溶于硫酸);

(3)铝包壳燃料的脱壳铝废液;

(4)镁包壳燃料的脱壳镁废液。

专用的去污溶剂由主要含氧化剂和络合剂的酸碱溶液组成。热废液浓缩液(HWC)是由比放高于 3×10^{-2} Ci/m^3 的那部分低放废液浓缩而成。这部分低放溶液[包括大量的简单去污溶剂(例如硝酸和氢氧化钠)]在蒸发器里浓缩,直到盐(主要是硝酸钠)的浓度接近饱和状态。

由于元件的包壳和堆芯材料同时溶解,处理高富集燃料元件(材料测试堆)不产生脱壳废液。

脱壳废液中的放射性核素来自中子活化的包壳材料成分和辐照燃料元件芯块的损失(裂变产物和锕系元素)。在所有应用的溶解工艺中发现芯块材料进入到脱壳废液中的量小于1%。

欧化公司中放废液成分和数量的数据如表 10-1 所示。正像数年来预见的那样,如果后

表 10-1 欧化公司中放废液数据

废液	主要成分的浓度	比放/(Ci/m^3) (1976 年 5 月)	体积/m^3 (1976 年 5 月)
Al-JDW	2 mol/L $NaNO_3$, 2 mol/L NaOH	<400	150
SS-JDW	0.3 mol/L SS-SO_4, 2 mol/L H_2SO_4	1 000	135
Mg-JDW	0.58 mol/L SS-SO_4, 0.21 mol/L H_2SO_4	800	260
SS-JDW	0.1 mol/L Mo, 1.8 mol/L H_2SO_4		
Zr-JDW	0.4 mol/L Zr, 2.7 mol/L F^- 1.1 mol/L NH_4^+, 0.1 mol/L NO_3^{-1}	800	400
HWC	5 mol/L $NaNO_3$, 2 mol/L HNO_3 (NH_4^+, Mn, 有机络合剂)	700	1 160

注:JDW(jacket decladding waste)—包壳脱壳废液;SS—不锈钢。

处理首端使用切断—浸取辐照燃料元件，就可以不产生脱壳废液。去污废液的最终体积是难以预测的，到 1976 年 5 月止，大约产生了 100 m^3 并混合在铝脱壳废物或者“热”废液浓缩液里。

处理每吨燃料产生的中放废液量列于表 10-2。

中放废液贮存几年之后，发现索尔费克斯脱壳废液的比放最大，约为 1 Ci/L。中放废液贮存在两座厂房中(21 和 24 号厂房)，其中一座安放有 6 个 260 m^3 的大罐，另外一座有 4 个 500 m^3 罐。

表 10-2　欧化公司特殊中放废液量(m^3・废液/吨・铀燃料)

废液	Al-JDW	SS-JDW	Mg-JDW	Zr-JDW	HWC
体积	2.1	4.5	2.6	5.4	5

中放废液贮存和处理厂房的总布置如图 10-1 所示。

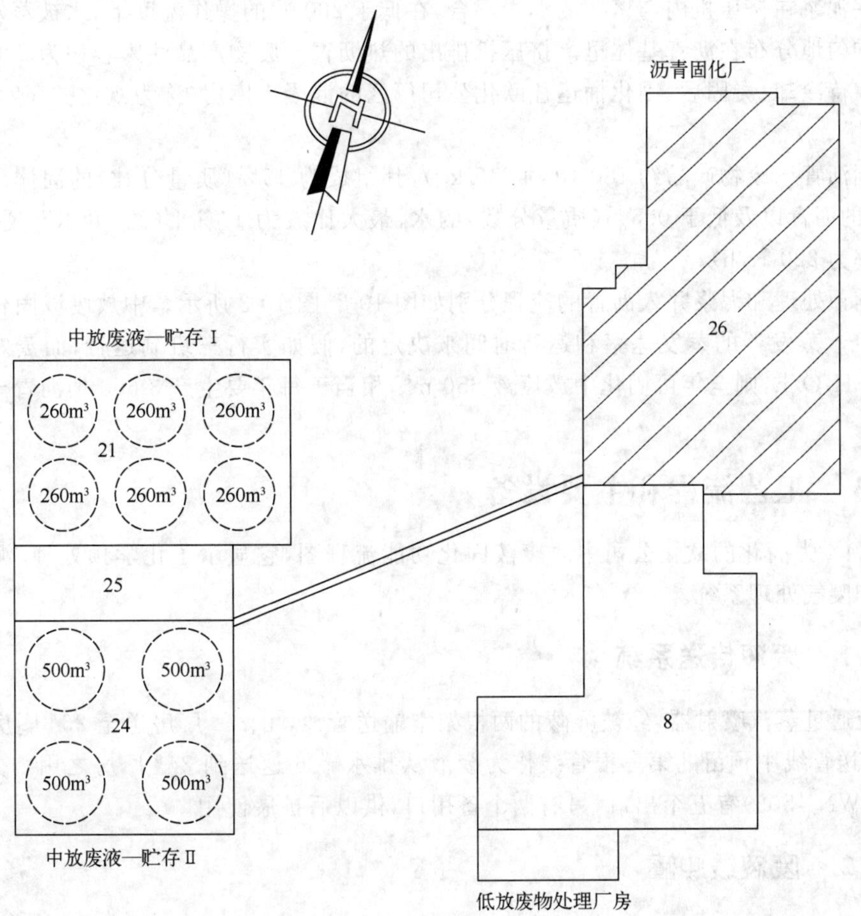

图 10-1　中放废液贮存和处理厂房的总体布置图

尽量合理混合不同的中放废液，最大限度地利用设备的贮存能力。例如：索尔费克斯废液同镁脱壳废液（镁包壳的一种弱硫酸溶液）混合，去污废液与铝脱壳废液或热废液浓缩液适当混合。但是，中放废液随便混合会形成沉淀或腐蚀溶液。

10.2.2 沥青固化流程

欧化公司中放废液沥青固化由两个主要步骤组成：

(1)间歇式化学预处理操作；

(2)螺杆挤压机蒸发器将制得的泥浆连续地并入沥青。

化学预处理的目的是：

(1)通过沉淀和共沉淀作用（主要是氢氧化物，钙和钡的硫酸盐，磷酸钙，氟化钙，亚铁氰化镍），使中放废液所含的放射性核素形成高度不溶物；

(2)减少混合废液对设备的腐蚀；

(3)通过煮沸碱性泥浆消除铵（铵的存在对固化操作有潜在的危险）。

经化学预处理获得的废物泥浆由大约 40%（质量分数）的盐和 60%（质量分数）的水组成。这些泥浆在挤压机内与熔融的沥青混合，在低于 200 ℃的操作温度下，水被蒸发而残留的固体均匀地分布在沥青基体里。挤压机排出的热沥青－废物产品注入容积为 220 L 的镀铬钢桶。待冷却、凝固后，固化桶运往欧化公司厂区的混凝土库房（称为欧化贮存库）进行中间贮存。

每桶沥青－废物产品约 180 L（约 245 kg），其组成为 45%（质量分数）的固体，55%（质量分数）的沥青以及低于 0.5%（质量分数）的水，最大比放为 1 Ci/L（约 180 Ci/桶，桶的表面剂量率为 220 R/h）。

化学预处理和泥浆并入沥青的流程分别如图 10-2、图 10-3 所示。中放废液固化能力是由挤压机－蒸发器的蒸发速率和运行时间来决定的，假如实行三班制运行，而蒸发速率为 140 kg · H_2O/h，则全年可固化中放废液 650 m^3，相当于每年要生产 3 600 桶沥青－废物产品。

10.2.3 工艺流程和主要设备

图 10-4 为简化的欧化公司中放废液固化功能流程图，它显示了化学预处理、泥浆的沥青固化和废气处理系统。

10.2.3.1 废液传送系统

废液通过蒸汽喷射器，经被屏蔽的两根架空输送管线，由 24# 厂房送至 26# 厂房的分流器 1。输送管线中预留的第三根管线作为废液从排水罐 6 返送到 24# 厂房之用。分流器 1（材料，DWN 4505）有五个出口，另有两个备用口，供以后扩展使用。

10.2.3.2 废液缓冲罐

有 4 个容积分别为 9.2 m^3 的空气搅拌缓冲罐接收来自分流器的废液，液位高时停止 24# 厂房来料。喷射泵将缓冲罐 2,3,4,5 计量过的废液传送至反应槽 7 或 8。缓冲罐设有溢流口，溢流至排水与溶液再生罐 6。

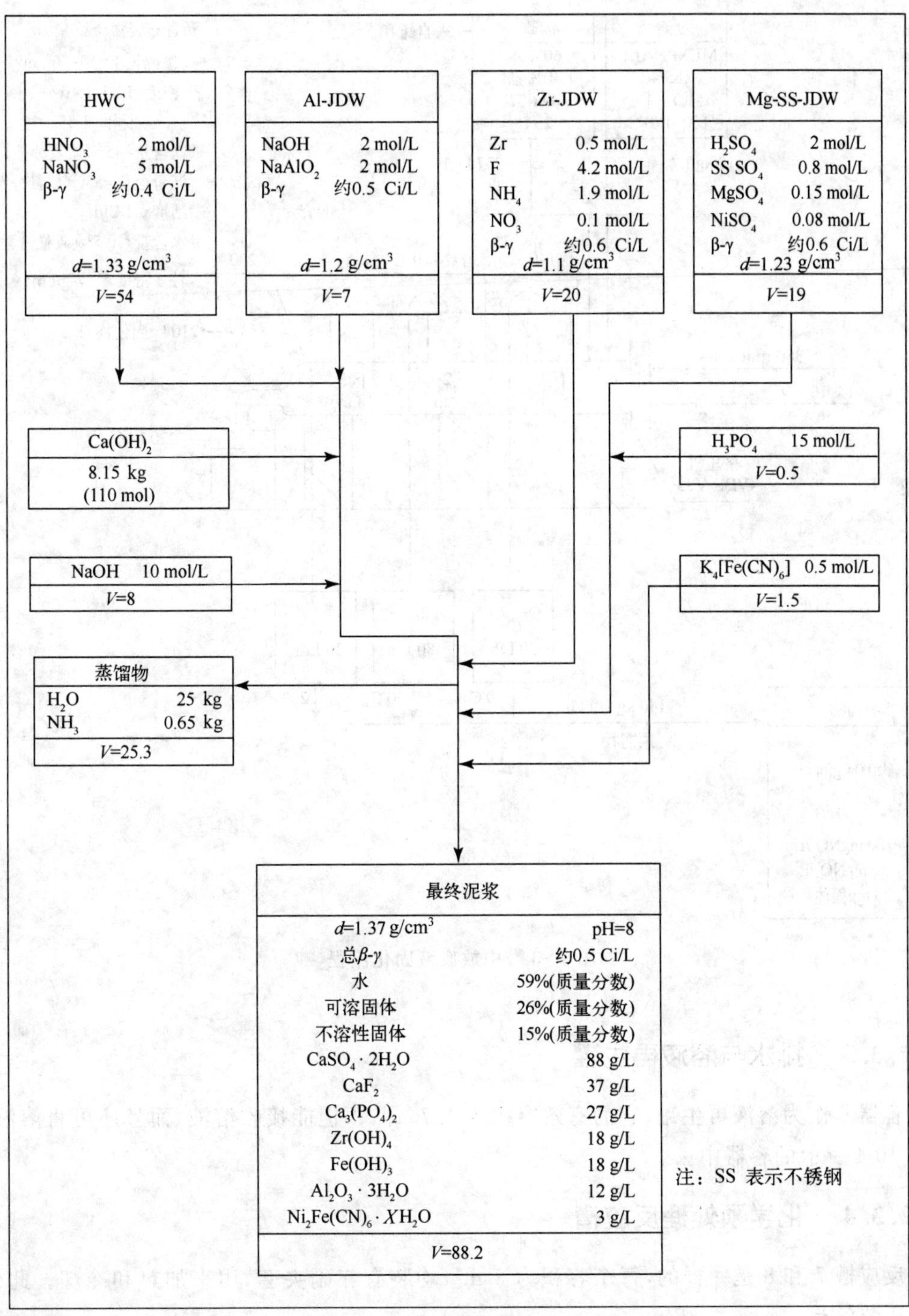

图 10-2 中放废液化学预处理流程

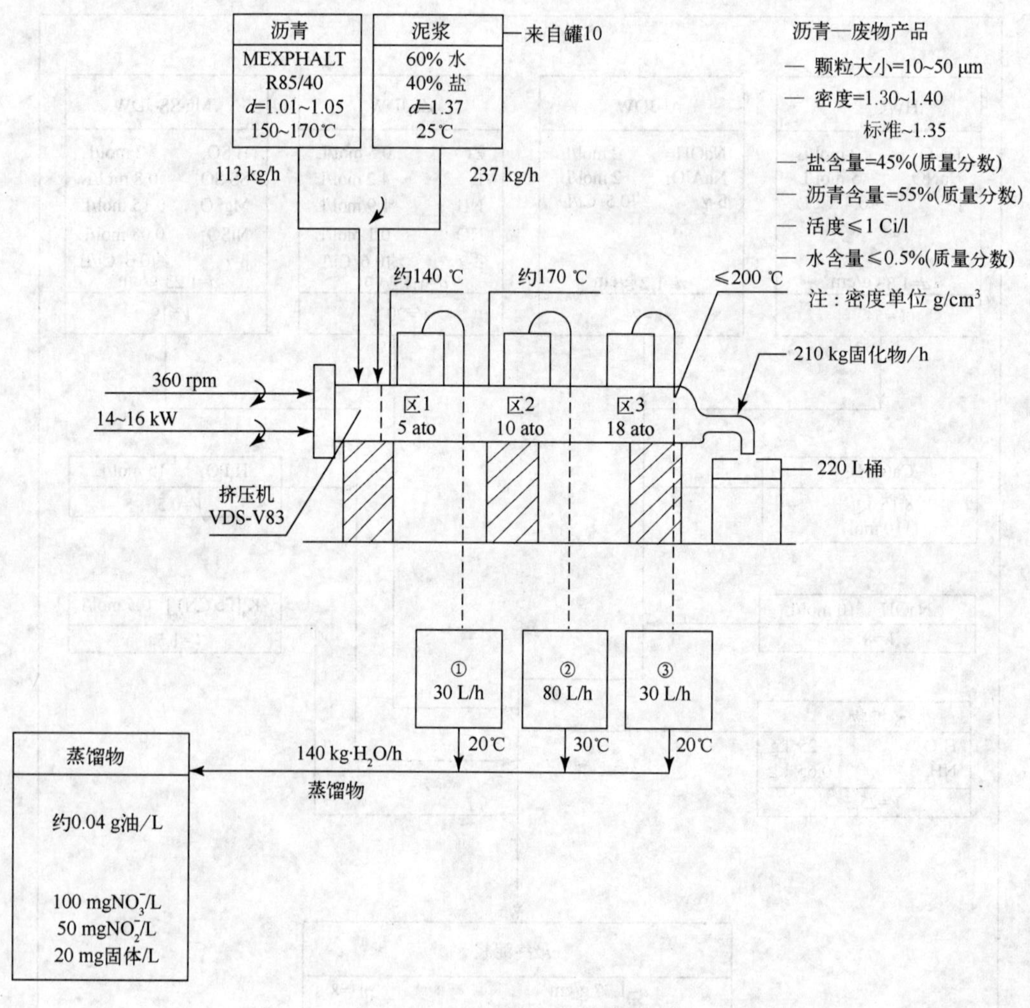

图 10-3　中放废液固化流程

10.2.3.3　排水与溶液再生罐

容器 6 作为溶液再生罐，它的有效容积为 1.7 m^3，不但能接收溶液，而且还可将溶液排到图 10-4 所示的容器中去。

10.2.3.4　化学预处理反应槽

反应槽 7 和 8 是一样的，每个容积为 3 m^3，均装有三副夹套，用来加热和冷却。此外，容器还装备有：

(1)螺旋式搅拌器；

(2)取样系统；

(3)温度、密度、液位测量系统；

(4)连接试剂配制容器 14,15,16,17 的管线；

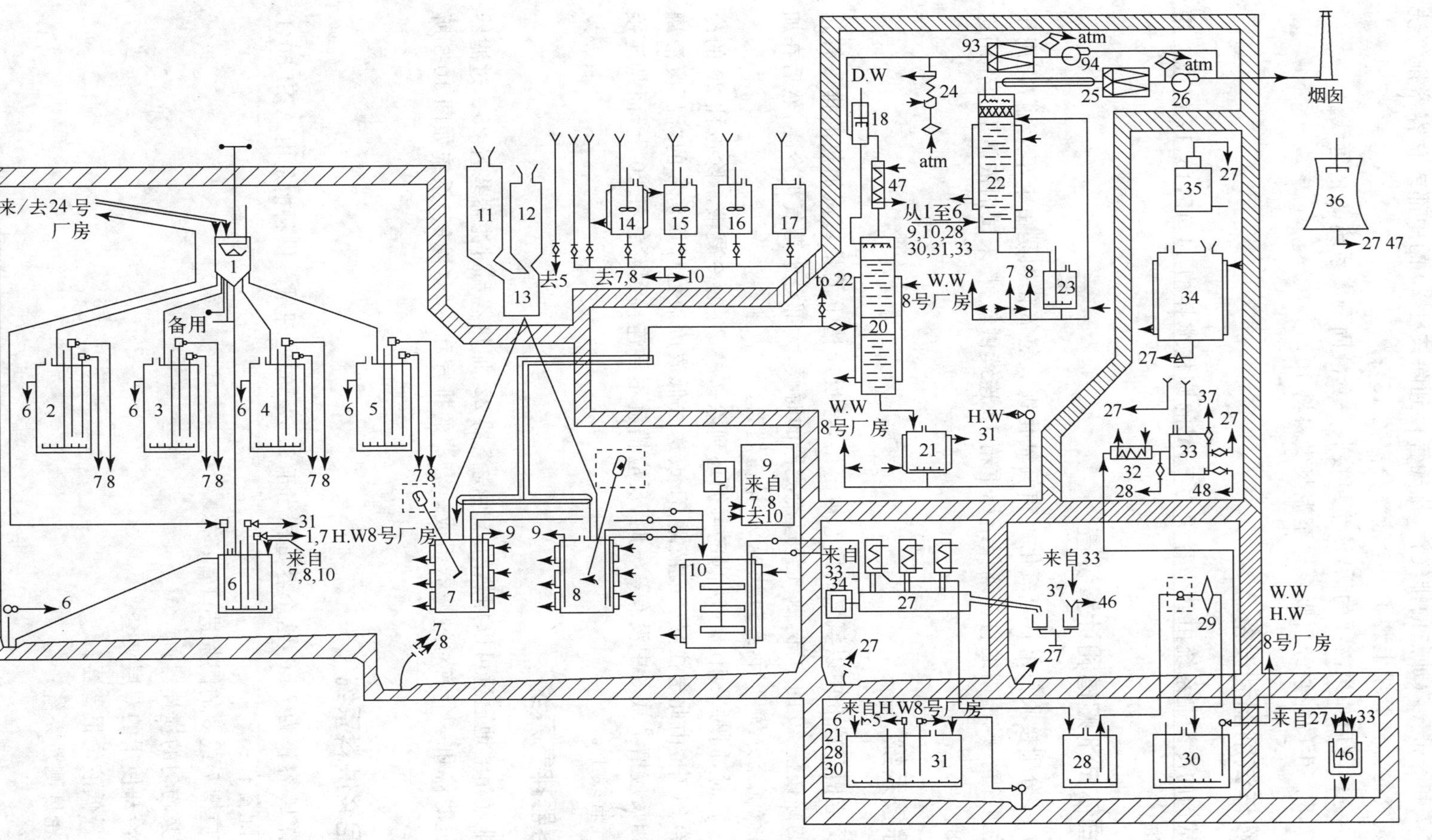

图 10-4 欧化公司中放废液沥青固化工艺功能图

1—分流器；2，3，4，5—废液缓冲罐；6—排水罐；7，8—反应容器；9—固液分离设备；10—泥浆供料罐；11，12—固体试剂贮窖；13—固体计量与传送系统；14~17—试剂配制槽；18—分滴器；20—解吸柱；21—再循环容器；22—氢氧化钠洗涤柱；23—氢氧化钠洗涤容器；24—加热器；25—预过滤器和绝对过滤器；26—风机；27—挤压机蒸发器；28—冷凝液捕集罐；29—过滤器；30—滤液捕集器；31—热废液罐；32—冷凝与冷却器；33—溶剂罐；34—沥青贮存罐；35—蒸汽发生器；36—冷却塔；37—灌装室；46—溶剂蒸发器；47—冷凝器；93—过滤器；94—风机

(5)连接两个称重箱的管线(接收来自贮窖 11 和 12 的粉末状化学试剂);

(6)反应槽 7 和 8 带蒸汽加热的排气管(排气管接到除铵柱 20 的中部或总容器排气洗涤器 22 上,在氨气的排气管线上装了一个液滴分离器 18);

(7)去一间空室(以后如果需要的话,该室可接收一套液固分离系统 9)的管线。

在反应槽 7,8 产生的泥浆经自吸泵送至泥浆供料槽 10。

10.2.3.5 液体试剂配制设备

液体化学试剂的冷配制系统由四个容积为 1 m^3 的圆柱搅拌槽 14,15,16,17 组成。槽的材质为不锈钢。

10.2.3.6 固体试剂贮槽和计量装置

贮槽 11 和 12 分别接收粉末状氢氧化钙和氢氧化钡。氢氧化钡是由卡车运输,再用压缩空气将其送往贮槽。贮槽内的料斗确保给称重箱 13 连续供料,粉末试剂依靠重力作用送至反应槽 7 和 8。

10.2.3.7 除铵系统

铵离子在反应槽 7 或 8 中以氨气的形态被蒸出,经反应槽上的带蒸汽加热的排气管送到带蒸汽加热的除铵柱 20 的中部,氨气经过冷凝器的时候,大部分水蒸气被冷凝,然后在加热器 24 里与热空气充分稀释后,经过滤器 93 排往烟囱。

在除氨的过程时,同时采用电导法测定再循环到除铵柱 20 的冷凝液。除铵柱 20 的冷凝液收集在容器 21 中,由此送往“热”废液罐 31 或送去低放废液处理厂房 8 的“温”废液罐(见图 10-1)。当反应槽 7 或 8 中没有氨气时,反应槽就不再连接到除铵柱 20 上,而是连接到总的容器排气管线上。

10.2.3.8 容器排气系统

反应槽的排气相继地通过可以加热的碱性洗涤器 22、加热器和过滤器装置 25。过滤器装置由一个预过滤器和一个绝对过滤器组成。容器的排气和废气(除氨)系统如图 10-5 所示。

10.2.3.9 泥浆供料系统

泥浆供料槽 10 容积为 7 m^3,这个容量相当于 1.5 天的处理量。供料槽是由 AISI 304L 不锈钢制成,并配备有:

(1)来自反应槽 7 或 8 的泥浆进口管;

(2)保持泥浆均匀的搅拌器;

(3)加热或冷却使用的双层夹套;

(4)最高和最低液位报警器;

(5)温度和密度测量系统;

(6)取样系统;

(7)为了以后特殊处理,连接到试剂配制罐的管线;

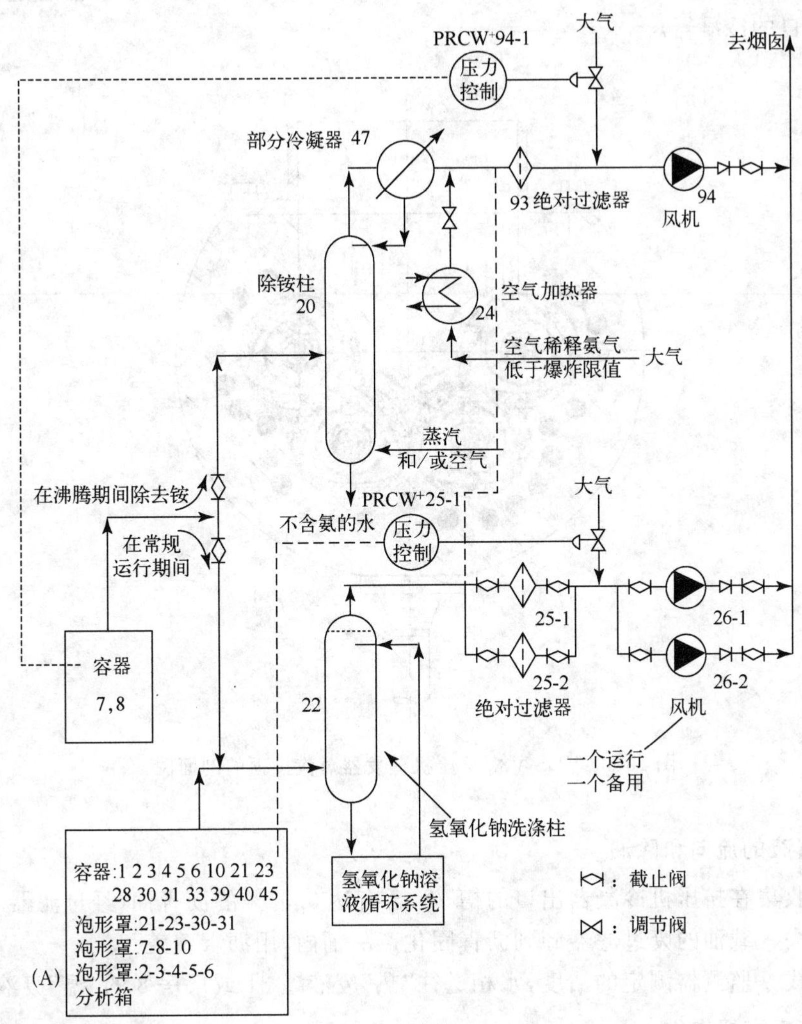

图 10-5　简化的容器排气和废气系统

(8)经自吸泵连接挤压机的管线。

10.2.3.10　沥青固化设备

泥浆由泵从泥浆供料槽 10 抽至挤压机 27 内，在挤压机内与热沥青混合。

(1)挤压机

为了将泥浆并入熔融沥青，欧化公司安装了 VDS-V 83 型挤压机，该挤压机的剖面图见图 10-6。挤压机 27 以约为 140 L/h 的速率蒸发泥浆里的水，并将残余固体均匀地并入沥青中。

挤压机由设备 35(蒸汽发生器)产生的 20 kg/cm^2 的饱和蒸汽进行夹套加热，沿着挤压机的轴向预先分成三个独立的加热段(见图 10-6)。挤压机的进口部位连接泥浆和熔融沥青的供料管线以及两根去污管，其中一根进有机试剂(例如四氯乙烯)，另一根进水。

挤压机三个加热部分的每一顶部安装有带检视窗的蒸汽加热拱顶。沿着这些拱顶，水蒸气进入各自的冷凝器。

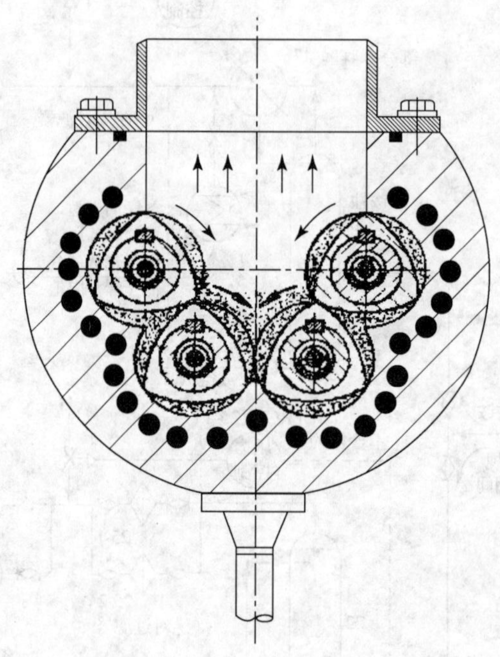

图 10-6 VDS-V83 挤压机蒸发器蒸汽拱顶的剖面图

(2)蒸馏液的流向和除油

冷凝液收集在挤压机冷凝器出口的槽 28，含有达 0.05%的沥青油，经过滤器 29 将水中的油分离出去。载油的废过滤器卸到沥青固化产品桶内，用沥青覆盖。

根据流线 γ 监测器测定的活度，水相送往“热”废液罐 31 或厂房 8 的“温”废液排放罐。

(3)灌装室和桶操作

灌装室和操作最终产品桶的设备包括：

① 转台 37，台上有六个可拆装的托盘，每个托盘容纳一个 220 L 的桶；

② 带有一个阀门的蒸汽加热漏斗，在交换桶时，收集流下来的液体产品；

③ 大功率的通风装置，以迅速排去在挤压机出口下方的产品桶中的全部水蒸气；

④ 空桶与产品桶传送器；

⑤ 空桶与产品桶的液压抓具，把空桶放到转台上并把装满沥青－废物的产品桶从转台上搬运到传送器上，再将桶送至运输小车，小车每次装 12 桶，运往贮存库；

⑥ 产品液位测量装置；

⑦ 隔离的屏蔽室；

⑧ 封桶装置；

⑨ 灌装室的桶运输车；

⑩ 遥控机械手，在产品桶操作室应急时使用。

把去污液送至蒸发器 46 对槽 33 中的有机溶剂进行回收，而将沥青残留物注入到废物容器。

(4)沥青罐和供料系统

熔融沥青由罐车运到现场，卸到容积为 30 m^3 的低碳钢贮罐 34 内。该蒸汽加热贮罐位于厂房外面靠东。熔融沥青由贮罐通过加热的计量泵，经蒸汽加热管道送至挤压机 27，输送温度保持在约 165 ℃。

10.2.3.11　控制室

该室安装有 4 个铅玻璃窗以观察全部操作。控制室包括接近转台传动机构的通道、搬运空桶和产品桶所需的各种互锁和控制机构、工艺过程控制盘。

10.2.3.12　分析过程和产品控制

可以通过在屏蔽的泡形罩中的钍雷克斯型(Thorex-type)系统对缓冲罐 2,3,4,5 中的废液和反应槽 7,8，供料槽 10 中化学预处理产生的泥浆进行取样，槽 21,23,30,31 的低放废液可在非屏蔽的泡形罩中取样。泥浆中最主要的分析直接在取样泡形罩内进行，而溶液的其他所有分析则在分析箱中进行。分析箱用一根气动管接收样品。

在灌装室对沥青固化物取样，随后使用欧化公司研制的分析方法进行分析。

10.2.4　沥青固化厂房和布局

以上叙述的主要设备和几乎所有的辅助设备均安装在沥青固化厂房(26 号厂房，见图 10-1)内，该厂房附属于 8# 废液处理厂房。

沥青固化厂房大约 38 m×25 m×10 m(长×宽×高)，三层楼，约有 50 个房间或隔室。该厂房为钢筋混凝土结构。

第一层(见图 10-7)安装了放射性的主工艺设备，如中放废液缓冲罐、反应槽、泥浆供料槽、挤压机、灌装室和桶操作设备。控制室、蒸发器、溶剂蒸发器，封桶装置和配电室也在第一层。

第二层(见图 10-8)安装了辅助设备，如取样泡形罩、试剂配制槽、阀门和输送走廊、容器排风机和厂房通风机以及过滤器。

第三层安装了冷却水设施，固体试剂库房及其传输设备(氢氧化钙大仓库位于厂房外面，从那里可用压缩空气将这种粉末状试剂送至固体试剂库房)。

沥青固化厂房于 1972 年底开始建造。1974 年 10 月开始试车测试并按计划于 1976 年下半年开始放射性运行。

10.3　欧化公司中放废液沥青固化的开发工作

10.3.1　化学预处理

欧化公司开发了合适的化学预处理流程，适用于中放废液和高浓集废液浓缩液的混合

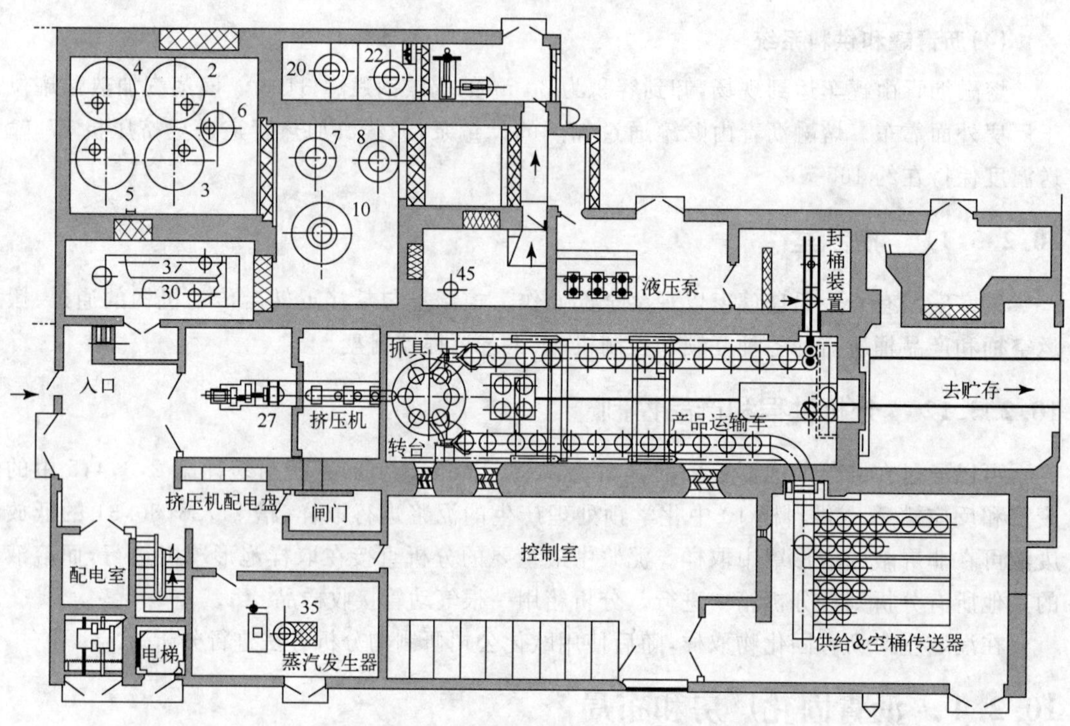

图 10-7 沥青固化厂第一层平面图

废液的沥青固化(高浓集废液浓缩液来自材料测试堆燃料后处理)。在固化时,这类混合废液使得沥青－废物产品的比放约为 4 Ci/L。预处理流程的一个缺点是要耗用大量昂贵的氢氧化钡粉末,在添加的各种化学试剂的费用中,它就占了 50%左右。

当时一直要求最终沥青固化物的比放不应超过 1 Ci/L。因此,大量加入高浓集废液浓缩液(大约 20 Ci/L)是不可能的。结果,已建立的和测试过的涉及混合所有类型废液的预处理流程均不再应用。

为了优化中放废液预处理流程的化学、物理和经济条件,保证安全固化所产生泥浆和获得低浸出率、低燃烧率的匀质沥青固化物产品,进行了大量的研究。除了修改以前的标准流程之外,新的预处理流程又得到了发展。在这些流程中,部分或完全避免了加入氢氧化钡。图 10-2 所示例子,基本是在中和镁外壳脱壳液和不锈钢外壳脱壳液中的游离硫酸后,再加入磷酸根离子。

欧化公司开发了不同中放废液同时沥青固化的新流程。

如果热废液浓缩液(HWC)能用别的方法处理的话,那么分开处理各类型的中放废液是有利的。欧化公司设计过处理锆合金壳、不锈钢壳和铝壳的脱壳液的流程,并在实验室规模的设备上成功地进行了冷试。

10.3.2 热废液浓缩液(HWC)的处理

净化热废液浓缩液中所有放射性核素和长寿命裂变产物研究工作的目的是从沥青固化中消除这类中放废液(含 α),减少中放废液的整个管理费用以及改善沥青固化物的特性(低

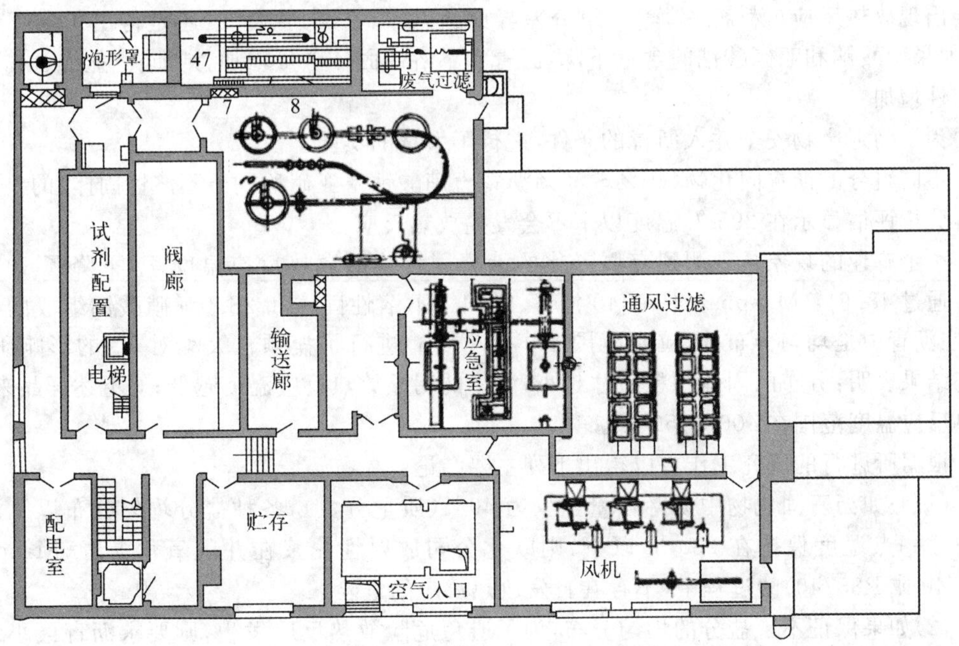

图 10-8　沥青固化厂第二层平面图

浸出率和燃烧速率)。欧化公司的热废液浓缩液基本上是由饱和的硝酸钠溶液组成,硝酸钠溶液中还含有有机化合物和硝酸铵。

对贮存的热废液浓缩液是否能简单地通过色谱柱净化进行了研究,所研究的柱子填充材料包括无机离子交换剂,并入或沉积在粒状材料上的沉淀物和萃取剂单体(萃取色谱法)。

取得的研究结果是令人鼓舞的,并表明上述处理方法在原则上是可行的。例如,200 个床体积的热废液浓缩液经过由磷酸钛和涂敷 TBP 的大孔聚苯乙烯－二乙烯基苯颗粒组成的一个柱子,在得到的废液中,Cs,U 和 Pu 的去污系数$\geqslant 10^5$。所以可继续研究能有效去除热废液浓缩液中 Sr 和 Ru 的合适吸附剂。

高放柱子材料将用高放废物(HLW)固化法进行处理,柱子废液可作为低放废物(LLW)处理。

此外,还研发了一种双柱系统。热废液浓缩液经过适当的预处理,包括加入络合剂和调节酸度后,这种双柱系统能定量地去除热废液浓缩液中的 U、Np、Pu、Am 和 Cm。

10.3.3　硝酸钠和亚硝酸钠并入沥青产生的危险

这个课题的研究和得到的最初结果在早期的论文中就进行了报导。在继续的研究中,制备出了匀质的沥青固化物,它含有 40%～50%(质量分数) Mexphalt R90/40 或者 Mexphalt R85/40,16%～30%(质量分数)硝酸钠,4%～10%(质量分数)亚硝酸钠和 10%～40%(质量分数)不溶性固体。这些成分的变化范围比按已确定的欧化公司流程产生的沥青固化物的预期范围更大。

利用热重和差热分析发现,对于所有研究过的组分,其放热反应唯独出现在 390～

430 ℃的温度范围,也就是说超过了硝酸钠和亚硝酸钠的熔点。T_{ex}温度指温度上升至此点便会出现放热反应(燃烧、爆炸)。组分差异颇大对T_{ex}影响不大,但还是得出了如下的结论:如果硝酸钠和亚硝酸钠的含量下降,沥青和不溶性固体含量增加,则沥青/盐混合物的热稳定性增加。

为了确定废物安全并入沥青的条件,进行了大量的实验。

不同组分的沥青固化物(40%~50%沥青+硝酸钠+亚硝酸钠+不溶性固体)的差热及热重分析评估显示在 295 ℃温度以下不会发生放热反应。

一个有趣的现象是观测到有些老化的沥青固化物的放热反应温度T_{ex}下降了 10~20 ℃。通过 48.6% Mexphalt R90/40 沥青、23.4%不溶性固体和 28.0%硝酸钠组成的样品(盐在沥青中是均匀分布的,粒度范围 40~200 μm)进行了盐颗粒大小对T_{ex}的影响研究。研究结果表明:分布的固体颗粒尺寸越小,测得的明显放热反应温度越低;对上述样品来说,放热反应温度范围在 400~450 ℃。

根据所进行的研究工作可以得出下列主要结论:

(1)假如沥青固化物中沥青含量至少为 40%(质量分数),各种盐分均匀分布以及混合物中任一点温度保持在 280 ℃以下,则欧化公司放射性泥浆在并入氧化沥青(Mexphalt R90/40 或 R85/40)的过程中,不存在自发放热反应的危险。

(2)如果保证不了盐分的均匀分布,为了避免危险放热反应发生,则要求沥青最小含量为 50%(质量分数),同时,混合物内任一点温度不应超过 230 ℃。

10.3.4 铵的去除及其控制

泽尔弗莱克斯溶液和热废液浓缩液中的铵离子通过煮沸碱性泥浆,以氨气的形态除去。在一个除铵柱中分离水蒸气和氨的混合物,该除铵柱与回流冷凝器相连接。在排气管线或在设备的其他部位上可控制铵的去除程度。

为了评估分离柱设计的合理性和从水中最有效分离氨的条件,建造了实验装置并做过了测试,发现连续控制除铵最可靠的和非常灵敏的方法是测定从冷凝器流回分离柱的冷凝液的电导。

对于 0.01 mol/L~0.88 mol/L 浓度范围的氢氧化铵(NH_4OH),发现相对标准偏差为 0.7%。

容器中溶液的铵含量的分析在分析箱取样后进行,高浓度的用克耶达法(Kjeldahl,一种测定有机物中含氮量的方法)分析,而低浓度的则使用铵离子选择性电极法进行分析。

可通过泥浆取样,在分离出沉淀物后对母液用克耶达法进行分析以控制反应槽除铵是否完全。

10.3.5 废液泥浆密度测定

对浸入管系统(dip-tube system)测定密度在 1.2~1.4 之间的泥浆的适应性进行了测试。可以断定,当时在后处理厂中使用的浸入管溶液测量系统,对于测定中放废液混合物化学预处理所产生的泥浆的密度同样适用。

10.3.6 测定放射性泥浆 pH 值

预处理时严格控制废液混合物的 pH 是很必要的。用工业电极装置进行了持续四个星期的测试。电极与典型的化学预处理产生的所有溶液和泥浆成分相接触。当 pH 约为 8 时,温度在 20～105 ℃之间变化。泥浆总的体积为 0.5 m^3。

预处理操作完毕后,该电极装置于室温下保留在泥浆里 9 个月,并连续记录 pH 值。

测试表明:能够完成这些预想废物泥浆 pH 值的准确测量,而且电极的特性在 9 个月内无明显变化。因此,有可能实现流线法测定 pH 值。研究了辐照对指示器和参考电极的影响(同 Riso 的丹麦研究机构合作),在 90 个小时的时间内,使用的总剂量为 5×10^6 rad,除电极变褐色外,电极标准特性无本质变化。

且不说得到了确实的结果,从检验相关容器泥浆样品的 pH 值来看,可以确认此方法是比较方便和经济的。

10.3.7 去除沥青油

对大量的有机和无机粒状除油材料是否可作为去除挤压机水相蒸馏液中沥青油的滤材做了测试。就流动的阻力和吸附容量来讲,发现的最好材料是一种无机玻璃质材料,它经过热膨胀以及化学处理变成火成岩一类的疏水物质。这种称为"EXOPERL K-33"的材料(德国制造-FRG)在线性流速为 0.4～18 m/h 的情况下,平均吸附能力为每升滤床吸附200 g沥青油。过滤液干净,完全不夹带油滴。

10.3.8 螺杆挤压机材料腐蚀测试

对渗氮低碳钢制成的螺杆进行了充分的腐蚀测试,发现在正常的操作条件下(泥浆的 pH 值约为 8～9)没有严重的腐蚀危害。但是,不正确的操作以及一些特殊去污剂会损害挤压机材料。

如果泥浆母液 pH≤3 的话,会观察到强烈腐蚀造成氮化表面迅速而完全脱落。

用沸腾的沥青－水－有机溶剂(三氯乙烯或四氯乙烯)混合物做了 740 h 以上的腐蚀测试。结果显示,挤压机材料被腐蚀,尤其是在蒸汽相内腐蚀更严重。取决于混合物的成分,测得的腐蚀速率为 0.03～0.05 $g/m^2\cdot h$。

10.3.9 沥青固化物容器材料选择

最初,预先用涂漆的低碳钢桶作为沥青固化物容器。取决于贮存条件,估计这些桶在若干年内不同程度被腐蚀,可能会导致贮存库房污染以及给中间储存库到最终贮存库的废物运输造成困难。进行的腐蚀研究旨在改善钢桶的防腐蚀性能,或者如果加上经济性的话,就是选择一种比涂漆的低碳钢桶防腐性更好的适用的容器材料。例如,考克利尔(Cookerill,比利时)生产了一种耐腐蚀的新型钢板,表面层镀有 20%铬的铁素体不锈钢(防腐层厚度为 80～100 μm,防腐层表面铬含量最少是 20%,而交界面为 13%)。这种镀铬钢板可使用所有常规方法焊接。

镀锌的低碳钢也被考虑用于腐蚀研究。

腐蚀研究一直在进行,当时的一些暂时结论是镀铬低碳钢性能良好且有良好的腐蚀稳定性。这种材料的抗腐蚀性对研究的各种不同腐蚀介质来说,可与 18/8 型不锈钢媲美。

假如一个标准的涂漆低碳钢桶的价格定为 100 任意货币单位(约 400 比利时法郎),镀锌钢桶,镀铬钢桶和不锈钢桶(形状、尺寸均相同)的价格分别为 160,200～225 和超过 900

(相同的货币单位)。

因此,根据镀铬钢材料的优点,将其选择作为沥青固化产品的贮存容器材料。

10.3.10　分析控制

为了保证变化很大的各种废液安全地进行沥青固化和得到符合质量要求的固化物,对整个过程进行严格的分析控制是必要的。欧化公司研发了中放废液,泥浆和沥青-盐混合物远距离取样与分析的适当方法和设备,并对设备作了冷试。

要进行分析的项目包括:

(1)原始废液成分;

(2)废泥浆的密度、含盐量(可溶与不溶)、铵与硝酸盐浓度、放射性和 pH 值;

(3)使用沥青的质量;

(4)低放工艺液流(二次废物)的 pH 值、放射性、铵和盐的总含量;

(5)最终沥青固化物的含水量、比活度、盐和沥青的质量分数。

10.4　欧化公司废物沥青固化工厂交付试车和启动测试

欧化公司废物沥青固化工厂的交付试车和启动测试于 1974 年 11 月开始,先进行例行的冲洗作业,然后是设备的压力和气密性测试以及设备校准。

最初阶段接连进行了一系列性能测试,其目的在于检验最重要辅助单元的基本性能。接着进行的是“冷试”阶段,目的在于按照正常运行期间的操作方式测试整个装置。

10.4.1　清洗、压力和气密性测试

根据循环回路的性质,用过滤水、去离子水或压缩空气进行清洗。在 1 h 内,按设计压力的 1.5 倍进行静水压和气压测试。泄漏测试是在 0.25 kg/cm^2 气压下进行的,用肥皂泡沫来检查可能出现的泄漏。在这些测试中没有碰到过什么特殊的问题。

10.4.2　容器、喷射器、空气提升器和取样系统的检验

根据欧化公司工艺容器的“C”类技术规范,用水对容器进行检验。喷射器是在 8 个绝对大气压的蒸汽压力下用水检验的。通过检验,空气提升器改为两级空气提升器。对 12 个容器安装了取样系统。测试表明,为了改善收集在样品罐中的泥浆的均匀性,必须修改原泥浆取样系统。图 10-9 显示了初始安装的取样系统,图 10-10 显示的是修改后的取样系统。从图 10-10 可以看出通过取样罐抽吸空气—泥浆混合物是在混合物到达空气提升罐之前进行的。

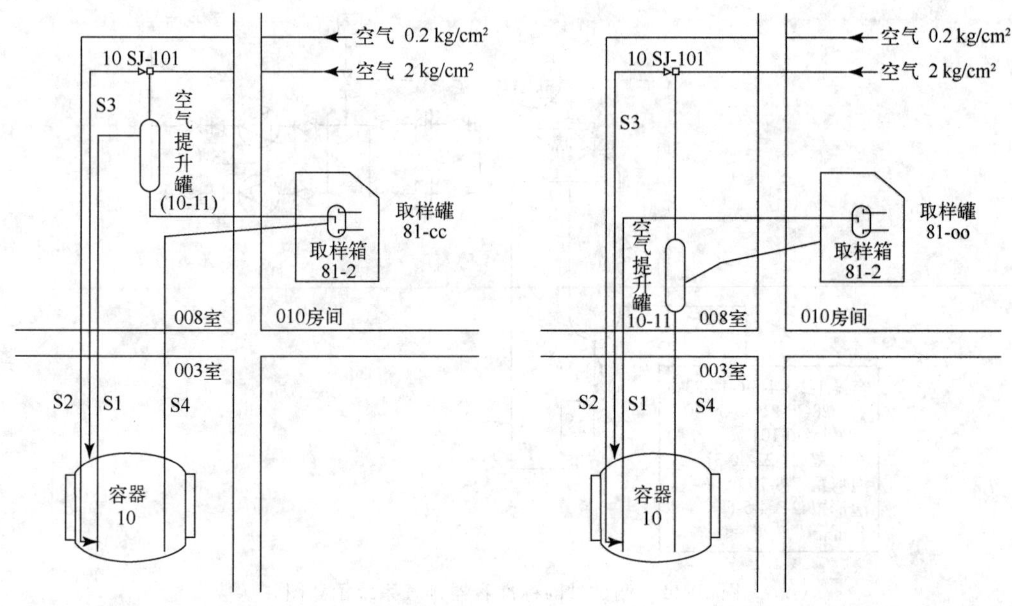

图 10-9　初始的泥浆取样系统　　图 10-10　修改后的泥浆取样系统

10.4.3　容器排气

测试表明，排气回路之间交叉连接一方面用于氨的解吸，另一方面在不需要除氨时使用。为了保证得到满意的负压和空气流量，也做了一些其他改进。

图 10-11 表示标准容器的排气系统，而图 10-12 表示氨容器的排气系统。

10.4.4　除铵测试

泽尔弗莱克斯溶液(Zirflex Solution)和“热”废液的浓缩液中存在相当量的铵离子。为了避免硝酸铵与沥青和中放废液中存在的有机物发生可能无法控制的放热反应，在反应槽 7 和 8 里，通过煮沸和搅拌碱性泥浆，以氨的形态将铵除去。

水蒸气和氨在加热的除铵柱 20(与回流冷凝器 47 连接)中分离（见图 10-12)。通过测量从冷却器 47 回流到除铵柱 20 的蒸馏液的电导控制除铵过程。有两种途径处理从反应槽中释放的氨：

— 解吸并排放到烟囱；

— 吸收于水，再输送到厂房 8。

10.4.4.1　进行的修改

为了保证系统的正确运行，进行了下面的修改：

— 在除铵柱 20、冷却器 47 和分离器 18 上增加 ΔP 测量；

— 对再循环蒸馏液增加流量测量；

— 在冷却器 47 和除铵柱 20 之间安装蒸馏液再循环空气提升器；

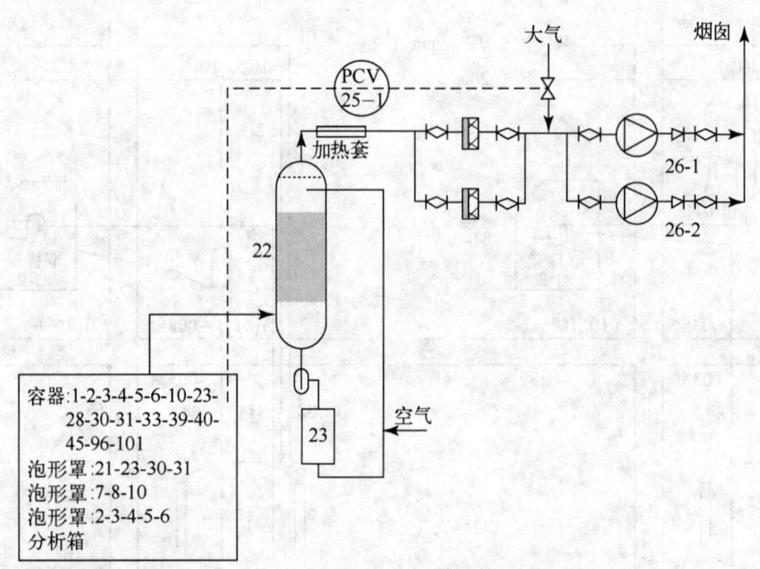

图 10-11　测试过的标准容器排气系统示意图

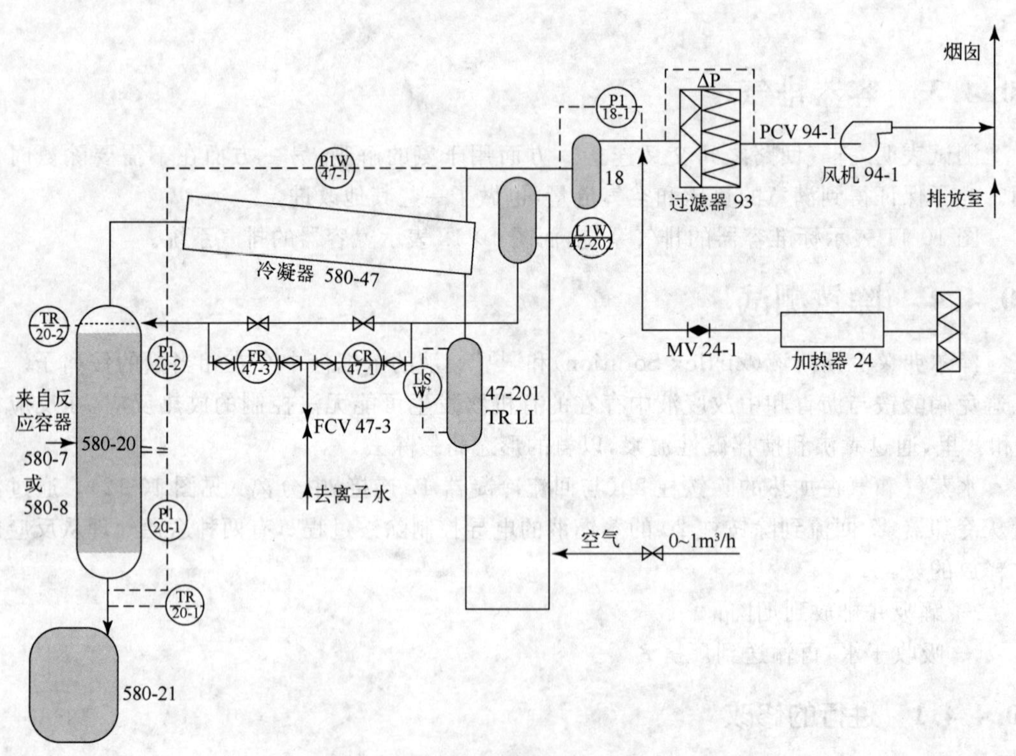

图 10-12　厂房 26 中的铵解吸系统示意图

— 为了保证在各种情况下有足够的洗涤用水,向除铵柱 20 供给流量可调的去离子水(FCV47-3)。

10.4.4.2　氨的解吸测试

显然，在解吸操作结束时，反应槽溶液中铵的剩余量是要测定的最重要指标。同样重要的是，容器 21 残液里的铵含量需尽可能低，它将证明除铵柱 20 的性能。在一系列测试期间，过程条件是：

— 蒸发速率约 300 L/h；

— 加热除铵柱 20 的夹套和从反应槽到除铵柱 20 的废气管线；

— 冷却器出口温度在 45 ℃；

— 反应槽的负压为 75 mm H_2O；

— 去除铵柱 20 的循环回路流量至少保持在 300 L/h，可用去离子水调节（FCV47-3 流量调节阀）；

— 对容器 21 的夹套进行冷却；

— 在过滤器箱 93 中安装预过滤器和绝对过滤器。

测试证明除铵系统效率是高的。解吸测试结束时，反应槽溶液中铵的剩余量约为 0.1%，而残液中残留的铵大约占总铵量的 2%。留在泥浆里的铵最大容许浓度可通过差热分析测试测定，从而决定在反应槽中延长煮沸或外加鼓泡搅拌的必要性，这取决于混合物的物理性质，溶液中剩余的铵可能发生变化。这一结果在冷试中进行了更详细的检查。

10.4.4.3　氨的吸附测试

这种技术的优点是实质上排除了氨-空气混合物可能引起废气管路爆炸的危险，但缺点是：

— 由于硝酸铵沉积在那些过滤器上，存在堵塞废气过滤器的风险；

— 热废液中的盐含量高。

对前面（10.4.4.2 节）叙述的工艺条件做如下修改：

— 不再加热除铵柱 20 的废气管线；

— 冷却除铵柱 20 的夹套；

— 冷却器 47 充分冷却；

— 到除铵柱 20 的去离子水流量保持在 150 L/h（第一次测试）和 200 L/h（第二次测试）。

测试证明，系统的保留效率较差。在两次测试中，只有占总氨量 50%左右的氨保留在残液里，而剩余部分离开系统去了烟囱。因此不再考虑这种技术。

10.4.4.4　空气稀释系统

不冷凝的废气在大约 45 ℃离开冷凝器 47。当处理纯泽尔弗莱克斯溶液时，废气中氨含量最高将达到 49 kg/h（或 63 Nm^3/h）。在经过滤器 93 和排放到烟囱以前，废气必须用最大流量 600 Nm^3/h 的预热空气（45～80 ℃）进行稀释。

空气稀释系统保证了安全运行，也就是：

— 空气中的氨浓度保持在爆炸限值[14%（体积分数）]以下；

— 氨-空气混合物的温度保持在 40 ℃以上[在 40 ℃时，被水蒸气饱和的氨-空气混合物的爆炸范围很窄——空气中氨含量为 20%～25%(体积分数)]。

为了保证充分的空气稀释(600 Nm^3/h)，必须将安装的热交换器 24 换成具有低压降的热交换器，在入口处同样的负压下可能产生更大的稀释气流量。

从测试可以推导出：

－ 温度与稀释空气的流量之间有一线性关系。稀释空气流量在 900 Nm^3/h 时，温度仍为 52 ℃；在 600 Nm^3/h，温度是 65 ℃。

－ 空气稀释流量与蒸发速率成函数关系。蒸发速率为 300 L/h 时，空气稀释流量是 840 Nm^3/h；蒸发速率为 100 L/h 时，空气稀释流量是 660 Nm^3/h。

测试是在反应槽 7 中进行的，其负压保持在 75 mmH_2O。

10.4.4.5　再循环蒸馏液的电导测量

电导记录仪的目的是观察氨的去除过程并指示反应终止。

电导记录仪蒸馏液读数和沸腾溶液中铵浓度之间的关系如图 10-13 所示。因为氢氧化铵(NH_4OH)的电导校准曲线(图 10-14)在 3 mol/L 处有一最大值，所以在蒸发期间应该有两个最高的电导记录值，也就是在开始时，蒸馏液氢氧化铵浓度超过 3 mol/L；接近末尾时，蒸馏液氢氧化铵浓度降至低于 3 mol/L。

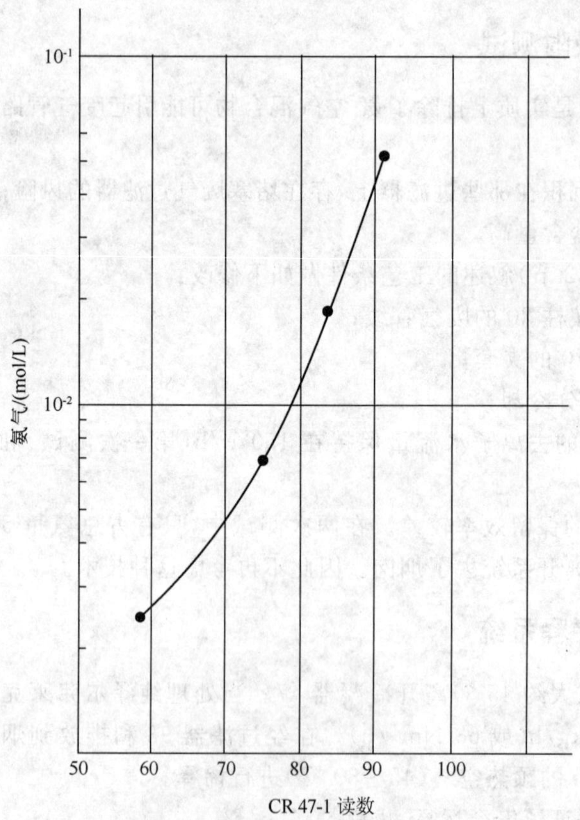

图 10-13　容器 7 中氨浓度与 CR 47-1 读数的函数关系

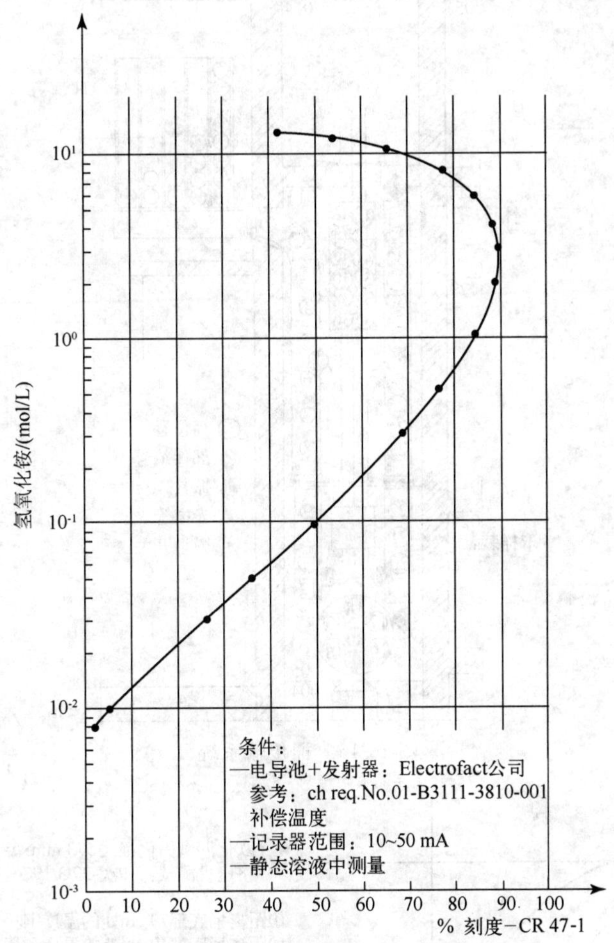

图 10-14　厂房 26 电导记录仪的 NH_4OH 校准曲线

实际上，记录到了三个峰值。前两个峰值是由于上述蒸馏液中铵浓度的变化造成的。最后一个峰值是当反应槽不再蒸发并且反应槽的蒸汽稀释停止，铵在除铵柱 20 顶部再浓集所引起的。

10.4.5　桶操作系统的测试

10.4.5.1　综述

沥青固化产物收集在 220 L 标准容积的"镀铬"钢桶里。由于固化物的膨胀，钢桶只装到容积的 80%。

冷却后，钢桶加盖，但不封死以便让辐射分解产生的气体逸出。

图 10-15 显示了桶的传输系统。废物产品冷却速度能从图 10-16 推导出来。图 10-16 表示桶灌装后产品温度与时间的函数关系。

为了装入传输器 62，在 015 房间内，8 个空桶排成一行，共有五行。通过辊子传输器把

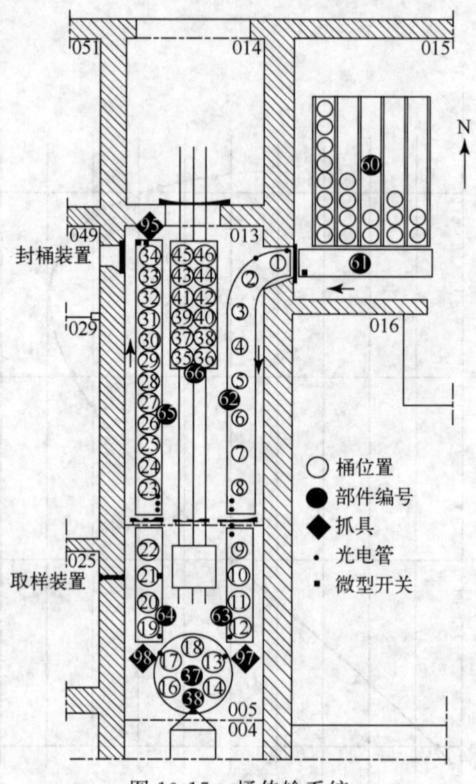

图 10-15　桶传输系统

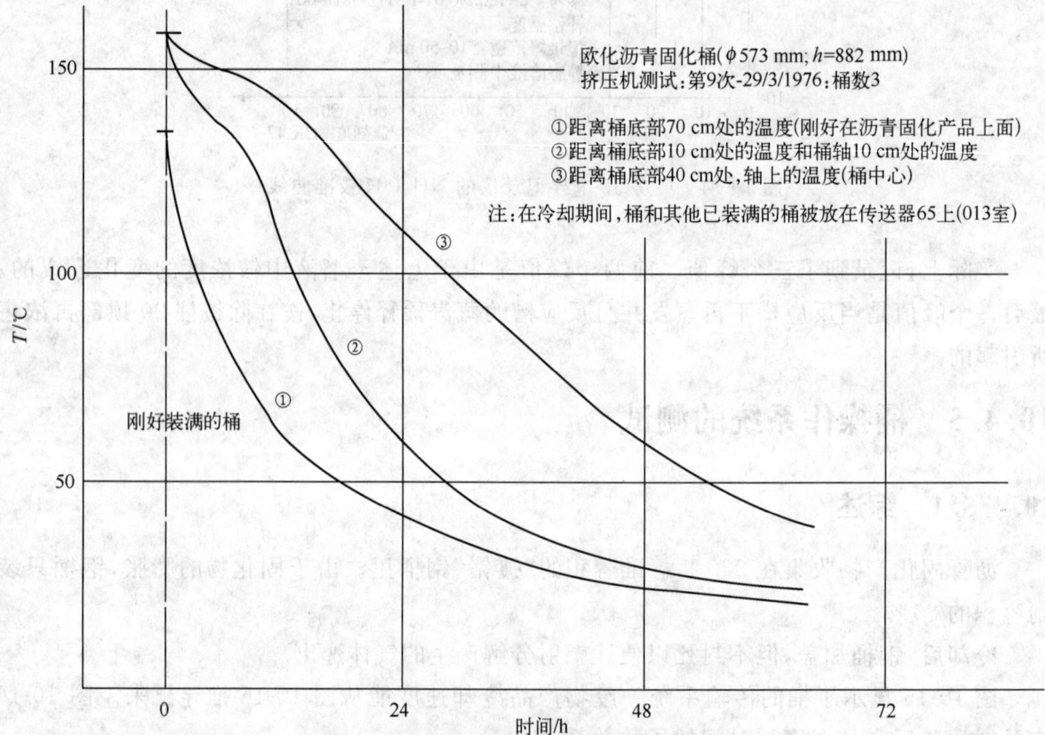

图 10-16　沥青固化产品温度与时间的关系

空桶从 015 房间送入 005 室。液压抓具 97 将空桶一个一个地送到转台上，空桶在这里接收沥青-废物产品。装满的钢桶通过液压抓具 98 从转台 37 输送到板式传输器 64。在传输器 64 上能够进行沥青固化物取样。传输器 64 将装满的钢桶送到其末端位置，第三个液压抓具 95 从这里把钢桶一个个地放置到运输车上。在安放到运输车上以前，给每个钢桶加盖。

10.4.5.2　进行的测试和结果

钢桶操作系统可通过手动控制操作或自动控制操作。用空桶和产品桶（最大值400 kg）所做的测试表明，手动控制和自动控制一样好。同时测试了钢桶的封盖装置。

与初始设计相比，沥青固化物取样位置和钢桶封盖装置的位置都做了修改，所以板式传输器 64 和 65 的步调也必须相应地修改。

桶操作系统的检测仪表出现了一些较大的困难。

经必要的修改后，板式传输器 64 和 65 放上盛满水的桶，连续进行了 5 天的全自动操作测试。

10.4.5.3　运输车运送桶到贮存库

运输车将钢桶从 018 室运到贮存库，此运输车的总装载量为 12 桶。

10.4.6　固体试剂贮窖和计量装置测试

氢氧化钙和氢氧化钡是化学预处理过程中使用的两种固体试剂。氢氧化钙用卡车运到现场，再用气动装置将其输送到贮窖（容积 52 m^3 或 30 t 容量）。从贮窖通过旋风分离器气动地将其送到称量料斗。

氢氧化钡是袋装的。在输送途中，它分别通过旋风分离器和研磨机，气动传送到称量料斗。称量料斗中的粉末依靠风机保持流化状态，借助自重顺利地输送到反应槽 7 或 8。

10.4.7　沥青固化装置的测试

10.4.7.1　挤压机

(1)综述

泥浆从进料槽 10，经过计量进入挤压机，泥浆与热沥青在挤压机内混合。为使泥浆并入沥青内，选择了一台 4 螺杆挤压机（由斯图加特的维尔纳·普弗莱德勒机械设计制造公司制造）。离开冷却器的蒸馏液被过滤以除去夹带的油质。

挤压机的出口温度保持在 180～200 ℃之间，这是因为：

① 最高温度 200 ℃可排除硝酸盐与沥青之间发生不可控制的放热反应的任何危险；

② 最低温度 180 ℃可使最终产品的含水量尽可能低。

(2)完成的测试工作和结论

为了测验各种重要参数，进行了一系列测试。

最初只用热沥青做了一些功能测试，目的是检验挤压机的各种仪器的功能和挤压机的一般性能；后来用下面的组分做了一系列最初测试：

泥浆：硝酸钠溶液占40%（质量分数），在某些情况下，包含若干质量分数的亚硝酸钠。

沥青：Mexphalt 10-20。

在不同流速和温度下以不同的固体/沥青比率进行了测试。对所有流入-流出的液流取样。对蒸馏液的pH值、电导、硝酸钠、亚硝酸钠和油的含量进行了分析。对沥青固化产品测定了沥青、硝酸钠、亚硝酸钠的质量分数及含水量，所获得的结果如表10-3和表10-4所示。

沥青固化产品中的含水量很大程度上取决于挤压机最后一区的温度。180 ℃时，含水量大约是2%（质量分数）。硝酸钠含量高[75%（质量分数）]是由不均匀的泥浆料液流量所引起的。由于最终产品中盐的组分高，挤压机出口会被堵塞。蒸馏液的净化系数可用泥浆和蒸馏液中的硝酸钠浓度之比来表示。

表10-3 蒸馏液的分析结果

蒸馏液的性质和组分	第一段拱顶	第二段拱顶	第三段拱顶
pH	4～9	8～7	2～5.5
电导/(mS/cm)	0.6～2	1～2	1～7.5
硝酸钠/(g/L)	0.3～0.6	0.1～0.9	0.03～0.3
亚硝酸钠/(mg/L)	0.6～50	1～20	2～20
净化系数	400～2 000	600～6 000	2 000～20 000
油含量/%（质量分数）	0.001	0.002～0.013	0.003～0.02
蒸馏液/%（体积分数）	49	31.7	19.3
区温度/℃	150	175	175

表10-4 最终固化产品的分析结果

最终产品的性质和组分	泥浆组分 硝酸钠，40%（质量分数） 亚硝酸钠（无）	泥浆组分 硝酸钠，38.5%（质量分数） 亚硝酸钠，0.60%（质量分数）
硝酸钠/%（质量分数）	15～75	
亚硝酸钠/%（质量分数）	20～60 ppm	0.14～0.9%（质量分数）
Mexphalt 10-20/%（质量分数）	25～85	
密度(20℃)/(g/mL)	1.15～1.55	
水/%（质量分数）	0.07～3.5	

(3)碰到的问题

① 加热系统

在140 kg/h的蒸发速率下，要获得在挤压机内所要求的温度分布，0.5 in[①]的Velan蒸汽捕集器尺寸不够。此外，它们位于挤压机的上方，不利于发挥其良好性能。

② 挤压机的进料口部位

① 1 in＝2.54 cm。

泥浆加料管屡次被沥青堵塞。由于进料口部位的压力变化，致使沥青和泥浆的流量波动。

用法兰型盖代替挤压机原先的盖并装上了排气管。

取决于泥浆进料温度(20～80 ℃)，可观察到沥青雾沫以 2～15 L/h 的速率经过排气管。为了抑制沥青雾沫，降低挤压机的进料口部位和第一区的温度分布，使该部位的蒸发减至最小。

③ 挤压机螺旋填料箱的泄漏

泄漏原因有二：

— 密封材料老化(供料与第一次运行相隔 3 年)；

— 进料口部位压力增高。

更换密封材料的技术相当复杂，而重新设计填料箱则更为有用。

④ 沥青供料管的堵塞

由于沥青供料管最后部位加热不足，造成沥青供料管的堵塞。因此，加热夹套必须延长。

⑤ 挤压机出口的堵塞

这种堵塞是沥青固化产品含盐量太高[达 75%(质量分数)]所引起的。

10.4.7.2　沥青的存储

熔融沥青存储在 30 m^3 的低碳钢罐内。通过槽车每周供给一次，该容量可应付每天 3 m^3 的消耗量。

该沥青存储钢罐装备有蒸汽加热系统、进口与出口接头和液位指示器。

熔融沥青通过齿轮泵(容量 5 m^3/h)保持内部循环。热沥青通过最大容量为 200 L/h 的 MAAG 型计量齿轮泵送到挤压机。为了防止加热过度，在蒸汽加热系统的供应管线接上最大允许值为 7 kg/cm^2 的减压器。

10.4.7.3　挤压机去污

挤压机去污是通过下面三个连续操作完成的：

— 向挤压机内输送纯沥青约 20 min；

— 用不可燃的有机溶剂洗涤，除去沥青残渣；

— 用水冲走无机物残渣。

当挤压机出口堵塞时，试过用溶剂洗涤，甚至在加入约 20 L 溶剂后，挤压机出口仍然堵塞。

10.4.7.4　溶剂回收

在蒸发器 46 中，有机溶剂被蒸馏出来。把蒸馏液贮存起来，需要时可以再循环使用。

使用蒸发器 46 做了几个蒸发测试后发现：

— 蒸汽供应控制不好，导致蒸馏液的质量差；

— 密度指示值得信赖；

— 蒸发器下部空间不够，不能轻松地倒空残余物质；

— 出于屏蔽目的,要创造出足够空间的话,蒸发器附近的蒸汽管道和冷凝液管道必然要改线。

蒸汽供应管线装上压力控制阀后做了一些新的测试。蒸馏液的质量得到改善,而且蒸发速率也容易控制。

从表 10-5 推导出:

— 蒸馏液中水/四氯乙烯之比约为 3.5;

— 达到的净化系数在 80～250 之间变化。

表 10-5 蒸发器料液和蒸馏液的测试数据

蒸发速率/(L/h)	水	0.07～0.9
	四氯乙烯	0.25～3.6
水相中的浓度:		
硝酸钠/(g/L)	料液	20.7～256
	蒸馏液	0.02～1.04
Cl^-/(mg/L)	料液	70～780
	蒸馏液	3～9

10.4.7.5 挤压机蒸馏液路线和油过滤

离开挤压机冷凝器的水相蒸馏液收集在容器 28 内。油馏分在油过滤器 29 与水分离。推荐的过滤器材料"Ekoperl"的油吸附容量约为 290 g/L。

如果考虑到每升蒸馏液含 0.02%的油,并且蒸馏液的平均流量为 120 L/h,则每小时要产生 24 g 油。若考虑一台过滤器用 5 L Ekoperl 材料,则 2.5 天的时间就填满油。为了能有大约一周的填充时间,打算采用更大的油过滤器。为避免过多检修,考虑使用空气提升器,在收集到容器 23 以前,将蒸馏液直接送到油过滤器。然后,007 房间内两台卧式莫诺(Moineau)泵把容器 28 倒空到"热"废液罐 31 或"温"废液罐 30 内。

然而,在得出最终结论之前,做了进一步的测试。

10.4.7.6 灌装室

(1)换桶

为了在挤压机去污时能关闭挤压机出口,在出口安装了一个蒸汽加热球阀。在球阀出口下面安上一个容积约 30 L 用蒸汽加热的料斗,以便在更换钢桶时收集沥青。

更换桶的时候,漏斗的出口由活塞阀关死。在漏斗下面,有一个可在球轴承上旋转的圆工作台 37,由电动机分度驱动。圆工作台放置了 6 个可拆卸的托盘,每个托盘能容纳 1 个 220 L 的钢桶。

(2)料斗排气

桶填充和料斗释放出的气体通过填充室的特殊排气装置抽走。

在漏斗的排气管内,装有两个不可燃的过滤器。这些过滤器可借助于遥控机械手拆卸和更换。根据要求，排气管中的手动蝶阀可以通过远距离调节以便与所需排气速度相适应。

10.4.8　辅助设备进行的测试

10.4.8.1　应急间内辅助的桶操作设备

027应急间(intervention room)有一台行车，它用于搬移005室和013室天花板上开口处盖的两块水泥盖板，以及用于吊入和吊出应急用的遥控机械手。

为了操作027应急间内的遥控机械手和把遥控机械手放入005或013室内，做了一些测试。通过测试结果做了某些方面的改进。两台遥控机械手不工作时，搁在两个支柱上，在这两个支柱上增添了附加的导向装置。为方便遥控机械手从支柱脱离和再次搁在支柱上，该导向装置是必需的。在行车 $X-Y$ 轴上的最高平移速度已分别降到4 m/min和1 m/min。

为了说明将遥控机械手引入室内或从室内移出所必需的连续操作，编制了详细的操作手册。

在027应急间内操作辅助的桶操作设备是相当复杂和费时的，然而，它只是个紧急设备，并不需要经常操作。

10.4.8.2　泵

KSB型离心泵用在冷却水和温水回路中。莫诺(Moineau)型螺杆泵用于传送低放废液和放射性泥浆。泥浆泵的泵体安装在料液容器上面的混凝土地板上，而马达位于地板水平面上方。泵的密封清洗、注油和使用后泵体的冲洗要特别小心。

程序装置可保证这些泵的操作总是按相同顺序进行。

在用泥浆做的第一次测试中发现，输送的溶液的固-液比比供料槽10内的低。固-液比的这一偏差是由料液在尺寸过大的泵吸管中沉积所引起的。令人吃惊的是泵启动所需的转速太高导致启动时出现了峰值流量。认为通过减小吸管的直径，上述两个不良影响将被消除或显著地减小。

为增加输送的安全性，尤其是为了避免泥浆泵的定期维修，考虑了替换设备。在冷试时，这些替换设备(也就是蒸汽喷射器和空气提升器)与泵同时进行测试。

用蒸汽喷射器输送泥浆的初步尝试证明是成功的。

选用为挤压机进料的替代装置——双级空气提升器——还需作一些改进。试验中发现供料槽10内的泥浆与输送到挤压机的泥浆之间的固-液比增大，这是由于在第一级空气提升器罐中有沉淀造成的。从减小沉淀的危害考虑，修改了罐的几何形状。

10.4.8.3　搅拌器

液体配料容器、反应槽7与8和供料槽10都装有机械搅拌器，搅拌器可通过容器的顶孔取出。

液体配料容器搅拌器的反常振动是由于偏心安装所引起的。反应槽7,8和供料槽10需要加辅助的垫圈来改进法兰连接的气密性。在供料槽10内发现，在最低的螺旋桨下面的死区体积是1 300 L，最小混合容积约为2 m^3。为减小死区体积，最低的螺旋桨下降到轴的末端，从而使死区体积减小到 250 L。

10.4.8.4 仪表

要求测量的主要项目有液位、密度、流量、压力、γ 放射性、电导和温度。

通常，吹气式汲取管(air-purged diptube)用于放射性室里的液位和密度测量。

电一气动输送器(大部分为 Foxboro 型)安置在输送廊内，而廊道则位于容器液位上方。

在输送器和容器之间的所有汲取管都有大于 5%的足够倾斜度。

温度测量使用的是 NiCr-Ni 可伸缩式热电偶。

几乎所有记录、指示和控制仪表均集中在 016 控制间的控制盘上。

10.4.8.5 获得的经验

已证明基于汲取管技术测量液位和密度是很可靠的，准确度保证可达 3%～5%。汲取管的主要问题之一是由于结晶而有造成堵塞的危险。为避免这一点，给所有可能被堵塞的汲取管加装上一种湿润器罐(humidifier pot)。这样，湿润的空气可吹过管子。尽管如此预防，供料槽 10 中的汲取管仍频繁出现堵塞。通过降低该容器中的搅拌器螺旋桨而减小死区，有希望解决这个问题。

灌装固化物时的桶及料斗都装备了两个独立的液位探测系统。料斗的液位探测使用超声探测器和热电偶；桶的液位探测使用两种不同标高的 γ 探测器以及光学系统(镜子＋控制室直接观察)。

管道的液体、蒸汽和气体流量大多数是通过压差法测量。流体通过接入管线的适当的一次仪表时就会产生和流量相应的压差。但是，泥浆料液的流量是用磁力流量计测量。在泥浆料液测量中观察到异常变化，其原因是：

- 外部对磁力流量计的影响(例如在磁力流量计附近有高频焊接设备在运行)；
- 通过磁力流量计时，管内液位有波动。

泥浆料液的流量也可用下列方法之一加以推定：

- 泥浆泵或空气提升器的校准曲线；
- 供料槽 10 的损耗；
- 蒸馏液的流量。

10.5 欧化公司沥青固化物贮存库

沥青固化后的废物贮存在直接与沥青固化厂相连、被称为“欧化贮存库(Eurostorage)”(见图 10-17)的贮存设施内。该贮存库不只用来暂时贮存固化后的中放废物而且还包括辐照核燃料后处理过程中产生的中放固体废物。就已经建成的贮存库房来看，每间库房长 64 m，宽 12 m，高 8 m，能贮存容积 220 L 的桶 5 000 个。这些沥青固化物桶分四层直立堆放。

废物桶用小车运到库房入口，再用行车吊入库房内。行车用高频调制激光遥控，使用闭路摄像机观察搬运情况。贮存的废物桶可用行车或起重机全部取出，再运输到永久性贮存地点。

欧化贮存库于 1978 年秋开始运行。

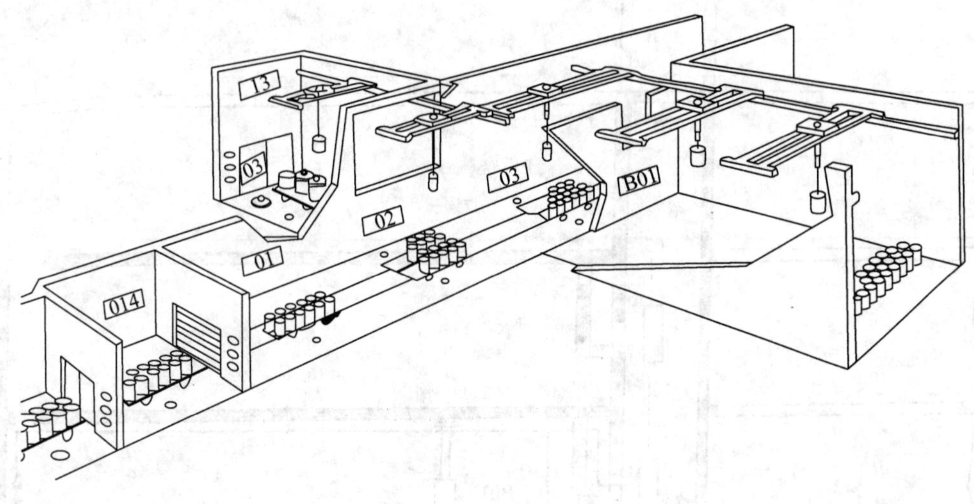

图 10-17　欧化贮存库

10.5.1　贮存库描述

贮存库的设计和建造上至少要按 50 年考虑，因为莫尔场址不作为最终贮存地。由于这些废物以后还要运输和处置，所以它们必须能全部回取。

10.5.1.1　总布局

贮存库的总布局见图 10-18 所示。贮存库通道 03 位于沥青固化厂 26 的房间 005，013 和 014 轴线的延长线上，先是在通道的右边修建贮存库房，接着在左边修建。位于通道西侧的转运站 04 用来接收其他来源的固体废物而不是沥青固化厂的废物桶。控制室位于连接通道上方的第一层，可通过铅玻璃窗进行直接观察。在连接通道附近安装有通风、电气等辅助设备。

10.5.1.2　建造原则

库房用钢筋混凝土建造，有的地方是用预应力混凝土建成。墙、地板和屋顶的厚度是由建筑物抵抗力或防辐射的严格要求而决定的。

在建筑物的整个预计使用寿命期间，特别要注意保证密封性。地面铺设一层软性薄板，四边高出地面贴到墙上，形成一个防泄漏的“滴水盘”。屋顶覆盖多重防水材料以防渗漏。

10.5.1.3　装修

除控制室外，所有库房和房间的地板都是硬质混凝土。控制室的地面铺一层聚乙烯塑料板。所有房间的墙都是混凝土，并涂上油漆。贮存库房的墙不上油漆。控制室的天花板上装有照明灯。

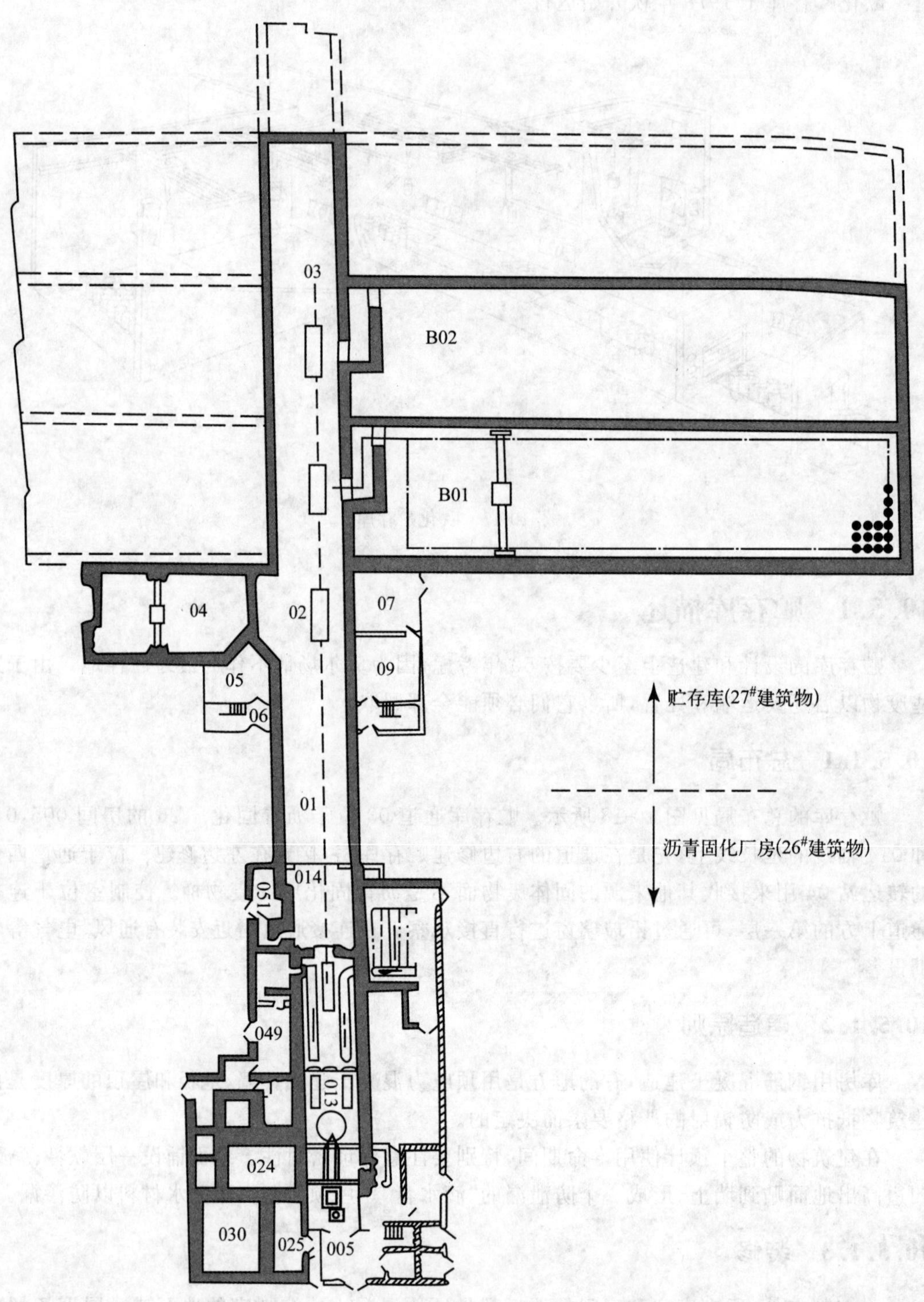

03
B02
B01
04
02
07
05
09
06
贮存库(27#建筑物)
01
沥青固化厂房(26#建筑物)
014
051
049
013
024
030
025
005

图 10-18 贮存库布局

10.5.1.4 通道

转运站前建有通道,接收其他来源的废物。装运废物的卡车从西边大门进入转运站04,如果需要,预留安装屏蔽门的位置。

一楼有2个工作人员出入口,1个在连接通道的左边,另外一个在右边。一进门就是去二楼控制室的楼梯(06和08分别在通道的两侧)。

从左边的门可进入转运站04的观察室05,右边的门可去辅助室09。

10.5.1.5 贮存库房

库房的设计存放能力约为5 000桶,这大约是20个月的产量。尺寸大约是64 m×12 m×8 m(长×宽×高)。地面要求十分平整,能够整齐堆放4层废物桶。地面上有排水沟网,把进入库房的水排到监测池。

库房和通道的隔墙上有开口,供行车通行,并且设有隔板(Baffle),避免废物辐射直接进入通道。

贮存库房装满废物桶后,墙上的开口就用混凝土块遥控封闭。

10.5.2 搬运

10.5.2.1 搬运要求

对搬运的初始考虑是从沥青固化厂房26出口将沥青固化废物桶运送到贮存库房堆放。由于这些废物桶没有被封死(让可能出现的辐解气体逸出),因此,这些桶要直立运输和贮存。

桶尺寸为:直径0.6 m,高0.9 m,口径0.31 m。加上废物,桶重最高为400 kg。

为其他来源的固体废物设计了辅助搬运设备,目的是卸下运输车的屏蔽罩,将废物桶吊送到主搬运链上。

10.5.2.2 贮存库房内的搬运

行车可在库房内循环运行。行车的轨道一直延伸至连接通道的左侧,因而库房行车也可以在通道内进行搬运。这种行车装有伸缩升降机构,由库房内的母线供电。连接通道内装有2台行车,每台起重量为2×5 t,它们运行在转运站和连接通道北端之间。一间库房装满后,这2台行车就把库房行车转运到空库房去。

使用高频激光束遥控库房行车。在连接通道两侧,库房开口处前面装有一套激光发生器。发给库房行车的信号用激光传输,并且反馈回搬运设备的各个动作(X,Y,Z方向和抓具)。

库房行车从连接通道里吊起废物桶到预先选定的贮存位置的运行都是自动控制,但放下废物桶和抓具的动作不是自动控制。行车经过隔板的动作也是自动控制。隔板安装在库房的入口处,以防废物的辐射。

以上所述的这些搬运动作也可以手动控制。

如果库房内有废物桶平放(例如,操作错误),通过专用抓具将其扶正。行车上装有闭路电视摄像机和照明灯,使操作人员从控制室的荧光屏上可以看到搬运情况。另外,在库房内运行的事故行车上同样装有电视摄像机。

行车和事故行车的电视摄像机使用另外一套激光装置。激光信号由同轴电缆输送到控制室。

废物桶按四层直立堆放贮存。每层在两个方向上都错开半个桶的位置(每个桶所占位置的直径为 625 mm),每层数目如下:

第一层:15×94=1 410 桶

第二层:14×93=1 302 桶

第三层:13×92=1 196 桶

第四层:12×91=1 092 桶

库房顶部和废物钢桶最上一层之间约有 4 m 高的空间,行车能吊着钢桶自由地运行。行车的起重重量为 2 t,远高于装满沥青废物的桶重。这个富余量使得行车能吊起水泥固化废物桶或同时吊起四个沥青废物桶。

10.5.2.3 连接通道内的搬运

运输车在沥青固化厂 013 房间内装上 12 个桶,然后沿着通道运至贮存库房内,再由库房行车吊进。沥青固化厂每天生产 24 桶,需要运输车装卸 2 次。运输车是电动的。在 013 和 014 房间内,运输车由沥青固化厂房 26 的控制室进行控制,在连接通道内则是由“欧化贮存库 27”的控制间进行控制的。

10.5.2.4 转运站内的搬运

其他来源的固体废物用卡车运至转运站 04 的底层。04 的二楼安装有行车,可在延伸到连接通道内的轨道循环运行。行车经地板上的开口,用 5 t 吊车卸下卡车屏蔽物,再用 2 t 吊车吊起废物桶,送至连接通道内的转运车上。这种转运车与运输沥青废物桶的类似,它行驶的轨道与其平行。转运车把废物桶运到贮存库房前,再用行车吊进。

从辅助控制室 05 或主控制室控制转运站行车。在那里透过铅玻璃窥视窗可以直接看到连接通道内的工作情况。

转运站行车也装有电视摄像机,操作人员从控制室操作台上就可以看到行车运行情况。

10.5.2.5 安全装置

搬运设备的控制系统中安装有各种电气联锁,防止偶然误操作时损坏设备,例如:

(1)吊起的钢桶不是竖直时,行车不能运行;

(2)行车提升机构的伸缩柱上装有安全开关,行车经过隔板部位时,如果操作错误,安全开关自动使行车停下;

(3)如果废物桶位置不正确,库房行车抓具就不能闭合;

(4)如果沥青固化厂的门没有充分打开,转运车就不能开动;

(5)另外装有开关使得同时只能在一个控制室操作转运车。

10.5.2.6 维修

搬运设备在连接通道内维修。维修人员进入前，通道内应没有废物桶。库房行车运送到空库房前或通道的末端去进行维修，这样避免了维修人员直接受到辐射。

10.5.2.7 事故处理

建立了多种方法妥善处理出现的各种事故，使工作人员不受放射性照射，例如：

(1)连接通道内装着废物桶的小车中途抛锚，可以遥控把车拉到贮存库房前或拉回固化厂；

(2)如果行车在贮存库房内抛锚，可以遥控把行车送入连接通道检修；

(3)转运站行车的运行，除了另装有马达及单独线路供电的提升机外，都可以手控和遥控。

10.5.3 辅助设备

10.5.3.1 通风一采暖

(1)贮存库房和连接通道的通风

在这里搬运和贮存的放射性废物产生表面污染的可能性很小，更不大可能产生空气污染。因此，只需轻微的通风来排掉沥青辐解产生的氢气。

基于保守的设想，计算结果表明：贮存最高放射性废物的库房每天仅需 16 m^3 的新鲜空气就可以使氢气浓度低于爆炸下限，也就是大约一年全部更换库房空气一次。如果设计一些窗口，利用自然通风就可以满足这一要求。

然而，由于实际的贮存经验有限，还是安装了低流速的进出口都带过滤器的通风系统。经过滤器从外边抽进的新鲜空气送到连接通道，再从连接通道的下部和贮存库房的上部排出。

调节进出风量，使贮存库房略呈负压。014 房间是隔开沥青固化厂和“欧化贮存库”通风系统的阀门间。

(2)工作人员房间的通风

长期或间断占用的房间需要采暖通风。这套通风系统与前面所述系统是各自独立的，它向控制室和辅助设备室供给新鲜空气。如果需要的话，还可安装采暖和空调。

主控制间应保持略呈正压。

10.5.3.2 公用设备

“欧化贮存库”的配电盘由沥青固化厂配电盘提供低压电源，总功率约为 45 千伏安。

10.5.4 安全方面

10.5.4.1 核安全

(1)临界安全

贮存的固体废物中，裂变物质(铀、钚)浓度很低，不可能发生临界危险。

(2)污染问题

从贮存废物的性质和采取的防护措施来看,在搬运过程中以及贮存的最初几年,造成表面和大气污染的可能性很小。因此,不必预先考虑设置固定的监测装置。

房顶泄漏可能是库房进水的唯一途径。进去的水由地面的排水沟网排到集中的地方,在那里取样测量放射性。因此,要对库房进行必要的修补,保持不漏。

低流速通风不会使静止的贮存废物产生空气污染。为了能方便地回取贮存的废物桶,桶的材料和贮存条件都是经过选择的。

如果意外的严重腐蚀造成桶抗蚀性下降,可对沥青块重新包装。即使在桶完全腐蚀、沥青块破裂这种最难以设想的情况下,由于建筑物设计和防漏完善,也可以安全地重新取出包装。

(3)辐射安全

根据贮存库房的墙厚计算,墙外表面的剂量率:屋顶 2.5 mrem/h;靠外边的墙 2.5 mrem/h;靠连接通道的墙 0.25 mrem/h。这些数据是按库房内装有5 000桶放射性活度为0.5 Ci/L 的沥青废物,废物每次衰变释放出 0.7 MeV 能量计算得到的。

控制室和观察室内安装有 γ 监测仪。转运站和连接通道设有辅助 γ 监测仪,以指示辐射源的存在。

根据操作需要,如进库处理、维修等,可使用手提式辐射监测仪。

10.5.4.2 一般安全

一般工业设备,如配电、压缩空气供给、蒸汽加热、起重设备等的安全是严格执行比利时“劳动安全防护总则”来保障的。

10.5.4.3 防火

除了电气设备的绝缘物质以外,金属桶里大量的沥青废物也是可燃的,但这不是火灾的主要危险,即使存在火源沥青也须加热到 300 ℃以上才着火。一间装 5 000 桶沥青废物的库房,由于衰变释放出的热量最高为 2.7 kW,这与建筑物的质量和散热面积相比是完全可以忽略的,它不可能将沥青加热到 300 ℃以上。

所有地方都不必安装火灾报警器和灭火设备,只有控制室和辅助室设有便携式灭火器。

对沥青废物而言,想象中的火灾或许会因为军用飞机意外坠毁而引起。飞机在房顶上穿个大洞,燃烧着的汽油进入库内引起火灾。然而,库房房顶厚度达 0.75 m,而且使用的是预应力混凝土,因而是够坚固的;从裂缝渗进的汽油不会燃烧。

10.5.4.4 防爆

受到辐射后,有机物辐解释放出氢气。经过计算,一个废物桶每天最多放出 25 cm^3 氢气。因此,对一个库房来说,每天换气 16 m^3 就足以保持空气中的氢含量低于爆炸下限(4%体积)的 1/5。

库房的自由空间大于 4 000 m^3。空气压差产生的通风就可以达到厂房所需的很小的换气速度,此外,由于氢气比空气轻,它会从库房房顶上的排气孔逸出。

但是，在未获得长期贮存沥青固化废物的经验之前，至少最初修建的几个库房里仍要安装带过滤器的通风系统。这样，就不大可能发生氢气－空气混合物爆炸。

废物入库过程中，搬运设备操作时会产生电火花，但库房是敞开着的，废物是运输着的，实际上不会出现这种爆炸混合物，而且在库房装满后的贮存期间，库房里就没有电火花源了。库房空间大，墙很厚，即使爆炸也不会造成大的损坏。

参考文献

[1] Eschrich, H. The Bituminization of Radioactive Waste Solutions at Eurochemic [R]. in Bituminization of Low and Medium Radioactive Wastes Proceedings[C]. ANTWERP-ANVERS, 1976, 26～46

[2] Demonie, M. Commision and Startup Tests of Eurochemic's Waste Bituminization Facility[R]. in Bituminization of Low and Medium Radioactive Wastes Proceedings[C]. ANTWERP-ANVERS, 1976, 56～76

[3] Detilleux, E. , H. Eschrich & Balseyro, et al. Medium Level Waste Bituminization Plant and Engineered Storage Facility at Eurochemic[R]. 1975

第 11 章　德国放射性废液沥青固化

11.1 概述

1960 年，比利时首先提出放射性废物的沥青固化技术，德国、法国、美国、苏联等相继开展了这方面的研究工作。卡尔斯鲁厄核研究中心是德国最大的综合性核研究中心，从 1964 年开始，通过实验规模的研究和工艺技术试验，选用了沥青固化工艺处理放射性废物。经过 4 年的沥青固化中低放废物的运行，获得了重要的运行经验。1972 年，成功地运用沥青固化工艺替代了水泥固化工艺。

同水泥固化相比，沥青固化有以下主要优点：

(1)永久性贮存的固化废物的体积大约要小 4/5；

(2)产品的浸出率一般低两个数量级。

德国沥青固化设备的主要部分是一个自净化的螺杆挤压蒸发器，它可以在将蒸发浓缩液中的水分有效蒸发的同时使放射性盐渣均匀地混合到沥青中去。

本章主要叙述卡尔斯鲁厄核研究中心(KFK)放射性废物沥青固化工作中的一些运行经验和研发工作。

11.2 沥青固化设备运行

11.2.1 沥青固化设备的描述

沥青固化设备安装在已有的废物处理车间里。图 11-1 显示出了安装中的沥青固化设备 ZDS-T120 型螺杆挤压机。

这种 ZDS-T120 型螺杆挤压机本是沃纳(Werner)与普弗德莱尔(Pfleiderer) 公司为加工重质塑料而制造的。为了用于放射性废物的沥青混合，厂方与卡尔斯鲁厄核研究中心废物处理部合作将其改装。改装后的主要特点是：

(1)有一对特制的自净化互相啮合螺杆，既能强制送料，又能保证充分地混合和捏合；

(2)具有 5 个蒸汽加热段，单独控制温度，以便分别选择合适的温度；

(3)设备中物料存留量只有几升，停留时间只有 2～3 min。

因此，在相当平稳和高度灵活的情况下，能确保有效蒸发和把废残渣非常均匀地混合到沥青中。

这个设备是当时在德国首次安装的，使用这种特殊的工艺对含盐($NaNO_3$)70%(质量

图 11-1 安装中的沥青固化设备 ZDS-T120 型螺杆挤压机

分数)的蒸发浓缩液直接进行沥青固化。

11.2.2 沥青固化工艺流程及其生产性能

卡尔斯鲁厄核研究中心的沥青固化工艺流程见图 11-2 和图 11-3。存放在温度 140 ℃,体积为 20 m^3储罐内的标准等级 Mexphalt 15 液态沥青和存放在容量 1 m^3,有屏蔽的浓缩液进料罐内的蒸发浓缩液一起被送入挤压机。典型的温度曲线图表明水分的蒸发和放射性残渣的混合是同时进行的。冷凝之后的水分经滤油器再循环到废水蒸发器。沥青产品流入

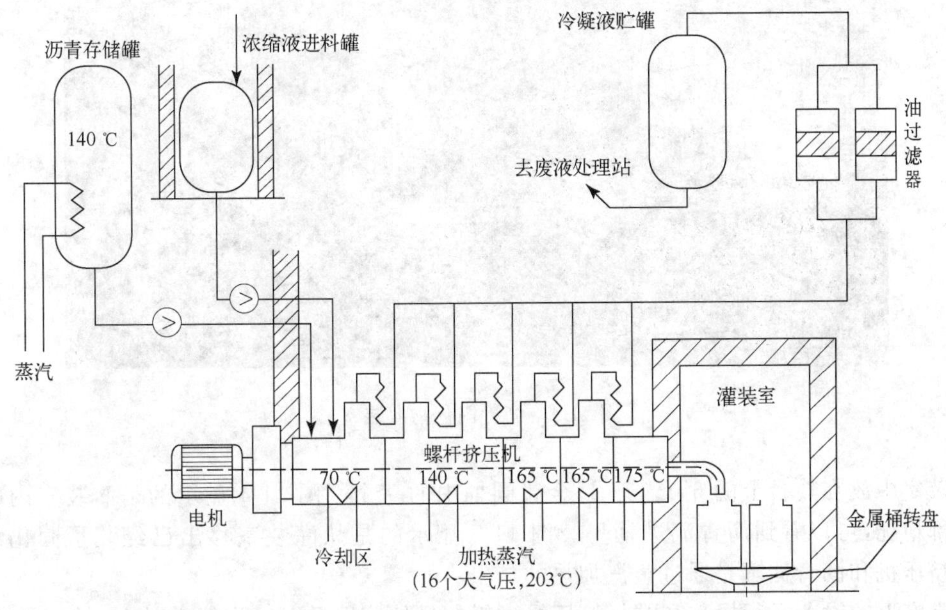

图 11-2 简化原理流程图

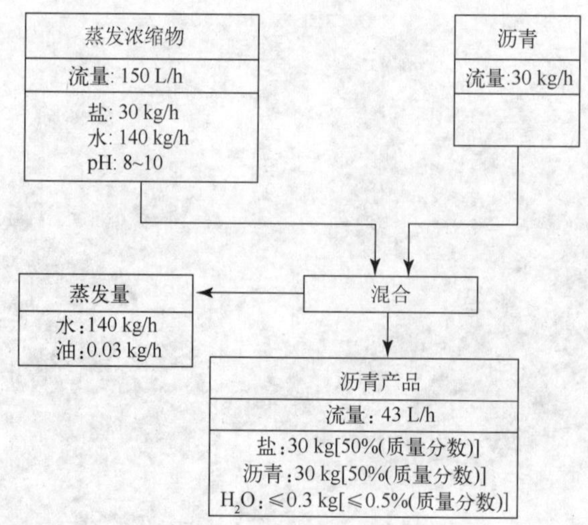

图 11-3 混合流程图

图 11-4 沥青固化物灌装室

到灌装室中放在转台上的 6 个 175 L 金属圆桶中的一个。图 11-4 显示的是灌装室内的一个局部情况,可以看到沥青流进桶里。图 11-5 显示的是从灌装室移出已经装了固化物的桶。挤压机和沥青储罐是通过蒸汽加热的。

常态下的设备运行操作和螺杆挤压机运行的最佳蒸发量大约为每小时 140 kg 水,生产出含盐 50%(质量分数)和残余水≤0.5%(质量分数)的极均匀的沥青产品。图 11-6 显示的

图 11-5 从灌装室移出已装固化物的桶

是一种含盐 65%(质量分数)的沥青产品。蒸发浓缩液的 pH 值必须调到 8～10。

自从该设备在 1972 年启动以来,沥青固化了从卡尔斯鲁厄核研究中心和卡尔斯鲁厄乏燃料中间试验后处理厂(WAK——每年处理能力为 40 t 乏燃料)排出的 40 000 m^3 以上的中、低放废水得到的大约 700 m^3 蒸发浓缩液,其中包含有几万居里的放射性。一共生产了约2 000桶平均比活度为 100 Ci/m^3 和含盐量为 50%(质量分数)的沥青固化产品,并用船运到阿塞(Asse)盐矿中进行处置。这些固化桶的剂量率分布:大约 50%,30%,10%和 5%的桶的相应表面剂量率分别为 20,40,60 和 80 rem/h,而其余的剂量率最高达 200 rem/h。为妥善解决这些金属桶的运输问题,可以将它们装入 200 L 加固钢桶内,然后将加固钢桶放入可重复使用的隔离运输容器里,或将固化钢桶装入预制混凝土容器里,在用混凝土封盖之后,运到阿塞(Asse)盐矿处置。图 11-7、图 11-8 显示出用于运输与贮存的隔离运输容器和预制混凝土容器,图 11-9 显示出准备通过铁路运往阿塞(Asse)盐矿。

根据运行经验有以下几个要点需注意。

(1)炼油厂沥青在 200 ℃时存放,存在着耗损和炭化问题,而在沥青贮存罐中(温度为 140 ℃)是看不到这种现象的。不过沥青罐在重新装料一天以后会看到沥青计量泵前的过滤网大部分被炭化沉积物阻塞。

(2)盐和沥青-盐有时会沉淀在汽包,但用专门开发的蒸汽喷嘴清洗系统可以很好地去除这些沉积物。

图 11-6　含盐 65%(质量分数)的沥青产品

图 11-7　运输用隔离运输容器

图 11-8 混凝土容器

图 11-9 混凝土容器用铁路运输

(3) 为了解决冷却后沥青产品的体积缩小这一问题，并且使灌装时沥青产品得到更好冷却，在灌装过程中，转台上的6个桶的其中一个桶填装大约30 min，然后填装下一个，依次循环。每个桶轮换9～10次后装满。然后，再冷却大约24 h。当沥青产品的中心温度下降到≤110 ℃时，金属桶就可传送到临时贮存区。在固化桶的外表常常会黏附着一些污染物质，由于这些固化钢桶要装入到第二个容器里（加固钢桶或混凝土桶），因此不必去污。由于有第二个容器，并且在灌装后很短时间内沥青产品不会散发出放射性气溶胶，所以金属桶不用封顶。

(4) 在处理比活度为90 Ci/m^3的蒸发器浓缩液时，灌装室里空气的污染程度被确定为：对α是最大允许浓度的10倍，对β是最大允许浓度的50倍。

(5) 当处理上述比活度为90 Ci/m^3的浓缩液时，挤压机蒸发器的总去污系数被确定为大约6 000。对于单个核素，如^{137}Cs，^{106}Ru，^{144}Ce和^{125}Sb，也是如此。在正常运行期间显示出更好去污效果。没有发现滤油器对冷凝液还有可测量的去污作用，但是在设备运行期间，过滤器介质中累积的放射性增加了。

11.2.3 运行中发生的问题

有时沥青产品的卸料会发生障碍，这是由于物料在卸料段内腔发生阻塞而引起的。如果挤压机不及时关闭，反向压力将推动沥青产品进入到最后一级汽包，在那里不断产生的蒸汽会使产品发泡并强迫使其上升直到冷凝器。在这种情况下，必须要拆卸汽包和卸料段进行清理。虽然这些阻塞似乎与非标准进料比例有关，但这种情况当时并没有做出完全的解释。阻塞情况可以通过对产品流出量的检查或者通过对卸料部件内部构造的改造（如利用挤压机的输送作用强迫卸料）的办法完全排除。

螺杆运行大约7 500个小时后要取出和更换。在螺杆的输送、混合和捏合盘的某些部位上观察到最高达到7 mm的磨损。显然，这个现象是由于含盐量高的沥青产品的腐蚀磨损造成的。尤其是在非标准进料比例导致沥青减少、沥青的润滑作用急剧减少的情况下，更是如此。在正常运行情况下腐蚀可以避免，然而当处理的蒸发器浓缩物pH值过高或过低时，也会发生腐蚀。制造厂商沃纳（Werner）和普弗德莱尔（Pfleiderer）公司对各种不同螺杆进行了试验以确定更能抗腐蚀的材料。

11.2.4 工艺过程最优化

在卡尔斯鲁厄沥青固化中发生的事故都与蒸发器浓缩液的不均匀性相关，因此采取措施，一旦浓缩液进料罐的搅拌器出现停转，沥青固化设备就停止运行。将pH值控制和调整到8～10的范围对沥青固化装置的运行绝对是必要的。另外，对蒸发浓缩液的干渣及其与沥青1∶1的混合物进行了差热分析（DTA）。

灌装室的电气设备是20世纪70年代最新的防爆设备。通风系统保证灌装室每小时换气50次。安装的温度计会自动记录所有温度异常上升的情况。而且，安装的烟雾和气体探测器（测量CO和CH_4）能显示灌装室空气中所有可燃气体的成分。灌装室与一个装有1.5 t CO_2的自动灭火设备相连。

螺杆挤压机的出口部分已经进行了改进，可以避免卸料段阻塞。另外，保持对沥青产品排出的监测。

滤油器改用饱和后即废弃的过滤芯子而不再重复使用过滤器壳，这样就延长了过滤器介质的使用寿命。过滤芯子的使用显著地减少了过滤器更换的时间。因此允许过滤器承受较高比活度。

采取措施在蒸发(蒸汽压缩蒸发器)之前对中、低放废液中的有机溶剂进行有效分离。

螺杆挤压机的运行温度通常限制到 180 ℃，并且绝不能超过 200 ℃。

将装满的沥青金属桶冷却 24 h，使桶的中心温度降至沥青产品的软化点(约 100 ℃)以下，再把桶运送到临时贮存库。在蒸发浓缩液沥青固化启动以前和关闭以后，挤压机使用纯沥青运行大约 15 min 的时间。

采用这些措施后，沥青固化设备可以连续地可靠运行。

11.3　研究与开发

如前所述，无论是装置的概念设计还是运行条件的确定都是以广泛的研发工作为基础。装置中选用的沥青是一种标准牌号 Mexphelt 15 或 Ebano 硬质直馏沥青，利用环球仪测出的软化点为 67～72 ℃，针入度 10～20。在当时的标准牌号沥青中，这种沥青有最高的闪点(>290 ℃)，这是选用它的另一个主要原因。图 11-10 示出了蒸发能力大约为 4 kg/h 的实验室规模的螺杆挤压机。该设备生产的沥青产品保证与大设备的产品性质完全相同，这是进行逼真性研究的重要条件。

图 11-10　实验室规模螺杆挤压机

在当时的卡尔斯鲁厄核研究中心，由于低放废液的大约 30%(约 10^{-2} Ci/m^3)和中放废水(<100 Ci/m^3)的 80%以上都来源于后处理厂，因此它包含的 $NaNO_3$ 浓度相当高。事实上，在实际处理的蒸发浓缩液残留盐中，$NaNO_3$ 含量甚至高达 70%(质量分数)。所以，这就是为什么大部分研究工作完全致力于解决如此高硝酸盐含量的浓缩液处理工艺及对最终产

品的安全性进行评价的原因。通过对沥青的氧化和硬化问题的研究,可以断定,在弱碱性、温度≤200 ℃和短的滞留时间的条件下,可以避免沥青氧化和硬化问题。而这后两个条件在螺杆挤压机里是充分具备的。

11.3.1 热稳定性

产品的热稳定性作为安全问题的一个方面受到了很大的关注。所以,火箭燃料和炸药化学研究所(ICT)对沥青和氧化性盐的混合物的热和机械敏感性进行了详尽的研究。研究主要是针对含 60%(质量分数)的各种金属的硝酸盐和蒸发浓缩液中可能存在的其他组分的沥青产品进行的。为了保证万无一失,这种产品同装置产生的实际产品[50%(质量分数)]相比有更高的含盐量。沥青产品和纯沥青在真空中于 100 ℃加热 40 个小时,它们有相同的行为。这证明,盐混合物和沥青有很好的相容性。沥青产品的燃点在 400 ℃以上,只是某些样品由于增加了硝酸钙和过渡金属硝酸盐组分,着火温度在 360～380 ℃之间。在赤热的钢盘里(约 700 ℃)研究其燃烧行为,结果表明沥青产品比纯沥青显示出更快的燃烧速度(沥青产品为 1～5 s,纯沥青为 30 s);在相同量级的燃烧时间内,沥青产品比纯沥青燃烧得更旺。在密封条件下的快速加热实验证明没有爆炸危险,而且沥青产品对机械应力和爆炸应力并不敏感。这些研究证明了他们所研究的沥青产品不属于有爆炸危险的物质范畴。

另外,将装有沥青与 $NaNO_3$ 的比例为 57∶43[%(质量分数)]的沥青产品的 175 L 金属桶放在广场上,用猛烈的燃油点火去进行试验以研究其燃烧行为和灭火措施(见图 11-11 点火准备)。

图 11-11 点火准备

试验证实,沥青产品是不可能被轻易点燃的。在最初的 10 min 内,燃烧是平静的,随后局部燃烧变旺(很明显是由于 $NaNO_3$ 分解),但没有引起爆炸。图 11-12 显示了燃烧 15 min 后的情况。

图 11-12　燃烧 15 min 后的情况

211 kg 的沥青产品(175 L 的桶,装料 87%)的总燃烧时间是 85 min。大约 27%的 $NaNO_3$很可能是以 Na_2O 气溶胶的形态被烟气载带。灭火试验证实,沥青产品起火可以很容易控制住,最理想的灭火介质是 CO_2。图 11-13 显示的是消防队在 1 min 以内利用 CO_2 灭火的情况。

随后,沥青产品集装箱(175 L 钢桶放在 200 L 加固钢桶内或预制混凝土容器内)暴露在油火中以验证对沥青产品的影响。

ICT 还调查研究了沥青产品是否存在由于辐射分解产生氢气和空气混合物的偶然点火而着火。在一个模拟的小规模储存室中进行的首批实验证明,氢含量在 4.3%和10.5%(体积)之间的各种氢气/空气混合物的着火不会导致沥青产品的试验样品燃烧。虽然这些试验再一次证实沥青产品不易燃烧,但仍然用两个装有沥青产品的 175 L 金属桶放在专门的防爆箱内进行了实际规模的气体爆炸实验。

差热分析(DTA)是一种用来测定化合物热稳定性的很好的方法。固化装置生成的放射性沥青产品样品的 DTA 曲线图显示所有吸热峰值的温度范围介于 270～300 ℃区间之内,放热峰值通常为 400 ℃左右。吸热峰值表明 $NaNO_3$的熔点(306 ℃)由于夹杂其他盐分而明显地降低。放热峰值在 400 ℃附近通常与这种混合物的燃点相符。这个燃点是用 1 g 产品放在钢板上用火焰加热这种非标准化测验方法确定的。吸热峰值在螺杆挤压机运行温度区间内通常表示有易挥发的有机混合物存在。例如,起初在蒸汽压缩蒸发器中使用的消泡剂在 130 ℃有一个显著的吸热峰值,后来被更稳定的化合物所替代。为了获取关于热行为的重要资料,DAT 实验无论是在工厂运行还是研发活动中都被当作一项例行工作。

上述的试验方法虽然没有标准化,但自从开始研究热稳定性以来,它已被证明是一种很

图 11-13 灭火情况

可靠的方法。在实验所用的多种牌号的沥青中，发现 Mexphalt R 85/40 或 R90/40 氧化沥青的燃点最低(260～300 ℃)，而 Mexphalt 15 或 Ebano15 标准牌号沥青的燃点最高(410～440 ℃)。多种硝酸盐与标准级别的 Mexphalt 15 或 Ebano 15 沥青混合物的燃点大大高于 300 ℃，一般燃点大约≥400 ℃。这与 ICT 的测量值非常一致。在实验室台架装置里得到的模拟动力反应堆的废物(废混合床离子交换剂、硼酸或表面活性剂含量高的蒸发浓缩液)的沥青产品[含盐 50%(质量分数)]的燃点远远超过 400 ℃。

鉴于对卡尔斯鲁厄核研究中心沥青固化设施着火事故(在 15.3 节叙述)的调查分析，在实验室台架装置中用含有 $NaNO_3$(175 g/L)，$NaNO_2$(5 g/L)和 1∶1 的磷酸二丁酯-磷酸一丁酯(20 g/L)的模拟蒸发浓缩液在 pH 值为 11～13.5 的情况下与沥青混合，产生了含盐 50%(质量分数)的沥青产品。运行温度与生产装置相同。与低碱度的产品相反，高碱度的产品会严重起泡，其燃点为 200 ℃，而低碱度产品燃点为 400 ℃。与这个结果不同，当混合的蒸发浓缩液只含 1.5 g/L 的 DBP/MBP 时，在高 pH 值的情况下沥青产品的燃点并不低。这个实验和其他类似的实验证明了在高碱度的条件下，有机化合物在螺杆挤压机运行温度下可能分解成易燃的化合物。因此，要注意保持均匀给料和将 pH 值调节到 8～10 之间。

11.3.2 抗浸出性

除热稳定性以外，抗浸出性是放射性废物固化物的另一个重要特性。浸出实验是用许多含盐大约 40%(质量分数)的沥青产品进行的，其成分为研究中心蒸发浓缩液的典型成分。浸出性是用在蒸馏水中浸泡一年所浸出的钠的总量来度量的。16 种不同产品的平均浸出率为 5×10^{-4} g/cm^2 · d，最低的为 1×10^{-5} g/cm^2 · d，最高值为 2×10^{-3} g/cm^2 · d。同时测定 Na，Fe，Ca 等离子的浸出率，没有发现任何显著的差别。

对于沥青-硝酸盐产品，发现其浸出率与盐的混合量成正比，如表 11-1 所示。图 11-14 显示了浸出率对盐浓度的直接依赖关系。

表 11-1　沥青-$NaNO_3$产品的浸出率对$NaNO_3$浓度的关系(年平均值)

$NaNO_3$含量/%(质量分数)	0.1	1	5	10	20	38.5
浸出率/(g/cm²·d)	未测到	未测到	4×10^{-6}	7×10^{-6}	2×10^{-5}	9×10^{-5}

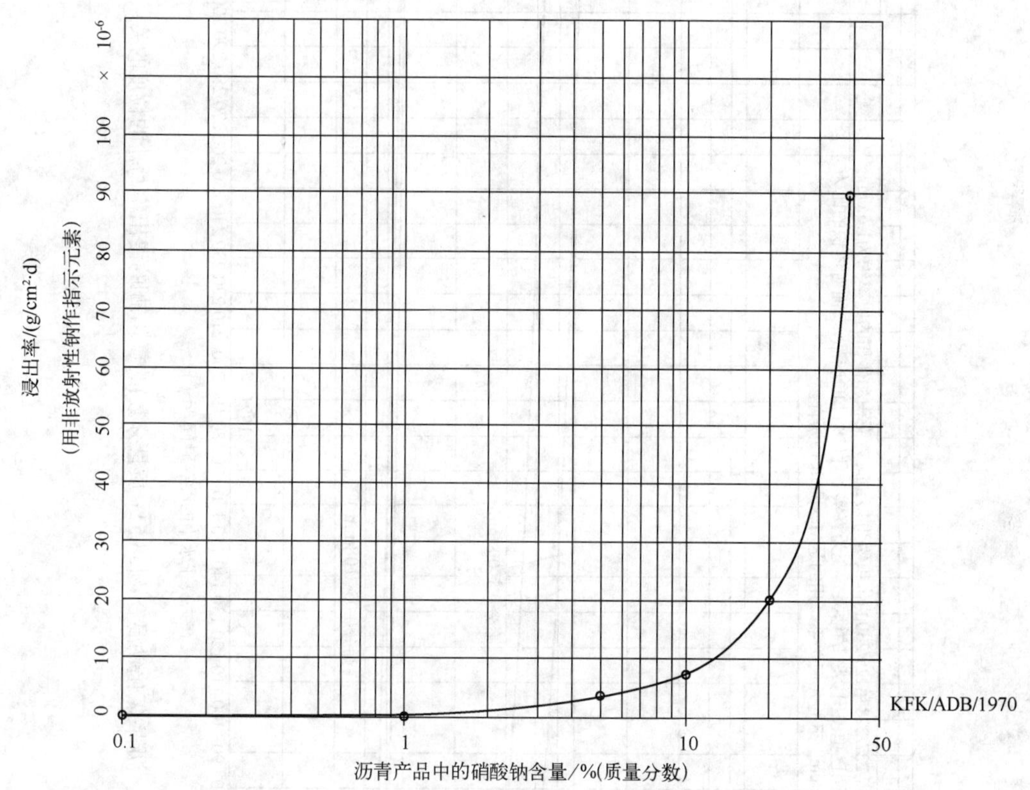

图 11-14　沥青-硝酸钠混合物的浸出率同含盐量的关系

[浸出率为整个观察周期(1 年)的平均值]

另一个有意思的结果是浸出率与沥青产品中盐的粒度的关系(见图 11-15)。实验中所有的沥青产品包含有 38.5%(质量分数)的一定粒度的 NaCl。结果表明粗晶粒产品比细晶粒产品更容易被浸出。在一年以后，晶粒筛分粒度为 0.5～0.8 mm 的产品样品累计浸出了 0.7%～1%；与此相比，晶粒筛分粒度为 0.05～0.08 mm 的产品样品累计浸出了 1%。与螺杆挤压机生产的平均粒度为 10～30 μm 的均匀产品一样，这些产品比锅式方法生产的类似产品浸出量少一个量级。

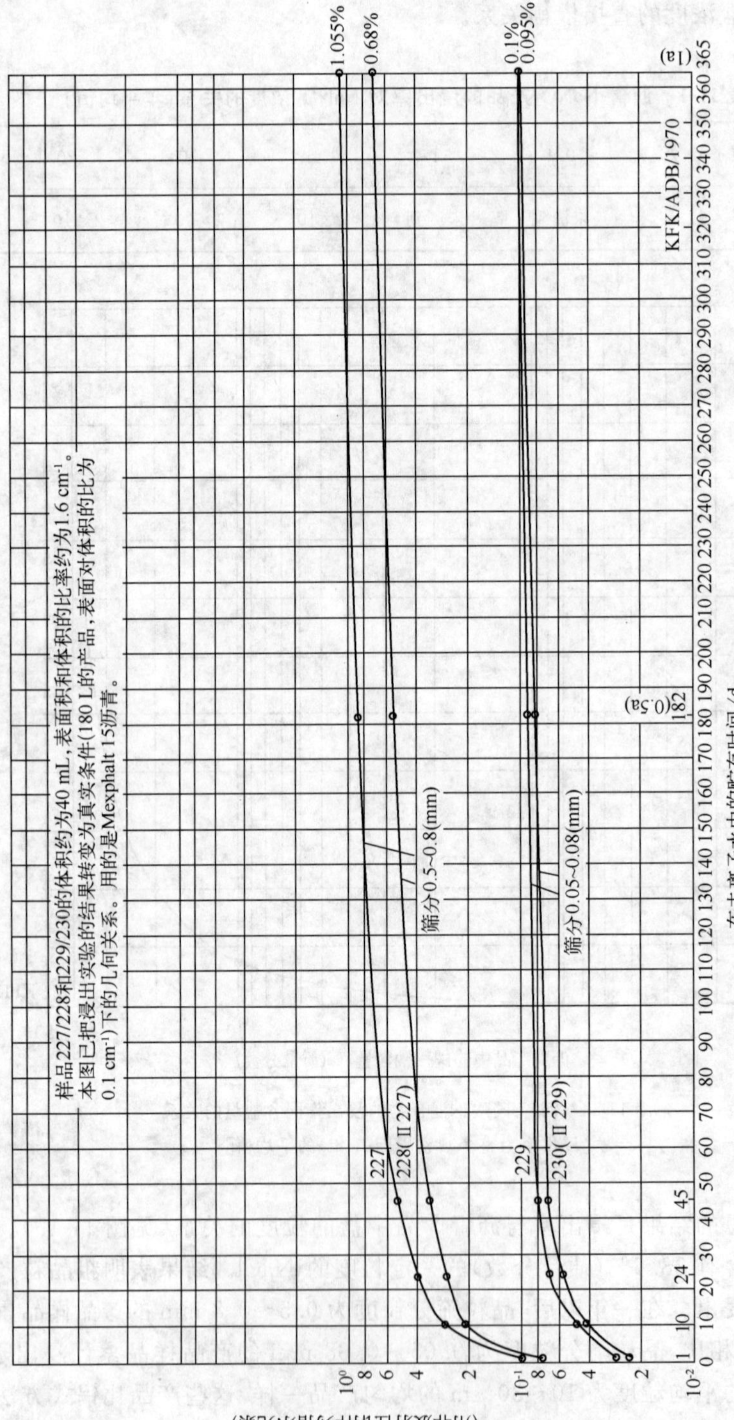

图11-15 沥青-氯化钠混合物[38.5%(质量分数)]的氯化钠的浸出率与盐的粒度的关系

曾经发现，当碳酸盐掺进沥青时，产品的抗浸出性不好。例如，一种含有大约 19%（质量分数）的 $NaNO_3$ 和 15%的（质量分数）Na_2CO_3 的产品，其年平均浸出率为 2×10^{-3} g/cm^2 · d。对于一种含有 38.5%（质量分数）Na_2CO_3 的沥青产品，在 84 天测量期间内平均浸出率为 1×10^{-2} g/cm^2 · d，而且当这种产品在水中储存时有明显的膨胀。含 38.5%（质量分数）的 Na_2CO_3 的样品在水中浸泡 14 天以后，体积约为初始体积的两倍。这种体积变化行为从浸出曲线的形状上也可以看到，同正常结果比较，在水中浸泡三天以后，其浸出率在一周中有急剧的线性增长。

对于含有 Na_2SO_4 的沥青产品也发现了类似的异常浸出行为。与碳酸钠一样，可以观察到浸出率的增加。含有 50%（质量分数），39%（质量分数），30%（质量分数）硫酸钠的直径为 10 cm，高 7 cm 的沥青样品，七年中累计浸出分别为 49.2%，10.9%，1.2%。这些产品也发生了膨胀，在水中浸泡七天以后样品形成了尖锥形的突起。与碳酸钠样品一样，这种行为很可能是由于无水状态的碳酸钠或硫酸钠吸收了大量的结晶水。这种反应使得晶体体积显著增加，而沥青产品裂隙的不断扩大进而使更多的水进入沥青基体。

在为确定动力反应堆废物沥青固化运行条件而进行的实验室规模的实验过程中，发现某些产品不完全符合在正常条件下沥青产品所具有的好的浸出特性。一种含有 53%（质量分数）的沥青和 47%（质量分数）蒸发浓缩液盐渣的沥青产品，其 100 天以上的平均浸出率为 7×10^{-3} g/cm^2 · d。该蒸发浓缩液的组成中除其他成分外主要是 150 g/L 的硼酸，用 82 g/L 的氢氧化钠碱化后 pH 值达 12。另一种含 50%（质量分数）盐渣的沥青产品，在100 天的浸出期间，平均浸出率为 1.5×10^{-2} g/cm^2 · d。该盐渣中 2/3 以上是洗涤剂、肥皂粉和洗衣房清洗添加剂。在水中浸泡时，产品也有些膨胀。这是由于存在大量的碱度高、有乳化和弥散作用的洗涤剂。

通过对蒸发浓缩液在混合前进行化学预处理或用纯沥青层包覆最终产品的办法改进沥青产品的抗浸出性。一种含有 38.5%（质量分数）$NaNO_3$ 的沥青产品用 5mm 厚的纯沥青包覆，在连续浸泡五年以后，平均浸出率为 3×10^{-8} g/cm^2 · d。这就是说，这个浸出率比未包覆产品的浸出率几乎低四个数量级。用同样办法包覆一种含 40%（质量分数）Na_2SO_4 的沥青产品，它在水中浸泡时始终不会膨胀。一种含有 17%（质量分数）Na_2SO_4，17%（质量分数）$CaSO_4$ 和 14%（质量分数）NaCl 的沥青产品的浸出率同样是很理想的。这就是说，混合 Na_2SO_4 溶液所得的沥青产品中 Na_2SO_4 的一半已经预先被 $CaCl_2$ 沉淀。浸出试验继续进行一段时间，浸出率在急剧下降。这些例子证明，具有满意浸出行为的沥青产品可以成功地用适当的化学预处理方法或包覆方法或两者结合的方法得到。

11.3.3　辐照稳定性

为了进行外部辐照实验，使用了两种辐射源：一种是 10 MeV 的电子脉冲直线加速器（频率为 170/ s，时间 5 μs），其“近似”剂量率约为 8×10^6 rad/h；另一种是燃料元件储存池内的辐照装置，其平均 γ 剂量率为 10^5 rem/h。

用多种类型的沥青和它们与盐的混合物[61.5%～38.5%（质量分数）]进行的首批辐照实验表明，沥青及沥青-盐混合物的软化点的显著提高以及由此引起的黏弹性的变化要到辐照剂量≥100 Mrad 时才能看到。

将直馏沥青（MexPhalt 15）、氧化沥青（Mexphalt R 90/40）以及它们相应的含 50%（质

量分数)$NaNO_3$的沥青产品用直线加速器 10 MeV 电子进行辐照实验。图 11-16 显示用 10 MeV电子照射后沥青-硝酸钠混合物的孔隙率同吸收剂量的关系。

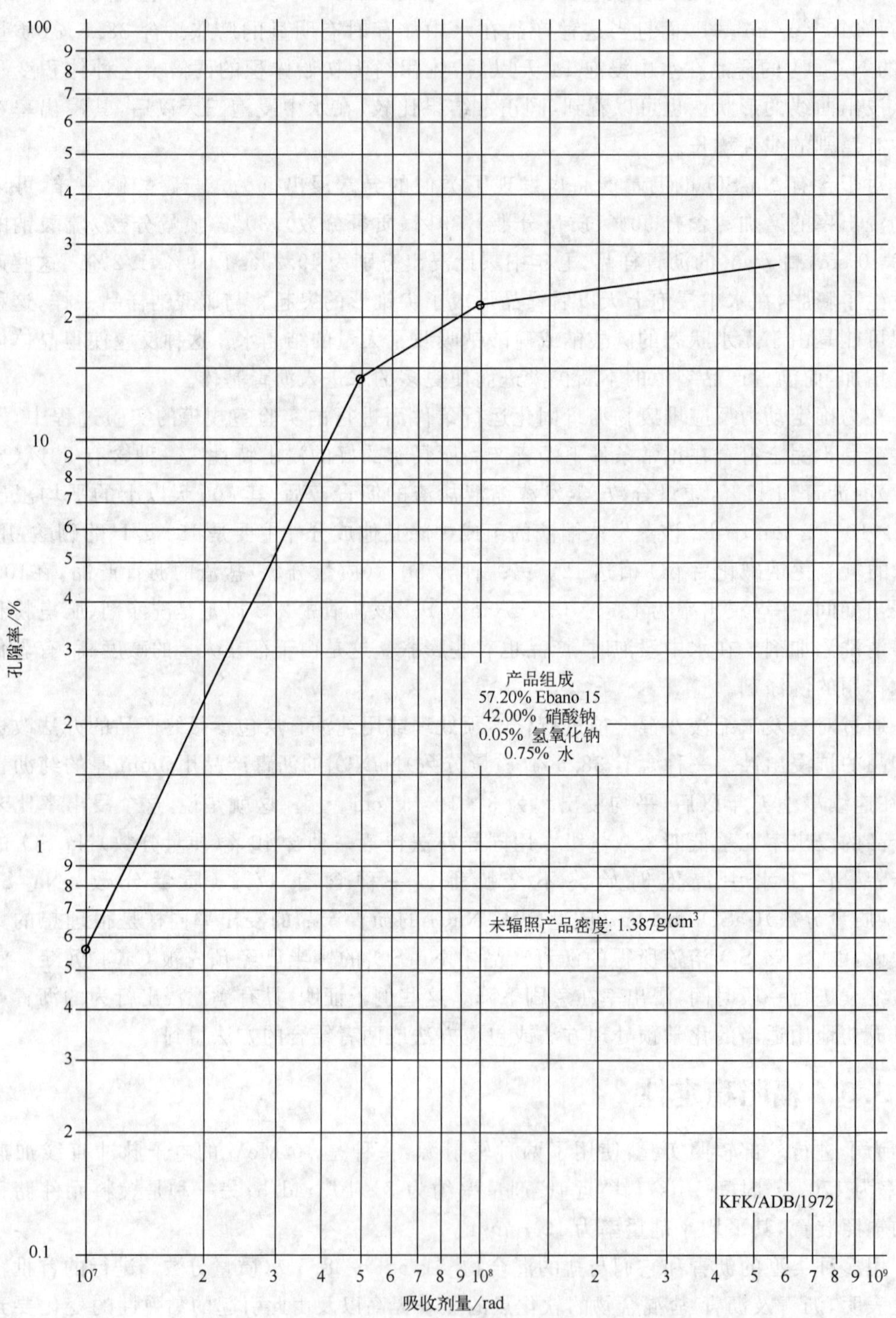

图 11-16 用 10 MeV 电子照射后沥青-硝酸钠混合物的孔隙率同吸收剂量的关系

当辐照剂量达到 5×10^8 rad 时，氧化沥青及其相应的沥青产品的软化点有非常明显的提高(90～117 ℃和 113～159 ℃)。如果在辐照前将氧化沥青在 150 ℃下加热 5 h，这个提高将更加明显(117～155 ℃)。对直馏沥青及其相应的产品来说，发现软化点提高得相当少(77～83 ℃和 101～108 ℃)。所以纯沥青及其相应的沥青产品样品在辐照剂量达到 5×10^8 rad之后均有明显的膨胀，辐照之后的孔隙率 $\varepsilon=1-\rho'/\rho$，(ρ'：辐照后密度；ρ：辐照前密度)在 0.1(Mex 15)和 0.4(Mex R90/40)之间。两者相应的沥青产品的 ε 为 0.3 左右。纯沥青样品的氢产生量在辐照剂量达 1×10^8 rad 时为 0.71 cm^3/g(Mex R 90/40)和 0.56 cm^3/g(Mex 15)，然而相应的沥青产品的氢气产生量约为这些数值的一半(0.33 cm^3/g和 0.24 cm^3/g)。值得注意的是，在辐照前将沥青在 150 ℃下加热 5 h，其氢气产生量要低大约 10%。

如图 11-16 所示，在固化装置“冷”运行期间生产的一种含有 57.2%(质量分数)Ebano15，42% $NaNO_3$，0.75%(质量分数)水和 0.05%(质量分数)NaOH 的沥青产品，在用 10 MeV 电子辐照到总吸收剂量为 10^7，5×10^7，10^8 和 5×10^8 rad 之后，相应的孔隙率为 0.006，0.14，0.22 和 0.26。无论是用 10 MeV 电子辐照还是在燃料存放池中用 γ 辐照，发现氢气产生量和吸收剂量(100 Mrad 以内)之间有线性关系。在 100 Mrad 时，氢的产生率在0.4～0.5 cm^3/g之间。虽然此值与前面援引的数值有相同的数量级，但此值多少要高一些。氢的产量对产品储存条件会有一定的影响(氢气在大气中的积累)。另外，该值对于考虑安全处置是很重要的。因此运用专门的程序计算确定在给定直径的盐窟中永久贮存固体废物的极限条件。关于研究辐照稳定性的进一步的试验，已同欧化公司合作以掺入沥青固化物中的放射性核素的内部辐照的方式进行。

由混合动力反应堆废离子交换树脂和含有浓硼酸盐和洗涤剂的模拟蒸发浓缩液产生的沥青产品，当用 10 MeV 电子和 γ 同时辐照到总累积剂量 80 Mrad 时，其孔隙率在 0.01 和 0.04 之间，氢气产生量为 0.3 cm^3/g。

如前所述，辐照稳定性的研究已与欧化公司合作，利用掺进裂变产物和有 α 辐射的超铀元素的典型沥青产品来进行。

11.4　结论

无论是工厂的运行经验还是研发工作都证明了对中、低放废物的固化来说，沥青固化是一种安全而有效的方法。已证明螺杆挤压机技术在用于连续生产极均匀的沥青产品时是很可靠、很灵活的。

配合研发工作，运行着一个与工厂装置有完全相同特点的实验室规模的固化装置，并且对所得到的产品的热稳定性，浸出率和辐照稳定性进行了特性鉴定。事实证明，无论是对于工厂的运行还是对于新的放射性废物的混合条件的确定，这项工作都是一个很有价值的补充。

从抗辐照观点出发，沥青固化无论如何必须把总累积剂量限制在 10^8～10^9 rad 以下，这个剂量范围相当于中放废物的剂量范围。就此而言，与卡尔斯鲁厄用沥青固化的成分非常复杂的蒸发浓缩液相比，动力堆废物是相当纯净的，因为来自动力堆的废物实际上不含后处理引入的硝酸盐和有机化合物。根据已经取得的经验，沥青固化方法毫无疑问很适合于固化来自动力反应堆的浓缩废液,而且会有广泛的应用。如果就从后处理厂产生的中放废液而论,所关心的是用适当的方法减少这些废水中的放射性和硝酸盐含量以便进一步增加固化过程的安全性。

参 考 文 献

[1] W. Hild, W. Kluger, H. Krause. Bituminization of Radioactive Wastes at the Nuclear Research Center Karlsruhe—Experience from Plant Operation and Development Work[R]. 1976(5):7～17

[2] W. Bähr, W. Hild, W. Kluger. Bituminization of Radioactive Wastes at the Nuclear Research Center Karlsruhe[R]. 1974(10):9～23

第12章 法国后处理设施放射性废液沥青固化

12.1 概述

截至20世纪80年代初，法国原子能委员会(CEA)对用于处理低中放射性废液的沥青固化方法的开发和工业化的工作已持续了多年。处理的放射性废液比放的上限相当于1 000 Ci/m^3(β/γ)和10 Ci/m^3(α)。

在法国采用沥青固化进行工业规模生产的单位有马库尔(Marcoule)和阿格(La hague)后处理厂，瓦尔杜克(Valduc)、萨克莱(Saclay)和卡达拉希(Cadarache)三个研究中心。另外，还有布累尼利斯 (Brennilis)核电站。下面主要介绍法国后处理厂放射性废液沥青固化。

(1) 马库尔后处理厂

马库尔核工业中心是法国原子能委员会最早建立的原子能工业生产基地。在燃料后处理方面，除设有UP1工厂之外，还有核燃料后处理中间试验厂、玻璃固化研究和中间试验装置、沥青固化中间实验厂以及化工设备研究室等，着重开展与后处理有关的工厂方面的研究。马库尔后处理厂又名UP1厂，1958年7月正式投产，是专为处理生产堆的镁合金包壳(Magnox)天然铀金属元件而建的，处理能力为450 t/a。后来，经过一定的技术改造，其中包括增加元件的溶解能力、增建钚生产线和采用先进工艺等，使该厂也能处理燃耗高达4 500 MW·d/t的石墨气冷动力堆元件(也是镁合金包壳的金属铀)，而且处理能力增至900～1 200 t/a。

马库尔后处理厂采用的处理方法为磷酸三丁酯(TBP)萃取法(主工艺厂房如图12-1所示)。对于燃耗浅和包壳形状简单的元件，采用机械去壳法。后来，随着石墨气冷动力堆元件的燃耗不断加深，用化学脱壳代替机械脱壳。从1972年开始，马库尔后处理厂也接受产氚堆和材料试验堆的U-Al合金元件的处理任务，产氚堆曾经试用过的Pu-Al合金元件也可在这里处理，使该厂成为一个多用途的后处理厂。

(2) 阿格后处理厂

法国阿格后处理厂位于科汤坦半岛(Cotentin peninsule)海角的西北角，离瑟堡港(Cherbourg)的直线距离为20 km，它是世界上最大的轻水堆(LWR)乏燃料后处理厂。多年的运行经验证明阿格后处理厂的位置特别适合建造生产能力较大的后处理工厂。阿格后处理厂的外貌如图12-2所示。法国原子能委员会(CEA)所属核燃料总公司(Cogema，高杰玛)拥有并经营在阿格的两座后处理厂，即UP2和UP3后处理厂，UP2和UP3后处理厂总

图 12-1 马库尔后处理厂主工艺厂房

容量为 1 600 tHM/a，占据了世界后处理容量的 52%。UP2（曾生产军用钚）和 UP3 后处理厂处理来自动力堆的乏燃料。阿格后处理厂由法国圣戈班技术公司（SGN）建造并为法国电力公司和其他 27 家电业公司（来自比利时、德国、日本、荷兰和瑞士）后处理乏燃料，回收铀和钚以及整备裂变产物。

阿格后处理厂的工艺以马库尔后处理厂为基础，也采用 TBP 萃取流程。

12.2 马库尔后处理厂放射性废物的沥青固化

12.2.1 放射性泥浆挤压机“暂时乳化”沥青固化

法国马库尔中心首先采用了放射性泥浆的“暂时乳化”沥青处理法。该方法共分三个步骤：

(1) 将泥浆、沥青和表面活性剂混合；

(2) 分离出大部分水分；

(3) 包容材料脱水。

马库尔产生两种泥浆，一种是从处理中放废液（$10^{-3}\sim1$ Ci/m^3）产生的，另一种是处理放射性更高的废液产生的。在前一种情况，首先用氢氧化钠将 pH 值调到 9.0，然后加入石灰和碳酸钠形成碳酸钙沉淀。经过滤后，泥浆中大约含有 50%～55%的水分，其中主要含

图 12-2　阿格后处理厂鸟瞰图

有放射性锶。后来使用二氧化锰作为化学处理药剂，产生含水 85%～90%的胶体沉淀物。

法国处理较高水平废液（1～10^3 Ci/m^3）的要求是除去稀土、锆、铌、钌和铯。用氢氧化钠将 pH 值调到 9，并加入硫酸铁，形成氢氧化铁絮状体。经过滤后，在滤出液中加入亚铁氰化钾和硫酸镍溶液。再经第二次过滤后，将两种滤渣与 30%的废滤料合并，共同掺入沥青中去。

对于中放泥浆，其最终产物由 45 份沥青和 100 份干泥浆组成。而放射性更高的废物，则需要很高的沥青含量，亦即沥青与干泥浆之比为 150∶100。

根据处理泥浆的不同性质，使用不同种类的表面活性剂。当处理中放泥浆时，使用一种含有 20%活性成分（1/3 十二烷基硫酸钠和 2/3 十二烷基苯磺酸钠）的阴离子乳化剂（Heliopon LAC）。其用量比为 0.6 份活性剂∶100 份干泥浆。还可按同样比例，使用一种含有 75%活性物质（由妥尔油经 N-烷基环丙烷二胺脂肪酸皂化的衍生物，烷基是由动物脂提取的脂肪酸而来）的两性产品 Redicote。使用时，表面活性剂和泥浆要同时加入。

为了包容具有胶体性质和含水率高的高放射性泥浆，使用 Silmac A21 阳离子乳化剂，它含有 90%的活性物质（主要是椰子壳的氧基醋酸盐），干泥浆与活性剂的用量比为 100∶15。

为处理某些胶泥浆，特别是对含有氧化锰的泥浆，使用非离子型乳化剂 Dicationoc SM T2（氧乙烯化的 N-烷基环丙烷二胺的单油酸盐）比较好，其用量比为 15～20 份乳化剂∶100 份干泥浆。

马库尔后处理厂放射性泥浆的沥青固化流程如图 12-3 所示。

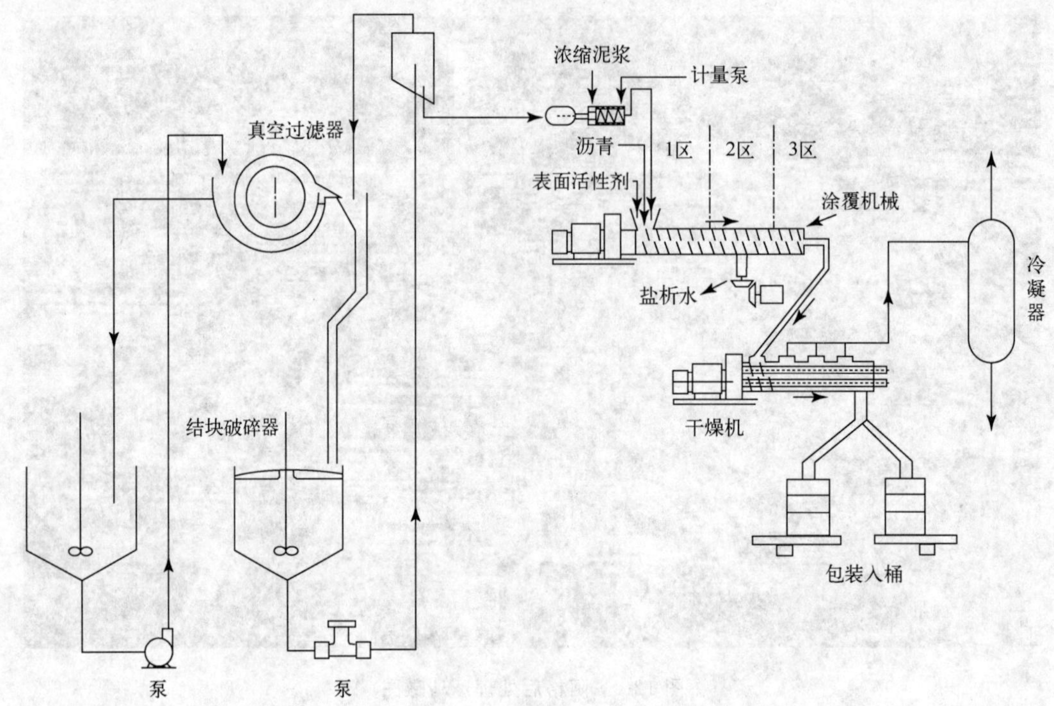

图 12-3 UP1 后处理厂放射性泥浆沥青固化处理流程图

12.2.1.1 包容流程

UP1 后处理厂产生的放射性废液用共沉淀法处理，处理产生的泥浆进行真空抽滤，得到浓度大约为 50％的干燥产品。浓缩操作中析出的水经过过滤后排放（它的组成与澄清器的上清液一致）。

来自过滤器的泥浆经过结块破碎器进入到中间贮存器，该中间贮存器向高容量回路供料，在此回路上安装了沥青固化系统的供料容器。

使用挤压机，分四个主要的阶段进行涂覆和残留水分离操作。第一个螺杆挤压机混合泥浆和沥青，并预热混合物。这个机械装置被分成三个区域。

在第一个区里，泥浆与沥青和表面活性剂混合。专门设计表面活性剂用来根据要固化的泥浆的类型和密度而调节混合物的流动性。这一区进行固体颗粒的混合与涂覆，同时分离出大约 90％的水，而温度保持在 90 ℃。

在第二个区里，通过机械方式除去泥浆分离出来的水。从这个区出来的泥浆-沥青混合物，其水分含量约为 5％。

在第三个区里，泥浆-沥青混合物被加热至大约 105～110 ℃，而后借助压力将其传送到干燥机。

第二个螺杆挤压机在 140～150℃完成混合物的最终干燥，将泥浆-沥青混合物剩余 5％～7％的水减少到最终低于 0.5％。冷凝在干燥操作中产生的蒸汽并在流程中重复利用。

得到的干燥混合物（温度 140～150℃）分五次灌入 225 L 的桶内（桶的顶端留有 25 L 的自由空间）。在冷却和封盖后将桶送到贮存库，让其放射性衰变。

桶内混合物特性如下：

沥青	≈ 160 kg
干物料	≈ 100 kg
表面剂量率	20～100 rad/h

被包容的干物料的组分大致如下：

用于包容的硅藻土	15％
石灰	20％
亚铁氰化镍	4％
硫酸钡	30％
氢氧化铁	21％
氢氧化铜	10％
硝酸盐含量	＜5％

12.2.1.2　沥青固化装置

涂覆机械是由一般的塑料挤压机发展而来的，其中有两根沿相同方向旋转的螺杆。所需的主要改进是能在暂时乳化破坏时把析出的水分离出来。这可以将混合物依次通过第二区的低压和高压区域来完成。低压区装有一个大螺距的运输螺杆元件，混合物沿它移动的速度比前面的运输元件快，因此，永远不会被完全充满。高压区由一个普通的运输元件和一个带有反向螺距的短的运输元件组成。涂覆材料作为移动的封闭层以防止水倒流。两个出口用一对沿同一方向转动的螺丝堵住。这些螺杆的螺距和转速要选得恰到好处，以使黏滞的涂覆材料被强制返回并保留在机器体内，同时水沿着螺杆的螺纹流出。分离出的水通常是透明、无色和没有悬浮物并且可以排放的。当处理高放射性泥浆时，分离出的水分由于其剩余的放射性水平较高，可能需要做进一步处理。

干燥机由两个装入空心金属箱中的沿相同方向旋转的空心螺杆组成。螺杆和金属箱用蒸汽加热。根据泥浆的流量和固体含量，螺杆的旋转速度可以在 20～30 r/min 之间变动。

上述设备每小时能够处理 600kg 泥浆，并且在经过了大量的非放射性试验以后，于 1966 年 5 月投入运行。

马库尔后处理厂沥青固化设备几乎全部使用直馏沥青，对于结晶的泥浆或有很多结晶的泥浆，最好使用牌号为 Mexphalt 40/50 沥青，其固定投配量为 45 份沥青对 100 份干泥浆。具有胶体性质的高放射性泥浆和含有氧化锰的泥浆，由于含有大量的水需要与沥青长时间接触，因此使用了更软的沥青品种，即 Mexphalt 80/100，其投配量为 150 份沥青对 100 份干泥浆。

12.2.1.3　装置的生产能力

从 1966 年试车开始到 20 世纪 80 年代初马库尔沥青固化厂已生产了 31 500 个 225 L 的沥青固化桶，大约包容了 2 800 t 干燥物料，表 12-1 概括了该厂在 1979，1980 和 1981 年的生产量并简要说明了所包容的放射性元素的总 α 和 β 活度。

表 12-1 1979～1981 年马库尔厂的沥青桶生产量和固化物包容的活度

年份	1979	1980	1981
生产的桶数	2 201	1 884	3 317
总 β 活度/Ci	78 400	155 000	101 000
总 α/Ci	112.3	138	111
每桶 β 活度/(Ci/桶)	35.6	82.3	30.5
每桶 α 活度/(Ci/桶)	5.1×10^{-2}	7.3×10^{-2}	3.3×10^{-2}

12.2.1.4 运行经验

在这个装置 16 年的连续运行中取得了大量的经验,并且没有发生较大运行事故。螺杆的平均运行寿命大约是 20 000 桶。虽然在操作时其表面剂量率可能达到几百 rad/h,采用沥青清洗螺杆后,放射性可降低到人员可以接近它的水平。

通过过去得到的经验,已经最优化了表面活性剂的选择和定量调节,从而改善了第一台挤压机盐析水的清晰度和质量。

遇到的主要问题与输送和监控系统有关(泥浆泵、用于泥浆和沥青的配料泵、密度计等)。通过改进易损坏的机械系统的设计,这些问题逐渐得到解决。

马库尔用沥青合并装置处理化学泥浆的成功,促使法国研究人员考虑用沥青合并蒸发器浓缩液以及类似的溶液。这些废液可能含有约 60％的固体,其典型的成分如下:

密度(g/cm^3)	1.25～1.30
游离硝酸	2.5～3.0 mol/L
Na (g/L)	16
Al^{3+} (g/L)	14
Fe^{3+} (g/L)	7.9
Mg^{2+} (g/L)	10.5
U (g/L)	1.4
Pu (g/L)	11.4

其放射性含量每升达几百居里。

"暂时乳化"法只有在含有的放射性核素被保留在沥青中,而不至于随着分离水而排掉的情况下才是适用的。另一方面,它可以减少最终产物中可溶硝酸盐的浓度,从而使辐射分解和氧化作用降低到最低限度。"暂时乳化"方法处理浓缩废液时的另一个缺点是,为了获得满意的乳化,需要使用大量的表面活性剂。这样,最终产物更容易受到辐射的损害。

在与沥青合并之前,必须加碱中和蒸发浓缩液中的硝酸,这就形成了所含放射性核素比率很高的金属氢氧化物沉淀。虽然这在一定程度上,使得某些核素"固定"在不溶的沉淀物中,但实验表明,这种沉淀对放射性元素锶和铯是无效的,而必须进行共沉淀。大量试验证明,硫酸钡和亚铁氰化镍是最好的。黏土虽然是有用的添加剂,但效果不稳定,而且通常使体积增加 2～3 倍。

显然"暂时乳化"法不是处理浓缩液的最好方法,而实际上最满意的方法是废物在沥青混合物中完全蒸发。即使这样,为尽可能地减少最终产物的溶解度,仍需中和存在的游离酸和使用共沉淀剂。

12.2.2　中放浓缩液薄膜蒸发器沥青固化

马库尔后处理厂在 20 世纪 70 年代用薄膜蒸发器沥青固化处理浓缩废液（含水 70%以上），该装置（图 12-4）优先使用 Mexphalt 40/50 沥青，浓缩液的放射性限制在 10^3 Ci/m^3。

图 12-4　装有薄膜蒸发器的沥青固化设备

薄膜蒸发器由加热圆柱体（直径 150 mm，长 1 100 mm，加热表面 0.5 m^2）构成，其中装有加热介质的循环系统，最高温度为 225 ℃。

由浓缩液中和沉淀产生的冷泥浆和熔融沥青（125℃）经分别计量后，通过进料泵经两个分配环(其中一个装在另一个上面)输送到设备上部,沥青供应到上面的分配环,而泥浆则供应到下面的分配环。产物被旋转器的叶片甩到加热壁上并均匀地分布形成薄膜。旋转器线速度为 8m/s,旋转器不接触圆柱体的加热内表面,空隙为 1.5 mm。

在设备的底部使泥浆脱水(残余水的下限为 0.5%),而水蒸气向上流动,通过分离器后冷凝成水。

LUWA 型蒸发器的示意图见图 12-5。沥青的投配量为每 100 份干料使用 140～150 份沥青,这相当于在最终产物中沥青占 60%,而盐类占 40%。通过许多试验能够确定为达到很低的黏滞度而不使蒸发器的加热内表面发生结垢的最佳数量。

在这些条件下,设备的单位蒸发能力为 170～200 kg $H_2O/m^2 \cdot h$。在正常工作中,蒸发器根据浓缩液的类型,每小时能生产50～70 kg被沥青涂覆的固化产物,其温度为 170～175 ℃,而黏滞度为 8 泊。

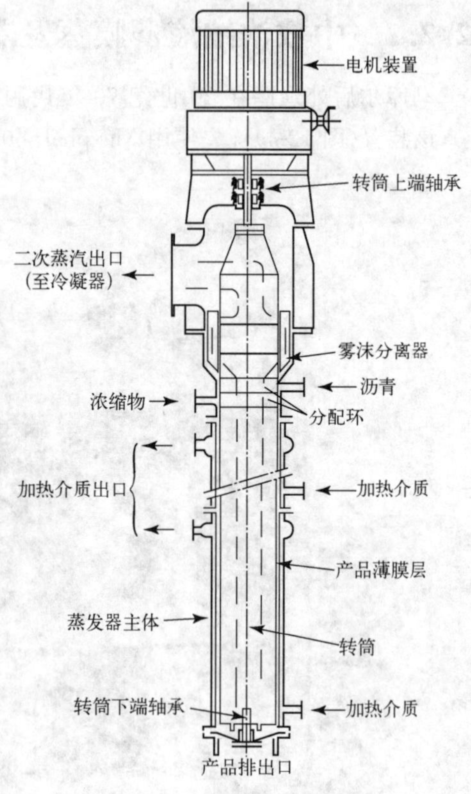

图 12-5 薄膜蒸发器示意图

在一些实验中,用 66.6% 的 Mexphalt 40/50冷乳化沥青取代了 Mexphalt 40/50 热沥青。

12.2.3 高放浓缩液挤压机沥青固化

马库尔后处理厂另一座 20 世纪 70 年代左右开始工作的中间工厂装置使用带有沃纳(Werner)螺杆的挤压机和 Mexphalt R90/40 沥青涂覆高放浓缩液。裂变产物的放射性极限为 10^5 Ci/m^3。

中间工厂装置由下列部分组成:

(1) 两个热室,在第一个热室中处理和计量蒸发浓缩液,第二个热室用于涂覆泥浆。

(2) 非放射性部分由两部分组成,一部分是用于蒸馏沥青和试剂,另一部分和中央控制盘一起,用于向涂覆机器供应蒸汽和水。

涂覆机是在两个同向转动的轴上具有螺旋桨的挤压机,它每小时能处理 20～30 L 浓缩液。

"热"部分长 1.92 m,用不锈钢制成,分为 9 段,水平螺杆轴具有管套设备(螺杆直径 8.3 cm),管套固定在不同长度和槽口上,三角形断面的捏和圆盘也固定在螺杆的侧面上。在主机的热部分有四个蒸汽排出口,与带有四个垂直管冷凝器(表面积 1 m^2)的抽风斗相连通。

在挤压机的末端是一个排放产物的设备,由用蒸汽加热的压力管道构成。拖动机械包括电动机和减速齿轮(直流,功率 15 kW),其转速可在 30～300 r/min 的范围内变动,该装置的示意图见图 12-6。

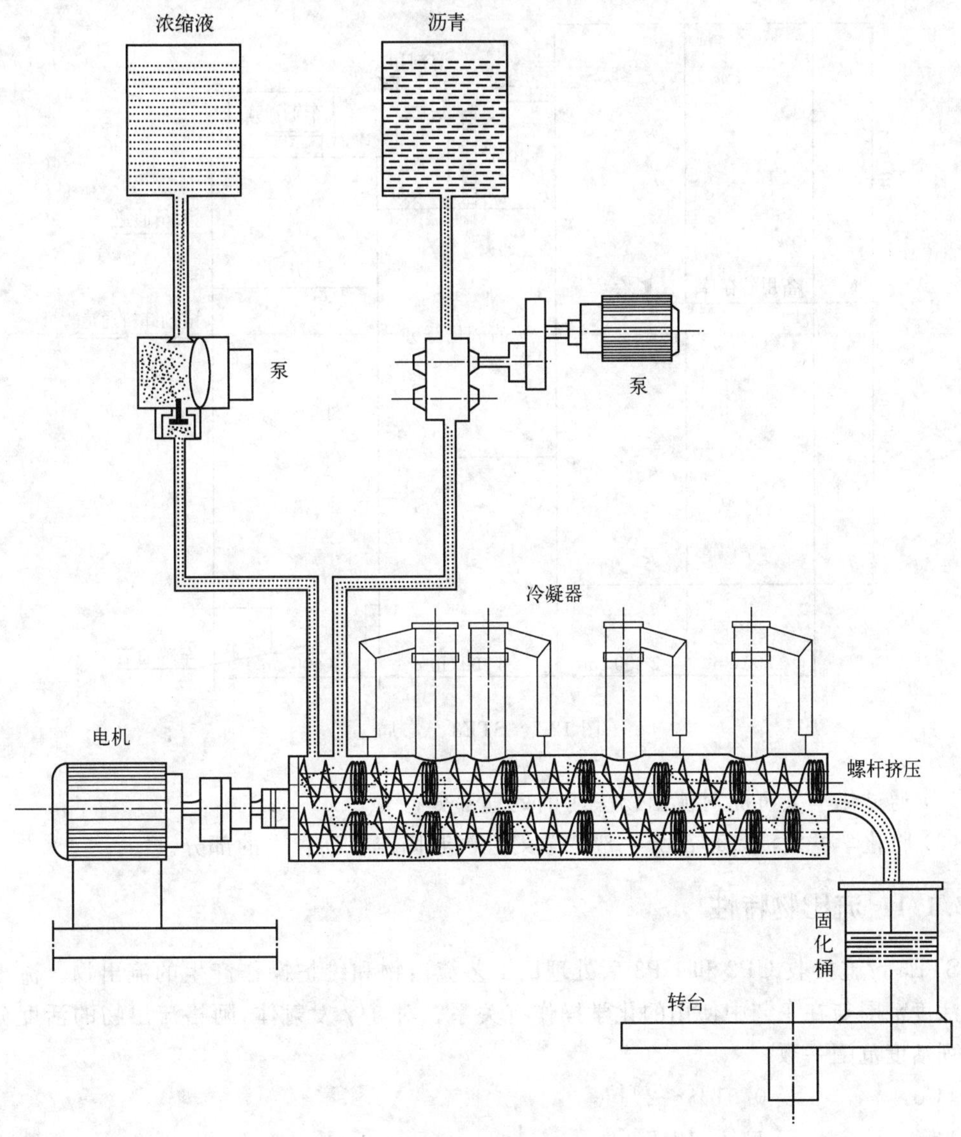

图 12-6　马库尔后处理厂的涂覆挤压机

12.3　阿格后处理厂低放废物的沥青固化处理

12.3.1　STE3 液体流出物处理设施

阿格后处理厂 STE3 液体流出物处理设施于 1988 年开始运行(见图 12-7)。它是法国第三个针对后处理废液的处理设施,为阿格的 UP2 和 UP3 后处理厂服务。场址运行产生的低、中放液体流出物在排放到海洋以前由该设施对其进行去污,去污形成的泥浆用沥青进行固化。STE3 设计每年处理 100 000 m^3 左右或(3 500 000 ft^3；1 ft^3 = 0.028 3168 m^3)的流出物,STES 设施分成 2 个主要部分:

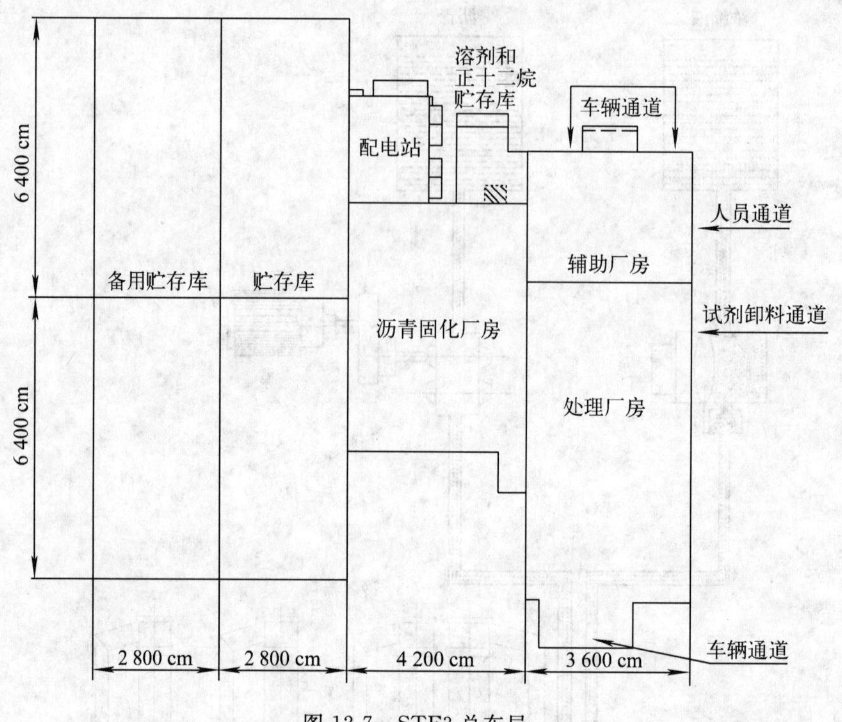

图 12-7 STE3 总布局

（1）通过化学共沉淀对流出物去污的处理部分；

（2）将化学共沉淀处理部分生成的放射性泥浆固定在沥青中的部分。

12.3.1.1 流出物特性

STE3 设施接收 UP2 和 UP3 后处理厂工艺流出物和维护操作产生的流出物。流出物中的活度范围与在工艺中使用的化学操作有关系。对 β/γ 发射体，阿格流出物的活度分布与下列活度范围一致：

^{60}Co： 0.01%～2%

^{90}Sr： 1%～12.5%

^{90}Y： 1%～12.5%

^{106}Ru： 12.5%～48%

^{106}Rh： 12.5%～48%

^{125}Sb： 0.5%～4%

^{134}Cs： 0.5%～4.5%

^{137}Cs： 1%～13%

$^{137}Ba^{m}$： 1%～12%

^{144}Ce： 0.2%～20%

^{144}Pr： 0.2%～20%

^{147}Pm： 0.3%～1.3%

^{154}Eu： 0.3%～1.5%

^{155}Eu： 0.1%～0.8%

其他： 0.1%～0.3%

包括 H^3≤0.1%

^{129}I≤0.001%

^{99}Tc≤0.01%

在 STE3(图 12-7)设施处理的流出物的 β/γ 发射体的平均活度范围是 1～4 Ci/m^3(或 1～4.2 GBq/ft^3)，α 发射体的平均活度范围是 $4\times10^{-2}\sim7\times10^{-2}$ Ci/m^3(或 42 MBq/ft^3)。大多数流出物是酸性的，硝酸浓度大多是 0.3～0.5 mol/L。

12.3.1.2 处理操作

STE3 设施处理部分的功能描述如下：

· 处理之前接收和贮存流出物；

· 对流出物进行共沉淀化学处理；

· 处理之后对上清液和泥浆进行分离：

一去污的流出物排放到海洋；

一含有在化学处理操作期间分离出的大部分放射性的泥浆被传输到 STE3 设施的沥青固化部分。

· 流出物接收和贮存

在阿格，流出物接收和存储在 5 个 600 m^3(或 160 000 加仑)大罐和 2 个 60 m^3(或 16 000 加仑)的罐中。这两种罐都使用机械搅拌。如果化学处理线不能使用时，这些罐提供大约一周的缓冲贮存能力。STE3 的最大接收能力是 50 m^3/h(或 13 000 加仑/ h)，是旋转分配器最大的能力。

· 化学处理

添加化学试剂形成包含放射性核素的不可溶解沉淀，目的是选择性地分离放射性核素。沉淀下来的产物被称为化学共沉淀泥浆，被去污的流出物叫做上清液。

在 STE3 的处理部分中，形成下列沉淀：

一预先形成的亚铁氰化镍和亚铁氰化钾(PPFNi)使铯沉淀；

一通过添加硫酸和硝酸钡形成硫酸钡使锶沉淀；

一通过添加硫酸钴和硫化钠形成硫化钴除去钌；

一以液体形态添加硫酸钛除去锑并增强 α 发射体的去除，α 发射体另外在碱性介质中以氢氧化物的形态被分离。

某些离子能降低化学处理的效果，这是因为它们的配位能力或它们与特定处理相关的特殊性质。在进行任何工业规模化学处理之前，要用大量样品在屏蔽室中对处理工艺进行验证。

STE3 的化学处理线是连续进料，流量为 17 m^3/h(45 000 加仑/ h)。

· 处理之后的贮存与排放

化学共沉淀产生的上清液经过硅藻过滤器过滤送往贮存装置。在向海洋排放以前，在贮存装置对上清液进行取样和分析。这种过滤方法产生的上清液含有的悬浮微粒大小低于 25μm，符合 1980 年 11 月 1 日在官方刊物上发布的法令标准。

12.3.2 沥青固化

STE3 沥青固化装置于 1988 年投入运行(见图 12-8),对 STE3 每年处理 1 000 000 Ci(β 放射性)废物所产生的泥浆(2 320 m^3)以及产生的废树脂(60 m^3)进行固化。沥青固化装置由以下主要部分组成(见图 12-8),其工艺流程见图 12-9。

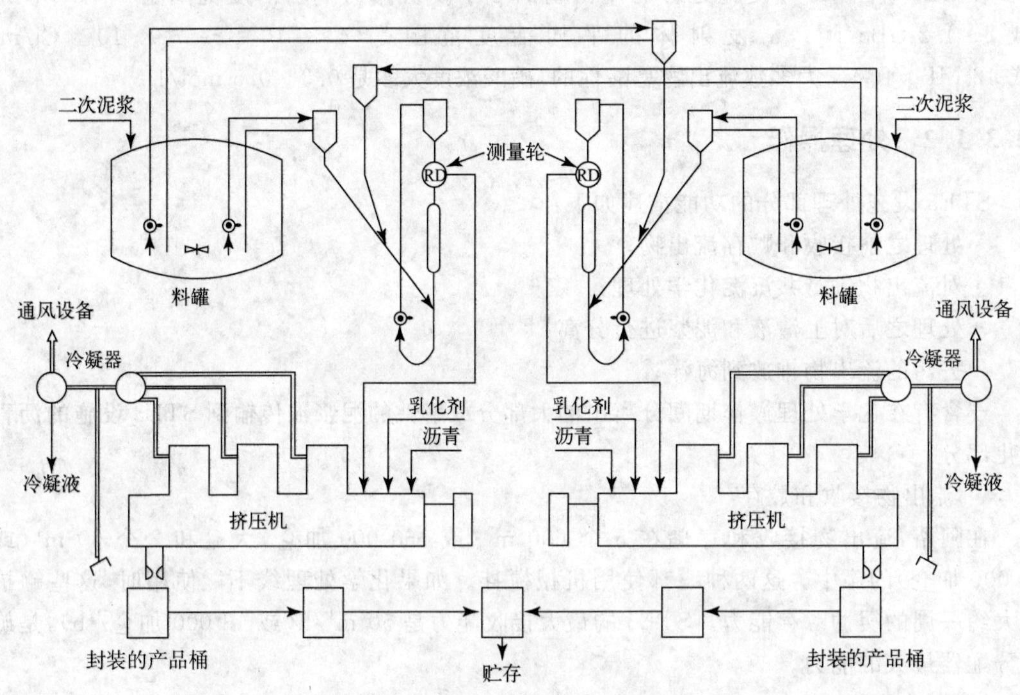

图 12-8 STE3 沥青固化装置主要组成部分

12.3.2.1 泥浆接收站

该装置完成下列主要任务:

－接收 STE3 厂的化学共沉淀和过滤产生的泥浆,对泥浆进行二次沉淀,并将上清液返回 STE3 厂;

－输送沉淀的泥浆至挤压机供料槽。

12.3.2.2 沥青固化前的贮存库

这些装置完成下列主要任务:

－接收二次沉淀后的泥浆;

－接收含水量符合要求的树脂;

－接收沥青固化厂房自身产生的废活性炭;

－如果需要,进行泥浆的放射性和化学分析及预处理;

－沥青固化系统的供应。

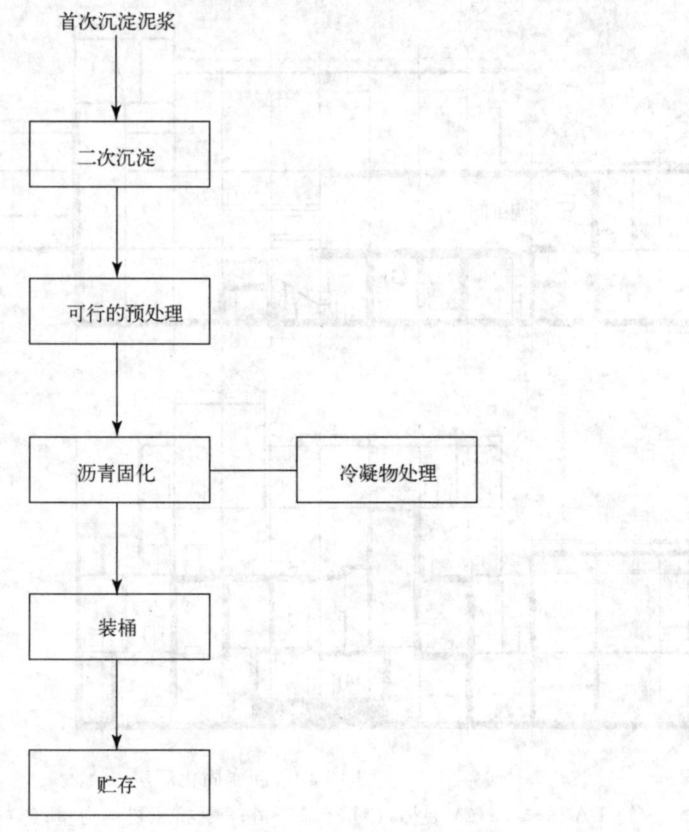

图 12-9　沥青固化流程

12.3.2.3　沥青固化系统

STE3 安装有两个独立系统。

该装置完成下列主要任务：

一同时进行泥浆脱水和沥青固化，泥浆中的水分含量已在贮存装置中进行了调节；

一同时进行树脂脱水和沥青固化，树脂中的水分含量已在贮存装置中进行了调节；

一蒸汽冷凝并通过自重传送到冷凝液处理装置。

12.3.2.4　机械装置

装桶间

一向桶内装填沥青固化材料；

一冷却桶内被沥青固化的材料；

桶转移

一该装置接收来自两个装桶间冷却后的桶，并用电动叉车将桶送至贮存库；

中间贮存

一该装置贮存从上述装置送来的装有沥青固化物的桶。

机械装置见图 12-10 所示。

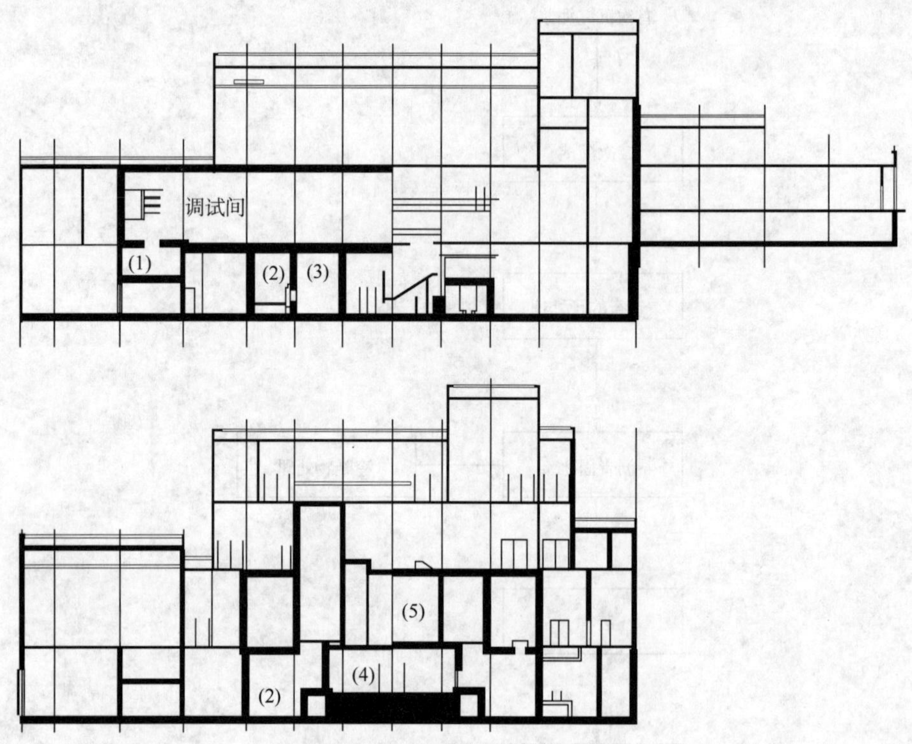

图 12-10 沥青固化厂房

(1) LA 桶排气；(2) 装桶；(3) 运输通道；(4) 挤压机动力室；(5) 挤压机进料室

12.3.2.5 冷凝液处理系统

沥青固化操作期间产生的冷凝液传输到 STE3 设施的冷凝液处理系统。冷凝液包括沥青较轻成分产生的焦油和轻油，这些冷凝液成分用倾析操作进行分离。

该系统处理来自该厂两个沥青固化系统的冷凝液，完成以下任务：

—对来自挤压机冷凝器的冷凝液的有机相和水相进行分离；

—净化水相；

—监测水相并再循环到 STE3 处理装置；

—再循环有机相进行适当处理。

12.3.3 沥青固化体的特征

STE3 设施泥浆的沥青固化物具有如下一些共性：

(1) 冷却后桶的装填容量：70%～80%

(2) 固化废物的最大重量：250 kg(或 550 磅)

(3) 固化产物成分：

干的榨出物	39%
沥青	58%
表面活性剂	1%

水　　　　　　2%

每个桶的最大活度按下面的等式进行计算：

$A_1+80A_2\leqslant 140$ Ci

式中，$A_1=\beta/\gamma$ 活度(除钚-241 之外)；

$A_2=\alpha$ 活度。

具有平均放射光谱的 100 Ci $\beta\gamma$/0.5 Ci α(3.7×10^{12} Bq $\beta\gamma$/18.5 GBq α)(不包括^{241}Pu)产生的剂量率大致如下：

- 直接接触：　　75 rad/h
- 1 m 处：　　5 rad/h

阿格后处理厂后处理 1 t 铀(1 MTU)，在 STE3 设施则生产三个 200 L 桶的泥浆沥青固化桶。

按照法国的规定，所有的沥青固化桶将进行深地层处置。

12.4　沥青固化产物性能研究

影响含有放射性废物的沥青固化产物的安全处置的一些基本因素有沥青的类别，废物的化学成分，沥青块的辐射稳定性和热稳定性以及沥青中的含水量。评价沥青固化产物性质的重点是放射性同位素在水中的浸出率。在 12.4.1 至 12.4.3 简要叙述法国在 20 世纪 60 年代至 70 年代针对沥青固化物性质所进行的试验研究，在 12.4.4 节叙述法国在 21 世纪初关于沥青固化物处于长期中间贮存和深地质处置条件下的长期特性的一些基本结论。

12.4.1　沥青的类别对浸出率的影响

法国和前苏联的实验室试验的结果证明，作基料的沥青材料的性质对放射性核素的浸出率有很大的影响。

法国的实验室试验证明，蒸发浓缩液用直馏沥青(特别是 Mexphalt 40/50)合并制成不溶性产物具有很低的浸出率。用氧化沥青制成的样品具有稍高的浸出率。

图 12-11 表示出用两种不同型号的沥青(Mexphalt 40/50—直馏沥青和 Mexphalt R90/40—氧化沥青)合并蒸发浓缩液的共沉淀制成的样品的浸出率。在浸出试验中使用了普通水和海水。

前苏联的试验结论是，较软沥青(BN-Ⅲ)比较硬的沥青(BN-Ⅳ)具有较好的涂覆性能，从而将矿物颗粒较严密地覆盖起来，并且软沥青固化产物在水中的浸出率较低(图 12-12)。另外，可以认为沥青固化产品在浸出矿物颗粒的过程中其表层的微孔由于 BN-Ⅲ沥青的弹性而消失，因此表面仍是疏水的。

12.4.2　沥青中剩余水分的影响

在将放射性废液并入沥青之后，在固化产品中可能含有不同数量的剩余水分。发现剩余水分是影响放射性核素浸出率的因素之一。剩余水分超过 10%时导致浸出率的增加，特别是在贮存的头几个月内(见图 12-13)。

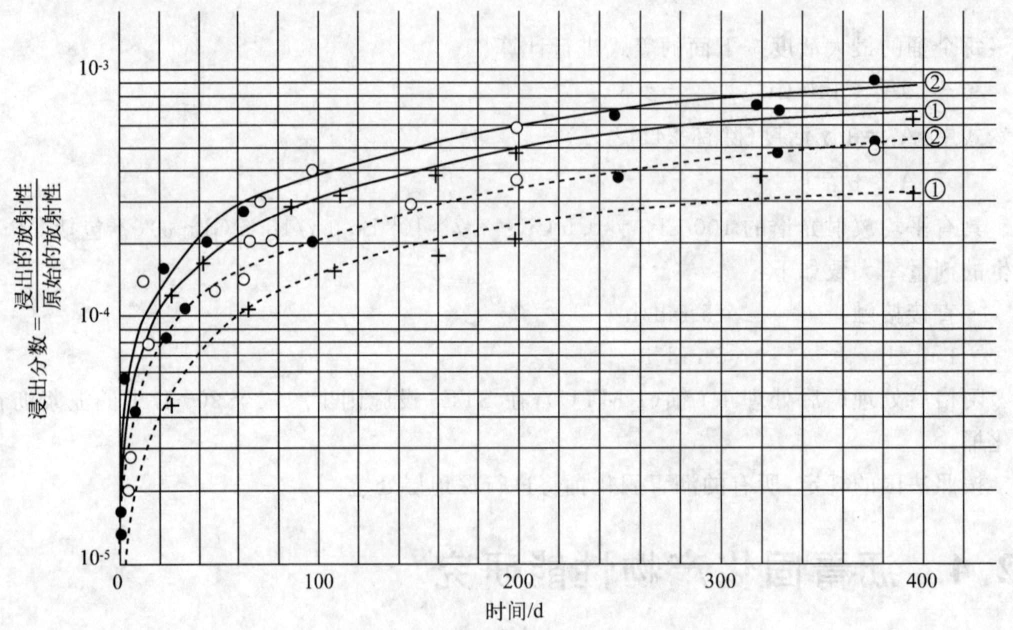

图 12-11　含有蒸发浓缩液和 44%沥青的沥青产物的浸出率

——①普通水；---①海水；——②普通水；---②海水；

①Mexphalt 40/50；②Mexphalt R90/40

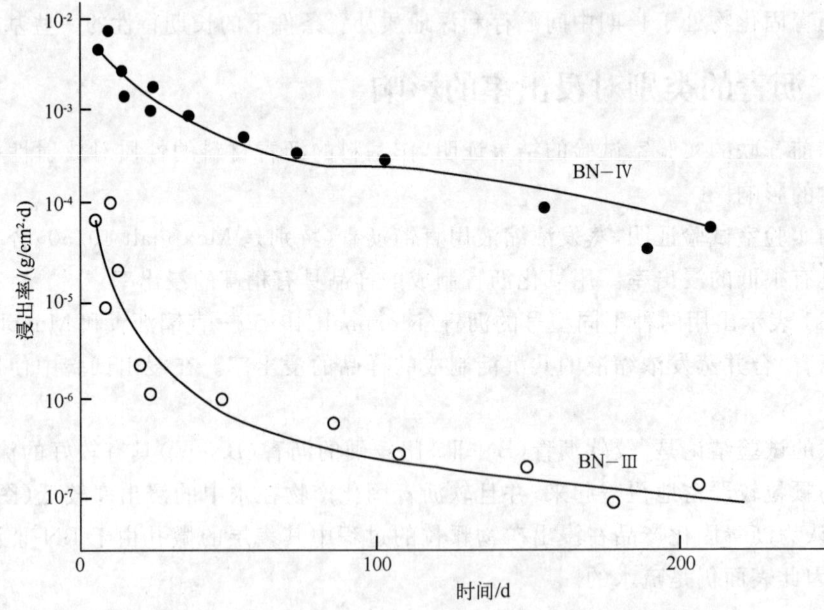

图 12-12　^{90}Sr 从含有 60%沥青和 40%硝酸钠的沥青产物中的浸出率

剩余水分的存在增加了微孔的数目。

由于注意到剩余水分对浸出率有影响，在某些试验中还研究了可能被吸收于沥青中的水量，结果示于图 12-14 中。

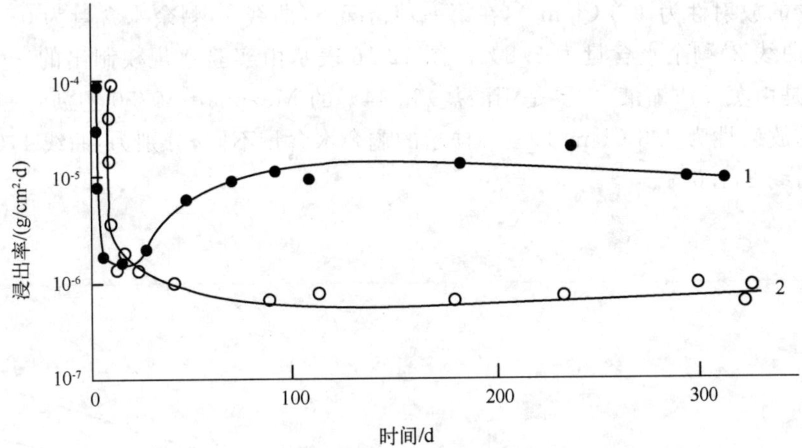

图 12-13 由 60％BN-III 型沥青和 40％硝酸钠制成的样品的 ^{90}Sr 浸出率

1——剩余水分＜1％；2——剩余水分 23％

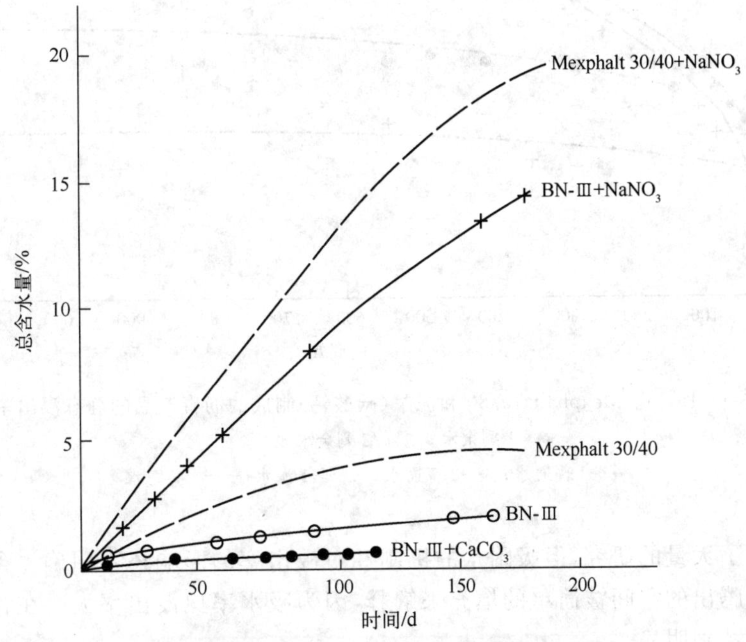

图 12-14 含有 40％固体的 BN-III 型或 Mexphalt 30/40 型的沥青固化产品贮存于水中时的含水量

得到的结果证明，所有的沥青样品都有一定程度的吸水性。发现含有碳酸钙的样品吸水率最小。在沥青中含有可溶性盐时吸水率比含有不溶性盐时大得多。在沥青中含有表面活性剂的时候吸水率最大。

剩余水分对浸出率的影响表示于图 12-15 和图 12-16 中。图 12-15 表示由工业规模制出的两个样品的浸出率，样品是由泥浆（碳酸钙）和 49％Mexphalt 40/50 型沥青制成的（其中裂变产物的放射性为 4.3 Ci/m³），在第一种情况下（曲线 1）剩余水含量为 0.4％；而第二种情况下（曲线 2）剩余水含量为 3.8％。图 12-16 表示由实验室规模制出的三个样品的浸出率，样品是由蒸发浓缩液（主要是硝酸盐）和 44％的 Mexphalt 40/50 型沥青制成的（其中裂变产物的放射性为 6.3 Ci/m³），三种样品的剩余水含量不同，分别为：曲线 1，0.3％；曲线 2，4.6％；曲线 3，8.6％。

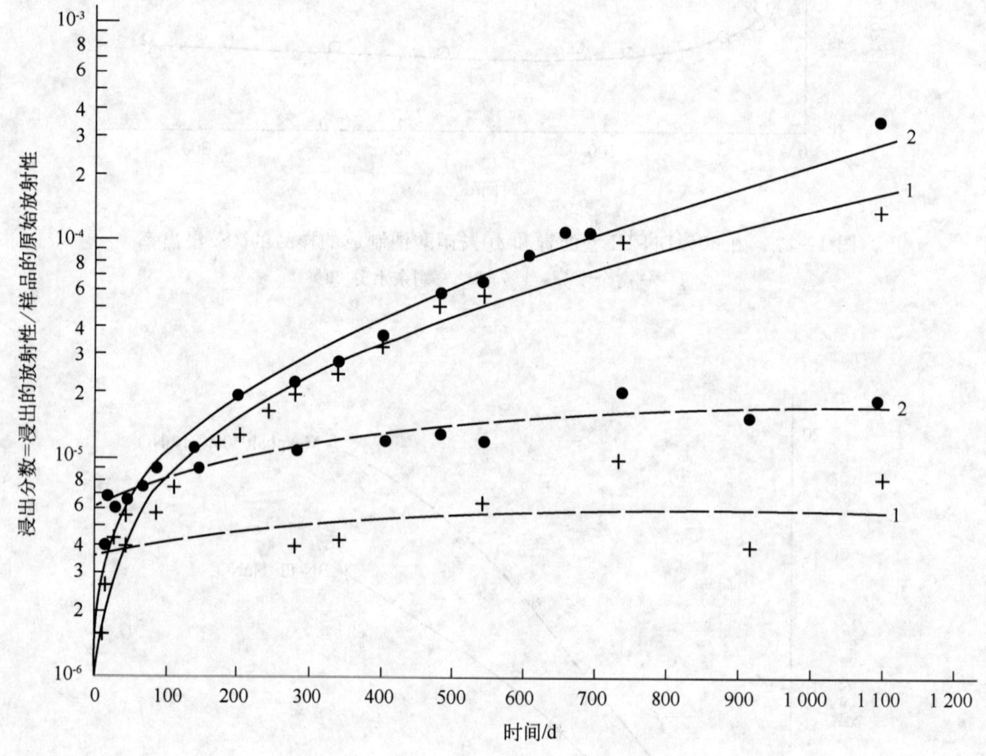

图 12-15 由 Mexphalt 40/50 和泥浆（碳酸钙）制成的沥青产品的静态浸出率

1 剩余水 0.4％；2 剩余水 3.8％

——1 普通水；——2 普通水；－－－1 海水；－－－2 海水

当时进行了大量的研究，但吸附水的机制和对浸出率的影响还不明确。含水量的增加不能用可溶盐腾出的空间被简单的填充来解释，因为吸水率比浸出率大。在含硝酸钠的样品中这种差别特别明显。

12.4.3 浸出剂的影响

马库尔核研究中心测定了沥青固化产物在淡水和海水中以及在不同 pH 值的溶液中的浸出率。由沥青和低放、高放泥浆的混合物制备成高 50 mm，平均直径 39 mm，表面积 85.09 cm² 的圆柱形样品。

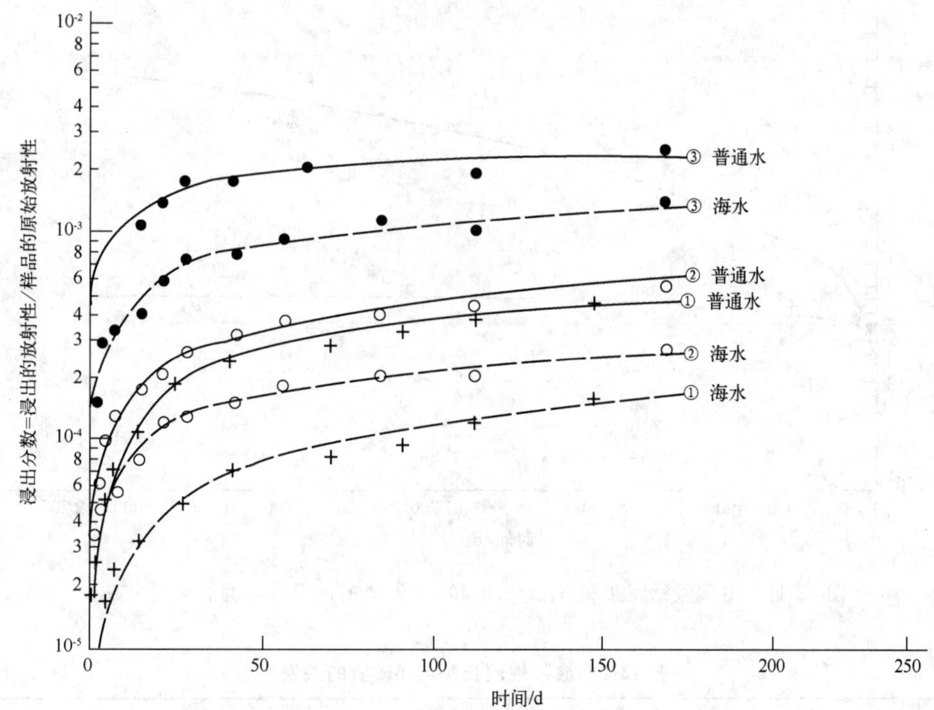

图 12-16　由 Mexphalt 40/50 和蒸发浓缩液制成的沥青样品的静态浸出率

① 含水量 0.3%；② 含水量 4.6%；③ 含水量 8.6%

样品由 98 g 含水 54% 的泥浆制成，亦即相当于 45 g 干泥浆，其总放射性为 1.1×10^{-4}Ci。制取样品使用 Helipon ALC 和 Redicote 75 的混合物作为表面活性剂，所用 Mexphalt 40/50沥青的含量为 40%（质量分数）、45%（质量分数）和 50%（质量分数），实验是在静态条件下进行的。用 γ 能谱测定法分析存在于水中和不同 pH 值溶液中的放射性核素。图 12-17 表示出用 45%（质量分数）Mexphalt 40/50 在 130 ℃时制成的中放沥青固化样品的放射性浸出曲线。

另外，还用相同的放射性样品浸入不同 pH 值的溶液中进行了一系列的实验。Mexphalt 40/50 的含量为 45%（质量分数）。表 12-2 表示出放射性浸出率与介质 pH 值的关系。由表可见，浸出率随 pH 值升高而降低。

还进行了在动态条件下测定浸出率的实验。将沥青固化的泥浆放在直径 90 mm 和高 600 mm 的圆柱形罐中，用泵使水循环，其抽水量为 150 L/h，每周工作 50 h。罐中由水泥和 45%Mexphalt 40/50 在 130℃时制成的粒状产物填充，以增加与水接触的表面。得到的粒状产物用相同直径的玻璃球使它们彼此分开。在罐中的温度为 20～35℃，这是由于泥浆的放射性衰变造成的。

在淡水和海水中的浸出率没有超过在静态条件下的浸出率。

另外还用其他类型的沥青（Mexphalt 80/100，Shellspra K 和 Mexphalt H80/90 的混合物等）对中放泥浆进行了一系列的实验。将中放废物和 Mexphalt 40/50 按含 45%（质量分数）干泥浆的比例混合，得到了最满意的结果。

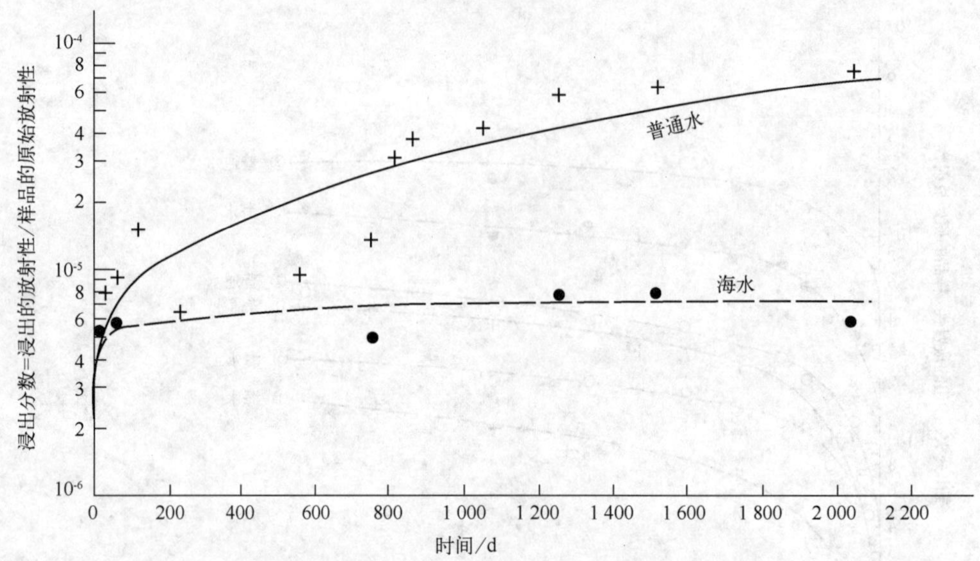

图 12-17 由碳酸钙泥浆和 Mexphalt 40/50 制成的沥青样品的静态浸出率

表 12-2 放射性浸出率与 pH 值的关系

溶液	样品的放射性/Ci	下列天数后的浸出率							
		1 d	109 d	227 d	522 d	746 d	1 036 d	1 521 d	2 036 d
pH=1.4	1.01×10^{-4}	2.3×10^{-3}	5×10^{-3}	4.9×10^{-3}	4.7×10^{-3}	3.4×10^{-3}	2.9×10^{-3}	2.1×10^{-3}	1.1×10^{-3}
pH=4.4	1.035×10^{-4}	7.2×10^{-3}	2.3×10^{-4}	2.4×10^{-3}	2.3×10^{-3}	1.5×10^{-3}	1.2×10^{-3}	7.7×10^{-4}	4.5×10^{-4}
pH=8.4	1.05×10^{-4}	5.4×10^{-3}	3.4×10^{-5}	3×10^{-5}	3.1×10^{-5}	3.5×10^{-5}	3.2×10^{-5}	4×10^{-5}	4.1×10^{-5}
pH=12	1.08×10^{-4}	6.3×10^{-6}	1.5×10^{-5}	9.7×10^{-6}	2.6×10^{-5}	4×10^{-5}	4.4×10^{-5}	5.4×10^{-5}	5.4×10^{-5}
淡 水	1.18×10^{-4}	2.3×10^{-6}	1.5×10^{-5}	6.6×10^{-6}	9.4×10^{-6}	1.4×10^{-5}	4.3×10^{-5}	6.7×10^{-5}	7.9×10^{-5}
海 水	1.1×10^{-4}	4.6×10^{-6}	5.8×10^{-6}	6.5×10^{-6}	6.5×10^{-6}	5.1×10^{-6}	7×10^{-6}	6.6×10^{-6}	6×10^{-6}

根据这些试验得到这样的结论：对于中放泥浆，经过 100～150 天以后出现了浸出的稳定阶段；然后浸出率开始下降。在海水中的浸出率与淡水中的相同。样品的总放射性不影响浸出率。

为了测定高放泥浆的浸出放射性，制成了 5 kg 的固化样品，其放射性强度为 76.6 Ci/t。泥浆的化学组分为 54.5%氢氧化铁，26.3%亚铁氰化镍和 19.2%硅。将含有 2 kg 干泥浆（总放射性为 0.1532 Ci）和 150%Mexphalt 80/100 和 20%Silmac 的固化样品浸在 90 L 水中。定期地分析水样，并且在第 274 天末测定各种放射性元素的扩散系数。图 12-18 表明在 130 ℃与 150%Mexphalt 沥青混合的高放泥浆的浸出曲线。

高放泥浆的放射性浸出与中放泥浆相比需要更长的时间才能达到恒定值。在实验开始 310 天以后浸出率仍然增加，海水中的浸出率稍低于淡水的。在 pH 为 1.4 和 12 的溶液中，由于泥浆的化学性质的原因，浸出率明显地高。在每次测量时换下来的水中的总的浸出放射性与静止水具有相同的数量级。

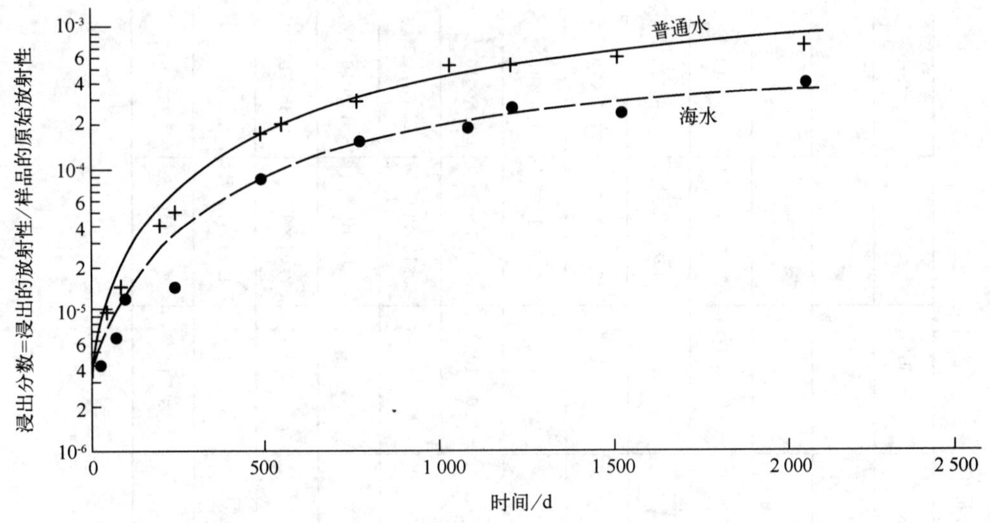

图 12-18　含有氢氧化铁和亚铁氰化镍的沥青样品的浸出率(每次测量后换水)

另外,法国马库尔用碳酸钙泥浆和 Mexphalt 40/50 制成试验样品(50 cm^3)和生产规模的块体样品(150 cm^3)进行浸出试验。

表 12-3 和表 12-4 表示出工业生产规模的沥青固化产物在更换的普通水和更换的海水中的浸出率。

图 12-19 表示出沥青固化样品(50 cm^3)在更换的普通水中、静止的普通水中和静止的海水中的浸出率。图 12-20 对工业规模的沥青固化块(150 cm^3)和实验室规模沥青固化样品(50 cm^3)在更换的普通水中的浸出率做了对比。经过 460 天以后,150 cm^3 的沥青块浸出率为 1.3×10^{-5},而 50 cm^3 的沥青样品的浸出率为 2×10^{-4}。

沥青块较好的浸出率(是最大的 1/15)可用浸泡样品的体积/表面积的比值(cm)的增大来说明。

12.4.4　沥青固化废物的长期特性

沥青与用于放射性废液去污的试剂的化学相溶性,其黏合能力、防水及低温易操作性使得许多国家选择该材料固化中、低放废物,例如法国、日本、比利时、瑞士、俄罗斯等。自 1966 年以来,截至 20 世纪 90 年代末法国大约产生了 70 000 桶沥青固化废物,并仍把沥青固化考虑作流出物产生的中、低放废物的整备方法。法国原子能委员会和高杰玛(Cogema)对固化废物处于长期中间贮存和深地质处置条件下的长期特性进行了研究。

在深地质处置条件下,主要是评价水对沥青的蚀变。这个项目已经投入了许多研究,主要通过实验测试进行推断。在中间贮存条件下,重要的是评价废物产生的辐解气体。对于硬质沥青,气体看起来是通过基体的断层释放的。Cogema 使用能在低温下处理的软质沥青使气体能通过向自由面扩散和气泡迁移而释放。

表 12-3 工业生产规模的沥青固化产物在更换的普通水中的浸出率

换水间隔时间/d	块体的放射性(2π)/Ci	浸出的放射性(2π)/Ci	浸出分数	γ能谱分析/Ci						
				^{106}Ru-Rh	^{137}Cs	^{95}Zr-Nb	^{40}K	^{125}Sb	^{90}Sr	^{89}Sr
7	0.735	5×10^{-7}	6.8×10^{-7}	可几误差		可几误差				
7	0.683	1.6×10^{-7}	2.3×10^{-7}	可几误差	可几误差	可几误差				
33	0.637	8.2×10^{-7}	1.3×10^{-6}	3.9×10^{-7}	4×10^{-7}			可几误差	2.95×10^{-8}	1.9×10^{-8}
31	0.569	1.05×10^{-6}	1.8×10^{-6}	7.4×10^{-8}	2.3×10^{-8}		10^{-6}		1.8×10^{-8}	7.8×10^{-9}
32	0.469	1.27×10^{-6}	2.7×10^{-6}	4×10^{-7}	5.9×10^{-8}				3.4×10^{-7}	1.7×10^{-7}
29	0.445	8.2×10^{-7}	1.8×10^{-6}	3.2×10^{-7}	5.3×10^{-8}				6.5×10^{-8}	1.8×10^{-8}
31	0.432	7.3×10^{-7}	1.7×10^{-6}	3.6×10^{-7}	6.6×10^{-8}			9.9×10^{-9}	4.4×10^{-8}	2.8×10^{-8}
31	0.370	5.9×10^{-7}	1.6×10^{-6}	2.3×10^{-7}	3×10^{-8}				5.15×10^{-8}	2.3×10^{-8}
36	0.342	1.8×10^{-7}	5.3×10^{-7}	9.3×10^{-8}	2.55×10^{-8}				9×10^{-8}	$1.26\ 10^{-9}$
31	0.342	2.8×10^{-7}	8.2×10^{-7}	1.1×10^{-7}	3.33×10^{-8}				2.04×10^{-8}	1.36×10^{-8}
101	0.296	1.09×10^{-6}	3.6×10^{-6}	5.29×10^{-7}	1.36×10^{-7}				1.24×10^{-7}	6.3×10^{-8}
92	2	2.18×10^{-6}	8.7×10^{-6}	7.35×10^{-7}	2.5×10^{-7}			3.3×10^{-8}	1.7×10^{-7}	1.26×10^{-7}

表 12-4　工业生产规模的沥青固化产物在更换的海水中的浸出率

换水间隔时间/d	块体的放射性(2π)/Ci	γ能谱分析/Ci			
		^{106}Ru-Rh	^{125}Sb	^{137}Cs	^{95}Zr-Nb
31	0.666	8.2×10^{-8}	6.9×10^{-8}	4.6×10^{-8}	
31	0.595	3.4×10^{-7}		6.7×10^{-8}	
48	0.490	可几误差		3×10^{-8}	1.4×10^{-8}
31	0.452			1.3×10^{-8}	
31	0.380			8.9×10^{-8}	
90	0.357			1.8×10^{-8}	
96	0.309	1.05×10^{-8}		1.89×10^{-8}	
99	0.262	6.9×10^{-8}		7.56×10^{-8}	

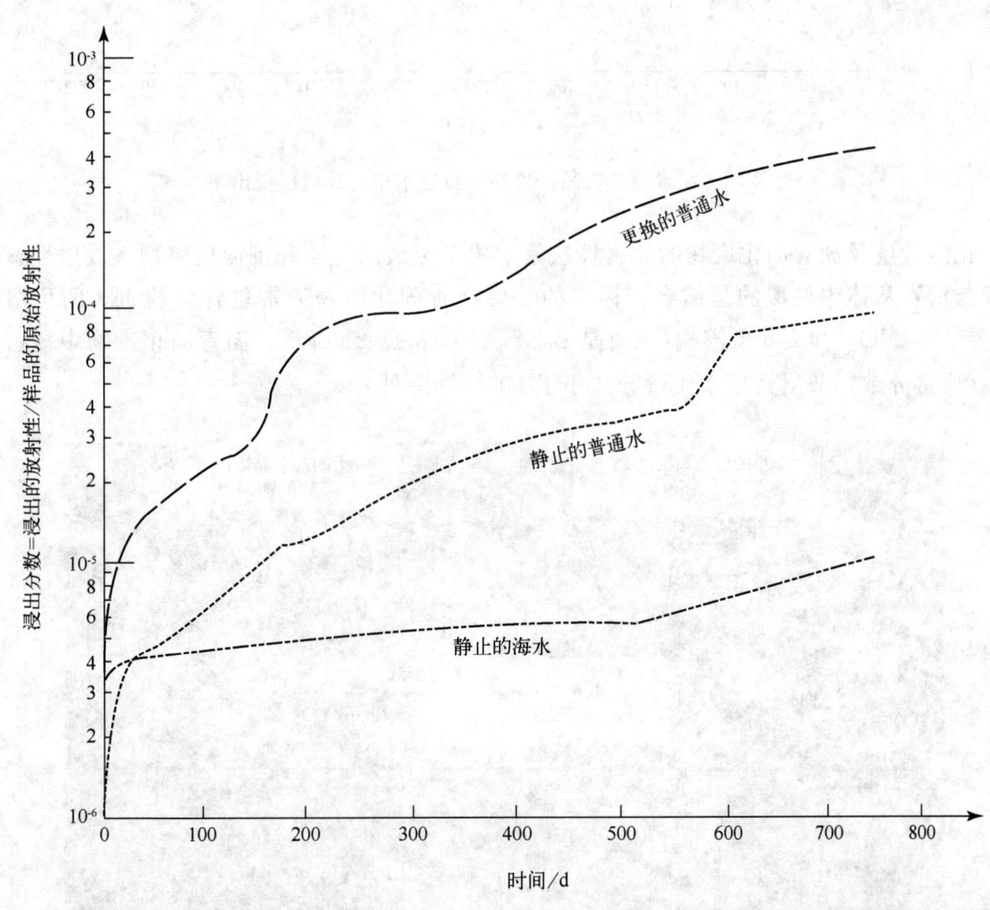

图 12-19　由工业规模的沥青固化设备制成的沥青固化样品(50 cm^3)的放射性浸出率

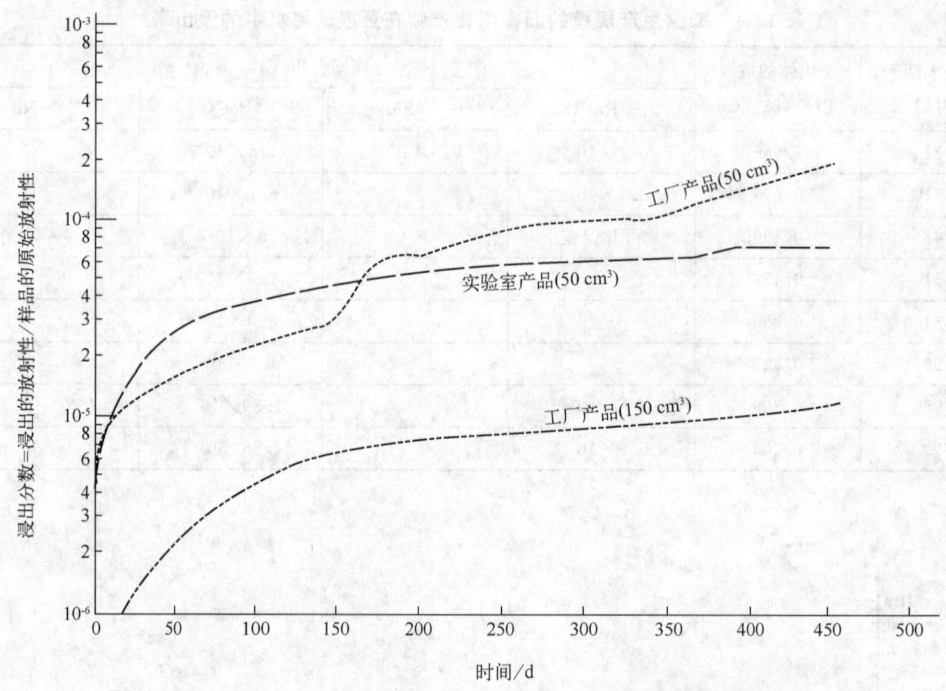

图 12-20 沥青固化样品在更换的普通水中的放射性浸出率

化学含量及沥青固化废物的放射性核素取决于废液的性质和沉淀反应物。放射性核素一般与沥青基体中包覆的盐结合。标准的法国沥青固化废物通常包含大约 1/3 的可溶盐(主要是 $NaNO_3$)和 2/3 低溶盐(主要是 $BaSO_4$),如图 12-21 所示。沥青固化废物中盐占了 40%(质量分数),放射性核素质量分数小于 10^{-5}(铀除外)。

图 12-21 显示出大结晶(20～50 μm)硝酸钠和小结晶
(约 1 μm)硫酸钡存在的合成沥青化废物电子显微镜扫描视图

决定废物货包在干或不饱和情况(典型的中间贮存条件)下的长期特性的主要事件是:(1) 物理化学和放射化学老化;(2) 水蒸气吸附;(3) 生物降解;(4) 自动辐照、辐解及气体释放。

— 可以忽视自发的慢化学反应的影响,老化的主要机制是辐射氧化。过程的第一步是自辐照产生的自由基造成聚合体链的断裂。在缺氧的情况下,这些自由基形成网状。有氧存在的情况下,观察到辐射氧化的动力学取决于沥青中自由基浓度和局部氧浓度。氧化层的厚度与时间的平方根成比例,因此辐射氧化只影响沥青的表面。在低剂量率(<100 Gy/h),可以忽视老化现象对沥青封闭特性(限制核素)的影响。

— 水蒸气吸附由盐溶解控制。因此,当主要可溶性盐是硝酸钠时,在温度为 25 ℃、相对湿度不到 74%的条件下不可能发生水蒸气吸附。

— 由于其有机性,沥青可以被生物降解(已知地质环境中存在微生物)。近场微生物对沥青的生物降解已经由热力学和实验方法进行了研究。发现仅涉及到基体的微小部分,所以可以忽略对废物体的蚀变作用。此外,已经发现微生物活性将消耗沥青释放的大量有机酸。

— 自辐照和与此相应的气体生成(由于气泡形成而可能扩大)是主要事件。

对水饱和环境(典型的地质处置环境)下沥青固化废物货包的长期特性具有作用的主要事件是:1)近场水的吸收;2)盐、放射性核素及有机物的溶(分)解和释放。由于盐的溶(分)解,废物体逐渐变得多孔并具有可浸透性(见图 12-22),从而使盐和放射性核素释放。同时,水与沥青间的相互作用导致有机物的释放。然而由于释放量非常少,认为可以忽略该有机物对过程和近场周围的影响。

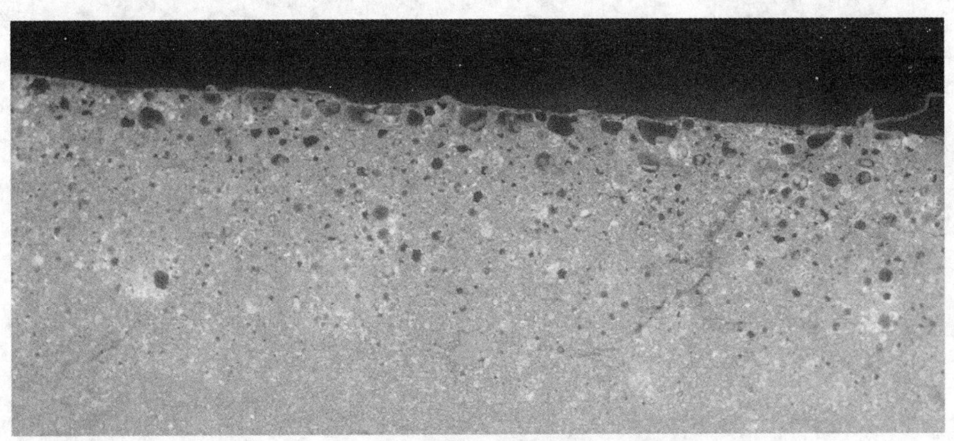

图 12-22　合成沥青废物样品浸泡 9 个月后的横截面电子显微镜扫描成像(上层有泡,干盐在中心部分)

法国原子能委员会已在 Cogema STE3 沥青废物浸出试验的基础上开发出了 COLONBO 一维模型,用来描述沥青固化废物形态的蚀变。认为沥青固化废物以可溶盐(均视为硝酸钠)颗粒和低溶解度盐(均视为硫酸钡)颗粒均匀悬浮在沥青中。沥青对水的吸收发生在废物体表面,随后通过扩散穿过沥青。当水的活性在沥青中的某点足够高时,最易溶解的盐开始溶解，这种溶解是废物体吸水的驱动力。因此，认为废物体内或四周的水实质上可通过 $NaNO_3$ 的浓度表示。

参 考 文 献

[1] Bastien Thiry, H., J. P. Laugrent & J. L. Ricaud. French Experience and Projects for the Treatment and Pack of Radioactive Wastes from Reprocessing Facilities[R]. IAEA-CN-43/114

[2] SGN & ANDRA. Waste Treatment at the La Hague and Marcoule Sites [R]. 1995

[3] 王宝贞，邵刚译. 放射性废物的沥青固化[R]. 北京：原子能出版社，1976

[4] 中国科学院原子能和平利用考查团. 出国考查报告(法国原子能技术)[R]. 北京：原子能出版社，1975

[5] Chaix, P., S. Camaro & B. Simondi, et al. Long－Term Behavior of Bituminized Waste: Modelling of Auto－Irradiation and Leaching[A]. in Mat. Res. Soc. Symp. Proc. Vol. 663，2001

第13章　其他国家放射性废液沥青固化

13.1　前苏联

前苏联在20世纪大力发展核电，建造了多座核电站以及乏燃料后处理厂。在这种背景下，来自核电站和乏燃料后处理厂的放射性废液对生物圈构成威胁，加剧了解决处理和安全处置所有液体放射性废物(LRW)问题的紧迫性。为了将这些废物转换成固体物质，前苏联开发了沥青固化工艺，通过加热液体放射性废物与沥青的混合物而去除水分，获得一种含有干燥废物残渣的疏水的沥青混合物。

前苏联放射性安全中央研究所(ЦСРВ)从1967开始研究沥青固化工艺，利用低浓度放射性废液蒸发浓缩后的蒸残液与其他添加物进行试验。

1970年在研究所建立了间歇式操作的沥青混合物加热装置Б0-75(立式刮板搅拌混合反应槽)，反应物的热量通过功率为70 kW的电加热器传入，该加热器安装在搅拌器与装置内壁之间，反应槽的工作容积为0.3 m^3，设备输出按溶液流量计可达60 L/h。

在运行过程中，对沥青固化工艺过程和沥青混合物的物理化学性能进行了综合研究。曾试验过各种标号的沥青和焦油作为聚合剂的性能。采用水-石蜡乳胶液解决了由于外表面电加热引起的局部结疤，排除了沥青盐结疤的问题。然而，这类设备存在严重缺陷，其中包括：在固化废液的情况下，沥青表面熔化产生泡沫、产品输出低；在增加热量的情况下，在加热表面产生结疤。因此，这类装置不理想，为了提高生产率，决定采用别的装置。

13.1.1　沥青固化装置УБД-200

1974—1975年经生产工艺研究，改为采用工业生产规模的产品输出高的装置(УБД-200)，实现放射性废液连续沥青固化。工艺过程通过两段进行：第一段使用装有轧辊的加热干燥装置完成废液脱水，得到一定含水量的盐；在第二段，含有水分的盐与熔融沥青混合，同时进一步烘干，得到的沥青混合物送往卸料机构——螺旋混合搅拌器。

装置如图13-1所示，由4台干燥器组成，每台加热面积为2.5 m^2，双轴混合搅拌器生产率在1 200 kg/h以内。另外，该装置还包括废液和沥青的运输机构和剂量仪表。净化蒸汽混合物的系统、盐的输送机构、混合物加热系统以及沥青混合物的清除装置。干燥器是通过安装在辊式压碎机内的螺旋形电加热器来进行加热的，而混合物的搅拌器和卸盐系统由强制循环的有机载热体(双联苯烷，温度180 ℃)供热。

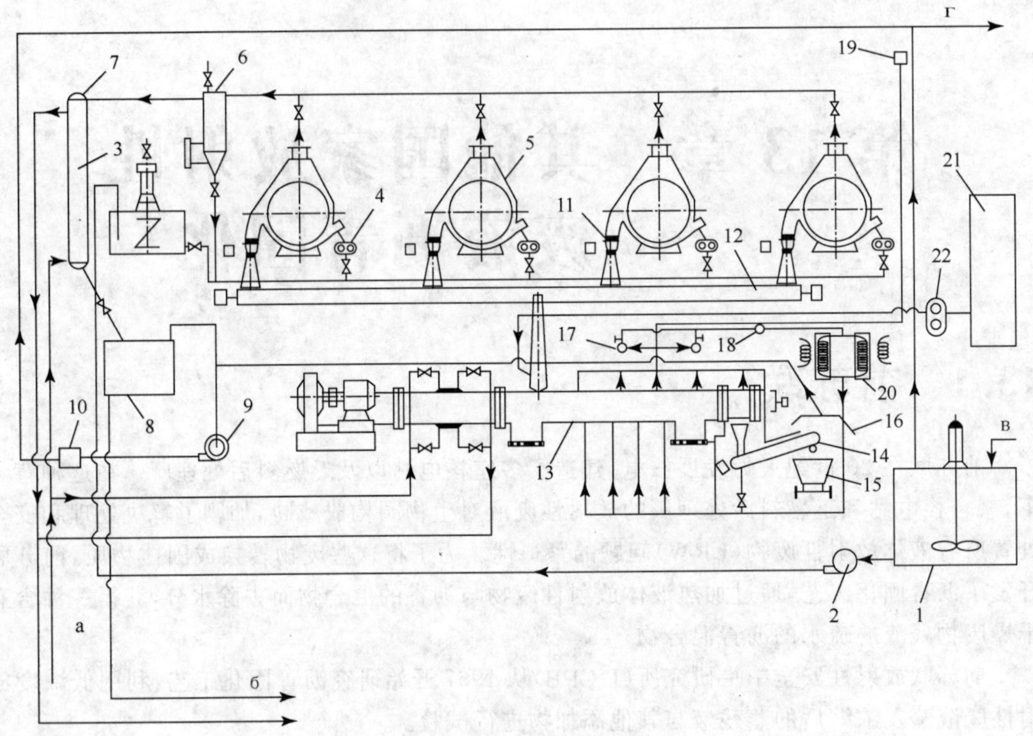

图 13-1　УБД-200 沥青固化装置(废液二段沥青固化工艺)

1—废液贮罐；2—离心泵；3—中间容器；4—干燥器废液供料泵；5—干燥器；6—除尘器；7—热交换器；8—冷凝水贮槽；9—风机；10—精细过滤器；11—干燥器中盐的螺旋输出器；12—盐分的螺旋搅拌器；13—搅拌器；14—混合物卸料用的螺旋输送机；15—沥青固化物运输小车；16—排气罩；17—载热体循环泵；18—气体分离器；19—膨胀罐；20—加热器；21—沥青贮槽；22—齿轮泵；a—冷却水；б—去研究所净化低烷化的废液或中间仓库；в—废液；г—去排气装置排气

УБД-200 装置是连续运行的。废液从中间容器经齿轮泵向干燥装置供料，通过辊式挤压干燥器旋转，使废液逐渐干燥，在这种情况下，同时使盐分结晶。干燥器吸取的蒸汽通过穿越网状过滤分离器、换热器-冷凝器以及细净化过滤器系统，进一步冷凝净化。盐分从辊式挤压干燥器中由螺旋输送器向搅拌器供料，沥青在温度为 160 ℃以下(使用的沥青标号为 БНК-2，软化点和着火点分别为 38 ℃和 240 ℃)用齿轮泵送入搅拌器时，混合物中盐的水分为 15%～17%，而搅拌器出口为 4%～5%；混合搅拌器蒸发水分的能力约为20 L/h，选择盐分最佳含水量对最大限度提高装置生产能力很重要。盐分含量在混合物中大于 80%时，混合物逐渐变得不均匀，明显出现与沥青相脱离的盐结晶。

沥青-废物混合物在 125～130 ℃温度下，从搅拌器向容积为 0.5 m^3 的料车卸料，生产能力为 200 L/h。

经过 2 年的运行，УБД-200 装置——两段废液沥青固化工艺——暴露出了一些缺陷：有些关键设备效率低，其中包括与中间传送物料(盐分)有关的设备；装置的操作和设备的构造非常复杂，动力消耗比率大。

13.1.2 沥青固化装置 УРВ-8

鉴于 УБД-200 沥青固化装置暴露出的缺陷，决定对这种装置进行改造，开发只有一段的连续沥青固化工艺，其中包括，转动的薄膜蒸发器，水的蒸发是靠沥青废液沿着被加热的立式圆柱形成薄壁流动而实现。薄薄一层盐分和沥青在刮板处混合在一起，刮板固定在选择的垂直轴上，这样强化了工艺过程的热值交换，同时加大了工艺蒸汽加热的受热面积。

1978 年研究所试验运行工业性试验装置 УРВ-8(图 13-2)，建成连续运行的薄膜刮板蒸发器 КРⅡ-600-8С 用于混合物物料脱水。УРВ-8 装置包括废液和沥青的临时贮存、沥青刮板、热交换器-冷凝器、蒸汽混合物的净化装置、沥青-盐混合物的卸料系统以及装固化物的移动式容器。

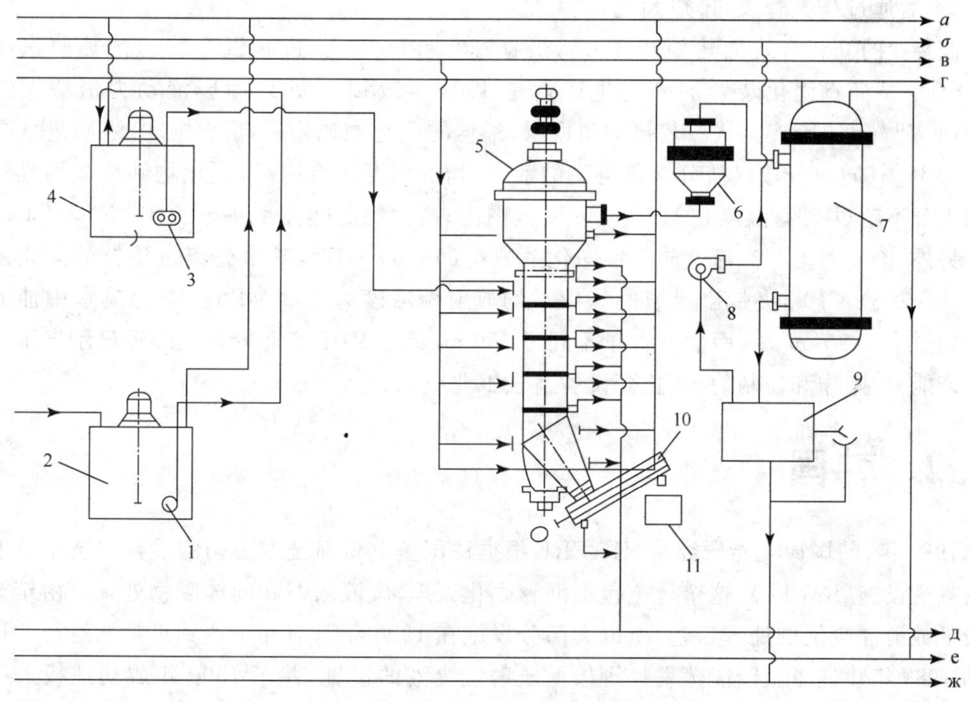

图 13-2 УРВ-8 沥青固化装置

1—废液供料泵；2—废液接收罐；3—潜水计量泵；4—中间贮罐；5—刮板薄膜蒸发器(КРⅡ-600-8С)；6—分离过滤器；7—热交换器；8—风机；9—冷凝液收集罐；10—螺旋输送器；11—固化物包装容器；а—排气；σ—局部排气系统；в—蒸汽；г—水；д—蒸汽冷凝水；е—冷却水；ж—专用管线

薄膜刮板蒸发器 КРⅡ-600-8С 用 12Х12Н10Т 号钢材制作成，包括外壳、带有传动装置的刮板、组合件密封以及轴承。刮板蒸发器在顶部有分离器和加热用的蒸汽套。根据技术设计数据，热交换蒸发的表面积共计 8 m^2，刮板的转速 59 r/min，装置的高度为 12 m，外壳内径 0.6 m，加热蒸汽压力达 1 621.2 kPa。刮板转子由主轴和按间距固定在主轴上的刮板组成，刮板连接着导液片。在轴上部紧固着分配环，使混合物料液均匀地供给到刮板蒸发器四壁的沥青上。

УРВ-8 沥青固化装置工艺流程如图 13-2 所示。放射性废液从容积为 3.5 m^3 的接收罐经供料泵(3 m^3/h)供料到中间贮槽,从中间贮槽由齿轮泵输送到刮板蒸发器上部的分配环(0.1～0.7 m^3/h),同样用齿轮计量泵从沥青库房向蒸发器输送熔融的沥青,废液和沥青从分配环流入蒸发器内层的加热面上,在那里因刮板旋转混合在一起。随着薄层向下移、流动,水分得到蒸发,脱水的沥青混合物经螺旋输送机向包装容器卸料,预先在包装容器内表面铺一层纸,在容器装满后,通过沥青固化物容器上突出的吊环将其运走。

由于冷凝作用产生相态变化而使蒸汽混合物的一部分逸出,在蒸发器顶部的离心分离器上排出。接着,这些混合气体流到网状的分离过滤器(具有几层 12X18H10T 号钢做成的滤网)。然后,净化了的蒸汽流经换热器,水分冷凝后收集在水池内,从分离过滤器出来的气体经过滤器进一步精细过滤净化(第一级:苏制涤纶做的纤维;第二级:纤维织物过滤吸收器 φП),最后通过排气管线,排往大气。

该装置的沥青有效加热面积 1 m^2,最佳速率在60 L/h(进料混合物),加热蒸汽压力 810.6 kPa。沥青固化装置的平均生产量是 400～420 L/h,处理原废液动力消耗大约为 1 000 kWh/m^3原废液。从工艺技术角度讲,最佳的固化物比率是沥青占 60%(质量分数),盐分为 40%(质量分数)(盐分含量再高的话,产物的黏度也将增高,固化物卸料就困难),混合物水分不超过 5%;温度在 125～135 ℃范围内;产物的黏度在 45～60 泊(4.5～6 Pa·s)。

另外,该装置上蒸汽流 β 放射性净化系数在(5～6)×10^5,其中分离过滤器的净化系数是(2.4～2.5)×10^2,夹带出废液的气体平均放射性浓度为 1.3 MBq/m^3;冷凝水中油的含量不超过 15～20 mg/L,而盐分含量不超过 150 mg/L。УРВ-8 沥青固化装置显示出了较强的生产能力,操作和控制简单,整套设备适合工业应用。

13.2 韩国

1987 年,韩国原子能研究所(KAERI)根据法国圣戈班新技术公司的设计建造了放射性废物处理设施(RWTF),这个设施包括沥青固化处理、废液浓缩和固体废物处理。由于没设置极低放射性废液的处理工艺,所以大部分设施在 1990 年以前并未达到正常的运行。1988 年到 1989 年建造了太阳能蒸发处理极低放射性废液的设施,并于 1990 年成功地投入了试运行,这使得 RWTF 设施可正常运行。1991 年 3 月,放射性废物处理设施的运行得到了韩国核安全研究所的认可。

放射性废物处理设施的关键部分是使用薄膜蒸发器进行沥青固化处理,为了了解它是否能保证放射性废物处理设施的正常运行,1987—1990 年使用模拟废物进行了试验。1991 年开始了低放废液的处理,在正常运行后,当年生产了 10 桶沥青固化废物。然而,尽管技术上比较成熟,但使用薄膜蒸发器进行沥青固化处理在试运行期间还是遇到了一些问题。

放射性废物处理设施中的沥青固化工艺流程如图 13-3 所示。这个流程除了在废物处理量上及某些装置不同外,其他均与瑞典 Barsebek 核电站的沥青固化工艺非常相似。这个流程由六个部分组成。

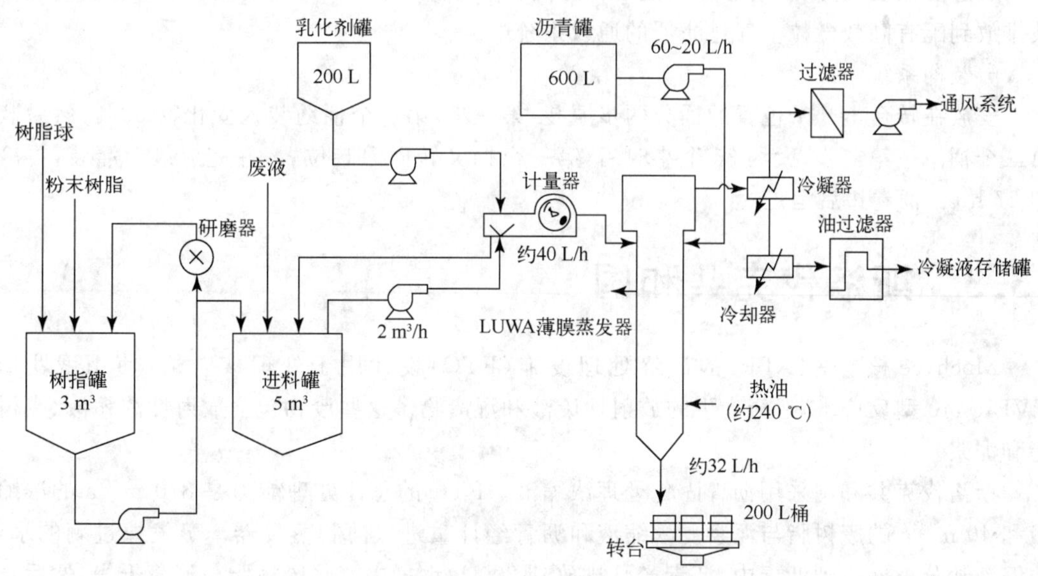

图 13-3　韩国放射性废物处理设施的沥青固化工艺流程

一废物贮存及进料系统

废液直接装运到一个配有两速搅拌器和加热器盘管的 5 m^3 料罐中进行贮存。带有除盐水的废树脂浆液装进 3 m^3 的树脂料罐中，树脂粉在进入薄膜蒸发器以前先运入进料罐中，将湿磨机研磨过的树脂球也倒入上述罐中，废液或树脂浆液在进料罐中被加热到 60℃后，通过 PAAC 泵和计量轮以 0～40 L/h 的恒速加入薄膜蒸发器中。在废物进料期间，如果需要的话，还需加入乳化剂。

一沥青进料系统

沥青在 240 ℃时熔化，以 140 ℃的温度贮存在一个 600 L 的容器中，熔化的沥青通过带加热设施的管道和齿轮泵以 6～24 L/h 的恒速加入薄膜蒸发器。

一热油供应系统

沥青固化处理中需要的大部分热量，是由热油来提供的。用功率为 96 kW 的电加热器产生的热能加热油，在热油线路中，设有两个回路：第一个回路是使熔化了的沥青的贮存和传送保持在 140 ℃的温度；第二回路是给蒸发器供热，使沥青在 240 ℃熔化。

一薄膜蒸发器

LUWA NL4-150 型薄膜蒸发器安放在放射性废物处理设施中，在 240 ℃的温度下，蒸发器的容量为 40 L/h，要固化的废液或废树脂与熔融沥青被同时送进薄膜蒸发器分配环(分配环是蒸发器的上部)。于是沥青和废物的混合物被分配环和旋转器充分地混合，并在加热面形成有规则的薄膜。在重力的作用下，废物向下流动，废物蒸发脱水，并与沥青均匀地混合。一两分钟后，熔化的产品到达蒸发器下层部分，温度达到 160 ℃，然后从蒸发器的底部流入 200 L 桶中。

一冷凝及排放系统

产生的蒸汽逆流地向上流动并排出。蒸汽在冷凝器中冷凝。冷凝产生的冷凝水通过冷却器和过滤器后，进入放射性废物处理设施的低放废液存储罐中，冷凝器中未被冷凝的气体被排放到配有高效微粒空气过滤器的通风系统中。

一装桶系统

安放在转台上 9 个位置的桶分两步灌装：第一步，第一个桶约装入固化物 60%，然后装第二个桶……第二步，大约 36 个小时后，第一个桶又转回灌装位置，并完成最后灌装，再冷却 27 h 后，桶卷边后运走。

13.3 斯洛伐克共和国

Mochvce 核电站（NPP）的最终处理设施（FTC）设计用于处理核电站（使用俄罗斯 VVER-440 型反应堆）运行产生的放射性废液和湿废物。这些废物包含放射性浓缩液、废树脂和泥浆。

斯洛伐克共和国采用沥青固化处理浓缩液。FTC 的总体处理能力是 870 m^3/a 的浓缩液和 40 m^3/a 的废树脂与泥浆。浓缩液和沥青经计量进入薄膜蒸发器。蒸发掉过剩的水，浓缩液盐分被嵌入到沥青中，沥青产品排放到 200 L 钢桶中。将废树脂与泥浆干燥，然后与沥青混合。这些混合物同样排放到 200 L 钢桶中。固化桶在辊子传送器上沿着固化线移动。在桶冷却后封盖并用传送器传送至贮存大厅放置。装有沥青产品的钢桶载入纤维增强混凝土容器(FRC)并浇注水泥。FRC 在养护一段时间后，被运输到 Mochvce 用于最终处置的国家放射性废物贮存库。

浓缩液典型的物理和化学特性如下所示：

pH：	12.8～13.3
密度：	1.14～1.16 g/cm^3
盐含量：	155～190 g/L
不溶颗粒：	2～6 g/L
硼酸含量：	103～115 g/L
硝酸盐含量：	4～13 g/L
草酸盐含量：	0.5～1.0 g/L
氯化物含量：	0.2～0.3 g/L
^{3}H	最高 2×10^5 Bq/L
^{60}Co	最高 4×10^3 Bq/L
^{134}Cs	最高 4×10^4 Bq/L
^{137}Cs	最高 2×10^5 Bq/L

废树脂和泥浆来源于主回路净化站和辅助系统（例如乏燃料池的冷却和清洗）。在若干再生循环后，不再使用的废树脂存储在贮罐里，废树脂主要污染物是 ^{60}Co（放射性最高达 2×10^7 Bq/L）和 ^{137}Cs（放射性最高达 2×10^9 Bq/L）污染。

浓缩液、废树脂和泥浆沥青固化的简化流程和原理如图 13-4 所示。

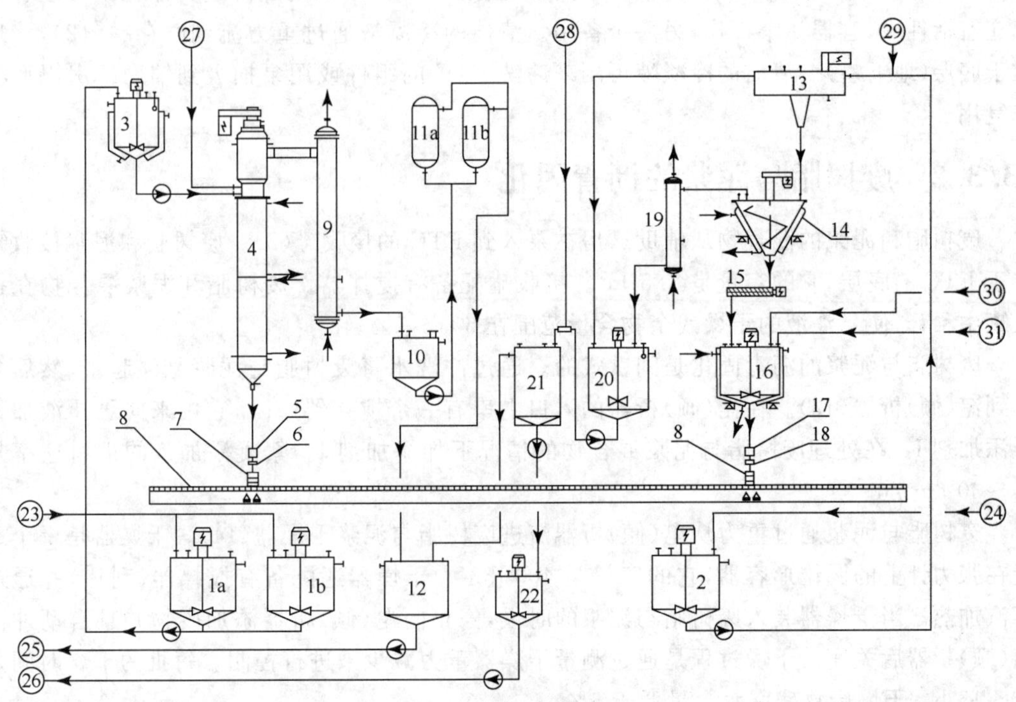

图 13-4　浓缩液,废树脂和泥浆沥青固化的简化流程

13.3.1　浓缩液的沥青固化

浓缩液从辅助厂房泵入 FTC 的接收罐(1a,1b)。罐位于 FTC 的地下层的底板上,容量为 2×8.5 m^3。它们配备有搅拌器,用蒸汽加热到 40 ℃以防止盐结晶化。在浓缩液进行固化处理前,在接收罐进行 pH 值的调节。浓缩液泵入配备有搅拌器的浓缩液进料罐(3)。保持浓缩液的温度在 80 ℃。浓缩液在罐中的液位采取自动控制。浓缩液和沥青(27)经计量进入到薄膜蒸发器中。薄膜蒸发器的工作温度是 180 ℃,它的蒸发能力是 175～200 kg H_2O/h。浓缩液和沥青经计量进入蒸发器的顶端,然后被刀片甩到加热壁上,蒸发掉水分,而浓缩并均匀分布。浓缩液的进料速率是 220～240 kg/h,沥青是 70～80 kg/h。在送到蒸发器之前,沥青在它的进料罐中被预热到 120～130 ℃。

通过排放设备(5),沥青产品从蒸发器的底部管嘴卸到 200 L 钢桶(7)。桶放置在辊子转运器上,转运器在沥青固化线之下使桶移动。沥青产品在固化桶中的液位和桶重量在灌装站进行测量。当灌装的时候,通过取样装置(6)对沥青产品进行取样。当桶装满的时候,排放管停止,辊子转运器向前移动一个位置(也就是一个桶的宽度)。下一个空桶定位在排放设备之下,继续排放沥青产品。辊子转运器足够长,灌装的桶在它们到达封盖站的时候,可以冷却完毕。当自动封盖的时候,同时测量表面剂量率,并贴上条码。在辊子转运器的末端,用起重机吊起固化桶并将桶放置到贮存大厅。贮存大厅容量是 216 个固化桶。

来自蒸发器的蒸汽被送到冷凝器(9)。冷凝器是一竖管式热交换器,它利用水作为冷却介质。冷却水的流速为 5～12 m^3/h。冷凝液被收集在蒸馏槽(10)中。冷凝液按一定时间间隔(根据冷凝液在罐中的液位)被泵入到处理容器(11a, 11b)的底部进行净化。处理容器填充有活性炭,容器一个工作,另一个备用。清洁的冷凝液通过重力流到贮存罐(12),该罐位于底层(地下室)。清洁的冷凝液可用来冲洗 FTC 的组件或用泵抽吸到辅助厂房以便将来复用。

13.3.2 废树脂与泥浆的沥青固化

废树脂和泥浆的混合物从辅助厂房被泵入到 FTC 的接收罐(2)。废树脂和泥浆接收罐位于 FTC 的底层,它的容量是 8.5 m^3。接收罐配备有搅拌器。废树脂和泥浆混合物在接收罐中稀释,使悬浮液的干燥残余物含量范围在 5%~7%。

废树脂与泥浆的沥青固化是间歇式的。通过冲洗水将废树脂与泥浆悬浮起来,然后泵入到滗(倾)析器(13)。在滗(倾)析器的入口上串有一个搅拌器(29),它用来向悬浮液加絮凝添加剂 I。在处理废树脂与泥浆混合物的情况下加添加剂 I。絮凝添加剂的进料速率是 25~30 dm^3/h。

废树脂与泥浆通过重力从滗(倾)析器流进废树脂与泥浆干燥器(14)。干燥器是一个放置在张力计上的圆锥形容器,它的容量是 400 dm^3。干燥器还配备有搅拌器(刮片)并通过蒸汽加热。当干燥器装入废树脂与泥浆的时候,停止向滗(倾)析器添加废物并且自动冲洗滗(倾)析器后关闭。干燥过程是通过测量干燥器重力减少来进行控制。每批的干燥时间是 12~15 h。干燥废物残留水含量低于 5%。

废树脂与泥浆的固化于干燥循环后在间歇式混合器(16)中进行。间歇式混合器安装有旋转刀片,混合器用蒸汽加热并安放在张力计上。在沥青进料到混合器后,添加少量添加剂 III(31)(每批 20~30 kg)以增加产品的黏性。干燥的废树脂和泥浆分别计量,进入混合器并和沥青均匀混合。

与描述的浓缩液固化的排料情况类似,混合物从混合器排放到 200 L 桶中。每批固化的整个循环的持续时间大约为 20 h。

在干燥期间,来自干燥器的蒸汽被送到冷凝器(19)。冷凝器是一竖管式热交换器,它利用水作为冷却介质。冷却水的流速为 0.8~1.2 m^3/h。冷凝液收集在蒸馏槽(20)中。来自滗(倾)析器的倾析水同样收集在蒸馏槽(20)。蒸馏槽配备有搅拌器。槽中的物质定期送到 EVH 过滤器(21)。在过滤器的入口上有一个絮凝器(内嵌搅拌器),它用来向悬浮液加添加剂 II(28)。滤液收集在被处理过的冷凝液贮罐中(12),该罐位于底层。装有沥青产品的固化桶存放在贮存大厅。

因为沥青是一种可燃性材料,浓缩液、废树脂和泥浆沥青固化具有潜在的高火灾危险。斯洛伐克另一个核电站的沥青固化厂——Jaslovske Bohunice 沥青固化厂(工艺流程见图 13-5)——1994 年投入运行来不曾发生与沥青或沥青产品可燃性相关的事故。沥青燃点温度是 230 ℃。沥青产品倾倒进固化桶的温度大约是 165 ℃。FTC 厂房根据火灾风险分成若干区域,配备了必要的灭火设备和火灾逃离通道。沥青固化产品桶灌装站更是装备了自动灭火系统。

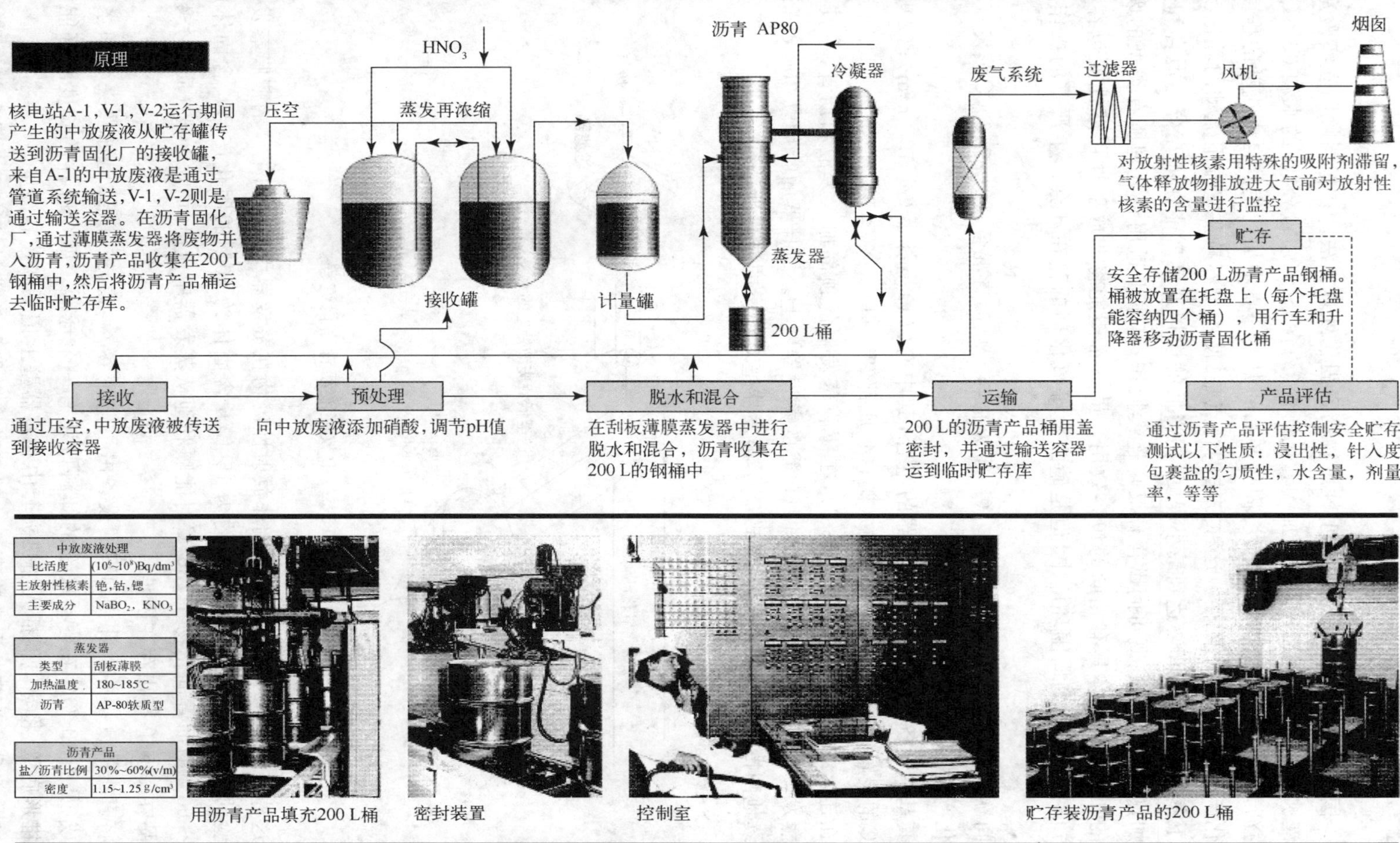

图 13-5 斯洛伐克共和国 Jaslovske Bohunice 沥青固化厂固化原理

13.4 美国

美国从1963年起开始研究放射性废物沥青固化处理方法。在橡树岭国立实验室，在低于溶液沸点的任一温度下，将废物加入乳化沥青（约含35%（质量分数）的水和60%（质量分数）的沥青）中。然后加热使水蒸发，固化产品的温度一直增加到使其自由流动的程度，最后将固化产品倒入钢桶中贮存。这种方法的特点是：使用很容易在室温下流动的乳化沥青；在低温下蒸发能使沥青降解达到最小程度；相当低的搅拌速度就能保证充分的混合和保持蒸发器加热表面的清洁；既可间歇操作又可连续操作；基本上适用于处理所有类型的废物；对可溶的和不溶的固体具有相同的包容效用。虽然希望能将非放射性可溶性盐包容在产品中，防止它们排放到周围环境中，但是硝酸盐等氧化剂的存在却会产生严重的操作和安全问题。

间歇式方法包括下列基本操作：(1)将废物与乳化沥青混合；(2)在160 ℃蒸发；(3)将沥青固化产品排入处置容器中。

其基本设备是蒸发器和搅拌器的组合，其中有：(1)搅拌器（约100 r/m）；(2)加热到160 ℃的装置；(3)沥青和废物的输入阀；(4)底部卸料口。

在连续的操作过程中（见图13-6），在薄膜蒸发器的顶部加入废液和沥青，在其中进行混合蒸发。得到的混合物往下流到160 ℃的蒸发器壁上。搅拌器的叶片以300 r/min的转速连续地刮擦壁上的混合物，从而改善了蒸发器壁对沥青的传热性能。

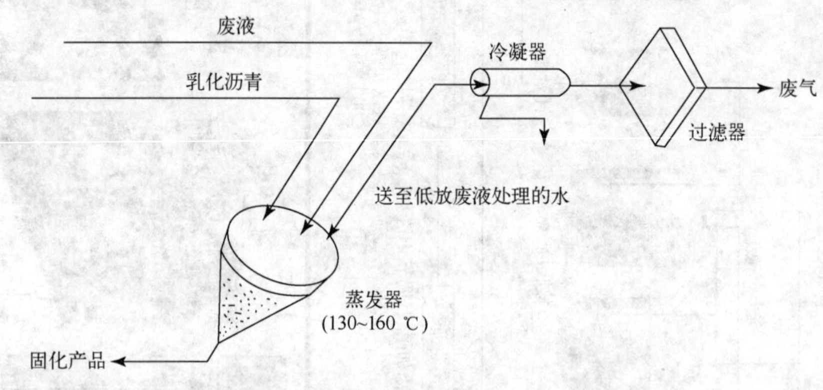

图13-6 中放废液沥青固化流程

这种方法是在实验室条件下用非放射性废物在蒸发器中和中间工厂的薄膜蒸发器中进行试验的。大型设备的处理能力约为15 L/h含固体约60%的固化产品。含固体废物为20%～60%的沥青固化物在130 ℃时能顺利地从蒸发器中流出，而含80%（质量分数）固体的产品在195 ℃排出存在困难。

将真正的废物并入乳化沥青的设备由不锈钢容器、盖、搅拌器、电加热夹套和水冷冷凝器组成（见图13-7）。在容器底部的卸料口装有一个球阀。四个叶片的长度刚好能刮到容器的锥形底壁，将热电偶插入加热夹套中和容器壁上记录和控制温度。

废物与乳化沥青的混合物用泵从带有磁力搅拌器的进料量筒压入混合蒸发器中，蒸发器用电加热器(7)加热。混合物被电机(6)带动的搅拌器(12)混合。最终产品通过球阀(13)排入产品容器(9)。蒸汽和气体通过冷凝器(4)、冷凝液收集容器(5)、洗涤器(3)和微孔过滤器(2)。

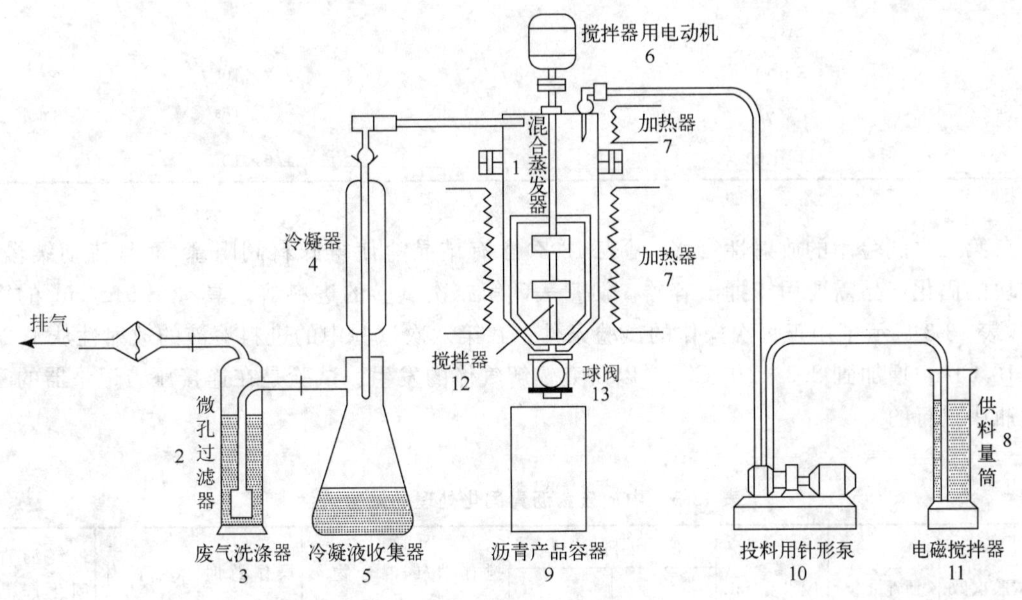

图 13-7　沥青固化设备流程图

第一次试验所用废液的比放约为 1.3×10^3 Ci/m^3(β 放射性是 0.9×10^3 Ci/m^3,γ 放射性是 0.4×10^3 Ci/m^3),含有一定量的不溶性杂质。表 13-1 列出了这种废液的成分,表 13-2 显示了废物及各核素的 β 和 γ 放射性。

表 13-1　模拟废物和最终产品的化学成分

成分	在模拟废物中的含量/(mol/)L	在最终产品中的含量/%(质量分数)
Na^+	6.61	18.5
NO_3^-	4.64	34.9
$Me(OH)_X$	2.06	3.8
SO_4^{2-}	0.35	4.1
Al^{3+}	0.22	0.7
Cl^-	0.056	0.2
NH_4^+	0.19	
沥青		37.8
密度(25 ℃)	1.34 g/mL	1.5 g/mL

表 13-2 废物的 β,γ 比放射性

辐射类型或同位素	比放射性/(计数 /min · mL)
总 γ	2.3×10^{8}
总 β	9.7×10^{7}
Sr(β)	2.2×10^{6}
Ru(γ)	2.2×10^{6}
Cs(γ)	2.4×10^{8}
总稀土(β)	1.6×10^{7}

第二次试验用的放射性废水(见表 13-3)含有结晶盐使得卸料阀阻塞,而且流动缓慢,成块的固化产品需要用棒捅出容器。测量表明第二次试验的进料溶液具有 1.9 g/cm^3 的密度,表 13-3 显示了用于每次操作的试验条件。在第六次试验中的进料溶液的放射性从 1.25×10^{3} Ci/m^3 增加到 2.3×10^{3} Ci/m^3 以研究辐解气体的发生。试验是在连接压力记录器的密封瓶中进行的。

表 13-3 中放废物沥青固化处理的试验条件

试验次数	沥青量/g	废水量/mL	废物进料条件 1)		搅拌器转速/(r/min)	混合物最终温度/℃	操作总时间/min	浓缩的体积/mL	最终沥青固化产品质量/g
			时间/min	流量/(mL /min)					
2	157.5	320	140	2.3	150	165	155	285	215 2)
3	157.0	320	130	2.5	250	165	220	280	201
4	158.5	320	130	2.5	250	165	230	300	214
5	159.0	320	130	2.5	250	185	175	310	224 3)
6	160.0	320 4)	130	2.5	250	165	190	300	188 3)

注:1) 进料($1.25\times10^{3}Ci/m^3$)+进料管的冲洗水;

2) 固体堵塞卸料阀;

3) 盐易堵塞卸料阀,但产品能流出容器;

4) 进料的放射性为 $2.3\times10^{3}Ci/m^3$。

为了使废液与沥青更完全地混合,并且防止排泄管道被结晶盐堵塞,第三至第六次试验的搅拌器转速增加到 250 r/min。第四次在混合后在 165 ℃保持 30 min,而在第五次试验中加热到 185 ℃以确定较高的温度对同位素分布的影响。收集的冷凝液主要含有 ^{137}Cs(表 13-4),在第二次至第四次的试验中其平均浓度为 7.3×10^{-3} Ci/m^3,钌是非挥发性的,它在冷凝液中的比放小于 50 次衰变 /min · mL。将温度从 165 ℃升高到 185 ℃,使冷凝液中的放射性倍增(约为 1.4×10^{-2} Ci/m^3),而熔化物在 165 ℃持续 30 min 并不改变冷凝液的放射性。

表 13-4　来自沥青固化设备的冷凝液的放射性

试验次数	最终温度/℃	放射性/(计数 /min · mL)		冷凝液的同位素成分
		总 α	总 β	
2	165	1 400	3 180	$^{134\sim137}Cs$
3	165	1 200	800	
4	165	1 900	1 000	
5	185	3 000	1 300	
6	165	2 370	1 220	

废物的放射性增加到 2.3×10^3 Ci/m³ 也没有改变冷凝液的放射性，研究者认为固化容器上的特殊设备能够使裂变产物对冷凝液的污染达到最小程度。

经过洗涤器以后，在冷凝器和过滤器中剩余的碱金属的放射性很小，发现只有示踪量的 $^{134\sim137}Cs$ 和 ^{228}Th。为了使用全尺寸的设备进一步研究固化处理方法，橡树岭国立研究所设计了一套新的设备。

新设计的基本依据条件是：每年橡树岭国立实验室废液蒸发器产生 1 530 m³ 浓缩的中放废物，按全年的有效利用时间为 76.1%计算，估计流速为 0.23 m³/h。实际上两份体积的中放废液将与一份体积的乳化沥青混合，而产生一份体积的固化产品。其中固体废物含量为 62.5%、沥青含量为 37.5%。处理过程中大约将产生两份体积的冷凝水并将其送到低放废物中(见图 13-8)。

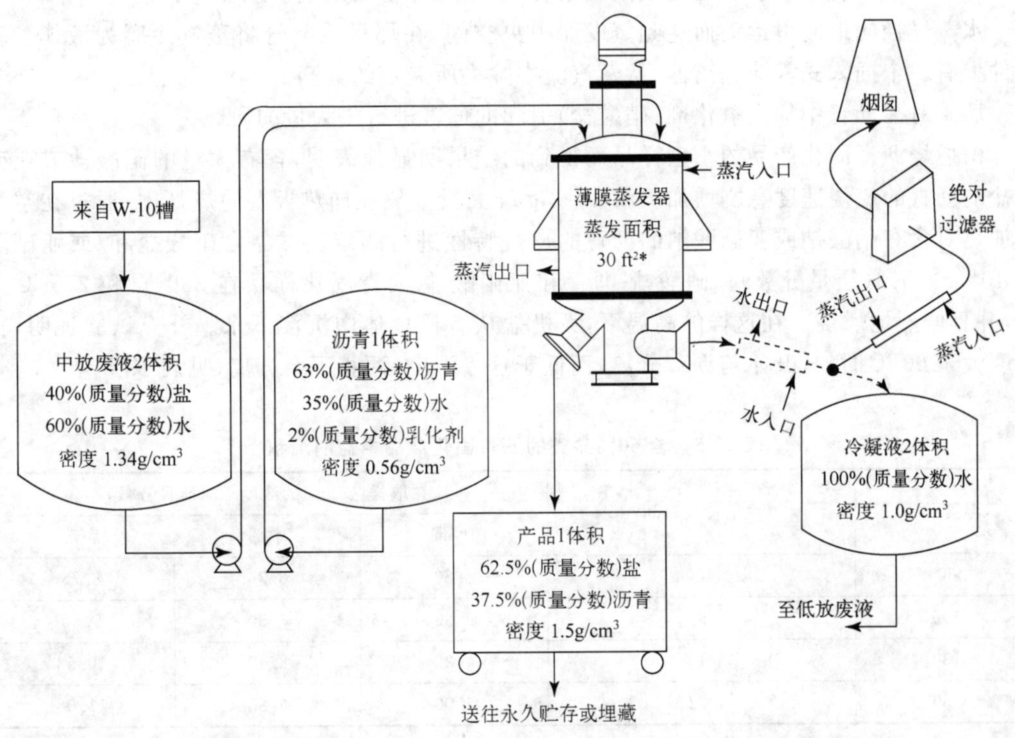

图 13-8　美国橡树岭国立实验室废物盐沥青固化的工艺流程

* 1ft² = 0.092 903 m²

在一个 3 m×3 m×4.8 m，墙厚 90 cm 并且顶盖板是活动的混凝土房间里放置蒸发器，废物加料中间罐，冷凝液中间罐和放在拖车上的产品桶。拖车上的轨道延伸到吊车活动区的地面上，在那里桥式吊车将装满产品的桶提起运送到用 10 cm 厚铅壁屏蔽的装运箱中，然后将满载的装运箱提升放在卡车上运出。

中放废液泵和冷凝液泵设置在主要混凝土房间以外的屏蔽罩中以便于维护。乳化沥青泵不设屏蔽，被设计成能直接计量从主要贮存池（设在建筑物的外面）往蒸发器输送的沥青数量。在通用的操作和控制室中设置一个防护窥视窗和一模拟机械手。

主要设备包括一座购置的薄膜蒸发器（其蒸发面积为 4.65 m^2）、进料和冷凝液中间罐、一个主要的沥青贮存池、三台泵和消耗性的产品桶。

贮罐是标准设计，没有特殊要求。乳化沥青加料泵是齿轮泵或其他计量型的，而改进的腔形泵（例如 Moyno 型）将适用于中放废物，所以废物中的任何固体都能被抽送，并且能同时计量流量。为抽送放射性物质而设计的离心泵，对于抽送冷凝液的工作应是良好的。

乳化沥青和浓缩的中放废液通过各自的入口进入蒸发器的顶部。这两股液流用旋转的分配板混合，它与蒸发器的转动件由同一个电机带动。分配板是蒸发器的转动件的一部分。离心力使沥青混合物移动到分配板的周边，并通过其堰口（正好在刮板的前头）排出，刮板和转动件是一个整体。液体从堰口流下来以后散布在加热壁上成为一层薄膜，于是其中的水分被蒸发掉。

刮板是由鲁纶（玻璃纤维和聚四氟乙烯组成）制成的，向下的引导槽帮助烘干的物质逐渐移动到排料口。膜的厚度由材料的物理性质和刮板上的离心力决定，刮板在支架中不作径向运动。最后烘干的产品运到残渣收集容器中，在那里用残渣挤压器将其推送到排料口。

水蒸气径向地向里运动而达到蒸发器中央空间，在那里冷凝管将蒸汽冷凝为液体。转动件上有一个插入式雾沫分离器，从蒸汽流中除去所夹带的雾滴。

后来对往沥青中加入氧化剂（硝酸盐）引起的危害进行了大量的研究。

由燃烧沥青固化产品的小型样品而得到的结果明显地表明，含有大量的硝酸盐或亚硝酸盐的沥青的燃烧速度急剧增加。将 1～2 g 样品投入放在加热板上的烧杯中，通过在空气中加热对含有硝酸钠或亚硝酸钠的沥青的燃烧特性进行测定。样品含硝酸盐和/或亚硝酸盐 40%～75%（质量分数）。硝酸盐-沥青和亚硝酸盐-沥青固化样品在 330 ℃和 275 ℃点燃，并且剧烈地燃烧。在这样的高温下，无机盐从有机块体中沉淀下来。补充试验证明，在温度大于 60 ℃时，盐开始与沥青分离，而低于这一温度，两相不会分离（见表 13-5）。

表 13-5　含 60%盐类的沥青固化产品中盐的沉积

温度/℃	温度的持续时间/d	在取样区 Na^+ 的浓度/%（质量分数）		
		上部	中部	底部
60	7	8.80	8.36	8.78
100	5	5.83	8.30	9.50
130	1	6.23	8.42	10.53
160	0.2	5.00	6.83	11.08

将 1～2 kg 硝酸盐-沥青混合物装在 10 cm 厚的 80# 钢管中，用加入胶状炸药引爆的方

法研究了硝酸盐-沥青系统的爆炸危险。只有含 10%沥青和 90%硝酸钠(模拟由于相的分离可以引起的条件)的空隙率为 50%的这一种样品能够爆炸。辐照试验表明沥青-硝酸盐样品接受 10^9 rad 吸收剂量能达到 50%的空隙率。

布兰科(Blanc)博士总结了橡树岭国立实验室完成的安全鉴定,主要结论如下:

(1) 在较高温度下固体废物沉淀形成浓缩的盐-沥青混合物;

(2) 含有高浓度硝酸盐和/或亚硝酸盐[也就是说约为 35%(质量分数)的硝酸盐和60%(质量分数)的总固体]的沥青-废物混合物点燃后燃烧很剧烈。在 230～270 ℃形成硝酸盐或亚硝酸盐熔化层,并且这层熔盐与沥青的反应可能是反应中的重要因素。因此,即使沥青中掺入少量的氧化剂盐类也会有后顾之忧,因为它可能在沥青中沉淀而浓集;

(3) 在高辐照水平下,固化物分解可能形成气泡;

(4) 在很特殊的情况下,也就是含 90%(质量分数)硝酸钠且空隙率约为 50%(体积)的情况下,沥青混合物可能爆炸;

(5) 在 100～160 ℃的温度范围中发生放热反应;

(6) 因为考虑了许多变量,并且因为其他的方法可能好些,所以橡树岭国立实验室没有推荐将硝酸盐或亚硝酸盐废物用沥青固化处理。

美国的大多数观点是,没有必要进行沥青固化,他们认为这种处理方法还有些不清楚的地方,需要进一步研究。其中主要的是用沥青合并氧化性盐的安全问题和用沥青合并长寿命的 α 核素是否适宜。

13.5　日本

JGC 公司 1973 年在日本原子能研究所(JAERI)建造了日本的第一座沥青固化装置,这种沥青固化工艺的主要设备是鼓式混合器(drum mixer)。截至 1981 年,日本又有 3 套这种沥青固化装置建成并投入运行,其中两套在核电站,一套在 JAERI。其后有多个核电站采用这种装置。日本核燃料循环开发机构(JNC)运营的东海后处理厂采用螺杆挤压机的沥青固化示范厂(BDF)在 1982 年开始热试,在 1982 年至 1997 年共处理 7 000 m^3浓缩低放废液,生产了 30 000 桶固化产物。直至 1997 年 3 月 11 日发生火灾和爆炸事故而不再继续使用。

13.5.1　鼓式混合沥青固化工艺

JGC 公司的鼓式混合沥青固化工艺具有下列特点。

—可使用沥青的范围广(直馏沥青到氧化沥青)。

—可处理多种废物(从废液、泥浆到粉末),比如反应堆蒸发器浓缩液、废离子交换树脂和焚烧灰等。

—易于获得最佳运行工况,获得质量优的固化物。

—设备去污简单,用热水和不易燃有机溶剂清洗即可。

鼓式混合工艺的基本流程如图 13-9 所示。一批量的沥青进入鼓式混合器。放射性废物输送进混合器,于适当高温下搅拌沥青。在混合器中,放射性废物所含水分被蒸发,与此同时,形成的固体颗粒与沥青均匀混合。当累积量(一定量)放射性废物加入混合器并蒸发水分后，细颗粒与沥青的混合物从混合器排出，灌装进 200 L 容器，冷却后形成固化产物。

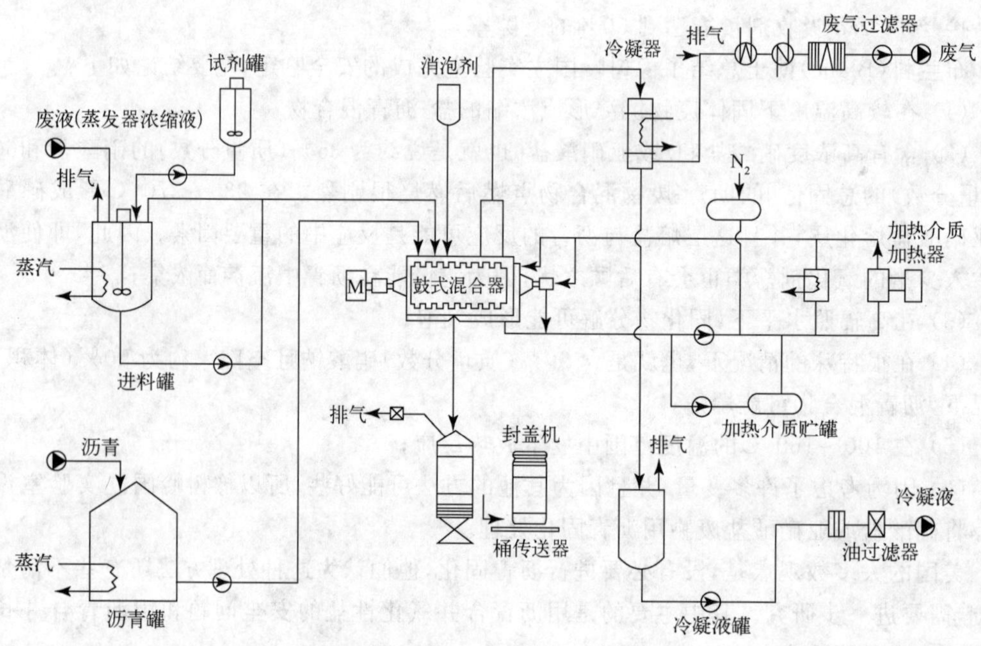

图 13-9 鼓式混合工艺基本流程

这种工艺的沥青固化产品的密度见表 13-6。

表 13-6 沥青固化物密度值

废物	混合比(固体颗粒/沥青)	密度/(g/cm^3)
PWR 浓缩液	50/50	1.37
BWR 浓缩液	50/50	1.48
废树脂	40/60	1.10
焚烧灰	50/50	1.50

沥青软化点对固化物软化点有决定作用，直馏沥青(40/60)的软化点在 50～80 ℃。使用氧化沥青得到的固化物的软化点较高。

使用直馏沥青(40/60)得到的固化物的闪点在 330 ℃以上，使用氧化沥青得到的固化物的闪点则稍低于 330 ℃。

易于获得含水率不超过 1%的固化物。

在水中浸泡 200 天期间，没有观察到硼酸钠/沥青固化产物发生膨胀。

浸出率在 10^{-3}～$\times10^{-5}$ $g/cm^2\cdot d$。

13.5.2 东海后处理厂沥青固化示范厂

在日本核燃料循环开发机构(JNC)运营的东海后处理厂，与主厂房相邻建造有辅助放射性厂房(AAF)、低放废液蒸发设施(E)、极低放废液蒸发设施(Z)和油去除设施(C)等。来自主厂房(MP)的低放废液按放射性浓度和其产生过程分为 5 类：3.7×10^4～3.7×10^5 Bq/cm^3 的中放废液(MALW)；3.7×10^2～3.7×10^4 Bq/cm^3 的低放废液(LALW)；放射性浓度小于 3.7×10^{-2} Bq/cm^3 的极低放废液(VLALW)；酸回收蒸馏液(3.7～37 Bq/cm^3)；洗衣房废水(3.7×10^2 Bq/cm^3)。MALW 和 LALW 由 AAF 的蒸发器浓缩。VLALW 和酸回收蒸馏液由 Z 设施的蒸发器浓缩。洗衣房废水在 Z 设施过滤。Z 设施蒸发器的蒸馏液转移到 C 设施，除油后向海洋排放。浓缩废液输送至沥青固化示范厂(BDF)与沥青进行固化。

沥青固化厂房地下两层，地上四层，为钢筋混凝土结构。挤压机热室和灌装室在第一层。调整热室设置在第二层，反应罐和进料罐安装在调整热室。

沥青固化的工艺设备流程如图 13-10 所示。新鲜沥青加入挤压机，经挤压机脱水的废物和沥青的混合物被挤压成块状物，倒入转盘上的金属桶。进料系统采用双线(图 13-11)，即通过 V30，V32 进入挤压机和通过 V31，V33 进入挤压机。该工艺采用分批操作，两条进料线交替使用。从 V31，V33 去挤压机的进料线用于一次作业周期的奇数批次，诸如第 1 批，第 3 批和第 5 批等。而另一条线用于偶数批次(第 2 批和第 4 批等)。

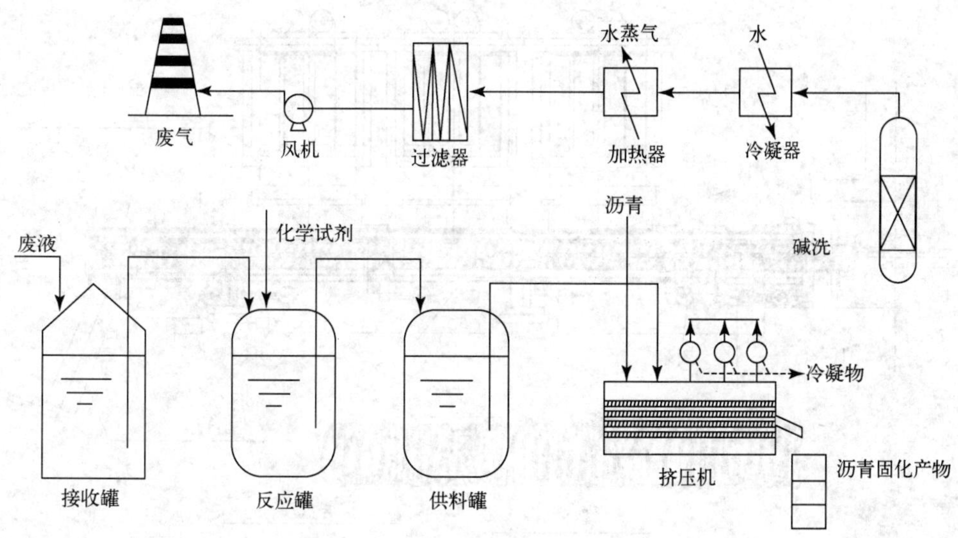

图 13-10 BDF 沥青固化设备流程

在每一个批次的操作中，接收槽的废物输送到反应罐。向反应罐添加化学试剂对废物进行预处理。向反应罐添加碳酸钠和氢氧化钡对锶进行共沉淀。向反应罐添加硫酸镍和亚铁氰化钾对铯进行共沉淀。为减少碘的挥发，向反应器添加碘酸钠、亚硫酸钠和硝酸银。

BDF 使用具有 4 个直径为 120 cm 螺杆的水平型挤压机(图 13-12)。加热的沥青进入挤压机的 1 区，进料罐里的废液经双级空气提升器进入挤压机的 2 区，在挤压机的第 4 至第 6 区蒸发，混合物从挤压机的 8 区排入桶里。废液正常进料率是 200 L/h。废液和沥青经安装在螺杆上的混合盘混合。混合物倒入转盘上的桶里。灌满一个桶花费 2 h。每一批生产 10 个沥青固化产品。

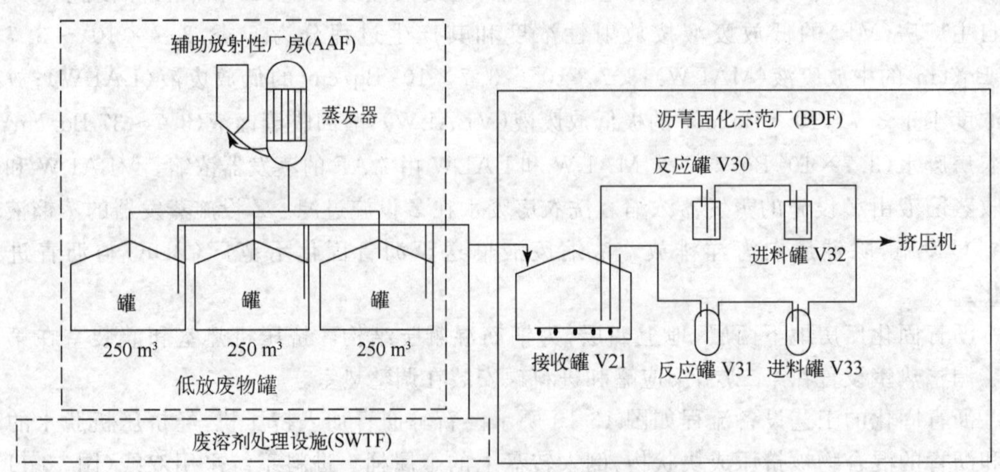

图 13-11　低放废液去 BDF 的流程

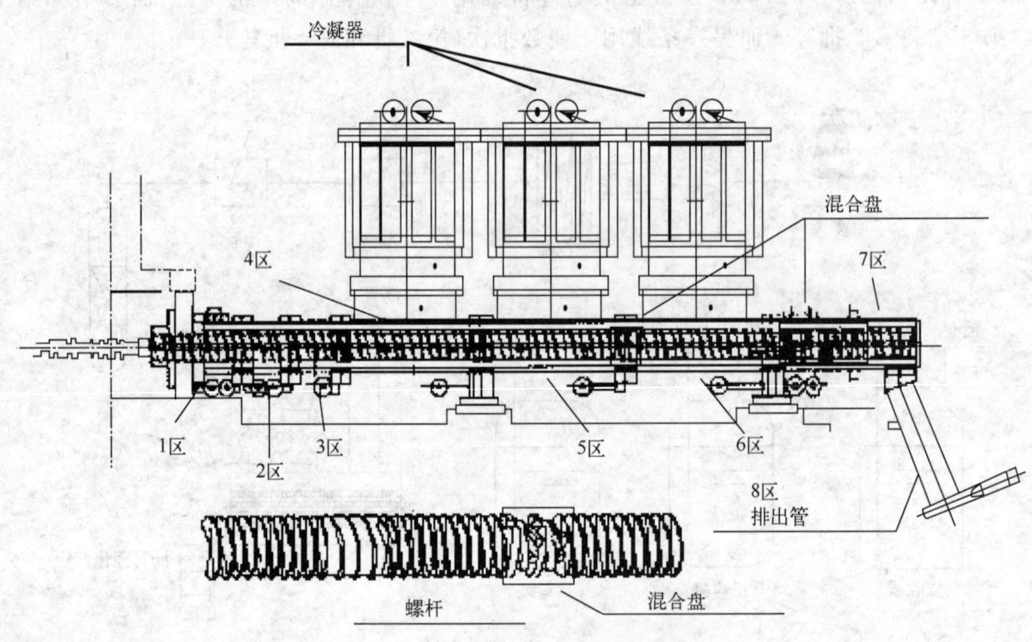

图 13-12　沥青固化示范设施用的挤压机

沥青固化示范厂于 1976—1977 年设计，1982 年开始热试。东海后处理厂沥青固化示范厂投入运行后生产稳定，1982—1997 年 JNC 处理了 7 000 m^3 浓缩低放废液，生产了 30 000桶固化产物。但不幸的是 BDF 在 1997 年 3 月 11 日发生了火灾和爆炸事故。事故后 JNC 开展了去污工作和恢复设施封闭功能的修复工作。所有的工作在 1998 年 9 月初完成，设施的安全功能得到恢复。火灾、爆炸事故后，除贮存剩余的浓缩废液外，JNC 决定不再使用 BDF 生产沥青固化体。在决定不再使用 BDF 进行沥青固化后，JNC 加快了新的低放废物处理设施（LWTF）项目的建造（新设施不再采用沥青固化工艺），并决定建造新的浓缩低放废液贮存设施（LWSF）以应付在 LWTF 建造期间贮存能力不足的问题。LWSF 的建造于 2002 年完成，2003 年投入运行，该设施贮存浓缩低放废液的总能力为 1 500 m^3。2002 年 3 月低放废物处理设施开始建造，于 2006 年 9 月建造完成，2007 年已开始冷试车。

参考文献

[1] Sugawara，T，H Yagi，S Sakata etc. Bituminization of Low-level Wastes[R]. JGC Corporation，Japan

[2] Aoshima，A. & K. Tanaka. Waste Treatment Experience and Future Plans in Tokai Reprocessing Plant [A]. WM'05. February27-March3，2005，Tucson，AZ

[3] OKADA Ken. Analysis of the Fire Hazards on Bituminization in Nuclear Fuel Reprocessing [D]. Department of Nuclear Engineering，Tokyo Institute of Technology，2000

[4] Miura，A.，Y. Sato & T. Koyama etc. Fire and Explosion Incident at Bituminization Demonstration Facility of PNC Tokai Works，on March 11，1997 [R]. Japan Nuclear Cycle Development Institute，2000

[5] Kravarik，K，M. Stubna，A Pekar，et al. Final Treatment Center Project for Liquid and Wet Radioactive Waste in Slovakia[A] WM'06 Conference，February 26-March 2，2006，Tucson，AZ

[6] Slovenské Elektrárne. Bitumization Plant Jaslovské Bohunice[DB/CD]. 1999

[7] Yim，S P，J H Kim，J K Son，et al. Operational Experience on Bituminization in Korea[A]. in Symposium on waste management'92 Tucson，AZ，Proceedings Arizona[C] pp. 1475-1478.

[8] 王宝贞，邵刚译. 放射性废物的沥青固化[R]. 北京：原子能出版社，1976

第三篇　事　故

第 14 章　国内沥青固化设施燃爆事故

2006 年 3 月 20 日沥青固化厂房甲线工作箱发生燃爆事故，事故后沥青固化设施已不能恢复生产。

14.1　事故描述

沥青固化生产线甲线于 2006 年 2 月 27 日投料运行处理低放废液，3 月 20 日凌晨 4 点 40 分，工艺值班人员从监视器发现料液下料口冒出黄色烟雾、下料量减少。班长立即到装料工作箱现场检查，观察 2～3 min，未见烟喷出，更换新桶装料，随后检查固化系统，未发现异常，遂返回控制间。在班长返回期间(约 4 点 45 分)监控人员从监视器又发现下料口有大股黄烟冒出，后监视器无显示，随即按规程停车并向核化工厂调度汇报。

4 点 46 分火灾报警器发生报警，同时听到一声闷响。值班人员立即下到装料工作箱位置，发现工作箱内装料桶桶口着火、下料口向外冒火，立即采取灭火行动，控制火情蔓延。核化工厂调度向基地消防队报告火警并向核化工厂领导汇报。

5 点 04 分核化工厂总工程师到达现场指挥。同时基地消防队赶到现场待命；5 点 30 分～5 点 50 分基地安防处、生产处有关人员到达事故现场，火患在 5 点 25 分完全扑灭。

14.2　事故发生后采取的措施

事故发生后，值班人员及时采取灭火措施、报火警并向领导报告。核化工厂启动应急预案，40 min 后整个事故得到完全控制。保持排风系统处于工作状态，确保工作环境安全。

事故发生后基地领导赶赴现场了解情况，在现场成立了事故调查组，布置了事故调查工作。

各相关部门从不同专业角度开展事故调查取证工作；基地环境监测站对厂区环境进行监测(在沥青固化厂房四周增加了 8 个监测点，如图 14-1 所示)；核化工厂对事故现场进行监测，并确定事故现场采样点，采集样品。

14.3　事故后果

事故中无人员伤亡。沥青固化生产线不能继续进行生产，但主要工艺设备未受到损害。下面主要叙述辐射监测结果。

14.3.1 工作人员剂量

表 14-1 为当时值班的 4 名工作人员的剂量，从监测数据可知，对工作人员产生的照射很低，没有超剂量事件发生。

表 14-1 值班人员 3 月份个人剂量

单位：mSv

人员编号	1	2	3	4
外照剂量	0.20	0.10	0.40	0.05

注：1 号、2 号工作人员事故后进入现场灭火。

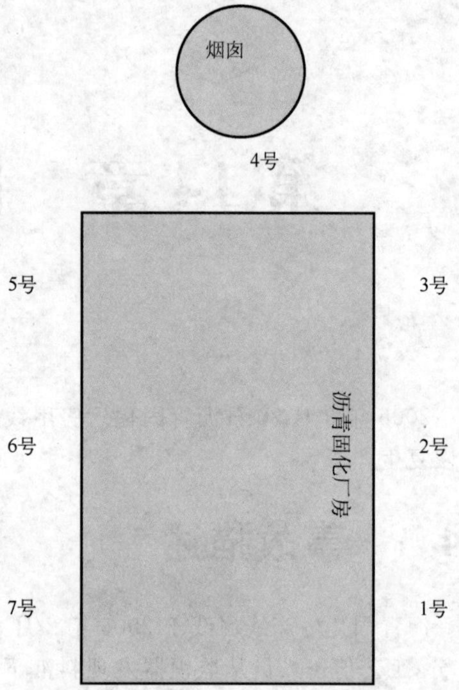

图 14-1 新增监测点位置示意图

14.3.2 工作场所辐射监测

表 14-2 为“3・20”事故现场 γ 剂量率、β 表面污染监测结果。从 γ 剂量率、β 表面污染监测结果看，污染水平很低，可以判断事故没有对厂房造成污染。

表 14-2 3 月 20 日事故现场 γ 剂量率、β 表面污染监测结果

普查点	β 沾污/(Bq/cm^2)	γ 剂量率/(μGy/h)
手套孔		5
操作间地面	1.8	
中间槽内	94.4	40
中间槽外表面	45.8	15
事故桶内	7.13	3
前区操作平台	1.8	5～20
后区墙壁	0.43	
控制间门	1.4	
控制间桌椅	0.20	

注：1. 中间槽内表面、中间槽外表面、事故桶与沥青固化物直接接触，测量值在其正常范围。

表 14-3 为沥青固化厂房内气溶胶监测结果。表 14-4 为事故前气溶胶监测数据与事故后数据比较。从数据比较看，事故前后气溶胶活度浓度处于同一水平，因此未对厂房造成污染。

表 14-3 事故后沥青固化厂房内气溶胶监测结果

单位：1×10^{-5} Bq/L

监测点		控制间	前区	后区
3 月 20 日	C_α	--	3.24	4.54
	C_β	--	14.1	31.4
3 月 22 日	C_α	4.54	--	--
	C_β	15.7	--	--
3 月 23 日	C_α	3.67	4.20	3.88
	C_β	22.2	34.0	27.3

注：--表示未测。

表 14-4 总 β 监测结果对照表

单位：10^{-5} Bq/L

时间	地点	C_α平均值	C_β平均值
2006 年 2 月	控制间	3.31	15.1
3 月 22 日—3 月 24 日	控制间	4.20	14.9

2006 年 3 月 27 日核基地所在地省环保局对厂房内剂量率和表面污染进行了监测，监测结果如表 14-5 和表 14-6 所示。厂房内 γ 贯穿辐射剂量率范围为 92.236 nGy/h～18 892.44 nGy/h；α 表面污染水平范围为本底水平至 0.004 Bq/cm^2，符合《电离辐射防护与辐射源安全基本标准》(GB18871—2002)中规定的工作场所控制区的 α 放射性表面污染小于 40 Bq/cm^2 的规定；β 表面污染水平范围为本底水平至 4.785 Bq/cm^2，符合《电离辐射防护与辐射源安全基本标准》(GB18871—2002)中规定的工作场所控制区的 β 放射性表面污染小于40 Bq/cm^2 的规定。

表 14-5 沥青固化主厂房内剂量率监测结果

点位号	测量位置	γ 剂量率(nGy/h)	标准差	备注
1	控制室	95.26	4.14	
2	控制室	92.23	15.49	
3	蒸冷室	96.77	12.42	
4	阀门操作大厅	4 058.21	881.27	
5	二气汽净化系统设备间	2 626.34	648.15	
6	刮板运行平台	1 590.62	116.95	
7	值班室	111.89	12.42	
8	026 大厅过道	136.08	5.35	
9	026 大厅	378.00	0.00	

注：026 大厅指装桶工作箱大厅；026 大厅过道指装桶工件箱过道。

表 14-6 沥青固化主厂房内表面污染监测结果

点位号	测量位置	α表面污染水平/(Bq/cm^2)	β表面污染水平/(Bq/cm^2)
1	控制室地面1	本底水平	0.122
2	控制室地面2	0.002 7	0.167
3	控制室工作台	LLD	LLD
4	蒸冷室	LLD	0.098
5	阀门操作大厅地面	LLD	4.785
6	二气汽净化系统设备间	LLD	0.434
7	刮板运行平台	0.007 1	2.701
8	值班室地面	LLD	0.148
9	过道地面1	LLD	0.293
10	过道地面2	LLD	0.022
11	过道地面3	LLD	0.106
12	026大厅地面	0.001 8	0.295
13	设备表面	0.001 8	0.257
14	放射性废水排放室楼梯	0.001 7	2.119

注:026大厅指装桶工作箱大厅。

14.3.3 沥青固化厂房外辐射监测

表14-7为沥青固化厂房四周γ剂量率监测结果(μGy/h)。从事故后γ剂量率连续监测结果看,除3号、5号点(3号、5号点为固化物桶运输进出口)外,其余测量值与场址以东的镇的本底相同(本底为0.16~0.20 μGy/h)。因此,事故对厂区环境没有污染。

表 14-7 沥青固化厂房四周γ剂量率监测结果

单位:μGy/h

监测点	1	2	3	4	5	6	7	8
3月20日	0.169	0.161	4.03	0.149	7.68	0.142	0.145	0.155
3月21日	0.200	0.174	2.767	0.183	6.655	0.269	0.200	0.147
3月22日	0.200	0.156	3.158	0.131	7.708	0.218	0.200	0.165
3月23日	0.200	0.165	3.132	0.183	7.717	0.174	0.218	0.165

注:1.使用的仪表为便携式BZNF—1;距建筑物3 m处,距地面1 m处的γ剂量率。

表14-8为沥青固化厂房四周地面表面污染监测结果。从事故后的β表面污染监测结果看,除3号、5号点外,其余测量值均在0.3~0.88 Bq/cm^2之间,表明事故对厂房四周环境没有影响。

表 14-8　沥青固化厂房四周地面 β 表面污染监测结果

单位：Bq/cm^2

监测点	1	2	3	4	5	6	7	8
3 月 20 日	0.30	0.30	5.24	0.20	14.58	0.96	0.50	0.40
3 月 21 日	0.59	0.29	6.22	0.24	14.67	0.73	0.29	0.27
3 月 22 日	0.76	0.19	6.25	0.31	14.11	0.59	0.41	0.42
3 月 23 日	0.57	0.10	6.45	0.24	15.76	0.84	0.24	0.24

注：1. 使用仪表为 FJ—2207　50 cm^2。

表 14-9 为 3 月 20 日沥青固化厂房四周气溶胶监测结果，表 14-10 为 3 月 21 日和 3 月 22 日的气溶胶监测结果，表 14-11 为事故前气溶胶监测数据与事故后气溶胶监测数据比较。

表 14-9　3 月 20 日沥青固化厂房四周气溶胶监测结果

单位：10^{-5} Bq/L

监测点		1	2	22#-1	22#-2
四天样	C_α	0.78	0.90	0.11	0.15
	C_β	3.48	4.03	0.50	0.61

注：1. 22#(1,2)为设在沥青固化厂房外的一个大流量气溶胶连续常规取样点不同时段采样的数据。

表 14-10　沥青固化厂房四周气溶胶监测结果

单位：10^{-5} Bq/L

监测点		1	2	常规
3 月 21 日	C_α	1.94	1.82	0.16
	C_β	1.39	2.62	0.55
3 月 22 日	C_α	1.82	2.21	0.10
	C_β	5.61	3.16	0.28

表 14-11　总 β 监测结果对照表

单位：10^{-5} Bq/L

时间	地点	平均值 Xg	最大值 Xm
2005 年	22#	0.31	0.94
3 月 20 日以后	22#	0.48	0.61
2006 年一季度	沥青固化厂房外	3.85	6.23
3 月 20 日以后	1	3.14	5.61
3 月 20 日以后	2	3.32	4.03

所在地省环保局于 3 月 27 日测出的厂房外环境 γ 贯穿辐射剂量率范围为 86.2 nGy/h

$\sim$167.8 nGy/h。

表 14-12 为沿场址流过的河的水样监测结果。根据省环保局历年的监测报告，河上游和下游^{137}Cs 比活度分别为 8.9×10^{-3} Bq/L，1.78×10^{-2} Bq/L；^{90}Sr 比活度分别为 2.90×10^{-2} Bq/L，5.82×10^{-2} Bq/L。本次采样的地表水中，河上游和下游总 α 比活度分别为 4.59×10^{-2} Bq/L，1.01×10^{-1} Bq/L；总 β 比活度分别为 9.78×10^{-2} Bq/L，5.04×10^{-1} Bq/L；^{137}Cs比活度分别为 1.02×10^{-5} Bq/L，3.61×10^{-3} Bq/L；^{90}Sr 比活度分别为 1.92×10^{-4} Bq/L，1.08×10^{-4} Bq/L。本次测量结果与历年监测数据吻合。

表 14-13 为环境气溶胶的总放射性活度监测结果。下风向气溶胶样品中总 α，总 β 比活度分别为 8.41×10^{-2} Bq/m^3 和 1.71×10^{-1} Bq/m^3；上风向气溶胶样品中总 α，总 β 比活度分别为 7.92×10^{-3} Bq/m^3 和 2.63×10^{-2} Bq/m^3；3$^\#$ 点气溶胶样品中总 α，总 β 分别为 4.43×10^{-2} Bq/m^3 和 9.55×10^{-2} Bq/m^3。

表 14-14 为基地周围区域土壤样品的核素浓度监测结果。根据历年监测报告：基地所在区域土壤中^{238}U 比活度范围为 72.3～118.6 Bq/kg，^{232}Th 比活度范围为 46.5～65.3 Bq/kg，^{226}Ra 比活度范围为 30.01～46.3 Bq/kg，^{40}K 比活度范围为 755.3～906.3 Bq/kg，^{137}Cs 比活度范围为 1.97～60.34 Bq/kg；总 α 放射性范围是 $1.34\times10^2\sim2.77\times10^3$ Bq/kg，总 β 放射性范围是 $7.78\times10^2\sim1.11\times10^3$ Bq/kg。本次采样的土壤中^{238}U比活度范围为 10.65～22.04 Bq/kg，^{232}Th 比活度范围为 45.02～78.28 Bq/kg，^{226}Ra 比活度范围为 34.23～65.50 Bq/kg，^{40}K 比活度范围为 515.12～760.73 Bq/kg，^{137}Cs 比活度范围为 LLD～101.62 Bq/kg；总 α 放射性范围是 $2.30\times10^2\sim1.08\times10^3$ Bq/kg，总 β 放射性范围是 $4.44\times10^2\sim9.87\times10^2$ Bq/kg。除沥青固化主厂房背后土壤中的^{137}Cs 比活度比较高外，其余与以前监测数据吻合。

表 14-12 水样监测结果

单位：Bq/L

样品编号	采样点	总 α/(Bq/L)	总 β/(Bq/L)	^{90}Sr	^{137}Cs/(Bq/L)
1	河上游	4.59×10^{-2}	9.78×10^{-2}	1.92×10^{-4}	1.02×10^{-5}
2	河下游	1.01×10^{-1}	5.04×10^{-1}	1.08×10^{-4}	3.61×10^{-3}

表 14-13 气溶胶总 α/β 放射性监测结果

单位：Bq/m^3

样品编号	采样点	总 α/(Bq/m^3)	总 β/(Bq/m^3)
1	基地办公楼$^{1)}$	8.41×10^{-2}	1.71×10^{-1}
2	基地办公楼$^{2)}$	7.92×10^{-3}	2.63×10^{-2}
3	3$^\#$ 点	4.43×10^{-2}	9.55×10^{-2}

注：1)采样时(上午)为下风向；2) 采样时(下午)为上风向。

表 14-14　土壤样品中放射性监测结果

单位：Bq/kg

采样点	^{238}U	^{232}Th	^{226}Ra	^{40}K	^{137}Cs	总 α	总 β
沥青固化主厂房背面	10.65	64.45	37.81	651.41	101.62	9.42×10^2	9.87×10^2
厂房河对面	12.12	59.16	36.44	671.29	3.13	7.72×10^2	8.89×10^2
距核化工厂最近的一个村(居民点)	11.19	78.28	41.38	760.73	7.93	6.37×10^2	7.72×10^2
核化工厂东面 5 km 的镇	11.21	45.02	34.23	515.12	LLD	2.30×10^2	4.44×10^2

14.3.4　事故排放量及对公众的剂量

经估算，事故所致最大个人剂量为 1.85×10^{-7} mSv。因此，事故造成的最大个人剂量远低于 GB18871-2002 的限值。

14.4　事故原因调查

14.4.1　损坏情况

图 14-2 是事故后工作箱情况，图 14-3 是工作箱窥视窗破坏情况，图 14-4 是刮板蒸发器筒体内壁的情况，图 14-5 为打开后中间槽内部情况。

图 14-2　事故后工作箱情况

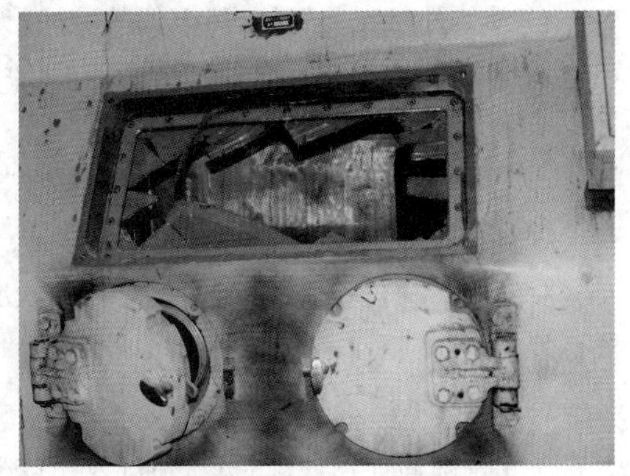

图 14-3　工作箱窥视窗破坏情况

(1) 工作箱损害

1) 工作箱后区 1～2 段墙板震脱；前、后区 2～3 段墙板裂开。

2) 后区工作箱铸铁门均被震坏，表现为门轴被剪断，门轴鼻被震裂，门体整体变形或破损，无法修复。

3) 工作箱 l 段窥视窗整体被气浪冲击脱离工作箱，落在 1.5 m 开外，其余窥视窗内层铅玻璃被震碎。

4）工作箱照明设施和监控设施主体未遭受破坏，仅损坏一些局部线路、灯具等附属设施。

图 14-4 刮板蒸发器筒体内壁的情况

图 14-5 打开后中间槽内情况

5）其余工作箱主体和工艺管线未见变形；轨道未受损伤。

(2) 刮板蒸发器有燃烧痕迹和燃烧残留物

1）刮板蒸发器拆卸前，盘不动车，筒体内被卡死。

2）拆卸减速箱和压盖，发现筒体内及刮板芯附着厚厚一层黑色的碳化物粉末，并有强烈的刺激性气体冒出，有明显的燃烧痕迹。

3）下料管处表面有明显的高温加热痕迹。

4）筒体外壁工艺管线、热电偶等完好，无破坏痕迹。

5）吊出刮板主轴发现：刮板筒体内有燃烧痕迹，在中下段有大量燃烧残留物，内筒体表面没有损伤；刮板芯子完好，无断裂和破损，刮片上有刮擦印记，中下部也黏附有大量残留物，下轴承转动灵活，没有损伤；刮板下轴承座没有损伤。

(3) 下料中间槽有大量燃烧残留物

打开中间槽盖板，槽内与刮板筒体的状况一致，呈现出明显燃烧痕迹，底部积累了大量燃烧残留物。

(4) 尾气系统及相关设备

鉴于刮板筒体内燃烧，负压情况发生改变，尾气系统及其他相关系统可能受到波及，但检查没有发现损害。

14.4.2 事故原因

14.4.2.1 直接原因

这次沥青固化作业所使用的沥青与上一年度所使用的沥青为同一批次。事故调查中对料液进行了分析，结果显示料液符合工艺要求，硝酸钠和氨浓度都符合使用要求。

根据设备损坏情况、工艺运行记录、对值班人员的询问以及对沥青和料液的分析初步得出了工作箱发生燃爆的原因。引起燃爆的因素在设备和原料两个方面。设备的摩擦是产生热的来源,热量引发原料的裂解、燃烧。

该工艺使用的主要原料是沥青,沥青是一种由多种大分子的碳氢化合物(烃类)、少量金属非金属的碳氢化合物及其衍生物组成的成分十分复杂的混合物。一般情况下,沥青的轻质部分存在少量的逸出成分,这些成分主要是一些相对分子质量较小的烃类和氢气等可燃性物质,从而形成了在一定温度下使沥青发生燃烧的条件。

装桶工作箱中的可燃性气体的来源应是沥青自身的有机成分,可能由于下列原因引起燃爆。

① 刮板蒸发器和下料中间槽中的沥青在高温下发生了剧烈的裂解反应(在刮板蒸发器和下料中间槽中发现较多燃烧残留物,可证实在这两个设备中发生了燃烧)。

② 可能因刮板蒸发器内壁存在局部过热(如刮片的高速刮擦生热)和固化物分布不均引起局部富集,导致沥青固化体中的硝酸盐(主要是 $NaNO_3$、NH_4NO_3)发生分解放热反应和沥青本身发生裂解反应。

③ 沥青固化体中的硝酸盐(主要是 $NaNO_3$,NH_4NO_3)的分解放热反应(在 $NaNO_3$ 和 NH_4NO_3的分解反应过程中出现 NO_X和大量 O_2,这与观察到中间槽下料口出现黄色烟尘的现象是一致的)可能导致了沥青中原有的轻质组分发生燃烧。

④ 下料中间槽中大部分沥青固化物集中于下料口造成局部堵塞,可燃气体在中间槽富集,下料时伴随沥青固化物进入装桶工作箱,当可燃气体聚集到一定浓度和存在明火时(可能是被沥青轻质组分的燃烧点燃)在装桶工作箱内发生爆炸。

初步认为工作箱燃爆可能是:硝酸盐(主要是 $NaNO_3$,NH_4NO_3)剧烈分解反应使得沥青的轻质组分(沥青在高温下发生剧烈裂解反应释放出可燃气体)燃烧,引燃了工作箱里聚集的可燃气体(下料口局部堵塞使得可燃气体在中间槽富集,下料时伴随固化物进入装料箱,在装料箱里聚集)。而沥青和硝酸盐的剧烈反应可能是局部过热所引起。至于燃爆是从哪个具体位置开始的(在哪一点开始燃烧的),在中间槽或是在装料箱里开始似乎都有可能。

要准确弄清燃爆事故的原因需要进行很多分析、研究工作。日本动力反应堆核燃料开发事业团(PNC)所属日本东海后处理厂(TRP)沥青固化示范厂(BDF,采用的是螺杆挤压机)发生火灾、爆炸事故后曾进行多项试验以调查事故原因,其得出的结论也只是:温度失控引起沥青固化物燃烧,而温度失控的直接原因是进料率比正常进料率低(正常进料率为 200 L/h,发生事故之前料液进料率降至 160 L/h)。日本在调查事故原因时曾对沥青固化物进行小规模燃烧实验和气体分析,发现在空气中加热模拟沥青产物形成的释放气体的主要成分是 CO_2和 CO。在惰性气体中(含氧量低的气体中)加热模拟沥青产物形成的释放气体主要包含 H_2,CO_2,CO 和多种碳氢化合物(关于东海村沥青固化厂燃烧、爆炸事故的原因分析在第 15 章叙述)。国外的沥青固化设施,除日本东海厂沥青固化示范厂之外,比利时欧化沥青固化设施和卡尔斯鲁厄研究中心的沥青固化设施也曾发生燃烧事故,事故调查得出的原因是温度过高。

14.4.2.2　间接原因

沥青固化设施工作箱燃爆事故的间接原因主要有两方面。

(1) 我国的沥青固化工程运用是在中间规模冷试验所取得工艺参数的基础上进行设计

的，其工程运用带有明显的试验性质。在试验不够充分的基础上确定的工艺参数为后来的事故埋下了隐患。

(2) 监测能力尚不能满足工艺的需要。

(3) 沥青固化工艺线于1984年建成，至发生事故时已有22年之久。其间经过了大量改造，但由于长期以来运行经费不足，设备老化严重导致运行工况较差，成为重要的事故隐患。

14.5 经验和认识

沥青固化设施工作箱燃爆事故虽然未造成不可接受的环境影响，工作人员受照剂量也不大，但从事故中，我们深刻认识到放射性废物治理的艰巨性。这次事故得到以下五点经验教训。

其一，对沥青固化设施事故的后果应有正确认识。工作箱燃爆事故虽未构成核污染事故，也未造成人员伤亡，应该是比较幸运的。但如果当时有工作人员在工作箱，后果是不难想象的，为此应引起高度重视。

其二，对沥青固化工艺安全性的进一步认识。总的看来，沥青固化处理放射性废物的工艺是成熟的，但发生事故(燃烧、爆炸)的风险是存在的。因此必须强化工艺在线监测的可靠性，尽可能地采用先进的监测手段和安全联锁装置，以防止事故的发生。

其三，根据国外的经验，应对沥青固化工艺技术进行进一步的研究，引入安全方面的技术信息以防止事故和故障；应启动一些安全研究，包括后处理或废物处理工艺所使用化学试剂的热稳定性研究、采用概率安全评价技术(PSA)的过程安全评价和采用计算机模拟技术的安全评价；应对爆炸安全进行研究，以掌握沥青固化设施的压力波性质和减轻设施损害程度。

其四，对放射性废物治理的经济性和安全性应有正确的认识和理念，在二者不可兼得时，应以安全为首要考虑。

其五，应充分认识到放射性废物治理的艰巨性和重要性。放射性废物治理是一项艰巨的事业，顺利实施这项事业需要国家的政策、法规和经济上的支持和扶持。只有在政策、法规、资金和技术上充分满足放射性废物治理事业的需要，这项事业才能得以顺利实施。

参 考 文 献

[1] Miura，A. Development of Safety Evaluation Technology for Fire and Explosion in Reprocessing Plant [A]. International Symposium NUCEF 2005

第15章 国外沥青固化设施事故

据报道,日本东海后处理厂沥青固化示范厂(BDF)在1997年3月11日发生燃烧和爆炸事故,欧化公司沥青固化设施在1981年12月15日发生燃烧事故,卡尔斯鲁厄核研究中心沥青固化设施自1972年开始运行的四年期间发生过着火和冒烟事故。

15.1 日本东海后处理厂沥青固化示范厂燃爆事故

沥青固化示范厂(BDF)灌装室在1997年3月11日10时发生过燃烧,10 h后发生爆炸,沥青固化示范厂的这次事故被认为是沥青固化设施所发生的最严重的事故。本节叙述事故的相关情况,关于工艺的简要描述可参见本书13.5.2节。

15.1.1 事故基本情况

15.1.1.1 事故过程

10:06一名操作员发现灌装室起火,观察到一个桶冒出2 m高的火柱。10 s后通过屏蔽窗发现所有的桶喷出火柱。火焰探测器和温度探测器在10:06和10:08报警。

在10:10,自动火灾报警启动。因为房间里充满烟雾,操作员看不到火焰。

10:12开始喷水灭火。因为看不见灌装室的火焰,1 min后操作员停止喷水。操作员看见烟雾从操作器的贯穿处渗出。

10:13,传送室β粉尘监测器报警。在控制室,通风报警启动。操作员按下挤压机的应急停止按钮。

10:14至10:18,β粉尘监测器在维修操作室和屏蔽桶贮存室发出警报。10:18,控制室的热室通风机指示灯显示气流停止。厂房通风用排气风机开始运行。

10:23,所有风机停止运行(罐排风机除外)。

20:04发生爆炸。维修操作室的一个区域γ监测器报警。爆炸后,热电偶显示值在2个小时内增加到2倍左右。根据厂房外监测照相机的拍摄,23:30左右烟雾不再从窗户涌出。

15.1.1.2 事故后的应对

(1) 情况掌握和信息传达

在核设施发生事故的情况下,作为事故应急初步活动的基础,准确掌握情况和对有关人员迅速准确地传达情报是必不可少的。

火灾发生30 min后第一次向日本原子能安全局报告。原子能安全局基于报告信息在火灾发生后向报道机关进行了公布。但是报告里关于火灾的发生和灭火记录与实际情况完全不一样。

此外,在其后的联络中,在对放射性物质环境排放、操作人员体内放射性物质吸收状况等没有全面了解的情况下,大量的情况报告除了给外界留下不良影响外,还使得有关机构不能做出正确的判断,事态变得相当严重。

原子能管理局依据法令对来自 PNC(PNC 即日本动力反应堆核燃料开发事业团,为 JNC 前身)的报告进行收集和深入检查,对有关人员进行询问调查,得出“PNC 在沥青固化示范厂事故中明知道违反事实却不予纠正,而竭力掩盖”的结论。

(2) 灭火作业

据现场操作人员说,发现火灾数分钟后,使用水喷雾装置,进行了一分钟左右的水喷雾灭火作业。这个灭火作业的结果是 1 m^3 左右的水从固化桶上方喷下,其中一部分从固化桶开口处进入内部,另一部分接触固化桶的外部,余下的直接到达单元室内侧的壁面和地板面上。灭火用水在直到爆炸发生之前的时间内表现出哪些性质,带来什么影响是值得讨论的。

PNC 如果根据过去进行的沥青固化体燃烧、灭火实验报告书的内容,应考虑到 1 min 左右的水喷雾灭火从防止再次着火的观点看,仅仅不见明火就停止灭火显然是不充分的,最初的火灾是否扑灭也是个疑问。

(3) 作业人员的防护

伴随着沥青固化厂房发生火灾和爆炸,放射性物质在沥青固化厂房扩散,通过连接通道向第三低放废液蒸发处理厂房(Z 设施)、第二低放废液蒸发处理厂房(E 设施)和废物处理场(AAF)扩散。

从沥青固化厂房疏散的指示是在 30 min 后发出的。疏散前,第三低放废液蒸发厂房也存在放射性扩散的可能性,该厂房没有粉尘监测器,不能完全确认是否有放射性扩散。从作业人员快速疏散的观点考虑,沥青固化厂房和第三低放废液蒸发处理厂房作为放射性管理设施整体使用是必要的,主管两设施的环境部和后处理工厂之间的联系当然应必不可少,但可以说这一点做得不好,结果造成体内摄入放射性物质的工作人员人数增加。

尽管在固定场所配备有防止体内吸入放射性物质的防护罩(半面罩),现场显得混乱而不利迅速穿戴好防护罩。另外,一旦发出火灾报警,就应想到操作放射性物质的设施发生火灾而要有不能排除放射性物质扩散的可能性的意识,但依然有人没带上防护罩。因此,有必要分析防护罩配备场所、培训和训练是否适宜。

(4) 放射性释放调查

火灾发生后约 30 min,环境设施部现场指挥所为了确定放射性物质的释放情况,让值班人员确认第一附属排气烟囱(沥青固化示范厂废气通过此烟囱排放)的排气监测器的指示值。其结果认为那个时候碘监测器的指示值与正常运行时相比并未上升。本部在火灾发生约 1.5 h 后让现场指挥所送来计算机终端输出的第一附属排气监视器的趋势图表,以确定放射性物质释放情况。并认为火灾发生时第一附属烟囱碘监测器的指示值虽有暂时的上升,但未达到报警水平,又因其后的指示值稳定下来,判定“没有对环境有影响的异常释放”。在火灾发生 5 h 后,本部对第一附属排气烟囱的趋势图进行了再次分析,判断有微量放射性释放到环境中。

火灾发生30 min后，PNC加强了场址内外设置的放射性监测站的工作，关于环境监测在本章15.1.3.2节叙述。

15.1.2　事故原因

15.1.2.1　事故后设施检查

对火灾和爆炸引起的设施损坏进行了彻底调查，设施检查的主要结果如下。

—第29批形成的绝大多数产物和第30批形成的全部产品被烧掉，特别是转盘上的产物已完全烧掉。

—墙和房顶被火灾和/或爆炸产生的烟熏黑，只是在靠近转盘的部分墙上发现热损坏，在靠近传输器的热室墙上没发现热损坏。

—绝大多数灌装好的桶没有损伤，只是被顶部出口板和屏蔽板碰撞而形成裂缝。挤压机室的挤压机本身没有明显损坏，挤压机里的沥青混合物也无烧伤痕迹。因此没有证据显示固体发生了爆炸。

—屏蔽板从灌装室和挤压机室之间的安装位置被抛开几米远。5个罐顶出口的两个落在屏蔽板上。观察到的现象显示出典型的气体爆炸现象——在爆炸点损伤很小，而整个破坏边界的动态损失严重。

—破坏(裂)边界的碰撞方向显示引燃点在挤压机室和灌装室之间，但挤压机室不可能有引燃物。

15.1.2.2　操作中的异常情况

97M46-1作业的第29批操作(B29)与正常操作有3点异常条件，这些异常条件可能与事故有关。

第一个异常操作条件是V21接收罐由于先前蓄积的固体废物而存在大量沉淀。使用过一个空气喷射器搅动V21罐里的整个废物以抽取样品。通常情况下废物经过一夜后才传送到下一个罐。然而，这一次在几分钟后就开始向V31反应罐传送废物。结果，大量沉淀与废液混合。

第二个异常条件是接收罐V21间歇地接收过1 m^3磷酸废物。通常，PO_4^{3-}浓度在5 mg/L至1.4 g/L，而这次测出的PO_4^{3-}为7.7 g/L。

第三个异常条件是97M46-1作业的进料率从第26批(B26)变得异常。挤压机的进料速率通常为200 L/h。97M46-1作业的第1批至第10批的进料率正常，为200 L/h。但在第11批至第25批降为180 L/h，自第26批开始降为160 L/h。结果，与正常条件相比，较早就发生蒸发，过程中可能形成了再结晶。

因为挤压机7区温度在第27批处理的中间逐渐上升，对挤压机间歇地进行冷却操作，同时发现扭矩增加。操作人员在灌装时发现下列异常情况：

—沥青混合物比通常要软一些；

—表面有白色水蒸气；

—表面四周出现许多气泡；

—固化体冷却后表面形成硬膜。

15.1.2.3 火灾原因

(1) 调查化学效应

在事故发生后,考虑了下列 4 个假设,进行了各种调查和化学分析以弄清与化学反应有关的这些假设。

① 污染和危险杂质

为了弄清楚放射性废物和其他物质的危险杂质,对 V21,V30,V31,V32 和 V33 的放射性废物以及第 27 批至第 30 批灌装的沥青固化产品进行化学分析。测出总盐(盐指硝酸钠或亚硝酸钠)的阴离子、有机溶剂(TBP,DBP)和其他有机物含量无异常。在沥青固化产物中没有发现盐分离出来。对试剂和纯沥青的分析没有发现危险杂质。

② 试剂配制故障

对配制的试剂取样,分析其浓度。所有分析结果没有显示异常。

③ 挤压机温度控制失效

挤压机中混合沥青和加热沥青混合物的部分控制在 180 ℃左右。如果温度不受控,沥青混合物的温度可能升高。检查挤压机温度记录,没有发现过热操作。

④ 转盘或/和传输带上的桶存在外部热源

在灌装室内部进行的调查没有发现外部加热装置。因此,存在外部加热源的可能性可忽略。

认为所有初始假设不可能之后,提出了与进料率下降和立即输送废液有关的另外三个假设。

① 结晶盐颗粒的细化

因为进料率下降,结晶盐颗粒的粒径可能比正常时小一些。用激光粒度仪对固定在沥青固化产物里的盐粒尺寸进行测量。第 10 批、25 批、29 批沥青固化产物的盐的粒径大小分别是 32,21 和 27 mm。这三批的进料率分别是 200,180 和 160 L/h。因此,颗粒尺寸既不取决于批次,也不取决于进料率。没有观察到进料率下降引起盐粒的粒径变小。

② 沉淀物的催化作用

由于废液立即从 V21 输送,一些沉淀可能被输送到挤压机。为了分析沉淀物的催化效应,从 V21 抽出废液(包括沉淀物)获得沥青和浓缩沉淀混合物。用加速热量计(ARC)对含浓缩沉淀的沥青混合物进行分析。温度和其他放热特性与正常产物的几乎相同(见图 15-1)。

③ 与空气的氧化

对沥青固化产物进行红外线吸附分析以测定事故期间通过放热反应产生的官能团。结果显示事故期间的氧化是与氧气发生的反应。

基于这 7 个结果,可得出沥青固化体即使在发生事故的情况下也没有异常。

(2) 灌装情况观测

根据在灌装沥青固化产物时观察到的不寻常状况判断,认为固化产物的温度和流动性

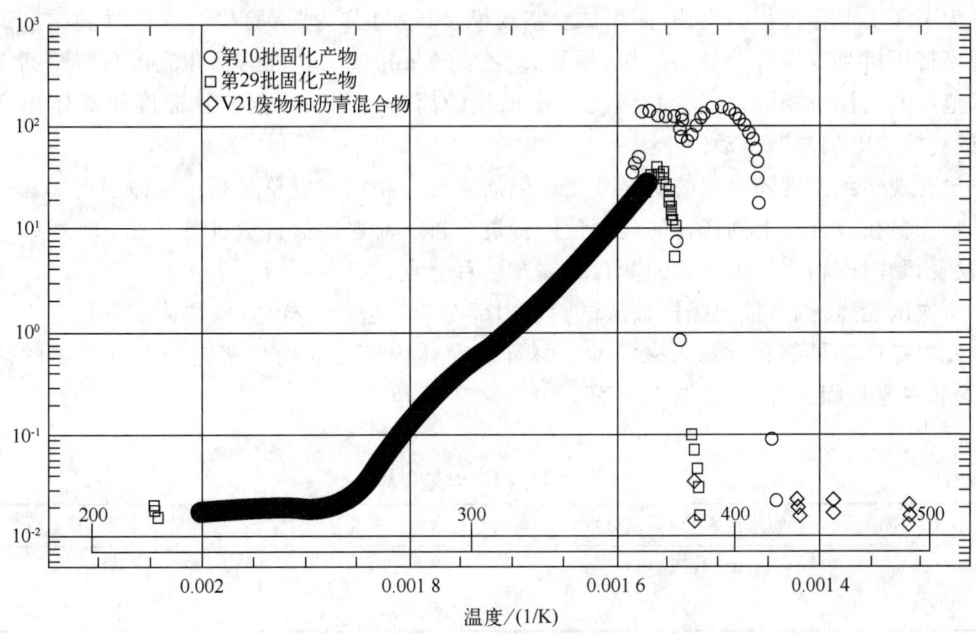

图 15-1　ARC 测得的沥青固化产物自热率

比平常高。产品的观测结果显示第 28 批后灌装的没有烧掉的产品出现异常，比如产品表面有硬膜、凹槽和多孔易碎等(见图 15-2)。用模拟固化产物进行的试验显示异常——沥青固化产物温度在 230 ℃以上。因此，认为第 28 批后的未烧掉产物的温度比正常产物的高。因为没有观察到化学发热，认为沥青固化的混合物的温度升高是物理发热现象。

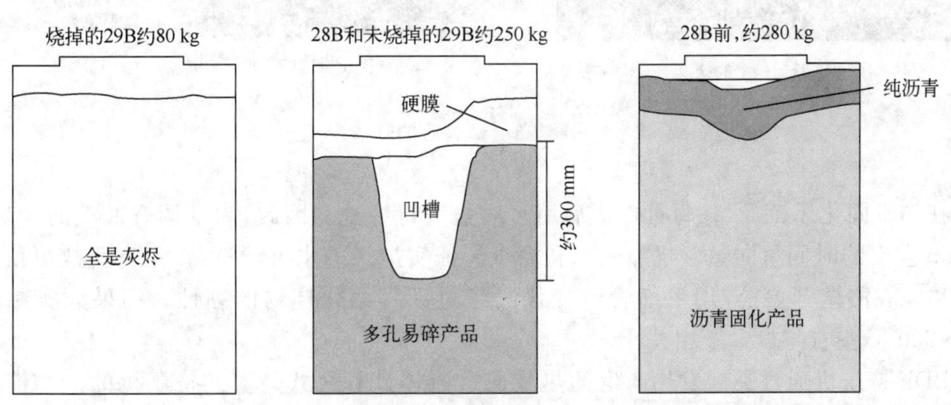

图 15-2　桶里的沥青固化产物的调查结果

注：28B 和 29B 表示第 28 批和第 29 批。

(3) 挤压机物理生热

① 使用实验规模挤压机的试验

由于沥青混合物的温度比平常高，对挤压机的发热原理进行过调查。典型的挤压机生热原理是黏性发热。

为了证实混合过程的生热，使用试验室规模挤压机（称为“试验机”）进行过测试。试验室规模挤压机是双螺杆共转挤压机，螺杆直径为 50 mm。试验机的轴和流体布置与沥青固化示范厂的挤压机相同。混合物温度由电加热的筒体控制。当混合物温度比筒体温度高时，试验机的电加热器自动停止。

没有观察到温度随时间的明显变化。但沥青混合物的温度总是高于筒体温度。对排出的产物和黏在混合盘上的产物的盐含量进行过分析。对这些盐含量进行对比（如表 15-1 所示）发现，黏附产物比排出产物的盐含量高几个百分点（2%～4%）。

每次试验运行后，抽出螺杆轴从试验机内部对产物进行采样，观察黏附在螺杆轴上的产物。发现螺杆轴局部有分离出来的盐。螺杆和筒体内壁之间的狭窄空间有分离出的盐存在，看起来像坚固的薄层（如图 15-3 所示）。

表 15-1 测出的盐含量

进料率/(L/h)	产物盐含量/%(质量分数)	混合盘盐含量/%(质量分数)	盐含量差异/%(质量分数)
6.5	47.9	49.1	1.2
2.6	44.2	50.6	6.4

试验后轴上的盐层

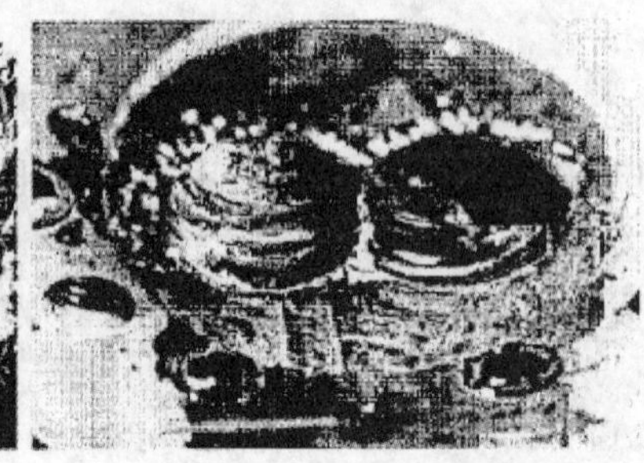

黏在挤压机内的盐层

图 15-3 试验后的轴

在沥青固化示范厂，在每批操作后用水对盐进行冲洗。因此，为了调查冲洗的影响，在 20 min 左右的时间里向试验机加入水和沥青。证实加入的水可清洗盐，但有些盐可留在挤压机里。在测试开始前，用毛细管流变仪测量过沥青固化产物的黏性。结果证实黏性在 180～200 ℃左右与盐含量相关。

BDF 挤压机通过黏性发热产生的热量通过流体计算公式计算。挤压机的产物流动用流体等式描述。因为黏性发热，混合物在混合盘位置的温度高出 30～45 ℃。混合物温度的计算结果与盐含量相关。估计盐含量为 45%～50%的混合物的温度在 210～225 ℃。

在本试验中，证实进料率下降时盐含量在挤压机的混合盘位置上升。认为由于黏性发热在混合盘增强而使得灌装温度高。

② 运行记录分析

在试验室规模挤压机测试中观察到盐浓缩和盐蓄积。发现水冲洗对盐具有清洗效果，但一些盐可能留在挤压机里。这些现象可能在作业中出现过，因此对挤压机温度和扭矩等运行记录进行过详细分析。

通过清洗操作(在每批操作结尾时通过废液进料线和冷凝器加入水),使每批操作初期的扭矩不高。并且,为了除去顶部附着的盐,在每批运行中间隔一定时间自动向顶部供给水蒸气。这种清洗操作称为自动顶部清洗(ADC)。

在正常进料率下(200 L/h),偶数批次(如第 6 批)的扭矩增加。尽管在 ADC 操作后立即观察到扭矩下降,但扭矩迅速恢复。另一点是,奇数批次(如第 9 批)的扭矩低而稳定。每批操作开始时的初始扭矩经常为低。

因为扭矩逐渐增加并在 ADC 迅速下降,认为按正常进料率操作,盐的蓄积发生在偶数批次。而在奇数批次,扭矩在 ADC 的增加和下降比偶数批次的扭矩的增加和下降小。因此认为相对于偶数批次而言,奇数批次的扭矩由于盐蓄积而增加不显著。

认为冲击扭矩(扭矩突变)使混合物产生瞬时高压而防止盐蓄积。在相同情况的试验室规模测试中在筒体温度低的情况下也观察到冲击性质的这种现象。因为扭矩在每批开始时是低的,认为盐浓缩和盐蓄积足够小以致进水可清除正常进料率下的盐。

至于第 26 批至 30 批的扭矩和温度的变化,奇数批次的扭矩也逐渐增加。在第 27 批,因为混合物温度变得比报警温度高,执行了筒体冷却操作。在第 28 批,执行了两次停机操作(表示为 NSD),NSD 操作在扭矩超出报警点时执行。

因为认为盐蓄积由螺杆和蓄积的盐层的摩擦产生,第 26 批后的扭矩性质显示盐蓄积增加。由于盐蓄积的结果,不能充分清除盐层。因为蓄积的盐被 ADC 部分清除,扭矩在 ADC 下降。发现 ADC 后扭矩变得比 ADC 前大。认为产生这种情况的原因是蓄积的盐被冲洗掉并涌入下一个混合盘,结果使混合盘的盐浓度增加,因而混合盘的黏度(黏性发热)增加。

得出的结论是因为进料率下降,在第 27 批和 29 批(奇数批)出现盐蓄积。在第 26 批、28 批和 30 批,由于留在挤压机的盐使扭矩逐渐增加,盐浓缩和蓄积加强。

③ 挤压机物理发热现象

认为当进料率下降时,盐浓缩和盐蓄积变得明显且黏性增加。盐蓄积引起摩擦发热,但混合物温度更多取决于盐浓缩而非此现象。摩擦产生的热主要传递到筒体,因此物理生热的主要原因必定是盐浓缩。

对物理生热原因的这种假设与第 26 批至第 30 批的温度和扭矩记录一致。总之,当进料率下降,盐浓缩和黏性发热增加,因而沥青化产物灌装温度增加。

(4) 灌装温度

基于化学和物理试验结果,认为灌装温度相当高。事故的热失控反应似乎来自沥青和硝酸钠/亚硝酸钠在高温下的放热反应。热失控的临界温度可由化学放热和热辐射的平衡导出。在测量热传递系数后对基于 ARC 数据的化学模型做出了假设。结果发现临界温度约为 250 ℃。

(5) 火灾事件顺序

所有的调查显示在第 26 批出现异常行为,对第 26 批后的事件序列有下列结论:

① 在第 26 批后,每批的初始扭矩逐渐增加。认为在清洗操作后仍留有蓄积的盐。

② 由于七区的温度迅速增加而进行过自动冷却操作。认为此现象的原因是与进料率下降相伴的盐浓缩。

③ 在奇数批次的 27 批观察到扭矩的振荡，振荡平均值增加。由于扭矩和温度在 ADC 后增加，使盐流动并在下一个混合盘位置蓄积。结果，因为伴随黏度升高而引起黏性发热，沥青混合物温度升高。

④ 七区的温度在冷却操作后保持稳定，而沥青混合物的发热发生了变化。此原因是频繁的快速温度变化引起筒体(金属)热膨胀。结果由于黏结的盐与筒体分开而不能准确检测出温度。

⑤ 由于冷却操作停止，在 NSD 后扭矩和沥青混合物温度升高。这时在沥青产物中发现异常现象(表面硬化和形成凹槽)。认为这些异常现象是由盐浓缩和盐蓄积引起的。

⑥ 在第 29 批期间，在第二次 ADC 操作后扭矩和沥青混合物温度升高，全部沥青化产物在此时间燃烧。由于前一批(第 28 批)的 ADC 操作的效果不充分，挤压机的盐浓缩和盐蓄积使扭矩和沥青混合物温度上升。

15.1.2.4 爆炸原因

通过设备观察发现爆炸类型明显是气体爆炸。气体爆炸需要：1) 可燃气体释放；2) 形成预混合气体；3) 火源。

(1) 可燃气体释放

由于没有直接证据证实设备存在气体释放，通过加热模拟沥青产物进行过小规模燃烧实验和气体分析。结果，在空气中加热模拟沥青产物形成的释放气体的主要成分是 CO_2 和 CO。在惰性气体中加热的释放气体主要包含 H_2，CO_2，CO 和多种碳氢化合物。认为可燃气体是从在含氧量低的大气下发热的沥青固化桶里释放出来的。

沥青燃烧需要的氧气量大于桶里的盐和灌装室大气提供的氧气。因此认为在热室通风停止运行后灌装室的氧气浓度已经降低了。

(2) 预混合气体的形成

由于热室通风停止运行，从桶里释放的气体一定保留在灌装室。另一方面，容器通风系统的少量废气可通过热室通风管槽到达灌装室。由于灌装室的氧气浓度可逐渐升高，起火后可在灌装室形成预混合气体。

(3) 火源

设备观察和热电偶指示仪显示转盘上的桶在爆炸后一定起火了。因此判断转盘上的桶自燃是最可能的火源。没有观察到其他可能的火源。

(4) 爆炸原因

从调查结果来看，对爆炸的原因得出下列结论：

灭火期间喷水不足，其后沥青固化产物桶向含氧低的大气释放可燃气体。由于过滤器堵塞，可燃气体不能排出而与从罐排风系统回流的空气逐渐混合。预混合气体被另一个加热桶的自燃引燃，引起第二次起火。

15.1.2.5 结论

火灾的主要原因是因为盐在挤压机内部的过度浓缩和蓄积产生的物理生热，盐在挤压机内部的过度浓缩和过度蓄积是低进料率引起的。这种作用使得沥青固化产物的温度上升。灌装在桶里的沥青产物的温度逐渐上升，在硝酸钠/亚硝酸钠和沥青之间引发失控反应，导致自燃。由于灭火时喷水不足，沥青固化产物桶里向含氧量低的大气释放可燃气体，由于过滤器堵塞可燃气体不能排出。罐通风系统逐渐提供空气，预混合空气被另一次自燃引燃。

直接原因是进料率降低，这一点表明理解设备在多种可能条件下的性质的重要性。认为化学放热不是这次事故的原因，但应当完全掌握和控制沥青固化产物的化学反应。

15.1.3　事故后果

15.1.3.1　操作人员受照剂量

火灾和爆炸发生时，根据对现场的房屋内和附近的工作人员进行的精密全身计数，在 37 名工人的体内检测出放射性物质。最大摄入量为法定限值的 1/2 400。

着火/爆炸之后厂房整治工作费时 18 个月（1997 年 3 月 11 日—1998 年 9 月 30 日）。参加人数约 72 000，集体剂量约 0.27 人·Sv。

15.1.3.2　环境影响

对 BDF 的放射性释放用两种方法进行过研究。据佐佐木等人报道，一种是放射性通过厂房从起火的桶的迁移行为；另一种是环境监测。释放进环境的放射性活度估计约为 10^{-3} GBq级的 α 核素和几个 GBq 级的 β 核素。待积剂量当量为 10^{-3} 至 10^{-2} mSv。五十岚等人在 1999 年在《应用辐射和同位素》杂志指出 ^{134}Cs 和 ^{137}Cs 空气浓度分别为 100 mBq/m^3 和 10 mBq/m^3。此结果显示该区域居民的照射很少。这期间 ^{137}Cs 平均空气浓度比 1997 年 2 月至 4 月期间的"基线"空气的 ^{137}Cs（低于 μBq/m^3）浓度高 2 个数量级。使用高斯烟羽模型对测量数据进行简单计算，估计 PNC 事故的最小放射性释放范围在 60～600 MBq。

(1) 环境监测

① 1997 年 3 月 11 日 10:08 至 20:04

起火后，在场址开始收集气载样品和土壤样品。考虑到气象条件（风向和风速等），在图 15-4 所示位置收集了 28 个气载粉尘样品、20 个气载碘样品和 6 个表面土壤样品，对采集样品立即用 Ge 半导体探测器进行了分析。

② 1997 年 3 月 11 日 20:04 至 24:00

20:04 发生爆炸，爆炸之后火还持续了 2 h 左右。几个 GBq 的放射性核素从烟囱和破裂（碎）的窗户释放出来。在东海厂场址内和场址外收集气载样品和土壤样品，收集工作持续几个小时。确定场址内（就地）的气载粉尘和土壤采样点时对气象条件进行了考虑，采样点如图 15-5 所示。立即用 Ge 半导体探测器对气载样品和土壤的 γ 发射体进行了分析。从剂量评价的观点看，气载粉尘的 Pu 和 Am 对后处理厂释放来说是非常重要的。基于此原因，对含 ^{137}Cs 的气载样品进行化学分析，并对 Pu，Am 和 ^{90}Sr 进行定量。尽管对环境样品的这些核素进行分析至少需要一周，对土壤的样品的 Pu 和 Am 还是进行了分析。

③ 1997 年 3 月 13 日至 3 月 31 日

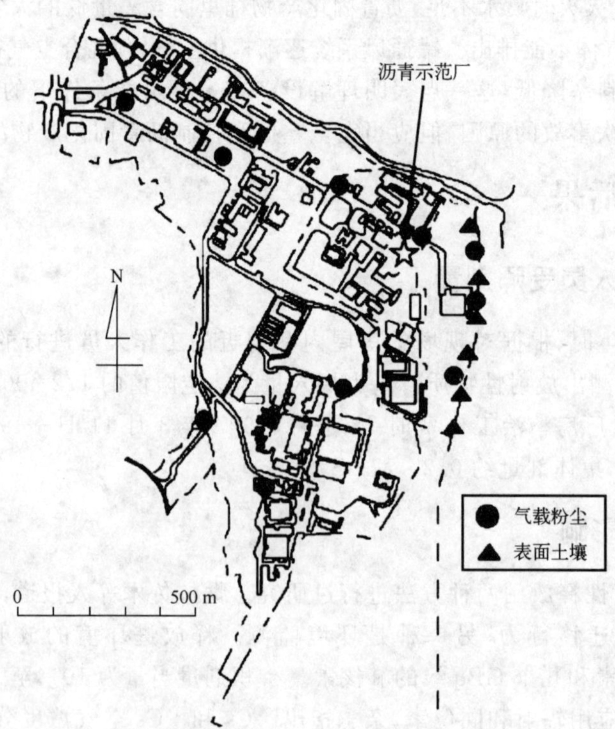

图 15-4 起火后气载样品和表面土壤采样点(场址内)

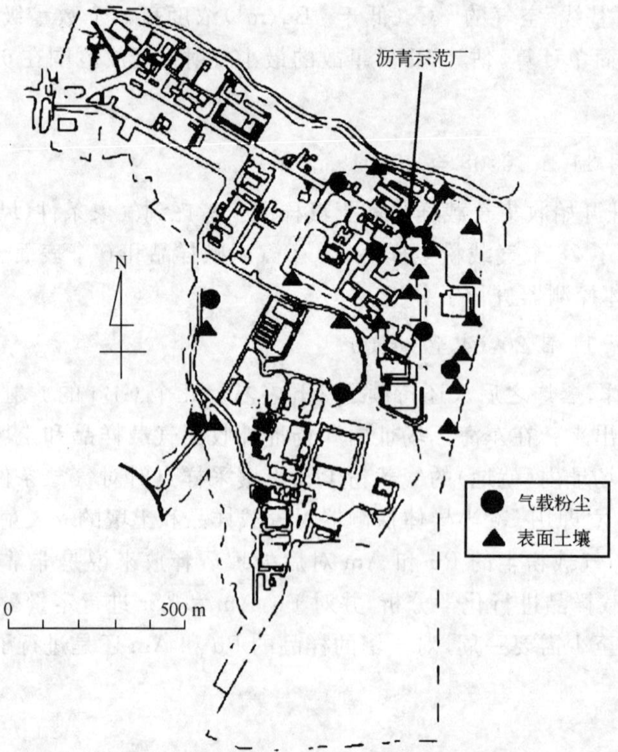

图 15-5 爆炸后气载粉尘和表面土壤采样点(场址内)

几天后，在距沥青示范厂 5 km 之内采集了大量的带叶蔬菜、耕作土壤、表面土壤、海平面上空气中的气载粉尘和碘、海水样品，分析了这些样品的发射体，对样品的 Pu，Am 和 ^{90}Sr 也进行了分析。另外，20 天后，在距沥青示范厂 20 km 之内采集了大量的带叶蔬菜、耕作土壤、表面土壤、井水、饮用水、牛奶、河水、湖水、雨水、尘埃、海平面上空气中的气载粉尘和碘、海水、海滨水、海沙和海底沉积物样品。

(2) 监测结果

① 事故释放的影响

设施起火时产生的放射性核素释放并不高，没有发现火灾的影响。从气载样品和土壤样品发现了爆炸后事故释放的影响。探测到事故影响的位置如图 15-6 所示。

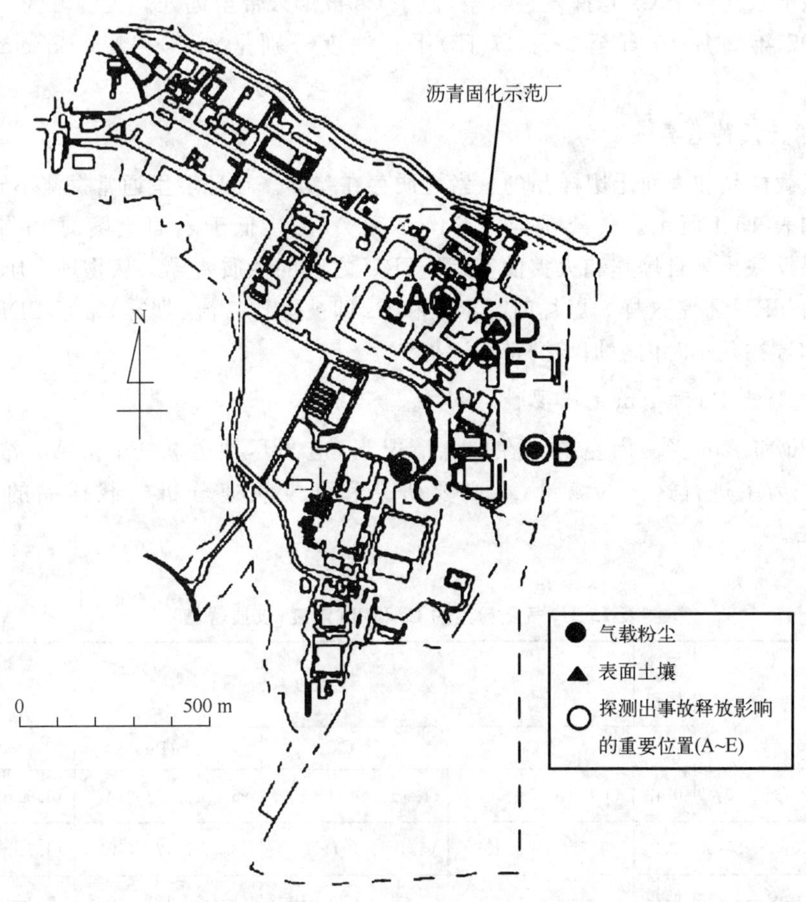

图 15-6 探测到事故释放影响的重要位置(场址内)

对气载粉尘，在爆炸后几小时于 BDF 附近和 BDF 南边收集的样品（A～C）中探测出 ^{90}Sr，^{137}Cs，^{134}Cs，^{238}Pu，^{239,240}Pu 和 ^{241}Am。对表面土壤，只在 BDF 附近的两个样品(D，E)探测到这些核素。

气载粉尘的 Cs 和 Pu 的浓度在表 15-2 列出。气载粉尘的 Cs 和 Pu 浓度基本上与根据国际放射防护委员会30号出版物推荐的年摄入限值导出的环境控制限值相等。这意味着事故释放不是很严重。考虑到浓度和浓度相对较高的这段时间，场址边界的公众剂量当量估计肯定小于1 mSv。

表面土壤样品的Cs和Pu浓度在表15-3列出。Cs和Pu的浓度在东海厂区域的过去10天的变动范围内。由于^{134}Cs的半衰期为两年，大气核武器试验的^{238}Pu与$^{239,240}Pu$的比率为0.025，正常环境下检测不出大气核试验的^{134}Cs。根据ORIGEN 2计算，轻水堆乏燃料的^{238}Pu与$^{239,240}Pu$的比率大约是1.7。因此可得出结论——D和E被来自BDF的事故释放污染。

从东海厂场址外的绝大多数样品没有测出放射性影响。然而，在大洗町地区(BDF南20 km)的气载粉尘中检测出^{134}Cs和^{137}Cs。收集的气载样品用于常规监测，检出限远低于事故监测的检出限。由于Cs是挥发性核素，似乎Cs被烟云带至远处。大洗町区^{134}Cs和^{137}Cs的一周(1997年3月10日至3月17日)平均浓度分别是4.7×10^{-11} Bq/cm^{3}和4.0×10^{-10} Bq/cm^3。

② 核素性质的差异

发现气载样品和表面土壤样品的核素性质存在差异。在环境里通常探测不到的核素的活度之比如表15-4所示。气载粉尘的Pu/Cs和Am/Cs低于表面土壤的Pu/Cs和Am/Cs。此结果反映出来自爆炸和火灾的Cs和TRU之间的性质差异。从物理性质上来说，Cs容易挥发而TRU不是这样。爆炸时，TRU和Cs即被爆炸气流(烟雾)带至BDF附近。爆炸后，只有Cs在几小时内被烟雾携带至远处。

③ 快速分析Pu和Am的必要性

分析Pu和Am要一周左右。在应急情况下，应当尽快分析Pu和Am浓度以估算吸入剂量。为了进行这样的测量，有必要研究和开发快速分析气载样品的Pu和Am浓度的方法。

表15-2 气载粉尘的Cs和Pu浓度(仅显著值)

位置	采样时间	采样体积	浓度/(Bq/cm^3)			
		m^3	^{134}Cs	^{137}Cs	^{238}Pu	$^{239,240}Pu$
A	3/11 20:35—20:49	0.42	$(1.6\pm0.43)\times10^{-6}$	$(1.6\pm0.061)\times10^{-5}$	$(5.1\pm0.73)\times10^{-9}$	$(1.9\pm0.44)\times10^{-9}$
B	3/11 20:08—20:35	2.2	$(4.7\pm1.0)\times10^{-7}$	$(5.1\pm0.10)\times10^{-6}$	$(3.7\pm0.17)\times10^{-9}$	$(1.7\pm0.17)\times10^{-9}$
C	3/11 20:04—20:46	3.78	$(3.6\pm0.65)\times10^{-7}$	$(3.1\pm0.051)\times10^{-6}$	$(1.3\pm0.12)\times10^{-9}$	$(5.8\pm0.75)\times10^{-10}$
C	3/11 20:46—22:35	9.8	未检出($<7.6\times10^{-8}$)	$(3.2\pm0.20)\times10^{-7}$	$(1.3\pm0.22)\times10^{-10}$	$(6.6\pm1.5)\times10^{-11}$
环境控制限值			9×10^{-6}	1×10^{-5}	1×10^{-9}	1×10^{-9}

表 15-3　表面土壤样品的 Cs 和 Pu 浓度

位置	采样日期	浓度/(Bq/kg)			
		^{134}Cs	^{137}Cs	^{238}Pu	$^{239,240}Pu$
D	3/12	3.1±0.12	(3.5±0.032)×10	$(1.3\pm0.11)\times10^{-1}$	$(7.5\pm0.80)\times10^{-2}$
E	3/12	1.4±0.14	(1.3±0.030)×10	$(5.1\pm0.66)\times10^{-2}$	$(3.0\pm0.50)\times10^{-2}$
东海区域过去 10 天的范围		无数据	2.0～59	无数据	检出限,(<0.04)～1.3

表 15-4　气载粉尘样品和表面土壤样品中的 Cs,Pu 和 Am 之间的活度之比

样品类型	Pu/Cs	Am/Cs	Pu/Am
气载粉尘(B,C)	0.003～0.008	0.003～0.01	0.8～1.2
表面土壤(D,E)	0.04	<0.06	>0.6

④ 辐射监测的结论

在一些气载粉尘和表面土壤样品测出了事故影响。气载样品的 Cs 和 Pu 浓度几乎等于环境控制限值。PNC 向日本核安全委员会报告了监测数据。委员会讨论后得出如下结论：1）数值低于对环境和人类健康有显著影响的值；2）发现核素在气载粉尘样品和表面土壤样品的性质不同；Cs 比 TRU 容易被烟雾携带至远处；3）建议在应急情况下尽快测量气载样品的 Pu 和 Am 浓度以便估算吸入剂量当量；4）必须开发快速测定 Pu 和 Am 的技术。

15.1.4　小节

BDF 发生火灾、爆炸事故后，东海后处理厂停止生产(乏燃料后处理)达 3 年多，于 2000 年 11 月才开始恢复生产。沥青固化示范厂发生事故后，除贮存剩余的浓缩废液外，JNC 不再使用 BDF，并决定不再使用沥青固化工艺处理东海厂的放射性废液。这次事故后，JNC 陆续针对包括放射性废物处理在内的后处理安全开展了广泛的研究和评价工作。

15.2　欧化公司沥青固化设施燃烧事故

1981 年 12 月 15 日，装有沥青混合物的桶发生自燃。自燃发生在废物和沥青向挤压机的进料率比标准进料率稍低的处理过程中。挤压机温度为 195 ℃。沥青混合物装入 200 L 钢桶后 8 h，气体开始从钢桶释放出来，并立即开始燃烧。

事故后分析废液罐剩余废液发现沥青化的浓缩物至少有三种热不稳定化合物：

—包含有废液贮存罐清洗时所形成沉淀的废液；

—来自放射性固体废物和贮存包封体(壳体)去污的废液；

—来自挤压机的包含沥青的石油馏分和其他挥发物的馏出物。

发现清洗贮存罐的废液包含反应性极高的热不稳定化合物——磷酸三丁酯衍生物及其分解产物。

调查事故原因得出下列假设情景：

—挤压机温度增加到 200 ℃左右；

—在诱导期间,放热反应在含沥青混合物的桶里开始,这些反应有沥青的石油馏分、去污混合物、来自废液罐的沉淀、离子交换树脂参与,还可能有有机化合物硝化产生的产物(在温度已经升高至 300 ℃左右时形成硝化产物)参与;

—硝酸钠开始熔化,相对沥青和其他有机化合物来说获得更高的反应性,这种相互作用把混合物加热到 400 ℃;

—氧化继续进行直至诱导期结束,这时释放出易燃气体并自燃。

15.3 卡尔斯鲁厄核研究中心沥青固化设施着火事故

卡尔斯鲁厄核研究中心沥青固化设施自 1972 年开始运行的四年期间,在装料室发生过两次着火事故,在临时贮存库出现过一次冒烟事故。

在装料室发生的两次事故中,沥青产品起泡和冒烟、突然着火,使装了部分沥青产品的金属桶着火。第一次是一个桶,第二次是两个桶。两次着火都被控制在短时间内,并用 CO_2 扑灭。放射性并没有从装置中逸出,工作人员也没受到伤害,只是在装料室有轻微的损坏和放射性污染。第一次事故的起火原因是废浓缩物中包含的有机溶剂蒸汽着火。另一次事故的起火原因是被处理的蒸发器浓缩物 pH 值是 13.8,不是 8～10,同时浓缩物进料罐的搅拌器停止,废液中有机化合物的组分(磷酸三丁酯、分解产物、消泡剂、聚氧化乙烯加合物)析出。实验室规模的实验证实在高碱度下混合,沥青产品被分解成非常易燃的挥发组分,这时沥青产品的燃点大约为200 ℃;而当 pH 值为 8～10 时才不会发生分解,产品燃点在 400 ℃左右。用 H_3PO_4 调整到适当的 pH 值以后,蒸发浓缩液的混合没有遇到任何困难。

有一个沥青桶在临时贮存库中发生过一次事故。研究分析表明,这个桶装入了一种轻微起泡的沥青产物,此产物是用沥青固化进料罐中的未加以搅拌的蒸发浓缩液的最后部分获得的,进料罐里含有大量浮在蒸发浓缩液表面的聚氯乙烯(PVC)粉末。后来发现这些聚氯乙烯粉末是去污用的酸浸膏中的填料。这一桶是沥青固化装置在周末停运前的最后一桶,工作人员没有按照操作规程在装入沥青产品后将固化桶冷却24 h,而在装满 200 ℃的沥青产品后立即将固化桶装进 200 L 加固钢桶里。因此,固化桶和加固钢桶就起到了保温作用,使聚氯乙烯(PVC)连续分解产生 HCl,很可能由于 HCl 分解硝酸盐引起了有机物的氧化反应。但是由于逸出的大量烟雾被烟火警报装置发现,所以并没有起火。除了加固钢桶密封部分以外没有发现其他损坏。这次加固钢桶事故没有波及到邻近的其他桶。值得一提的是,由于这次事故,卡尔斯鲁厄核研究中心研发了一种使用无机填料的新酸浸膏,并立即投入使用。

参 考 文 献

[1] Aoshima, A. & K. Tanaka. Waste Treatment Experience and Future Plans in Tokai Reprocessing Plant [A]. WM'05. February27-March3, 2005, Tucson, AZ

[2] OKADA Ken. Analysis of the Fire Hazards on Bituminization in Nuclear Fuel Reprocessing [D]. Department of Nuclear Engineering, Tokyo Institute of Technology, 2000: 18～20

[3] Miura, A. & Y. Sato, & T. Koyama etc. Fire and Explosion Incident at Bituminization Demonstration Facility of PNC Tokai Works, on March 11, 1997 [R]. Japan Nuclear Cycle Development Institute, 2000

[4] Nakano, M. &H. Watanabe&N. Miyagawa, etc. Environmental Radiation Monitoring after the Accidental Release from Bituminization Demonstration Facility[J]. Journal of Radioanalytic and Nuclear Chemistry, 2000, Vol. 243, No. 2:319～322

[5] Zakharova, K. P. &O. L. Masanov. Bituminization of Liquid Radioactive Wastes. Safety Assessment and Operating Experience[J]. Atomic Energy, Vol. 89, No. 2, 2000

[6] W. Hild, W. Kluger, H. Krause. Bituminization of Radioactive Wastes at the Nuclear Research Center Karlsruhe——Experience from Plant Operation and Development Work[R]. 1976(5):4～5